城市湿地生态系统的
生物多样性及环境质量研究

侯恩光　殷旭旺　商书芹　宋　晶　李晓丽　等　著

中国水利水电出版社
www.waterpub.com.cn
·北京·

内 容 提 要

本书以济南市典型湿地水生态系统为例，集中展现和总结了城市湿地生态系统的生物多样性及环境质量特点，在支撑城市湿地生物多样性保护、维持水生态健康、提高生态系统服务等方面形成理论和技术创新。本书主要内容包括城市湿地生态概况、水资源调查方法、水环境质量、生物多样性、水生态健康评价、水生态修复等方面，旨在为广大水生态水环境保护工作者加强理论学习、提高实践创新、拓展学术思维、提高管理能力等提供参考，可为探索建立水生态考核机制，推动构建"三水统筹"治理新格局起到积极作用。

本书可供从事水生生物、水资源、水生态环境、水战略、水利工程、智慧水务等专业的科研、管理人员使用，也可供有关高校师生阅读参考。

图书在版编目（ＣＩＰ）数据

城市湿地生态系统的生物多样性及环境质量研究 /
侯恩光等著. -- 北京 : 中国水利水电出版社，2023.12
ISBN 978-7-5226-1852-4

Ⅰ．①城… Ⅱ．①侯… Ⅲ．①城市－沼泽化地－生态系－生物多样性－研究②城市－沼泽化地－生态系－环境质量－研究 Ⅳ．①P941.78

中国国家版本馆CIP数据核字(2023)第196644号

书　　　名	城市湿地生态系统的生物多样性及环境质量研究 CHENGSHI SHIDI SHENGTAI XITONG DE SHENGWU DUOYANGXING JI HUANJING ZHILIANG YANJIU
作　　　者	侯恩光　殷旭旺　商书芹　宋　晶　李晓丽　等 著
出 版 发 行	中国水利水电出版社 （北京市海淀区玉渊潭南路 1 号 D 座　100038） 网址：www. waterpub. com. cn E - mail：sales@mwr. gov. cn 电话：(010) 68545888（营销中心）
经　　　售	北京科水图书销售有限公司 电话：(010) 68545874、63202643 全国各地新华书店和相关出版物销售网点
排　　　版	中国水利水电出版社微机排版中心
印　　　刷	北京印匠彩色印刷有限公司
规　　　格	184mm×260mm　16 开本　22.75 印张　554 千字
版　　　次	2023 年 12 月第 1 版　2023 年 12 月第 1 次印刷
印　　　数	0001—1000 册
定　　　价	**148.00 元**

编 委 会

序

　　人类逐水而居，文明因水而兴。治理水污染、保护水环境，关系人民福祉，关系国家未来，关系中华民族永续发展。党的十八大以来，以习近平同志为核心的党中央把水生态环境保护摆在生态文明建设的重要位置。生态环境部、国家发展改革委、财政部、水利部、国家林草局联合印发《重点流域水生态环境保护规划》，立足山水林田湖草沙一体化保护和系统治理，统筹水资源、水环境、水生态治理，持续改善水生态环境质量，不断满足人民日益增长的美好生活需要。湿地是水陆生态系统的过渡带、相互作用的自然综合体，是生产力最高的生态系统之一，被人们称之为"地球之肾"，在保护生态环境、保持生物多样性以及发展社会经济中，具有不可替代的作用。推动湿地保护修复，已是当前全球生态保护的重点。随着城市面临气候变化和城市化进程加快，水资源开发和利用程度不断提高，城市水生态系统出现了城市河道断流、城市湖泊富营养、城市湿地水量枯竭、城市河流生境恶化、水生生物多样性降低以及水环境污染等问题，城市水生态系统的服务功能和生态系统健康遭到严重破坏。因此，保护和恢复城市湿地对于缓解环境挑战和提高居民的生活质量至关重要。

　　济南作为国家中心城市、中国北方新动能增长及黄河流域生态保护和高质量发展示范城市，极具城市湿地的典型性和代表性。济南以"泉城"著称，作为全国首个水生态文明建设试点城市，近些年来开展了建设以"水资源可持续利用、水生态体系完整、水生态环境优美"为主题的一系列工程，水生态状况得以明显改善。然而，在水生态改造项目实施过程中，也面临着诸多挑战和问题。本书以济南城市湿地作为研究对象，通过广泛调研、深入分析，系统梳理和总结了济南城市湿地水生生物多样性"家底"，深入盘点和记载了城市湿地水生态现状，进一步分析了城市湿地生态系统存在的环境质量问题，科学提出了湿地生态系统修复与环境保护的建议与措施，客观反映和凸显了济南城市湿地生态系统保护在支撑社会经济发展、服务生态文明建设中的重要作用，实现了成果资料的深度融合和高度集成，为社会公众提供了一本准确详实的科研读物和工具书，对支撑济南市水资源管理、水环境保护、水生态修复以及服务社会经济发展、推动教学科研和科学普及具有重要意义。

本书以"系统论"思想为指导，以《重点流域水生态环境保护规划》为指导，响应国家"绿水青山就是金山银山"的生态文明发展理念，为城市水生态保护治理科学决策和精准施策提供参考。本书秉承务实严谨的学术作风，每个湿地、每个采样点、每个数据都是调查、分析、研究、核实审定的结果，为读者提供了权威、可靠、可信的信息来源，具有鲜明的科学性。本书深度整合了济南不同保护等级湿地的调查研究成果，以读者认知需求和科学研究需求为基础，用最新视角、最新方式，基于生物地球系统科学理论对济南湿地生态系统的生物多样性和环境质量状况进行分析展示，充分体现了本书的专业性。本书运用系统工程原理和方法，将济南不同类型湿地作为一个整体进行了系统阐述和展示，将浮游生物、底栖生物、鱼类、维管束植物、鸟类、爬行类和两栖类统一纳入湿地生物圈进行生物多样性和水环境质量的科学探讨，充分展示了生态学研究的理论和系统思维方法。本书充分考虑了不同层次读者的需求，在不影响准确度的前提下，将不同专业、不同类型调查研究成果以通俗易懂的语言、图文并茂的形式进行展示，兼备工具书和科普书的基本特征。

诚然，城市湿地生态系统的生物多样性保护和环境质量提升尚处于起步阶段，许多理论和实践问题仍需进一步深化研究，但本书仍不失为一部具有创新型的扛鼎之作。在本书出版之际，谨向编委会的广大水文、水生态和水环境专业的作者们表示热烈祝贺，基于此，笔者不吝笔墨，仅此热诚推荐。

2023 年 12 月 10 日

前言

　　城市湿地不仅是改善城市生态、涵养水源的重要载体，还是社会公众娱乐休闲的绿意空间。在湿地保护与治理过程中，需全面了解社会、经济、人、自然资源等系统要素之间的关系机理与互动机制，进而实现城市湿地生态治理的集体行动。济南作为国家中心城市、中国北方新动能增长及黄河流域生态保护和高质量发展示范城市，极具城市湿地的典型性和代表性。本书通过对位于济南的国家级湿地和山东省级湿地生态系统的生物多样性及环境质量进行研究，深入分析目前城市湿地生态系统存在的共性问题，并针对济南不同特征的湿地提出相应的有效保护方法和修复手段，希望能够为其他城市湿地的治理保护提供有效参考。本书的研究成果可在我国未来城市化发展中指导协调生态环境与高速发展的关系，进一步强化"绿水青山就是金山银山"的生态发展理念，引导城市向着和谐、健康、可持续方向发展。

　　本书由济南市水文中心、大连海洋大学、陕西省地质环境监测总站等单位的科研人员共同编写，全书共分为8章。第1章由侯恩光、商书芹、李洪涛执笔，第2章由殷旭旺、宋晶、李晓丽执笔，第3章由侯恩光、商书芹、王帅帅执笔，第4章由殷旭旺、宋晶、李晓丽执笔，第5章由白海锋、商书芹、李庆南执笔，第6章由李莹、王彩云、朱中竹执笔，第7、第8章由李庆南、殷旭旺、侯恩光执笔。全书由白海锋、李庆南完成校正和定稿。本书的编写和出版得到了国家自然科学基金项目（项目号41977193）的支撑和资助，在此致以衷心的感谢！

　　由于作者水平有限，书中仍有许多不足之处，敬请广大读者批评指正。

作者

2023 年 6 月

目录

第1章
我国城市湿地概况

1.1 城市湿地分布概况

我国拥有湿地面积约 5634.93 万 hm^2，约占世界湿地面积的 10%，居亚洲第一位、世界第四位。目前，青海湖的鸟岛、湖南洞庭湖、香港米埔、黑龙江兴凯湖等 30 处湿地已被列入国际重要湿地名录。我国湿地按城市地域划分为东北湿地、黄河中下游湿地、长江中下游湿地、杭州湾北滨海湿地、杭州湾以南沿海湿地、云贵高原湿地、蒙新干旱/半干旱湿地和青藏高原高寒湿地。

1.2 城市湿地分布类型

城市湿地主要指具有显著生态功能的、自然或者人工的、常年或者季性积水的地带、水域，包括低潮时水深不超过 6m 的海域（水田以及用于养殖的人工水域和滩涂除外）。城市湿地生态功能兼有水、陆自然资源特征，通常由湿生、沼生、水生等生物因子和阳光、水分、大气、土壤等非生物因子构成，是自然界中生物多样性和生态功能最高的生态系统之一。其生态功能包括提供物质资料和栖息地、净化水质、调控生态-水文、维持生物多样性、抵制环境破坏、维持区域生态平衡、保护海岸线、固碳等方面，其中湿地对面源污染控制有不可替代的作用。此外，湿地对全球气候变化也有着明显的响应。城市湿地类型包括红树林地、森林沼泽、灌丛沼泽、沼泽草地、沿海滩涂、内陆滩涂、沼泽地、河流水面、湖泊水面、水库水面、坑塘水面（不含养殖水面，下同）、沟渠、浅海水域等。根据第三次全国国土调查及 2020 年度国土变更调查结果，全国湿地面积约 5634.93 万 hm^2。我国湿地分布广，类型多，区域差异显著。红树林地、沿海滩涂、浅海水域等湿地集中分布在东部及南部沿海区域；森林沼泽、灌丛沼泽、沼泽草地等湿地集中分布在东北平原、大小兴安岭和青藏高原；具有显著生态功能的河流水面、湖泊水面和内陆滩涂等湿地集中分布在青藏高原和长江中下游地区；具有显著生态功能的水库水面、坑塘水面、沟渠等湿地集中分布在长江中下游地区和东南沿海地区。我国城市湿地代表类型如图 1.1 所示。

图 1.1　我国城市湿地代表类型

1.3　城市湿地生物多样性研究现状

湿地生物多样性包括植物、动物、微生物、景观和基因的多样性，我国城市湿地类型众多，拥有丰富的自然资源，其敏感性、脆弱性和过渡性导致湿地生物多样性容易退化。国内学者应用多种方法和技术对湿地生物多样性及其退化机制进行了研究。

1.3.1　城市湿地浮游植物多样性研究现状

浮游植物是水生态系统中主要的初级生产者之一，对维持水生态系统的平衡起着至关重要的作用，并且在物质循环、能量流动和信息传递等功能中具有同样重要的作用。浮游植物生存在水生态系统中，且受到各种各样环境因素的影响。在浮游植物多样性的研究中常用多样性指数作为浮游植物群落结构分析的一个评判指标，去分析浮游植物群落物种多样性及其与水环境因子的关系，以及人类的活动对生物群落多样性的影响等。浮游植物物种多样性指数主要包含物种优势度、物种丰富度、物种相似度和物种均匀度等，这些生态指标可以更准确地反映城市湿地生物多样性的高低和群落结构的空间分布，也可以用来评价城市湿地水生态系统的健康状况。

随着浮游植物生物多样性保护得到国际社会的广泛关注，已有大量的学者投入到对浮游植物多样性的调查和研究中。目前浮游植物多样性分析的方法主要有 Simpson 多样性指数、Shannon-Wiener 多样性指数（H）、Pielou 均匀度指数（J）、Margalef 丰富度指数（D）等；部分学者从浮游植物个体数量和生物量方面对浮游植物多样性进行分析，如张志军、祖国掌等分别分析了浑河、合肥市大房郢水库蓄水初期浮游植物多样性。但一种生物多样性指数法研究浮游植物多样性存在缺陷和不够完善，使用一种多样性指数会造成分析结果出现偏差。近年来，大部分学者尝试同时采用几种方法对浮游植物多样性进行比较研究，如吴朝等采用数量（密度）分析法、Shannon-Wiener 多样性指数、Pielou 均匀度指数对淮南焦岗湖浮游生物多样性进行分析与比较，结果发现 Shannon-Wiener 多样性指数分析，能够更好地反映城市湿地浮游植物多样性在水生态系统中的状况，符合开发利用的实际情况。

研究城市湿地浮游植物群落结构、优势种及多样性的变化，可揭示浮游植物群落结构的特征，为城市湿地生态资源评价及生态环境保护提供科学依据。朱明明等分别于 2017 年冬季、2018 年夏季两次对广东广州海珠国家湿地公园浮游植物群落结构时空的变化特征进行了调查，结果表明：海珠国家湿地公园浮游植物群落结构、生物多样性指数具有明显的季节变化特征，冬季硅藻和绿藻占优，夏季蓝藻占绝对优势；Shannon-Wiener 多样性指数和 Pielou 均匀度指数在冬季分别为 4.38 和 0.77，在夏季分别为 2.92 和 0.51。侯恩光等对济西国家湿地生物多样性进行分析，得出其浮游植物多样性在空间分布上存在差异的结论，罗屯桥、断桥和映荷桥生物多样性高于大水面、次码头及高科农业示范区。研究城市湿地浮游植物的多样性状况，对城市湿地水生态健康状况及可持续发展有重要意义，同时也能为城市湿地水质的监测和旅游开发的探讨提供基础的理论数据。

1.3.2 城市湿地浮游动物多样性研究

浮游动物具有种类多、体积小、繁殖快的特点。作为城市湿地水生态系统中的初级消费者，浮游动物在食物链中扮演着重要的角色，既能以浮游植物、碎屑和细菌等为食，也是大部分鱼类和其他水生生物的开口性诱饵。在城市湿地生态系统中，浮游动物在体型、种类等方面存在着显著的差别，对水环境的变化非常敏感，它们的群落构成可以反映水质的变化程度，因而学者们将城市湿地浮游动物中某些特定物种作为水体的污染物指标。

我国于 19 世纪 20 年代开始了对浮游动物群落结构及多样性的研究，在此基础上逐步向其群落结构与环境因素之间的关系以及水质的状况进行了深入的探讨。中国科学院水生所从 1951 年开始就开展了长江中下游和淮河等地的水生态系统的研究。此后，我国学者对城市湿地浮游动物进行了大量的调查和研究。赵坤等通过研究不同类型景观水体中环境敏感型浮游动物群落特征，通过冗余分析（redundancy analysis，RDA）发现，水温、氨氮、pH 值、透明度、化学需氧量和总磷是影响景观水体浮游动物群落差异的显著环境因子，对城市湿地景观水域生物多样性保护维持和水生生态系统管理十分重要。研究城市湿地浮游动物群落结构、优势种及多样性的变化，可揭示浮游动物群落结构特征，为城市湿地生态资源评价及生态环境保护提供科学依据。邓婉璐等通过研究广东孔江国家湿地公园浮游动物群落结构与时空变化特征，发现孔江国家湿地公园共检测到浮游动物 49 种，其中轮虫 26 种、枝角类 10 种、原生动物 9 种、桡足类 4 种。浮游动物种类数夏季最多，冬季最少，春秋两季持平。付志茹等对天津七里海湿地浮游生物群落结构及多样性进行研究分析后，发现该湿地浮游动物 13 属 22 种，其中桡足类 4 属 4 种、枝角类 2 属 2 种、轮虫 7 属 16 种，而浮游动物的密度和生物量表现为 5 月＞9 月＞7 月。赵菲通过研究黑龙江扎龙湿地浮游动物多样性，发现该湿地浮游动物常见种共有 6 种，分别为原生动物 4 种、轮虫 1 种、桡足类 1 种，全年常见种是原生动物的小口钟虫；浮游动物主要由原生动物和轮虫组成；从夏季到秋季，浮游动物的种类数呈递增趋势。吕紫微等对广州南沙湿地浮游动物多样性及其水质情况进行了研究分析，结果显示广州南沙湿地共检测出浮游动物 54 种，其中包含桡足类 24 种、轮虫类 9 种、原生动物 16 种；优势种共有 6 种，无节幼体是三个季节共有的优势种；采样点的 Shannon-Wiener 多样性指数（H）的平均值为 2.390，Pielou 均匀度指数（J）的平均值为 0.804，Margalef 丰富度指数（D）的平均值为

5.581。研究城市湿地浮游动物的多样性状况，对城市湿地水生态健康状况及可持续发展有重要意义，同时也能为湿地水质的监测和湿地旅游开发的探讨提供基础的理论数据。

1.3.3　城市湿地底栖动物多样性研究

底栖动物作为湿地生态系统中一个重要的组成部分，在物质循环、能量流动和信息传递等方面起着重要的作用。底栖动物寿命相对较长，对环境的变化敏感，且其活动范围较小，便于追踪污染来源，是良好的生态环境指示生物。研究城市湿地底栖动物多样性特征可以很好地反映城市湿地的健康状况，对于掌握城市湿地生态状况以及加强湿地保护管理具有重要意义。

城市湿地底栖动物多样性是指在一定区域内不同物种的数量和分布。它是衡量城市湿地生态系统复杂度和稳定性的指标之一。城市湿地底栖动物生物多样性是湿地生态系统中核心的组成部分，对于湿地生态系统的稳定和健康具有重要作用。通常采用底栖动物的物种优势度、物种丰富度、物种变化和物种均匀度等物种多样性指数对城市湿地生态系统进行监测。城市湿地底栖动物的多样性与时空分布、环境因子（生物因子与非生物因子）之间存在着密切联系。张皓等在对江苏省常州市范围内选取的具有代表性的三大人工湿地底栖动物多样性春秋两季的调查研究中发现，软件园秋季底栖动物各项生物多样性指标均高于春季，荆川公园和五星公园则呈现春季生物多样性状况优于秋季的情况。这也表明即使在同一点位的不同时间点，城市湿地底栖动物的多样性也存在着较大差异。另外，城市湿地其他生物因子与底栖动物多样性之间也存在着密不可分的关系，主要包括城市湿地周边植被对底栖动物的影响、城市湿地各个物种间的竞争和捕食影响、城市湿地周边人类活动的影响。陈中义等在对上海崇明东滩湿地的底栖动物多样性的研究中发现，在互花米草地的底栖动物物种的 Shannon-Wiener 多样性指数、Pielou 均匀度指数都显著低于有海三棱藨草群落存在的底栖动物多样性指数。许巧情等发现在物种本身之间也会存在相互的影响，如河蟹苗的放养密度到达一定程度后，会使一些底栖动物，尤其是小型腹足类的多样性和生物量明显下降。研究城市湿地底栖动物多样性状况及其影响因子有利于更好地掌握湿地的水生态健康状况，对湿地的资源利用、可持续发展具有重要的意义，同时也能助力于推动其在不同领域的应用和开发。

1.3.4　城市湿地鱼类多样性研究

鱼类作为湿地生态系统的重要参与者，在物质循环、能量流动等方面起着重要作用，在城市湿地生态系统中，鱼类类群对人类的干扰最为敏感，能提供持续性的评价，是城市湿地生态系统的重要环境指示性物种。

20 世纪 50 年代开始，生态学家开始运用鱼类物种多样性指数分析群落和环境状态。郑亦婷等利用鱼类多样性指数和多元统计法，对比分析了长江武汉段鱼类群落年际变化，结果表明鱼类多样性指数年际变化不大，鱼类群落较为稳定。蒋祥龙等研究了鄱阳湖 9 个区域的鱼类多样性调查数据，结果显示 2010 年和 2018—2019 年分别调查到鱼类 74 种和 93 种，群落结构差异显著（$P < 0.05$），差异贡献率最高的物种为短颌鲚、似鳊、鲫、光泽黄颡鱼和鲤，水温、总悬浮物和叶绿素等环境因素具有显著的年际和季节差异（$P < 0.05$）；

与 2010 年相比，2018—2019 年鱼类物种多样性和功能多样性指数有一定增加，分类差异指数没有显著变化。周绪申等于 2018—2019 年对大清河水系鱼类进行多次调查，并结合历史文献资料对大清河鱼类进行了详细梳理，结果显示大清河水系统计鱼类共 85 种，其中淡水鱼类有 8 目 17 科 59 属 78 种，Margalef 丰富度指数、Shannon-Wiener 多样性指数、Pielou 均匀度指数分别为 1.98、1.14、0.81；与海河流域其他水系相比，大清河水系鱼类物种多样性较低，且各区域分布较均匀。

近年来，我国关于城市湿地鱼类多样性的研究在不断增加。毛矗等对江西石城赣江源国家湿地野生脊椎动物资源进行了调查，明确了该湿地的鱼类资源，为湿地公园的建设以及鱼类资源保护提供了参考。朱敏对上海市九段沙湿地进行了鱼类资源调查，并分析渔业现有问题，如水污染严重、过度捕捞、非法渔具的使用等，并针对这些问题提出对策，以保持九段沙湿地渔业资源的可持续利用。宫少华对山西长子精卫湖国家湿地鱼类资源进行了调查研究，结果表明：鲤形目鱼类占比最多，占种类总数的 62.5%，鲈形目次之，占种类总数的 37.5%；其中鲤形目中以鲤科为主，共计 4 种，占种类总数 50%，鳅科次之，占种类总数的 12.5%，鲈形目中塘鳢科、鳢科和普栉鰕虎鱼科各占种类总数的12.5%。石伟等对宁夏银川鸣翠湖国家湿地水生生物种群结构及其多样性进行研究分析后发现，鸣翠湖鱼类种类数为 16 种，种群结构较简单，以鲤科为主，常见种类为鲫、鲤、鲢、鳙，物种多样性指数也较小，需加强鱼类多样性保护与资源恢复工作，逐步提高鸣翠湖湿地水生生态的稳定性。

1.3.5　城市湿地水生植物和河岸带植物多样性研究

水生植物是指生长在水中或接近水面上的植物，它能够适应水环境的条件，具有较强的生命力，是水生态中主要的初级生产者之一。水生植物按生活方式一般分为：浮叶植物、漂浮植物、挺水植物、沉水植物和湿生植物。由于生长环境多样化，全球水生植物的物种组成也非常丰富。根据近年来的研究，我国水生植物种类约为 880 余种，著名的水生植物有荷花、芦苇等。河岸带植物是陆地和水体之间的生态交错区，直至河水影响消失为止的地带的植物群落，也是自然河流、湖泊等水域生态系统的重要组成部分。河岸带植物生长环境为变化较大的水陆交界处，植物适应性强，同时也因此能够对环境有较大影响，对杜绝河岸侵蚀、保持水源、保育生态、控制洪水、减缓水土流失及保护生物多样性等起着积极的作用。

城市湿地水生植物和河岸带植物的物种多样性是湿地生态系统中的重要组成部分，对于城市湿地生态系统的稳定和健康具有重要作用。可以通过分析丰富度、均匀度和多样性指数等的方法来进行测量。李悦等调查了辽宁太子河干流河岸带植物物种的组成、种类和外貌，应用重要值计算了太子河河岸带植物丰富度指数、多样性指数、均匀度指数、优势度指数，分析了其物种的多样性差异，认为太子河干流河岸带由于受到人为活动干扰，从而降低了物种多样性水平。吴志刚等对长江流域尺度的多样性进行分析，得出海拔和土地利用类型是影响长江流域水生植物空间分布格局的主要因素。薛雁文等认为水生植物与水环境因子相互作用，水环境因子变化对水生植物的生物多样性产生影响。蔡天祐等通过对水生植物分布及相应生境因子进行分析，发现太湖湖滨带水向辐射带内水生植物群落结构和多样性水平受人类活动和环境因子影响较大。金亚璐等以京杭大运河为例，探索自生植物在改善城市渠化河流河岸带生态效益和景观功能中的应用潜力，自生植物多样性上呈逐级递减的趋势，人为干扰是影响多样性变化的主要原因之一。而在实际应用方面，田玉清等通过调查分析水生植物的多样性，对云南洱海湖滨带的恢复和重建效果进行了评估。

城市湿地水生植物有着维护生物多样性、调节水体、吸收污染物、改善大气环境等重要的生态价值，湿地河岸带植物可以防止水土流失、保护湿地河岸，同时湿地水生植物和河岸带植物对水质净化和生态环境修复具有重要作用。许经伟对黄河三角洲湿地水生维管束植物的多样性进行了研究，认为自然条件和人为影响下导致该湿地许多植物物种丧失或濒临丧失，应合理利用植物资源和湿地水资源加快湿地系统修复。杨红等通过对云南滇池国家湿地公园水生植物进行实地调查，建立 RDA 线性模型做约束化主成分分析，分析了群落样方中环境因子与群落间的关系及其对群落分布的影响，认为水体富营养化程度直接影响水生植物群落多样性。梁迪文等对海珠湿地连通水系水区及三类水生植物体表附生的轮虫群落结构开展研究，分析得出三类水生植物均为轮虫提供了生境支持，可有效提高城市湿地生态系统生物多样性。

城市湿地水生植物和河岸带植物在修复生态的同时也具有很高的生物学价值和经济价值，例如用作饲料、药材、食品和废水处理等。刘洋等研究了石菖蒲在人工湿地具有较好的吸收净化能力。任瑞丽在 2019 年就水生植物在湿地系统中的作用进行了研究，明确了水生植物在湿地中有维护生物多样性和净化水体等生态学价值。何君对比了八种水生植物对污水的净化能力。蔡火勤等通过介绍水生植物黄花水龙、水禾和园币草的繁育并在污水治理中的应用，来展示水生植物多样性种植所发挥出的各自的生物学特性优点，阐明水生植物净化水体的应用和效果；并通过种植前后的水体现状比对，指出方法的可行性，且对其应用前景做出展望。王世农也研究了不同植物去污作用与植株的生长状况和根系发达程度有关。

城市湿地水生植物和河岸带植物多样性研究涉及生态学、植物学、环境科学、土地利用规划等多个领域，未来还有很多需要探索和研究的问题，例如城市湿地水生植物和河岸带植物的多样性保护和管理、生态系统服务、建立湿地公园、生物资源利用和可持续发展等。研究城市湿地水生植物和河岸带植物的资源利用和可持续发展，可以推动其在不同领域的应用和开发。以此来为城市人工湿地的发展和保护湿地生态系统提供理论支持，为退化城市湿地的恢复和建立湿地公园提供依据。

1.3.6　城市湿地两栖类和爬行类多样性研究

两栖类和爬行类动物常在湿地食物网中多为次级消费者，位于第三或第四营养级，是食物链的中间部分，与湿地生态系统的物质循环和能量传递密切联系，对维持生态稳定起着至关重要的作用，其中很多种类也是生态环境的指示生物。随着城市化的加剧，城市两栖类、爬行类面临着巨大的环境挑战，同时，随着贸易活动和物流业的发展，一些外来的两栖类、爬行类动物也偶尔会出现在原产地以外的适生区。湿地内的两栖类、爬行类群落多样性特征，是城市湿地水域生物多样性的重要组成部分。

　　我国对于城市两栖类、爬行类动物多样性的研究，较早于西南地区开展，贵州省遵义市、四川省攀枝花市分别在 20 世纪 90 年代就开展了两栖类、爬行类多样性调查。魏希忍等调查得到山东省枣庄市的两栖类和爬行类名录，但并未阐述其分布和丰度。朱曦等对浙江省永康市的两栖类、爬行类动物多样性进行了研究，同时进行了物种区系研究，并根据调查结果结合区域内地形地貌的差异性，对物种的分布区进行了推定。罗键等对四川省资阳市的两栖类、爬行类动物多样性进行了详细的调查，并对区域内的保护物种和有较大生态、经济价值的物种，提出了保护建议。阮桂文在 2004 年 3 月至 2008 年 11 月对广西壮族自治区玉林市东郊区的爬行动物进行了调查研究，发现该地有爬行动物 32 种，隶属于 3 目 11 科 27 属，其中优势种 4 种、常见种 11 种、稀有种 17 种；区系成分以华南区的成分占优势，也含有古北-东洋界、华中-华南区成分，并与广西其他地区和广东肇庆七星岩地区的爬行动物的相似系数进行了比较。

　　彭莉等对两栖类在河南省开封市水系中的生境选择进行了研究，发现自然驳岸两栖类动物的多样性、均匀度以及优势度均大于两种人工硬化驳岸，表明两栖类动物种群在自然生境中稳定性较好，自然驳岸两栖类生物的优势度指数大于两种人工硬化驳岸，两栖类生物生境选择偏向于自然生境；黑斑侧褶蛙与中华蟾蜍的丰富度和夜间光照强度呈显著正相关，金线侧褶蛙与总磷呈显著正相关，泽陆蛙与水体 pH 值呈显著正相关。生态环境较好的热点旅游城市的景区和城市公园，对于两栖类爬行动物多样性均有着较多的研究，其物种分布的研究结果对适生生境的判定有着重要意义，如广西壮族自治区玉林市的挂傍山、辽宁省大连市的森林公园、广东省普宁市三坑水源林县级自然保护区和河北省邢台市襄湖岛生态园区等。侯东敏等于 2019 年 5 月、8 月、10 月和 2020 年 1 月、8 月，采用以样线样点法野外调查为主，以访问调查与文献调查为辅的方法，对云南省景洪市、勐海县和勐腊县的两栖爬行类多样性进行了调查与评估，共记录两栖类 76 种（隶属 3 目 10 科 39 属）、爬行类 88 种（隶属 2 目 20 科 62 属），并根据调查结果对物种的地理区系进行阐述，确定了海拔 500～2000m 是区域内两栖类和爬行类动物分布的热点区域。侯德佳则对湖南省张家界市两栖动物物种多样性及其垂直分布格局开展了专项研究，并利用模糊聚类分析得出不同海拔段两栖类动物群落组成差异，采用最大熵模型 Maxent 结合环境因子预测了两栖类动物丰富度分布格局及其影响因素。

　　野生动物贸易日渐繁荣甚至一些物种通过边境贸易出入国门，爬行动物不仅是其中较为常见的贸易对象而且需求量在不断增长。很多地区自然分布的爬行动物种类很少而本地各类市场里爬行动物及其产品的交易却很多。冯照军等先后对 3 处花鸟市场、6 处农贸市场、21 处宾馆饭店进行查访后发现，各类市场中有售的爬行类动物共 40 种，其中龟类 3 科 5 属 18 种、蜥蜴类 4 科 7 属 7 种、蛇类 3 科 12 属 15 种，其中本地种类 8 种，仅占贸易类的 20%；两栖类动物也有 4 种，其中黑斑侧褶蛙和金线侧褶蛙只出现在农贸市场，东方蝾螈和雨蛙只出现在花鸟市场。

　　2006—2013 年间，李顺才对河北省秦皇岛市 3 区 4 县药用两栖类、爬行类动物资源进行了调查研究，共记录秦皇岛市野生药用两栖类、爬行类动物 4 目 8 科 15 种。在福建省泉州市林业局的组织下，陈朝阳等对泉州市全域的药用爬行类动物资源进行了调查，经整理鉴定泉州药用爬行类动物隶属于 2 目 9 科 17 属 25 种，其中蟒、三线闭壳龟、大壁虎

3 种属于国家重点保护野生动物，乌梢蛇、大壁虎 2 种为国家重点保护野生药材，20 种为国家保护的、有益的，或者有重要经济、科学研究价值的陆生野生动物。2003 年，谢进金在对泉州市的药用两栖类动物资源进行调查后发现，泉州药用两栖类动物隶属于 5 科 6 属 16 种，其中虎纹蛙为国家重点保护野生动物，中华蟾蜍和黑眶蟾蜍均为国家重点保护野生药材，12 种为国家保护的、有益的，或者有重要经济、科学研究价值的陆生野生动物。曾小飚等对广西壮族自治区百色市右江区的 12 种药用两栖类动物进行了资源调查、动物区系分析和药用价值汇总。刘世礼等在百色市右江区调查到区域内分布有药用爬行类动物 2 目 8 科 21 种。

1.3.7　城市湿地鸟类多样性研究

鸟类作为湿地生态系统的重要组成部分，参与湿地生态系统的物质循环和能量传递，对维持生态稳定起着至关重要的作用，而且鸟类对湿地生态环境的变化具有很强的敏感性。因此，湿地鸟类是监测湿地状况的客观生物指标。随着城市化的加剧，生活在湿地的鸟类面临着巨大的环境挑战。研究湿地内的鸟类群落多样性特征可以反映湿地内鸟类的栖息地质量，对于掌握湿地当前的建设成效以及加强湿地保护管理具有重要意义。近年来，国内外学者以城市湿地鸟类为研究对象，开展了多种类型的研究。

当前湿地鸟类群落结构组成的相关基础研究较多，主要集中在自然保护区和湿地公园，调查研究的重点大多放在对鸟类群落多样性和丰度的调查，也有对鸟类地理区系、居留型进行分析，通过数据分析一方面是为研究当地鸟类群落组成和分布提供本地资料，另一方面可以为湿地生态系统的合理保护与科学管理提供具体的措施。如 Panda et al. 收集到关于不同生境、不同湿地季节性变化的鸟类群落多样性的资料后，研究分析得知在一个特定的栖息地内，不同的季节对物种丰富度起着很大的作用，同时人为活动也在影响着湿地鸟类群落的多样性和丰富度。David et al. 在测试植物丰富度和植被结构是否驱动鸟类群落沿热带海拔梯度的空间变化时，发现植物和鸟类群落物种丰富度随海拔高度同步下降，最终发现鸟类群落空间变化的重要决定因素受植物群落组成和植被结构特征的影响。李成之等采用样点法对江苏洪泽湖湿地国家级自然保护区的越冬雁鸭类数量与分布进行了 3 年的调查，结果发现相比较近年的文献记录，冬季雁鸭类在种类和种群数量上逐年上升，说明湿地保护措施的实行对湿地生态环境的修复效果很好。张海波等在贵州省贵阳市阿哈湖国家湿地公园开展鸟类实地调查，采用样带法并结合地理信息技术等对湿地公园分布的鸟类进行全面统计和多样性分析，为公园主管部门开展鸟类及其栖息地保护和湿地公园科学管理提供了依据。

湿地鸟类在不同生境中的分布格局，主要取决于各生境的可利用性、食物丰富度、环境中滩涂面积以及隐蔽程度。了解周围环境急剧变化对野生动物及其栖息地的影响，对于保护和恢复重要的湿地生态系统以及保留其所提供的宝贵生态系统服务至关重要。湿地鸟类栖息地选择与评估不仅仅依靠调查所分布的鸟类种类数量及优势种的生态研究，还必须深入了解认识湿地鸟类和湿地生态系统其他组成部分之间的联系。Casey et al. 对美国科罗拉多州野生动物保护区中桂红鸭的巢址选择进行了监测研究，发现鸟类巢址选择的偏好地点周围分布着少量的杂草类和大量的禾本科植物，从而提升孵化的存活率。Vincent et al. 在研究赞比亚鸟类保护区影响猛禽对日间栖息地的选择和使用因素后发现，季节和饮食成分对猛禽的分布、生境选择和使用有不同的影响。廖辰灿等在对滇池湖滨湿地鸟类丰富度和土地覆被因子进行调查后，通过分析土地覆盖参数，发现建设用地面积占比与栖息地鸟类丰富度成反比，而随着样点的沉水植被面积、坑塘周围挺水植被边缘密度比和坑塘水面面积的增加，鸟类多样性也逐步提升。罗宏德在对甘肃盐池湾国家级自然保护区的斑头雁在不同生境下对巢址选择的偏好程度进行研究后，得出了斑头雁对巢址的主要依赖生境特征选择及周围环境因素特征。宋晶等通过对山西省大同市市区的鸟类多样性进行调查，发现不同生境的鸟类组成由于受到食物、巢址、人为扰动等因素的影响都有其自身的特点，城市繁殖鸟类分布具有不均匀性，差异化的生境能够为不同的鸟类提供适合的繁殖环境。

研究鸟类迁徙的传统方法比较多，如野外调查、雷达监测和环志等。随着科技的进步，一些新技术、新方法不断出现，主要有稳定同位素法、鸣声回放法和卫星追踪法等。如 Michael et al. 对 4990 只小潜鸭和 1429 只美洲潜鸭分别使用铝制和不锈钢材质的带状环志进行了标记，结果表明铝带会导致大量信息丢失。Coxen et al. 使用无线电可以对湿地鸟类的迁徙路线进行追踪。以鸟类模型为基础，通过美国康奈尔大学鸟类学实验室的 eBird 项目数据对斑尾鸽的卫星追踪定位数据进行相关性评估，从而研究其迁徙路线。鸟类每年都会遵循一定的规律在繁殖地和越冬地之间往返。王鹏华运用新的卫星追踪技术，对国内黑鸢进行了追踪研究，具体流程是在黑鸢身上安装卫星发射机，按照提前预设的时间间隔通过太阳能电池蓄电向外界发射固定频率的信号，在接收到这些信号后进行处理和分析，从而确定其所在的地理位置等相关信息，最后将相关信息整合来完成鸟类迁徙整个过程的完整监测。彭文也基于卫星跟踪技术对东方白鹳的秋季迁徙路线进行了研究，通过经纬度、海拔高度、瞬时飞行速度、温度等数据，统计并筛选后得到迁徙路线和中途停栖地的各项基础性数据，不仅通过绘制出其秋季迁徙路线发现在迁徙过程中通常独自迁徙，基本不与有亲缘关系的其他东方白鹳同行，而且依据中途停栖地的停留时间，将东方白鹳的中途停栖地分为短期补给停栖地、长期补给停栖地、夜间停栖地和昼夜停栖地，这为进一步研究分析湿地变化对东方白鹳迁徙路线和中途停栖地的影响提供了科学依据。

第 2 章
济南市湿地概况

2.1　白云湖国家湿地

白云湖国家湿地位于山东省济南市章丘区境内，济南东北方向 40km 处，距章丘城区 20km，总面积 1627.5hm²，湿地率 83.2%。白云湖北临小清河，东滨绣江河，是目前济南市唯一接近天然的湿地，也是山东省第三大湖泊。地貌类型属于山前平原与黄河平原的交接过渡带，是东西走向的天然洼地。为保护白云湖国家湿地，对周边环境进行了综合整治，投资完成水体净化工程，开展大规模清淤疏浚，扩大水域 266.7hm²，湿地生态得到有效恢复，湖区湿地率达到 83.2%；通过增加湿地水陆交错带，有效减少了面源污染，水质明显改善。白云湖国家湿地环境逐年优化。

白云湖国家湿地具有完整的独特自然生态景观，自古就是"章丘八景"之一。湖岸 20km 的垂柳长堤是一道独特的优美景观。湖内苇丛遍布，红莲满湖，湿地内白云红莲面积超 200hm²，是山东境内比较集中的第一红莲观赏区。湿地内生物多样性丰富，珍稀物种繁多，是山东省的生物种群源和越冬候鸟中转栖息地。据统计，白云湖国家湿地现有植物 38 科 71 属 102 种；动物中兽类 10 科 23 种，爬行动物 5 科 12 种，鱼类 4 目 6 科 21 种，鸟类 14 目 34 科 141 种（其中国家一级保护动物有东方白鹳，二级保护动物有灰鹤、大天鹅等多种）。为了推进产业转型升级，白云湖形成了观光旅游、生态养殖、苗木花卉、有机果品、湖特加工等五大绿色产业。特色湖产已发展莲藕、禽蛋、水产、苇编 4 大类 100 多个品种，白云湖产品荣获"山东风味名吃"和"山东著名品牌"美誉。

2.2　济西国家湿地

济西国家湿地位于山东省济南市西部城区，北起沉沙池北部大坝，东接南水北调东线引水渠，南至冯庄村与老李村村间道路，西邻黄河。济西国家湿地汇集了黄河、济平干渠、玉符河等丰富水资源，形成了长江、黄河、泰山溪流三水脉合一的独特水系。主要水源是黄河水与玉清湖水库库水的侧渗，水质清澈见底，经过湿地芦苇的净化作用，大部分水源可以达到 Ⅱ 类水的标准，总面积约 33.4km²。

济西国家湿地分为天然湿地和人工湿地两大类，其中天然湿地主要有沼泽和河流等湿地类型，人工湿地主要有水库、池塘和稻田等湿地类型。济西国家湿地是集生态保护、科普教育、文化展示、休闲旅游等多功能于一体的生态湿地。济西国家湿地含高等植物 115 科 414 属 867 种，其中蕨类植物 29 种，裸子植物 2 种，被子植物 836 种。湿地植物主要以芦苇、香蒲为主，植被资源比较丰富。济西国家湿地还具有丰富的野生动植物资源，重点保护动物种类繁多，有陆生野生动物 26 目 57 科 202 种，野生动物种类以鸟类居多，国家一级重点保护动物东方白鹳、金雕 2 种。济西国家湿地历史文化悠久，长清剪纸、明湖踩藕都是当地的民俗特色。

2.3 钢城大汶河国家湿地

大汶河古称汶水，发源于山东旋崮山北麓沂源县境内，汇泰山山脉、蒙山支脉诸水，自东向西流经济南、新泰、泰安、肥城、宁阳、汶上、东平等市、县，汇注东平湖，出陈山口后入黄河。大汶河是黄河下游较大的支流之一，干流河道长 239km，流域面积 9098km^2。钢城大汶河国家湿地内地势东高西低，沿岸南部地区地形以低山、丘陵为主，北部地区分布少量河谷平原。湿地源头茅头山海拔 555m，大汶河下游与济南市莱城区交界处海拔 196m，落差近 350m，坡降呈梯级状态。湿地内风景秀丽，植被茂密，洲滩较多，是野生动物重要栖息地和候鸟迁徙停歇站，生物多样性丰富。

大汶河国家湿地公园，全长 15km，建设了汶水湾、汶水滩、汶水广场、汶水之韵、汶水湿地（九龙湿地）等景区，仁爱桥、义爱桥、礼爱桥、智爱桥等 12 座桥梁。"两廊"建设了爱山公园、双龙山公园、双凤山公园、钢城儿童乐园、钢城植物园、爱心航母公园六大"爱心主题公园"。整个湿地公园以"爱"为主题，充分展现出大汶口文化、钢铁文化、爱心钢城文化和中国红元素，成为集休闲、自然、亲水、文化于一体的开放式"城市滨水文化公园"。

2.4 莱芜雪野湖国家湿地

雪野湖国家湿地位于济南市莱芜区北部 20km 处，原名雪野水库，是山东省大型水库之一，始建于 1958 年，建成于 1985 年。湖东面是远近闻名的马鞍山，湖北面是具有神奇传说的吕祖洞；距湖不足 10km 处是绵延起伏的齐长城，湖以东 10km 是莱芜著名的革命纪念地汪洋台；湖以西 2.5km 处是山顶较平、松柏簇拥的大山；湖西南 3km 处的悬羊吊鼓山风景名胜区，只有一条山道可通顶，大有"一夫当关，万夫莫开"之势，此山还有一条东西走向的山涧，是一处群山环抱、常年流水不断的天然景观。

雪野湖国家湿地主要由雪野水库、通天河、嬴汶河组成，东起嬴汶河虎石桥，南至雪野大坝，西至西坡桥，北到西下游村。雪野水库流域地处泰山东麓，属暖温带大陆性季风气候区，雨热同期，总面积 1367.78hm^2，其中湿地总面积 1246.99hm^2，湿地率

91.17％。因此雪野湖国家湿地属自然人工复合型湿地。在干旱缺雨的鲁中山区地带，雪野湖丰富多样的植被景观、烟波浩渺的湖泊风光，无疑对生态旅游爱好者具有很强的吸引力，是理想的消夏避暑、旅游休闲之地。雪野湖水面宽阔，碧波荡漾，水质清纯，周围山峦起伏，湖内鱼类丰富，是理想的垂钓乐园。流域内土壤绝大多数为砂质壤土，河谷多梯田，流域内植被较差，农作物以小麦、玉米、花生为主。

2.5　黄河玫瑰湖国家湿地

　　玫瑰湖国家湿地位于平阴县城的西北部，西北紧邻黄河，东西两侧为山体，东南紧邻平阴县城区，其规划面积 26.5km²，其中核心区面积 6.7km²。湿地所处位置属暖温带半湿润大陆季风气候，冬季干燥寒冷，夏季降水较多。湿地包括河流湿地、湖泊湿地、沼泽湿地、人工湿地四大湿地类型，年平均气温 13.6℃。湿地总面积 453hm²，其中河流湿地 29hm²、湖泊湿地 118hm²、人工湿地 257hm²、沼泽湿地 49hm²。该地块地势低洼平坦，历史上，一直作为黄河滞洪区和城区泄洪区使用，原生态湿地特征明显，动植物多样；20 世纪 80 年代以后，因为过度的开发，湿地面积逐年缩小。

　　玫瑰湖国家湿地东西两侧是形态优美、连绵的山体，区内大约有近万亩的速生杨树林，现有河流、水渠、鱼塘、涝洼地等近 666.7hm² 水面，还有重要的田山电灌工程沉沙池和护城大堤。湿地公园及周边有维管植物 641 种、野生动物 176 种，其中国家重点保护的动植物 18 种，山东省重点保护的动植物 20 种。为进一步强化湿地公园规划、充分发挥湿地功能，总体规划布局了湿地保育区、湿地恢复重建区、湿地宣教展示区、合理利用区和管理服务区五大功能区域，实施分区管理。在黄河玫瑰湖国家湿地公园主题建设中，着力打造了阿胶、玫瑰等特色文化、黄河文化产品，区域内设置了生态玫瑰种植园、陶瓷玫瑰花海园、大型玫瑰雕塑、玫瑰阿胶历史传承文化浮雕，有效推动了"湿地—玫瑰—阿胶"的有机融合，从而带动平阴县玫瑰、阿胶产业的稳步健康发展。

2.6　商河县大沙河省级湿地

　　商河县地处山东省西北部，隔黄河距省会济南 70km，是济南市的北大门。大沙河位于商河县城北 10km 处，由东向西呈带状，东西横贯县境北部，穿越怀仁镇、殷巷镇、沙河乡、龙桑寺镇，全长 32.88km，省道 248 线和 316 线跨河而过，河宽近 100m，平均水深 3m 左右，水质清澈，品种众多的水生生物和鸟禽类在河内栖息繁衍。大沙河省级湿地自然生态本底良好，生态环境优良。河内水质常年保持在Ⅲ类水标准，空气质量达到一级标准，生态环境对于生活在喧嚣都市的人们来说有着巨大的吸引力。大沙河省级湿地公园内有许多优质果品基地，像殷巷镇的金丝魁王枣示范园，怀仁镇、沙河乡的黄金梨示范园等。园区内的白莲藕种植现已初具规模，并已注册国家商标和地理标志产品。结合林地资源优势，林下种植（养殖）产业也逐渐发展成形。同时，园内道路、水、电等基础设施已

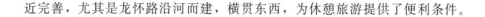

近完善，尤其是龙怀路沿河而建，横贯东西，为休憩旅游提供了便利条件。

2.7 济阳土马河省级湿地

土马河省级湿地公园位于济南市济阳区西北部的新市镇，东西长 5300m，南北宽 1500m，东起临商河，西至江店村，北起双柳村，南到王碱场村，用地包括全部老土马河和新土马河的一部分，呈"人"字形。公园规划区湿地总面积约 487.7hm²，其中河流面积 38.3hm²，沼泽湿地面积 38.8hm²，人工湿地面积 410.6hm²。土马河省级湿地具有北方湿地的典型特征，动植物资源丰富，植物主要有杨树、柳树、芦苇、莲等，鱼类主要有鲤、泥鳅、鲢等 11 种，鸟类共计有白鹤、天鹅等 62 种。土马河省级湿地公园景观基础好，具有很大的旅游开发空间和潜力。该公园靠近济南市区，交通便利，非常适合短期自驾休闲游。

2.8 济阳澄波湖省级湿地

澄波湖省级湿地位于济南市济阳区，济北经济开发区西侧，东至澄波湖路，西接 220 国道，占地 800hm²，其中水面面积 66.7hm²，绿化用地 133.3hm²，配套公建占地 33.3hm²，生态旅游、生态观光、娱乐休闲、餐饮、文化艺术、会展、体育运动训练、生态观光农业、园林、温泉、健身、度假和高级住宅项目总占地 200hm²。济阳澄波湖湿地自然特性和生态特征显著，生物多样性丰富，自然景观和人文景观独特，具有较高的保护、科研和利用价值。建立省级湿地公园，对进一步保护湿地生态系统的完整性，维护湿地生态过程和生态服务功能，充分发挥湿地的多种效益具有重要意义。以澄波湖水库为依托，开发和建设嘉年华娱乐区、水上娱乐区、温泉度假区和商务接待区，建成了国内一流、济南周边地区档次最高规模最大的休闲娱乐度假区。

2.9 济阳燕子湾省级湿地

燕子湾省级湿地位于济南市济阳区垛石镇齐济河和徒骇河交汇处，上与齐济河相连，下与徒骇河相通，总面积 128.81hm²。水流不息，环境优美。现有动植物种类丰富，湿地植物与周边森林组成湿地与森林复合生态系统，在山东省具有典型性和代表性，有较高的保护价值和科研价值。湿地内有 6000 余棵杨柳树，湾内生长着芦苇、荷花、香蒲等水生植物，芦苇内栖息着白鹭、野鸭等野生动物，水下活跃着鲫、鲢、鲶等鱼类。燕子湾湿地是济南市自然生态原始、生物多样性丰富和自然景观迷人的湿地，具备开展湿地保护等科普宣传教育活动的能力。燕子湾省级湿地将成为济阳区的生态明珠，济南市的"绿肺"。

2.10 华山湖省级湿地

华山湖省级湿地位于济南市城区东北部、小清河北岸、华山周边，原为历史自然洼地。区域内村居较多，经济发展缓慢，生态环境较差。每遇较强降雨，就会积涝成灾，特别是 1987 年 "8·26"、2007 年 "7·18" 特大暴雨期间，区域内更是严重受灾。历次小清河防洪治理都将华山洼规划为蓄洼滞洪区，作为小清河的防洪配套工程，但由于区域内居民多、拆迁难度大，工程一直未实施。2016 年，国务院批复的《济南市城市总体规划（2011—2020 年）》，明确提出 "建设小清河沿线的华山湖、小李家等蓄滞洪区，潜蓄超标准洪水，平时作为湿地景观公园，改善城区生态环境。华山洼蓄滞洪区包括蓄滞洪区工程、分退洪工程及配套设施等。蓄滞洪区最高蓄水位 23.67m，蓄水量 1282 万 m^3，水域面积 3.71km^2；湿地正常蓄水位 21.5m，蓄水量 656 万 m^3，水域面积 2.24km^2；汛限水位 21.0m，蓄水量 540 万 m^3，水域面积 1.92km^2。" 华山洼蓄滞洪区（华山湖湿地）建成后，既满足了小清河滞蓄洪水需求，又改善了周边生态环境，提升了城市品质。

2.11 锦水河省级湿地

锦水河省级湿地位于济南市平阴县。锦水河，又名平阴河，发源于平阴县东部及南部丘陵，源短流急，属于季节性河流，是唯一一条横穿平阴县城的天然河流，长约 15km，于田山注入黄河，是黄河的一级支流。锦水河上游山岭海拔一般在 150～200m，水源有三：一来自分水岭以西的胡庄、尹庄、孙官庄一带；二来自分水岭以北的三山峪，桥口的山峪；三来自城东的山峪。三处来水成川字形，在平阴老城南门外汇在一起，故又名锦水。秋日，水清流缓，南门外一段河面景色秀丽怡人，成为平阴旧志记载的 "八景" 之一，名为 "锦水秋萦"。锦水绕平阴老城一圈后由城西北流入黄河。锦水河流域面积 57.2km^2，是名副其实的 "平阴母亲河"。

2.12 浪溪河省级湿地

浪溪河省级湿地位于济南市平阴县东阿镇、洪范池镇，以东阿镇、洪范池镇浪溪河及其沿岸的湿地为中心，呈狭长分布，集河流、沼泽、滩涂等自然景观和人文景观于一体，独特的风景资源总体可概括为天蓝、草绿、水灵、境幽等特征。湿地公园西至周河村，东至书院村、纸坊村，北起小河口村，南至张海村。该湿地总面积 293.72hm^2，其中河流湿地 149.80hm^2，沼泽湿地 44.06hm^2，人工湿地 17.62hm^2，其他用地 82.24hm^2。

浪溪河湿地公园野生动植物资源丰富，公园内有维管束植物 50 科 98 种，其中国家一级保护植物一种，即水杉；国家二级保护植物 3 种，分别为中华结缕草、野大豆、莲。公园及周边区域有野生动物 22 目 36 科 72 种，其中国家二级重点保护动物 3 种，分别是苍鹰、长耳鸭、短耳鸭。浪溪河水源丰富，水质优良，汇集了特色多样的泉水，各泉虽形状不一，大小不等，却各有风韵，景色佳妙，让人称奇。主要有狼泉、书院泉、洪范池、白雁泉、车流泉、日月泉、丁泉、扈泉、墨泉等 9 处泉水，常年清水长流，被当地人称为"九泉之水"。

2.13　龙山湖省级湿地

龙山湖位于小清河支流、东西巨野河汇流处，流域面积 226km^2，储水量达 1500 万 m^3。龙山湖湿地公园占地 333.3hm^2，其中湿地面积为 95hm^2，占公园总面积的 28.5%，其中河流湿地和人工湿地的面积分别为 42.5hm^2、52.5hm^2，分别占湿地总面积的 45%、55%。龙山湖省级湿地公园近郊通衢，物产宜市，四面绿地环绕，沃野平畴，水丰宜植，环境甚是优美。西岸毗邻济南市历城区，湖域以南是全国重点文物保护单位城子崖遗址所在地和城子崖遗址博物馆，东面则是历经千年依旧保存完好的东平陵故城，西南方向还有曾被列为全国考古十大发现之一的西河遗址，是欣赏古韵遗风，领略龙山文化深厚底蕴的理想场所。

龙山湖省级湿地内动、植物资源十分丰富，主要维管束植物有 57 科 144 属 214 种，其中常见的落叶阔叶林有杨树；主要脊椎动物有水禽、野兔、山鸡、刺猬等 196 种。湿地内部有张家庄，周边分布着有师官庄、娄家四户、杜家村、孙家村、呆家庄等成熟村庄（社区）。湿地地势低洼平坦，历史上一直作为东、西巨野河蓄水区和山区泄洪区使用，同时具有工农业供水、灌溉等多重功能。随着济南市东联供水工程和章丘区"两泉、三河、五湖"的大水系旅游开发，龙山湖省级湿地成为集工农业用水和旅游开发为一体的旅游景观区。

2.14　绣源河省级湿地

绣源河省级湿地东至滨湖路，西至〇九路，南至济南植物园，北至朱各务水库，南北全长约 15km，其中水域面积 577hm^2，景观绿化面积约 666.7hm^2。湿地建设紧扣"以水为脉、以绿为衣、以文为蕴、以人为本"的主题，展现清柔秀美的水景观和自然和谐的湿地景观。当充满希冀的、迷人的晨曦，照耀在绣源河上时，远望去，婉如一条玉带镶嵌在水与天的画卷中——这就是"绣源晨曦"。"绣源晨曦"因其独特的魅力成功入选"章丘新八景"，同时被提名参选"泉城新八景"。

绣源河省级湿地拥有得天独厚的地理条件（上游垛庄水库，中游大站水库，下游朱各务水库提供充足的水源），以绣源河河面风景为主体的水体景观，以各种花卉、乔木、灌木合理布置的自然景观，以水幕电影及音乐喷泉相互结合的科技景观，形成了河道与人文景观、自然景观、工程景观融为一体的别致景色，是旅游、娱乐、休闲、度假胜地。风景区分为郊野度假、中央游憩、休闲娱乐和生态涵养四个功能区段。章丘之眼瀑布区为绣源河景区的核心景观，瀑布主体工程建筑艺术效果较为明显，观赏性较强。风景区内气候温和，四季分明，风景资源在时间上分布合理，适游期延伸至全年。空间上合理利用地域优势，具有布局科学的特点。河流、湿地、林带、建筑组合完美，河内 12 座坝体与 5 座景观观赏桥相互辉映，层次分明，置身其中可以选择不同层面为视点，相互转化，呈现不同的视觉效果，相映成趣。

2.15　长清王家坊省级湿地

王家坊省级湿地源于济南市长清区南部群山，向北汇流入黄河，地处长清区南部马山镇，主要包括崮头水库、南大沙河部分河段及其周边水系绿化带。南起崮头水库中坝，北至南芯村东漫水桥，东西宽 2.43km，南北跨 2.97km，规划总面积 157.1hm²，其中湿地面积 76.6hm²，湿地率为 48.76%。王家坊省级湿地是集湿地生态保护与修复、湿地科普宣教、湿地生态休闲旅游为一体的郊野型综合湿地。湿地内拟规划建设湿地保育区、恢复重建区、合理利用区、管理服务区和科普宣教区。其中湿地保育区包括崮头水库和规划区内省道 104 王家坊中桥以北的区域，面积约为 56.5hm²，占公园总面积的 36%。湿地公园内目前共有高等维管束植物 67 科 150 属 237 种；有脊椎动物 252 种，包括鸟类 169 种、鱼类 51 种、两栖类 6 种、爬行类 8 种、兽类 18 种。

第 3 章

济南市湿地的水生态调查

3.1 水生态调查采样点的选取及布设

本次调查自 2020 年至 2022 年历时 3 年时间，分别对济南市 15 个（国家级、省级）湿地开展样品采集工作，每个湿地均选取 6 个点位进行采样调查。2020 年 9 月，对 5 个国家级湿地进行样品采集工作，采集地分别设在白云湖国家湿地、济西国家湿地、钢城大汶河国家湿地、莱芜雪野湖国家湿地和黄河玫瑰湖国家湿地；2021 年 9 月，对 5 个山东省级湿地进行样品的采集工作，采集地分别设在商河县大沙河省级湿地、土马河省级湿地、济阳澄波湖省级湿地、华山湖省级湿地和济阳燕子湾省级湿地；2022 年 9 月，对 5 个山东省级湿地进行样品的采集工作，采集地分别设在锦水河省级湿地、浪溪河省级湿地、绣源河省级湿地、龙山湖省级湿地和长清王家坊省级湿地。

3.1.1 监测断面位置

选择监测断面原则：①尽可能覆盖监测区域，并能准确反映湿地水质和水文特征；②湖泊、库塘、沼泽的进水区、出水区及湖叉区；③敞水区；④不同人为干扰区。

3.1.2 采样位置选择

断面水深大于等于 0.5m 时，采样点深度位于 0.5m 处；断面水深小于 0.5m 时，采样点位于水面与水底中间层。对于不同类型的湿地，采样点设置如下：

（1）河流型湿地。采样断面包含湿地公园内河流上游、中游、下游，每个采样断面设置不少于 3 个采样点进行采样。

（2）湖库型湿地。采样断面布设主要涉及湖库出入口、中心区、滞流区、湖叉区、饮用水源取水口，一般最少设计 5 个采样点。

（3）沼泽型湿地。对明水区进行采样断面布设，依据明水区分布随机采样，如明水区面积较大，可按照网格布点设计采样点，采样点依据面积大小布设，但不得少于 6 个。

（4）其他类型湿地。均采用随机布点，采样点不少于 5 个。

本研究运用两步路户外助手 App 设置和定位 15 个湿地的采样点位（5 个国家级湿地是白云湖国家湿地、济西国家湿地、钢城大汶河国家湿地、莱芜雪野湖国家湿地和黄河玫瑰湖国家湿地，10 个山东省级湿地是商河县大沙河省级湿地、土马河省级湿地、济阳澄波湖省级湿地、济阳锦水河省级湿地、浪溪河省级湿地、龙山湖省级湿地、绣源河省级湿地、济阳燕子湾省级湿地、华山湖省级湿地和长清王家坊省级湿地），并根据实际情况，在每个湿地分别设置 6 个样点，共 90 个点位（表 3.1），对济南市（国家级、省级）湿地的水质状况和水生生物资源进行调查研究。

表 3.1　　　　　　　　　　　　　　　　湿地调查采样点位信息

湿 地 名 称	所属流域	采样点位	经度（东经）/(°)	纬度（北纬）/(°)
白云湖国家湿地	黄河流域	样点 1	117.3760167	36.84949927
	黄河流域	样点 2	117.3539268	36.86012044
	黄河流域	样点 3	117.3627414	36.84625749
	黄河流域	样点 4	117.3898088	36.84731644
	黄河流域	样点 5	117.4105974	36.86189594
	黄河流域	样点 6	117.3773621	36.86309045
济西国家湿地	黄河流域	样点 1	116.7960853	36.63952975
	黄河流域	样点 2	116.7811480	36.64067384
	黄河流域	样点 3	116.7966427	36.66716960
	黄河流域	样点 4	116.7885484	36.64908251
	黄河流域	样点 5	116.7996009	36.64242185
	黄河流域	样点 6	116.8137752	36.64310673
钢城大汶河国家湿地	黄河流域	样点 1	117.7771792	36.08692730
	黄河流域	样点 2	117.7838184	36.06601190
	黄河流域	样点 3	117.7889210	36.06119365
	黄河流域	样点 4	117.8134833	36.04465606
	黄河流域	样点 5	117.8339941	36.05557129
	黄河流域	样点 6	117.8540471	36.06211476
莱芜雪野湖国家湿地	黄河流域	样点 1	117.5919249	36.43416181
	黄河流域	样点 2	117.5425951	36.45802469
	黄河流域	样点 3	117.5431638	36.44583493
	黄河流域	样点 4	117.5725694	36.43755712
	黄河流域	样点 5	117.5748984	36.41537623
	黄河流域	样点 6	117.5886758	36.40812041
黄河玫瑰湖国家湿地	黄河流域	样点 1	116.4280785	36.29338761
	黄河流域	样点 2	116.4269425	36.29093808
	黄河流域	样点 3	116.4262657	36.28898243
	黄河流域	样点 4	116.4241062	36.28676935
	黄河流域	样点 5	116.4235829	36.29009949
	黄河流域	样点 6	116.4250246	36.29300710

续表

湿地名称	所属流域	采样点位	经度（东经）/(°)	纬度（北纬）/(°)
商河县大沙河省级湿地	海河流域	样点 1	117.1376752	37.41605339
	海河流域	样点 2	117.1376752	37.41605339
	海河流域	样点 3	117.1376752	37.41605339
	海河流域	样点 4	117.1376752	37.41605339
	海河流域	样点 5	117.1376752	37.41605339
	海河流域	样点 6	117.1376752	37.41605339
土马河省级湿地	海河流域	样点 1	117.0092506	37.08209521
	海河流域	样点 2	117.0092506	37.08209521
	海河流域	样点 3	117.0092506	37.08209521
	海河流域	样点 4	117.0092506	37.08209521
	海河流域	样点 5	117.0092506	37.08209521
	海河流域	样点 6	117.0092506	37.08209521
济阳澄波湖省级湿地	海河流域	样点 1	117.1365882	36.97434406
	海河流域	样点 2	117.1365882	36.97434406
	海河流域	样点 3	117.1365882	36.97434406
	海河流域	样点 4	117.1365882	36.97434406
	海河流域	样点 5	117.1365882	36.97434406
	海河流域	样点 6	117.1365882	36.97434406
济阳锦水河省级湿地	黄河流域	样点 1	116.47599196	36.27085092
	黄河流域	样点 2	116.47510940	36.27262294
	黄河流域	样点 3	116.47057714	36.27639030
	黄河流域	样点 4	116.46828213	36.27817172
	黄河流域	样点 5	116.47097819	36.27768883
	黄河流域	样点 6	116.46906681	36.27728097
浪溪河省级湿地	黄河流域	样点 1	116.2744386	36.20070832
	黄河流域	样点 2	116.2686465	36.18101297
	黄河流域	样点 3	116.2681585	36.17402643
	黄河流域	样点 4	116.2731850	36.16319566
	黄河流域	样点 5	116.2743823	36.16258477
	黄河流域	样点 6	116.2871896	36.13565886
龙山湖省级湿地	淮河流域	样点 1	117.3441734	36.73962739
	淮河流域	样点 2	117.3425760	36.74406464
	淮河流域	样点 3	117.3425867	36.74876394
	淮河流域	样点 4	117.3534159	36.74659944
	淮河流域	样点 5	117.3562970	36.74446340
	淮河流域	样点 6	117.3555150	36.73666853

续表

湿地名称	所属流域	采样点位	经度（东经）/(°)	纬度（北纬）/(°)
绣源河省级湿地	黄河流域	样点 1	117.4761862	36.63516888
	黄河流域	样点 2	117.4676954	36.66926180
	黄河流域	样点 3	117.4685338	36.68261230
	黄河流域	样点 4	117.4797018	36.71993240
	黄河流域	样点 5	117.4803362	36.75219247
	黄河流域	样点 6	117.4833018	36.77038784
济阳燕子湾省级湿地	海河流域	样点 1	117.0945779	37.06589696
	海河流域	样点 2	117.0945779	37.06589696
	海河流域	样点 3	117.0945779	37.06589696
	海河流域	样点 4	117.0945779	37.06589696
	海河流域	样点 5	117.0945779	37.06589696
	海河流域	样点 6	117.0945779	37.06589696
华山湖省级湿地	淮河流域	样点 1	117.0672888	36.72883792
	淮河流域	样点 2	117.0672888	36.72883792
	淮河流域	样点 3	117.0672888	36.72883792
	淮河流域	样点 4	117.0672888	36.72883792
	淮河流域	样点 5	117.0672888	36.72883792
	淮河流域	样点 6	117.0672888	36.72883792
长清王家坊省级湿地	黄河流域	样点 1	116.7557083	36.42050644
	黄河流域	样点 2	116.7576709	36.41964246
	黄河流域	样点 3	116.7562248	36.41921479
	黄河流域	样点 4	116.7584851	36.41912894
	黄河流域	样点 5	116.7590204	36.41879775
	黄河流域	样点 6	116.7597917	36.41858531

3.2　湿地的水环境调查方法

3.2.1　水环境指标与水样

水环境调查中测定的指标包含水温（TEMP）、电导率（COND）、溶解氧（DO）、浑浊度（NTU）、pH 值、透明度（SD）、水深（DEEP）、总磷（TP）、总氮（TN）、氨氮（NH_3 - N）、硝酸盐氮（NO_3^- - N）、亚硝酸盐氮（NO_2^- - N）、五日生化需氧量（BOD_5）、磷酸盐（PO_4^{3-}）、悬浮物（SS）、盐度（SAL）和高锰酸盐指数（COD_{Mn}）等17 项，其中，水环境物理指标：水温（TEMP）、电导率（COND）、溶解氧（DO）、盐度（SAL）等均采用便携式多指标测定仪（ORION STAR A329）现场获取数据，透明度

（SD）采用萨氏盘测量，浑浊度（NTU）采用浊度计获取数据，水深（DEEP）采用水铊获取数据；水环境化学指标中的总磷（TP）、总氮（TN）、氨氮（NH_3-N）、硝酸盐氮（NO_3^--N）、亚硝酸盐氮（NO_2^--N）、五日生化需氧量（BOD_5）、磷酸盐（PO_4^{3-}）、悬浮物（SS）和高锰酸盐指数（COD_{Mn}）、叶绿素（Chla）等数据的获取方法为：在每个采样点位采集两个平行水样，各2L，于24h内带回实验室，采用相应国家或行业标准于实验室内测定（表3.2）。水化监测指标见表3.3。

表 3.2　水样采集方法

采集对象	采集容器	采集方法
表层水	瓶或桶等	在水面下 0.3～0.5m 处进行采集
深层水	带重锤的采水器（图3.1）	将容器沉入水面下 0.5m 处，或水深 1/2 处，或距底 0.5m 处（可在绳上进行刻度标识）采集

图 3.1　采水器

表 3.3　水化监测指标

序号	指标	监测工具（方法）	监测意义
1	水温（TEMP）	便携式多指标测定仪（ORION STAR A329）	氧气在水中的溶解度随水温升高而减少，水温升高加速耗氧反应，导致水体缺氧或水质恶化
2	电导率（COND）	便携式多指标测定仪（ORION STAR A329）	电导率表示水中电离性物质的总量，其大小同溶于水中物质的浓度、活度和温度有关
3	溶解氧（DO）	便携式多指标测定仪（ORION STAR A329）	溶解氧是评价水体自净能力的指标。溶解氧含量较高，表示水体自净能力较强；溶解氧含量较低，表示水体中污染物不易被氧化分解，鱼类也因得不到足够氧气窒息而死
4	浑浊度（NTU）	浊度计	通常浊度越高，溶液越浑浊。浊度的高低一般不能直接说明水质的污染程度，但由人类生产和生活污水造成的浊度增高，表明水质变坏
5	pH 值	便携式多指标测定仪（ORION STAR A329）	pH＝7 是标准意义上的中性水。pH＞7 为碱性，pH＜7 为酸性。清洁天然水的 pH 值为 6.5～8.5，pH 值异常，表示水体受到污染。多数的水污染会改变水的 pH 值，但不是全部
6	透明度（SD）	萨氏盘	从理论上讲，水体透明度较高则悬浮物的含量不会高
7	叶绿素 a（Chla）	紫外可见分光光度计	叶绿素 a 含量是评价水体富营养化的指标之一，也可通过测定水中叶绿素 a 含量来掌握水体的初级生产力状况和富营养化水平

续表

序号	指标	监测工具（方法）	监 测 意 义
8	总磷（TP）	紫外可见分光光度计	水中磷的主要来源为生活污染。水体中的磷是藻类生长需要的一种关键元素，过量磷是造成水体污秽异臭、湖泊发生富营养化和海湾出现赤潮的主要原因
9	总氮（TN）	紫外可见分光光度计	总氮有助于评价水体被污染和自净状况。地表水中氮、磷物质超标时，微生物大量繁殖，浮游生物生长旺盛，出现富营养化状态
10	氨氮（NH_3-N）	紫外可见分光光度计	氨氮是目前造成国内河流、湖泊富营养化的直接因素，通过检测水中氨氮含量可以大致判断水质的情况
11	硝酸盐氮（NO_3^-）	紫外可见分光光度计	硝酸盐氮是含氮有机物氧化分解的最终产物。水体中仅有硝酸盐含量增高，氨氮、亚硝酸盐氮含量均低甚至为 0，说明污染时间已久，现已趋向自净
12	亚硝酸盐氮（NO_2^-）	紫外可见分光光度计	在水环境不同的条件下，亚硝酸盐氮可氧化成硝酸盐氮，也可被还原成氨。水中存在亚硝酸盐时表明有机物的分解过程还在继续进行，亚硝酸盐的含量如太高，即说明水中有机物的无机化过程进行得相当强烈，污染的危险性仍然存在
13	五日生化需氧量（BOD_5）	稀释与接种法	五日生化需氧量是指地面水水体内微生物在分解有机物过程中消耗水中的溶解氧的量，是水体中有机物污染的最主要指标之一
14	磷酸盐（PO_4^{3-}）	紫外可见分光光度计	磷酸盐用于表示水体中溶解的磷酸盐中的磷的含量，它可影响生物成长的速度。含有大量磷酸盐的污水进入生态环境中，会使某些生物数量暴涨，导致生态变异，且还消耗水体内的溶解氧等水体资源，而导致其他生物数量减少甚至死亡（如富营养化）
15	悬浮物（SS）	重量法	测定水中悬浮物的意义主要是衡量水体的污染程度，悬浮物的富集会导致水体容易发生厌氧发酵，形成水体污染等危害
16	盐度（SAL）	便携式多指标测定仪（ORION STAR A329）	水体中盐度较高会伤及水生植物和鱼类，而盐度较低也会妨碍植物体内营养的有效传输
17	高锰酸盐指标（COD_{Mn}）	酸式滴定管	高锰酸盐指标是反映水体中有机及无机可氧化物质污染的常用指标

3.2.2　水样的保存与运输

水样的保存与运输应注意如下事项：

（1）水样在保存过程中应不发生物理、生物、化学反应变化；容器应选择性能稳定、不易吸附预测成分、杂质含量低的容器，如聚乙烯和硼硅玻璃材质的容器；保存时间即最长储藏时间，清洁水样为 72h，轻度污染水样为 48h，严重污染水样为 24h。

（2）水样运输时间控制在 24h 以内，采样完成后容器应进行封口，避免震动、碰撞而造成样品损失或沾污，最好采用样瓶装箱，用泡沫或充气袋压紧。在运输水样过程中如有需要冷藏的样品，应注意冷藏，放入制冷剂，保持4C°，见表3.4和图3.2。

表3.4　　　　　水样保存方法

保存方法	具体措施
冷藏冷冻法	在样品中放入生物冰袋或放进冰箱进行保存
化学试剂保存法	加入生物抑制剂
	调节pH值
	加入氧化剂或还原剂

图3.2　水样保存

3.2.3　现场监测示例

水环境指标监测现场如图3.3所示。

（a）水样现场监测

（b）现场记录数据

图3.3　水环境指标监测现场

3.3　湿地水生生物调查方法

3.3.1　浮游植物调查

浮游植物（Phytoplankton）是指在水中以浮游方式生活的微小植物，通常浮游植物就是指浮游藻类，包括蓝藻门、绿藻门、硅藻门、金藻门、黄藻门、甲藻门、隐藻门和裸藻门八个门类。浮游植物不仅是水域生态系统中最重要的初级生产者，而且是水中溶解氧的主要供应者，它启动了水域生态系统中的食物网，在水域生态系统的能量流动、物质循环和信息传递中起着至关重要的作用。浮游植物的种类组成、群落结构和丰富度变化，直接影响水体水质、系统内能量流、物质流和生物资源变动。

3.3.1.1　浮游植物样品采集

在采样点位上下游100m范围内，用采水器采集1L的样品，装入1L的瓶子里，采水后进行固定，固定剂一般采用鲁哥氏液，1L的样品需加入10mL的鲁哥氏液；记录

图 3.4　浮游植物样品采集

采样点信息和标本瓶标签，具体包括采样点位名称、采样站点编号、采样时间、采集样品名称、采集者的姓名和防腐剂的类型，需在标签外侧贴一层透明胶带，并记于记录本上（图 3.4）。

3.3.1.2　浮游植物样品处理

将采集到的样品及时拿回实验室进行沉淀，并在 48h 之后用胶头滴管和橡胶管进行虹吸。吸出上清液，保留底部 100mL 的沉淀样品，将样品转移到 100mL 的容量瓶中，并贴好标签，进行记录（图 3.5）。

（a）静置

（b）虹吸浓缩

（c）定容

图 3.5　浮游植物样品处理

3.3.1.3　浮游植物样品鉴定与计数

从 100mL 存有浮游植物样品的容量瓶中，吸取 0.1mL 定容后的样品，滴入载玻片的计数框中，盖好盖玻片，在 400 倍显微镜（OLYMPUS）下进行浮游植物的物种鉴定和细胞计数工作，鉴定不少于 100 个视野的浮游植物，并根据相关参考书籍和文献，将其鉴定到最低的分类水平（属或种）。对于多核藻类和蓝藻类、绿藻类丝状体等多细胞藻类，可认为 $10\mu m$

长度为一个细胞。硅藻样品按照实验室操作规程进行酸化处理后，制作永久载片。永久载片置于100倍物镜下，进行不少于300个视野的鉴定，并鉴定到最低分类单元（图3.6）。

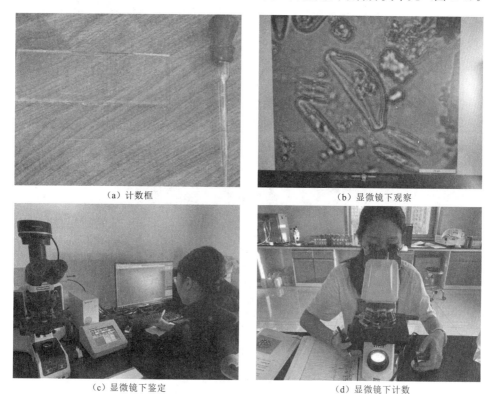

（a）计数框　　　　　　　　　　　　　　　　（b）显微镜下观察

（c）显微镜下鉴定　　　　　　　　　　　　　（d）显微镜下计数

图3.6　浮游植物样品鉴定与计数

3.3.2　浮游动物调查

浮游动物（Zooplankton）是指水中漂浮的或游泳能力很弱的小型动物，它们通常随水流而漂动，与浮游植物（Phytoplankton）一起构成浮游生物（Plankton），几乎是所有水中动物的主要食物来源。它们不能做远距离的移动，也不足以抵拒水的流动力。浮游动物的组成和群落结构对环境变化非常敏感，常被作为水域生态环境变化的指示生物。它们具有种类多、世代时间短、对环境敏感和方便采集等特点。浮游动物是经济水产动物，是中上层水域中鱼类和其他经济贝类等的重要饵料，对渔业的发展具有重要意义。

3.3.2.1　浮游动物样品采集

浮游动物样品的采集过程与浮游植物类似，由水体的深度决定。选用分层采集的方法，每隔0.5m或1m，甚至2m水深取一个水样加以混合，然后取得一部分作为浮游动物定量用。由于浮游动物不但种类组成复杂而且个体大小相差也极悬殊，因此要根据它们在水体中的不同密度采集不同的水样量。原生动物、轮虫的水样量以1L为宜，枝角类、桡足类则以10~50L为好，将采集的50L的混合样品通过浮游生物网进行过滤收集（图3.7）。

3.3.2.2　浮游动物样品处理

浮游动物样品处理包括固定与定容。浮游动物样品固定时，原生动物门和轮虫动物可

（a）采集网

（b）样品采集

（c）样品收集

图 3.7　浮游动物样品采集

用鲁哥氏液，加量同浮游植物（一般可与浮游植物合用同一样品）。枝角类和桡足类一般用 4%～5% 体积的甲醛固定。原生动物、轮虫的种类鉴定需活体观察，为方便起见，可加适当的麻醉试剂，如普鲁卡因、乌来糖（鸟烷），也可用苏打水等。在筒形分液漏斗中沉淀 48h 后，吸取上层清液，把沉淀浓缩样品放入试剂瓶中，最后定量 30mL 或 50mL（图 3.8）。

3.3.2.3　浮游动物的鉴定

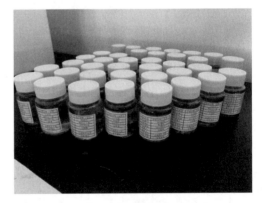

图 3.8　浮游动物样品保存

　　一般原生动物和轮虫的计数可与浮游植物的计数合用一个样品（图 3.9）。

　　（1）原生动物、轮虫的样本计数时，将样品充分摇匀，然后用定量吸管吸 1mL 水样注入 1mL 浮游动物计数框中，原生动物用 10×20 的放大倍数、轮虫用 10×10 放大倍数分别对其进行全片的鉴定与计数。计数 2 片取平均值。

　　（2）枝角类和桡足类的计数按上述方法进行，如果样品中有过多的藻类则可加伊红染色。把计数获得的结果用下列公式换算为单位体积中浮游动物个数：

$$N = nV_s/(VV_a)$$ (3.1)

式中 N——1L 水中浮游动物个体数，个/L；

      V——采样体积，L；

V_s、V_a——沉淀体积和计数体积，mL；

      n——计数所取得的个体数，个。

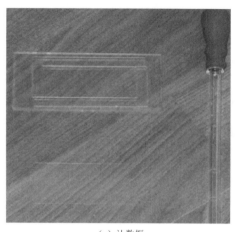

(a) 计数框   (b) 种类鉴定

图 3.9 浮游动物鉴定与计数

3.3.3 底栖动物调查

底栖动物（Benthicanimal）是指生活史的全部或大部分时间生活在水体底部的水生动物群。多数底栖动物长期生活在底泥中，具有区域性强、迁移能力弱、对于环境污染及变化通常少有回避能力、对环境变化响应敏感等特点，其群落的破坏和重建需要相对较长的时间；多数种类个体较大，易于辨认。不同种类底栖动物对环境条件的适应性及对污染等不利因素的耐受力和敏感程度不同。利用底栖动物的种群结构、优势种类、数量等参数可以确切反映水体的质量状况，是生物评价中重要的生物指示类群。

选用定量采样工具采集大型底栖动物样品，定量采用工具选择索伯网（网口尺寸为 30cm×30cm，网孔径为 500μm）或彼得逊采泥器，其中索伯网主要适用于水深小于 40cm 的浅水区。

选择采样点后，将采样框的底部紧贴河道底质进行采集。先将采样框内采集到的较大石块在索伯网的网兜内仔细清洗干净，其上附着的大型底栖动物全部洗入网兜内。然后用小型铁铲或铁耙搅动采样框内的底质，所有底质与底栖动物均应采入采样网兜内，搅动深度一般为 15~30cm，具体根据底质特征决定。或使用彼得逊采泥器，在每个样点的 100m 范围内随机采集 2 个平行样本。在岸边将所有底质和大型底栖动物标本倒入水桶内，并加入一定量的水，便于搅动。仔细清理水桶中枯枝落叶等掉落物，确保捡出的枯枝落叶上无底栖动物附着。带好橡胶手套，轻柔地搅动桶内所有底质。由于底栖动物的质量相对较轻，故大多数底栖动物会随着搅动悬浮于水桶中，立即用 60 目筛网过滤。

将所有过滤物倒入白瓷盘中继续进行挑拣。螺类的体重较大,毛翅目幼虫通常会利用细沙营巢,因此在桶内搅动时不容易悬浮,需要对底质进行仔细挑拣直至目测无大型底栖动物为止。将 60 目筛网内所有底栖动物与其他杂质装入 1L 的广口瓶内,尽量将瓶中的水沥出,加入 70%酒精。为防止环境突变而引起动物标本身体的变形或卷曲,开始时可加入少量酒精,几分钟后再加酒精至瓶口,加盖密封。样品瓶加贴标签,注明采样样点名称与时间,并用透明胶带封好,防止标签打湿。其后的分拣与分类工作在实验室中进行。将底栖动物全部捡出后,剩余杂质全部放入塑料桶中,待进一步进行底质组分分析(图3.10、图 3.11)。

(a) 沉积物采集

(b) 沉积物预处理

(c) 沉积物及底栖动物装袋

图 3.10　沉积物采集预处理

3.3.4 鱼类群落调查

鱼类占据着河流生态系统食物链的顶端，是水生态系统监测的重要指示生物。鱼类的类群多种多样，相互之间关系复杂。在环境因子的影响下，鱼类会产生各种适应性变化，同时，处于食物链顶端鱼类对其他类群的存在和丰度有着重要的作用。

图 3.11 底栖动物分拣

对于水深超过 2m 的河段，采用挂网及虾笼捕鱼的方法进行鱼类样品的收集。在水深超过 2m 的区域，利用皮划艇将挂（粘）网分别挂在河道的不同区域，30min 后进行挂网的收取，在挂网的时间段内可以采用人为扰动和声音扰动等方法，让更多的鱼类个体通过挂网区域，以增加鱼类个体的收集量。在使用地笼法采集鱼类样品时，将地笼一端拴在河边，另一边抛到河中，持续时长 30min。挂网收取后将其与地笼法采集的样品一并处理（图 3.12）。

（a）采集工具

（b）样品采集

（c）现场称重、计数

图 3.12（一） 鱼类样品采集与鉴定

(d) 样品照片

图 3.12（二）　鱼类样品采集与鉴定

对易于辨认和鉴定的种类进行现场鉴定和计数，使用电子秤进行称量，分别记录不同物种的数量与重量，选择部分鱼类个体进行样品的保存，可将其余个体放回河流中。对于不易辨认的物种和未知种类，与上面留下的个体一并用 1‰～2‰ 体积的甲醛进行处理，使用较低浓度的甲醛溶液；鱼类在死亡的过程中身体的扭曲和变形较小，等待全部死亡后，将个体分别排列于纱布之上，用纱布包好后置于塑料袋中，并加入 10％ 的甲醛溶液进行保存；对各样品袋进行标记，分别用记号笔在样品袋和用铅笔在防水纸上进行样点的标号后，将样品袋放入整理箱中保存。鱼类样品全部鉴定到种。

3.3.5　水生植物和河岸带植物调查

水生植物调查方法：在采样点上下游 200m 河流中对水中的水生植物进行样方照片拍摄、种类鉴别并记录物种盖度与多度。水生植物种类的划分以 Cook 的水生植物概念为准，各种类的多度等级采用 Drude 的七级制进行分级：soc 表示极多，cop3 表示很多，cop2 表示多，cop1 表示尚多，sp 表示不多，sol 表示稀少，un 表示单株。

河岸带植物调查方法：在采样点河流两岸前后 200m 左右的河岸带植物进行样方照片拍摄、种类鉴别并记录物种盖度与多度（图 3.13）。

（a）水生植物　　　　　　　　　　　　　　　　　（b）河岸带植物

图 3.13　水生植物及河岸带植物调查

在统计各样方植物的基本指标基础上，按草本植被计算样方内各物种重要值，求算出各样地平均重要值，并以其大小划分植物群落。计算公式如下：

$$植物重要值＝(相对多度＋相对高度＋相对盖度)/3 \tag{3.2}$$

依据物种多样性测度指数应用的广泛程度以及对群落物种多样性状况的反应能力，此次调查选取以下5种多样性指数来测度和分析物种多样性特征：

（1）Patrick 丰富度指数：

$$R = S \tag{3.3}$$

（2）Shannon-Wiener 多样性指数：

$$H = -\sum_{i=1}^{s} P_i \ln P_i \tag{3.4}$$

（3）Simpson 多样性指数：

$$D = 1 - \sum P_i^2 \tag{3.5}$$

（4）Pielou 均匀度指数：

$$J = H/\ln S \tag{3.6}$$

（5）Simpson 优势度指数：

$$C = \sum_{i=1}^{s} P_i^2 \tag{3.7}$$

式中　S——每个样地内的物种数；

　　　P_i——种 i 的相对重要值。

3.3.6　两栖类和爬行类调查

两栖类动物生存在水环境的周边，爬行类动物生存在树林及草丛中。综合考虑保护区地形、地貌、植被、两栖类和爬行类动物的生态习性，对每个湿地设定4条样线用于调查两栖类，样线全部沿着水域设定，样线长度为100m，样线岸侧宽度3～5m，水中1～2m，行走速度1～1.5km/h，尽可能在傍晚进行调查。济南地区常见的爬行类多数为日间活动，故与鸟类调查采用相同的样线，每个湿地设定6条样线，样线的长度为200m，样线宽度3～5m，行走速度1～1.5km/h。样线外发现的个体和种类随机记录，并用专业相机拍照，供物种鉴定和内业整理时参考。水中两栖类的种类和数量，随鱼类调查中获取。鉴于两栖类和爬行类的调查具有一定的偶然性，故对于所有调查的湿地，走访3～5名专业管理人员或当地居民，询问他们在周边看到、听到的动物信息及数量情况，并进行记录，最后通过相关动物图鉴及查阅当地生物资料对观察或访问获得的物种进行鉴定核实。

3.3.7　鸟类调查

根据鸟类活动规律，选择天气晴朗且鸟类较为活跃的时间段进行调查，秋季调查时间段为上午6：00—9：30、下午16：30—18：30。根据济南市湿地生境类型及环境特点，主要采用灵活多样且不受季节限制的样线法进行调查。根据可行走性，每个湿地选择6条样线，样线的平均长度为（1.0±0.2)km，每条样线均包含2种以上的主要生境，沿设定样线以 1～1.5km/h 的速度行走，用高性能双筒望远镜统计并记录样线两侧看到和听到的鸟类种类、数量、栖息生境、鸟类所留下的各种痕迹，如鸟类足迹、粪迹、地上脱落的羽毛等。近年来，常有观鸟爱好者在湿地公园拍鸟，在一定程度上加大了野生稀有鸟类的观察力度。因此，对于一些稀有鸟种可采用访问调查法记录，从而对济南市湿地公园鸟类多样性进行补充和完善（图 3.14）。

图 3.14　鸟类的调查

进行样线调查时，采用户外助手（两步路 App）记录样线轨迹，用尼康 P900 相机进行拍照留证，鸟类分类及鉴定依据《中国鸟类分类与分布名录（第三版）》和《野外观鸟手册》，对鸟类的种类、居留型、地理型、生态型、保护级别等进行相关资料查阅参考及确定。

分别以 Shannon-Wiener 多样性指数、Pielou 均匀度指数、Simpson 优势度指数和 Margalef 丰富度指数分析不同生境鸟类的物种多样性（表 3.5）；鉴于样线环境的复杂性及异质性，使用 Sorensen 相似性系数分析不同生境的鸟类组成。

表 3.5　　　　　　　　　　　　　　　多样性指数和计算公式

多样性指数	计算公式	说　明
Shannon-Wiener 多样性指数	$H = -\sum_{i=1}^{s} P_i \ln P_i$	
Pielou 均匀度指数	$J = H/H_{max}$，$H_{max} = \ln S$	
Simpson 优势度指数	$C = \sum_{i=1}^{s} (N_i/N)^2$	
Margalef 丰富度指数	$D = (S-1)/\ln N$	
Sorensen 相似性指数	$S_i = 2c/(a+b) \times 100\%$	

注　P_i 为某物种的个体在所有物种个体总数中的比例，S 为物种数，N_i 为 i 鸟类的个体数，N 为所有鸟种的个体总数，c 为两种不同生境共有鸟种数，a、b 为表示以上两种生境各自的鸟种数。

第4章

济南市湿地水环境质量

根据实际情况,在济南市调查了 15 个湿地的水温、浑浊度、透明度、pH 值、电导率、溶解氧、总氮、氨氮、亚硝酸盐氮、硝酸盐氮、五日生化需氧量、高锰酸盐指数、总磷、盐度、磷酸盐、叶绿素 a、悬浮物等 17 项理化指标。水温、pH 值、电导率、溶解氧、盐度使用 ORION STAR A329 便携式多参数测定仪现场检测,浑浊度使用 2100Q 浊度仪现场检测,透明度用透明度盘现场测定,其余指标完成水样采集后运回实验室于 72h 内测定完成。检测方法详见表 4.1。

表 4.1   湿地水化指标检测方法

序号	项　　目	检　测　方　法	方　法　来　源
1	总磷	钼酸铵分光光度法	GB 11893—89
2	总氮	碱性过硫酸钾消解紫外分光光度法	HJ 636—2012
3	高锰酸盐指数	酸性高锰酸钾法	GB 11892—89
4	五日生化需氧量	稀释与接种法	HJ 505—2009
5	氨氮	纳氏试剂分光光度法	HJ 535—2009
6	硝酸盐氮	离子色谱法	SL 86—1994
7	亚硝酸盐氮	分光光度法	GB 7493—87
8	磷酸盐	磷钼蓝分光光度法	HJ 669—2011
9	叶绿素 a	分光光度法	SL 88—2012
10	悬浮物	重量法	GB 11901—89

4.1 白云湖国家湿地

参照《水环境监测规范》(SL 219—2013)及《地表水环境质量标准》(GB 3838—2002)中监测样点的布设原则,于 2020 年 5 月在白云湖国家湿地设置 6 个采样点,监测包括水温、浑浊度、透明度、pH 值、电导率、溶解氧、总氮、氨氮、亚硝酸盐氮、硝酸盐氮、五日生化需氧量、高锰酸盐指数、总磷、盐度、磷酸盐、叶绿素 a、悬浮物等 17 项水质指标。

4.1.1　单因子水质评价

对白云湖国家湿地 6 个采样点水质状况进行单因子评价，根据 pH 值、溶解氧（DO）、高锰酸盐指数（COD_{Mn}）、五日生化需氧量（BOD_5）、氨氮（$NH_3 - N$）和总磷（TP）等 6 项重点水质指标进行水质类别划分，见表 4.2。

表 4.2　　　　　　　　　　白云湖国家湿地单因子评价结果

样点编号	单因子评价结果 Q	不同指标评价结果 Q_i					
		pH 值	溶解氧	高锰酸盐指数	五日生化需氧量	氨氮	总磷
B1	Ⅳ	Ⅰ	Ⅰ	Ⅱ	Ⅰ	Ⅱ	Ⅳ
B2	劣 Ⅴ	Ⅰ	Ⅰ	Ⅳ	Ⅴ	劣 Ⅴ	Ⅳ
B3	Ⅳ	Ⅰ	Ⅰ	Ⅲ	Ⅰ	Ⅱ	Ⅳ
B4	Ⅴ	Ⅰ	Ⅰ	Ⅳ	Ⅴ	Ⅲ	Ⅳ
B5	Ⅳ	Ⅰ	Ⅰ	Ⅲ	Ⅳ	Ⅱ	Ⅳ
B6	Ⅴ	Ⅰ	Ⅰ	Ⅳ	Ⅳ	Ⅳ	Ⅳ
均值	Ⅳ	Ⅰ	Ⅰ	Ⅲ	Ⅳ	Ⅲ	Ⅳ

从白云湖国家湿地单因子评价结果可看出，6 个监测样点水质类别范围在Ⅳ类和劣Ⅴ类之间，劣于Ⅲ类的指标为高锰酸盐指数、五日生化需氧量、氨氮和总磷等 4 项。水质最差的样点为 B2 样点，水质类别为劣Ⅴ类，其他样点水质类别为Ⅳ类和Ⅴ类。2020 年 5 月白云湖国家湿地整体水质为Ⅳ类。

4.1.2　内梅罗综合污染评价

单因子评价法只体现了污染程度最重的指标对水质评价的影响，使其他监测指标对水质造成的影响被忽略，评价结果不够全面。因此，采用内梅罗污染指数进行验证。

对白云湖国家湿地水质状况进行内梅罗综合污染评价，选择高锰酸盐指数（COD_{Mn}）、五日生化需氧量（BOD_5）、氨氮（$NH_3 - N$）、总氮（TN）和总磷（TP）5 项重点水质指标计算内梅罗综合污染指数并进行水质评价，总氮（TN）选用《地表水环境质量标准》（GB 3838—2002）Ⅴ类标准，其他指标选用Ⅲ类标准作为各评价因子的标准值，见表 4.3。

表 4.3　　　　　　　　　白云湖国家湿地内梅罗综合污染指数评价结果

样点编号	不同指标污染指数 P_i					内梅罗污染指数 P	评价结果	污染水平
	高锰酸盐指数	五日生化需氧量	氨氮	总磷	总氮			
B1	0.58	0.47	0.38	1.80	0.67	1.33	Ⅳ	轻度污染
B2	1.12	1.83	2.31	2.60	2.22	2.10	Ⅳ	中度污染
B3	0.68	0.28	0.36	1.20	0.62	0.91	Ⅲ	清洁
B4	1.03	1.53	0.58	1.80	0.82	1.40	Ⅳ	轻度污染

续表

样点编号	不同指标污染指数 P_i					内梅罗污染指数 P	评价结果	污染水平
	高锰酸盐指数	五日生化需氧量	氨氮	总磷	总氮			
B5	0.95	1.13	0.27	1.40	2.25	1.70	Ⅳ	轻度污染
B6	1.18	1.85	1.03	2.40	1.40	1.87	Ⅳ	轻度污染
均值	0.58	0.47	0.38	1.80	0.67	1.33	Ⅳ	轻度污染

根据内梅罗综合污染评价法评价白云湖国家湿地水质情况可知,6个监测样点内梅罗污染指数范围为0.91~2.10,评价结果在Ⅲ~Ⅳ类之间,均值评价结果为Ⅳ类水质。5个评价指标均有大于1的样点,其中单因子指数均值大于1的项目为总磷,说明白云湖国家湿地主要污染指标为总磷。内梅罗污染指数最高的的样点为B2样点,污染水平为中度污染,内梅罗污染指数最低的样点为B3样点,污染水平为清洁,各样点之间污染水平变化较大。2020年5月白云湖国家湿地整体污染水平为轻度污染。

各样点污染物所占比例如图4.1所示,白云湖国家湿地主要污染物为总磷,占总污染物的30.48%,其次为总氮,占总污染物的21.69%。与内梅罗综合污染评价结论一致。总氮是衡量水质的重要指标之一,常用来表示水体受营养物质污染的程度。水体中的磷是浮游植物生长所需要的一种关键元素,过量的磷是造成水体污秽异臭,使湖泊发生富营养化的主要原因。水中氮、磷超标时,微生物大量繁殖,浮游植物生长旺盛,水体容易出现富营养化状态。白云湖国家湿地氮、磷含量较高,容易发生水体富营养。

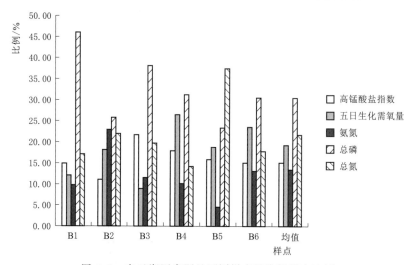

图4.1 白云湖国家湿地不同样点污染物所占比例

4.1.3 综合营养状态评价

选取高锰酸盐指数（COD_{Mn}）、总氮（TN）、总磷（TP）、透明度（SD）、叶绿素 a（Chla）作为富营养化评价因子,分别评价白云湖6个监测样点的综合营养状态。各样点之间综合营养状态指数（trophic level index，TLI）差异较大,见表4.4。

表 4.4　白云湖国家湿地综合营养状态评价结果表

样点编号	不同指标营养状态评价结果						富营养化程度
	总氮	高锰酸盐指数	总磷	叶绿素a	透明度	TLI值	
B1	59	34	55	63	66	55.7	轻度富营养
B2	80	52	61	67	83	68.6	中度富营养
B3	58	39	49	52	82	56.0	轻度富营养
B4	63	50	55	60	96	64.7	中度富营养
B5	80	47	51	60	75	62.7	中度富营养
B6	72	53	60	68	100	70.7	中度富营养
均值	71	47	56	63	80	63.4	中度富营养

根据综合营养状态指数评价法评价白云湖国家湿地富营养化情况可知，6个监测样点富营养化程度处于轻度富营养－中度富营养，均值评价结果为中度富营养。评价指标中，均值最大的是透明度，说明影响白云湖国家湿地富营养化程度的主要指标为透明度。TLI值最高的样点是B6样点，为中度富营养，TLI值最低的样点是B1样点，为轻度富营养。2020年5月白云湖国家湿地整体富营养化程度为中度富营养，富营养化程度较高。

4.2　济西国家湿地

参照《水环境监测规范》（SL 219—2013）及《地表水环境质量标准》（GB 3838—2002）中监测样点的布设原则，于2020年5月在济西国家湿地设置6个采样点，监测水温、浑浊度、透明度、pH值、电导率、溶解氧、总氮、氨氮、亚硝酸盐氮、硝酸盐氮、五日生化需氧量、高锰酸盐指数、总磷、盐度、磷酸盐、叶绿素a、悬浮物等17项水质指标。

4.2.1　单因子水质评价

对济西国家湿地6个采样点水质状况进行单因子评价，根据pH值、溶解氧（DO）、高锰酸盐指数（COD_{Mn}）、五日生化需氧量（BOD_5）、氨氮（NH_3-N）和总磷（TP）等6项重点水质指标进行水质类别划分，见表4.5。

表 4.5　济西国家湿地单因子评价结果表

样点编号	单因子评价结果Q	不同指标评价结果Q_i					
		pH值	溶解氧	高锰酸盐指数	五日生化需氧量	氨氮	总磷
X1	Ⅳ	Ⅰ	Ⅰ	Ⅰ	Ⅰ	Ⅰ	Ⅳ
X2	Ⅳ	Ⅰ	Ⅰ	Ⅰ	Ⅰ	Ⅰ	Ⅳ
X3	Ⅳ	Ⅰ	Ⅱ	Ⅰ	Ⅰ	Ⅰ	Ⅳ

样点编号	单因子评价结果 Q	不同指标评价结果 Q_i					
		pH 值	溶解氧	高锰酸盐指数	五日生化需氧量	氨氮	总磷
X4	Ⅲ	Ⅰ	Ⅰ	Ⅰ	Ⅰ	Ⅰ	Ⅲ
X5	Ⅳ	Ⅰ	Ⅰ	Ⅰ	Ⅰ	Ⅰ	Ⅳ
X6	Ⅳ	Ⅰ	Ⅰ	Ⅱ	Ⅰ	Ⅰ	Ⅳ
均值	Ⅳ	Ⅰ	Ⅰ	Ⅰ	Ⅰ	Ⅰ	Ⅳ

由济西国家湿地单因子评价结果可看出，6个监测样点水质类别范围在Ⅲ～Ⅳ类之间，劣于Ⅲ类的指标为总磷。水质最好的样点为X4样点，水质类别为Ⅲ类，其他样点水质类别为Ⅳ类。2020年5月济西国家湿地整体水质为Ⅳ类。

4.2.2 内梅罗综合污染评价

对济西国家湿地6个采样样点水质状况进行内梅罗综合污染评价，选择高锰酸盐指数（COD_{Mn}）、五日生化需氧量（BOD_5）、氨氮（NH_3-N）、总氮（TN）和总磷（TP）5项重点水质指标计算内梅罗综合污染指数并进行水质评价，总氮（TN）选用《地表水环境质量标准》（GB 3838—2002）Ⅴ类标准，其他指标选用Ⅲ类标准作为各评价因子的标准值，见表4.6。

表4.6 济西国家湿地内梅罗综合污染指数评价结果表

样点编号	不同指标污染指数 P_i					内梅罗污染指数 P	评价结果	污染水平
	高锰酸盐指数	五日生化需氧量	氨氮	总磷	总氮			
X1	0.18	0.13	0.14	1.20	0.31	0.87	Ⅲ	清洁
X2	0.23	0.21	0.14	1.40	0.88	1.03	Ⅳ	轻度污染
X3	0.22	0.19	0.11	1.40	0.31	1.04	Ⅳ	轻度污染
X4	0.25	0.34	0.11	1.00	0.51	0.74	Ⅲ	清洁
X5	0.28	0.12	0.11	1.20	0.26	0.87	Ⅲ	清洁
X6	0.35	0.17	0.11	1.20	0.27	0.87	Ⅲ	清洁
均值	0.25	0.19	0.12	1.23	0.42	0.90	Ⅲ	清洁

根据内梅罗综合污染评价法评价济西国家湿地水质情况可知，6个监测样点内梅罗污染指数范围为0.74～1.04，评价结果在Ⅲ～Ⅳ类之间，均值评价结果为Ⅲ类水质。5个评价指标中只有总磷有大于1的样点，其中单因子指数均值大于1的项目为总磷，说明济西国家湿地主要污染指标为总磷。内梅罗污染指数最高的的样点为X3样点，污染水平为轻度污染，内梅罗污染指数最低的样点为X4样点，污染水平为清洁，各样点之间污染水平变化较小。2020年5月济西国家湿地整体污染水平为清洁。

各样点污染物所占比例如图 4.2 所示，济西国家湿地主要污染物为总磷，占总污染物的 55.48%，其次为总氮，占总污染物的 19.01%。各个样点总磷、总氮所占比例接近，都占据总量一半以上，与内梅罗综合污染评价结论一致。总氮是衡量水质的重要指标之一，常用来表示水体受营养物质污染的程度，其测定有助于评价水体和自净状况，而水体中的磷是浮游植物生长所需的一种关键元素。水中氮、磷超标时，微生物大量繁殖，浮游植物生长旺盛，水体容易出现富营养化状态。济西国家湿地氮、磷含量较低，不易发生水体富营养。

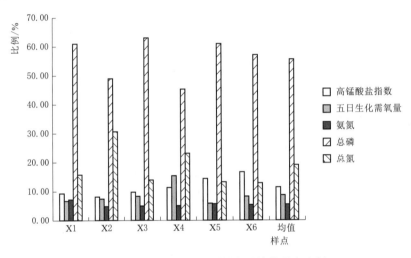

图 4.2　济西国家湿地不同样点污染物所占比例

4.2.3　综合营养状态评价

选取高锰酸盐指数（COD$_{Mn}$）、总氮（TN）、总磷（TP）、透明度（SD）、叶绿素 a（Chla）作为富营养化评价因子，分别评价济西国家湿地 6 个监测样点的综合营养状态。各样点之间综合营养状态指数 TLI 差异较小，见表 4.7。

表 4.7　　　　　　　　济西国家湿地综合营养状态评价结果表

样点编号	不同指标营养状态评价结果					TLI 值	富营养化程度
	总氮	高锰酸盐指数	总磷	叶绿素 a	透明度		
X1	46	4	49	56	58	42.7	中营养
X2	64	10	51	59	75	51.7	轻度富营养
X3	46	8	51	55	63	44.9	中营养
X4	55	12	46	55	97	52.8	轻度富营养
X5	43	15	49	44	65	43.3	中营养
X6	44	21	49	45	57	43.2	中营养
均值	52	12	49	54	65	46.4	中营养

根据综合营养状态评价法评价济西国家湿地富营养化情况可知,6个监测样点富营养化程度在中营养—轻度富营养之间,富营养化程度变化较大。5个评价指标中,均值最大的是透明度,说明影响济西国家湿地富营养化程度的主要指标为透明度。TLI值最高的样点是X4样点,为轻度富营养,TLI值最低的样点是X1样点,为中营养。济西国家湿地综合营养状态评价结果与单指标评价和内梅罗综合污染指数评价结果基本一致。2020年5月济西国家湿地整体富营养化程度为中营养,富营养化程度较低。

4.3 钢城大汶河国家湿地

参照《水环境监测规范》(SL 219—2013)及《地表水环境质量标准》(GB 3838—2002)中监测样点的布设原则,于2020年5月对钢城大汶河国家湿地设置6个采样点,监测水温、浑浊度、透明度、pH值、电导率、溶解氧、总氮、氨氮、亚硝酸盐氮、硝酸盐氮、五日生化需氧量、高锰酸盐指数、总磷、盐度、磷酸盐、叶绿素a、悬浮物等17项水质指标。

4.3.1 单因子水质评价

对大汶河国家湿地6个采样样点水质状况进行单因子评价,根据pH值、溶解氧(DO)、高锰酸盐指数(COD_{Mn})、五日生化需氧量(BOD_5)、氨氮(NH_3-N)和总磷(TP)6项重点水质指标进行水质类别划分,见表4.8。

表4.8 大汶河国家湿地单因子评价结果表

样点编号	单因子评价结果 Q	不同指标评价结果 Q_i					
		pH值	溶解氧	高锰酸盐指数	五日生化需氧量	氨氮	总磷
D1	Ⅱ	Ⅰ	Ⅰ	Ⅱ	Ⅰ	Ⅱ	Ⅱ
D2	Ⅲ	Ⅰ	Ⅰ	Ⅱ	Ⅰ	Ⅰ	Ⅲ
D3	Ⅱ	Ⅰ	Ⅰ	Ⅰ	Ⅰ	Ⅰ	Ⅱ
D4	Ⅱ	Ⅰ	Ⅰ	Ⅰ	Ⅰ	Ⅰ	Ⅱ
D5	Ⅱ	Ⅰ	Ⅰ	Ⅱ	Ⅰ	Ⅰ	Ⅱ
D6	Ⅱ	Ⅰ	Ⅰ	Ⅱ	Ⅰ	Ⅰ	Ⅱ
均值	Ⅱ	Ⅰ	Ⅰ	Ⅱ	Ⅰ	Ⅰ	Ⅱ

由大汶河国家湿地单因子评价结果可看出,6个监测样点水质类别范围在Ⅱ～Ⅲ类之间。大汶河国家湿地各样点水质变化不大,2020年5月大汶河国家湿地整体水质为Ⅱ类。

4.3.2 内梅罗综合污染评价

对大汶河国家湿地6个采样点水质状况进行内梅罗综合污染评价,选择高锰酸盐指数(COD_{Mn})、五日生化需氧量(BOD_5)、氨氮(NH_3-N)、总氮(TN)和总磷(TP)5项重点水质指标计算内梅罗综合污染指数并进行水质评价,总氮(TN)选用《地表水环境

质量标准》（GB 3838—2002）Ⅴ类标准，其他指标选用Ⅲ类标准作为各评价因子的标准
值，见表 4.9。

表 4.9　　　　　　　　　大汶河国家湿地内梅罗综合污染指数评价结果表

样点编号	不同指标污染指数 P_i					内梅罗污染指数 P	评价结果	污染水平
	高锰酸盐指数	五日生化需氧量	氨氮	总磷	总氮			
D1	0.42	0.42	0.16	0.25	3.83	2.75	Ⅳ	中度污染
D2	0.45	0.43	0.11	0.65	4.99	3.59	Ⅴ	重污染
D3	0.25	0.32	0.11	0.20	3.73	2.67	Ⅳ	中度污染
D4	0.28	0.38	0.11	0.25	4.92	3.53	Ⅴ	重污染
D5	0.38	0.34	0.11	0.20	1.75	1.27	Ⅳ	轻度污染
D6	0.39	0.18	0.11	0.30	2.12	1.53	Ⅳ	轻度污染
均值	0.36	0.34	0.12	0.31	3.55	2.56	Ⅳ	中度污染

　　根据内梅罗综合污染评价法评价大汶河国家湿地水质情况可知，6 个监测样点内梅罗污
染指数范围为 1.27～3.59，评价结果在Ⅳ～Ⅴ类之间，均值评价结果为Ⅳ类水质。5 个评
价指标中只有总氮有大于 1 的样点，说明大汶河国家湿地主要污染指标为总氮。内梅罗污
染指数最高的的样点为 D2 样点，污染水平为重污染，内梅罗污染指数最低的样点为 D5 样
点，污染水平为轻度污染，各样点之间污染水平变化较大，但污染程度均较高。2020 年 5
月钢城大汶河国家湿地整体污染水平为中度污染。

　　大汶河国家湿地各样点污染物所占比例如图 4.3 所示，大汶河国家湿地主要污染物为
总氮，占总污染物的 75.86%，与内梅罗综合污染评价结论一致。总氮是衡量水质的重要
指标之一，常用来表示水体受营养物质污染的程度。水中氮超标时，微生物大量繁殖，浮
游植物生长旺盛，水体容易出现富营养化状态。钢城大汶河国家湿地部分样点氮含量较
高，容易发生水体富营养。

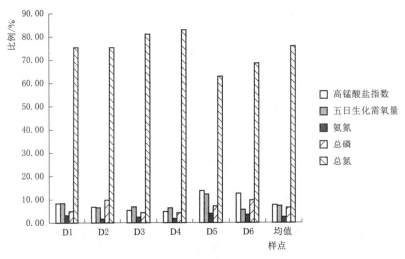

图 4.3　大汶河国家湿地不同样点污染物所占比例

4.3.3 综合营养状态评价

选取高锰酸盐指数（COD$_{Mn}$）、总氮（TN）、总磷（TP）、透明度（SD）、叶绿素 a（Chla）作为富营养化评价因子，分别评价大汶河国家湿地 6 个监测样点的综合营养状态。各样点之间综合营养状态指数 TLI 差异较大，见表 4.10。

表 4.10　　　　　　　　大汶河国家湿地综合营养状态评价结果表

样点编号	不同指标营养状态评价结果					TLI 值	富营养化程度
	总氮	高锰酸盐指数	总磷	叶绿素 a	透明度		
D1	89	26	46	33	48	48.3	中营养
D2	94	27	61	42	53	55.5	轻度富营养
D3	89	11	42	34	33	41.8	中营养
D4	93	15	46	34	33	44.2	中营养
D5	76	23	42	40	40	44.2	中营养
D6	79	24	49	49	133	66.6	中度富营养
均值	88	22	49	40	44	48.5	中营养

根据综合营养状态评价法评价大汶河国家湿地富营养化情况可知，6 个监测样点富营养化程度在中营养—中度富营养之间，富营养化程度变化较大。5 个评价指标中，均值最大的是总氮，说明影响大汶河国家湿地富营养化程度的主要指标为总氮。TLI 值最高的样点是 D6 样点，为中度富营养，TLI 值最低的样点是 D3 样点，为中营养。2020 年 5 月大汶河国家湿地整体富营养化程度为中营养，富营养化程度较低。

4.4　莱芜雪野湖国家湿地

参照《水环境监测规范》（SL 219—2013）及《地表水环境质量标准》（GB 3838—2002）中监测样点的布设原则，于 2020 年 5 月在雪野湖国家湿地设置 6 个采样点，监测包括水温、浑浊度、透明度、pH 值、电导率、溶解氧、总氮、氨氮、亚硝酸盐氮、硝酸盐氮、五日生化需氧量、高锰酸盐指数、总磷、盐度、磷酸盐、叶绿素 a、悬浮物等 17 项水质指标。

4.4.1 单因子水质评价

对雪野湖国家湿地 6 个采样样点水质状况进行单因子评价，根据 pH 值、溶解氧（DO）、高锰酸盐指数（COD$_{Mn}$）、五日生化需氧量（BOD$_5$）、氨氮（NH$_3$ - N）和总磷（TP）6 项重点水质指标进行水质类别划分，见表 4.11。

表 4.11   雪野湖国家湿地单因子评价结果表

样点编号	单因子评价结果 Q	不同指标评价结果 Q_i					
		pH 值	溶解氧	高锰酸盐指数	五日生化需氧量	氨氮	总磷
Y1	Ⅱ	Ⅰ	Ⅰ	Ⅱ	Ⅰ	Ⅰ	Ⅱ
Y2	Ⅱ	Ⅰ	Ⅰ	Ⅱ	Ⅰ	Ⅰ	Ⅱ
Y3	Ⅱ	Ⅰ	Ⅰ	Ⅱ	Ⅰ	Ⅱ	Ⅱ
Y4	Ⅱ	Ⅰ	Ⅰ	Ⅱ	Ⅰ	.Ⅰ	Ⅱ
Y5	Ⅱ	Ⅰ	Ⅰ	Ⅱ	Ⅰ	Ⅱ	Ⅱ
Y6	Ⅱ	Ⅰ	Ⅰ	Ⅱ	Ⅰ	Ⅱ	Ⅱ
均值	Ⅱ	Ⅰ	Ⅰ	Ⅱ	Ⅰ	Ⅱ	Ⅱ

从雪野湖国家湿地单因子评价结果可看出，6 个监测样点水质类均为Ⅱ类。因此，2020 年 5 月雪野湖国家湿地整体水质为Ⅱ类。

4.4.2 内梅罗综合污染评价

对雪野湖国家湿地 6 个采样样点水质状况进行内梅罗综合污染评价，选择高锰酸盐指数（COD_{Mn}）、五日生化需氧量（BOD_5）、氨氮（NH_3-N）、总氮（TN）和总磷（TP）5 项重点水质指标计算内梅罗综合污染指数并进行水质评价，总氮（TN）选用《地表水环境质量标准》（GB 3838—2002）Ⅴ类标准，其他指标选用Ⅲ类标准作为各评价因子的标准值，见表 4.12。

表 4.12   雪野湖国家湿地内梅罗综合污染指数评价结果表

样点编号	不同指标污染指数 P_i					内梅罗污染指数 P	评价结果	污染水平
	高锰酸盐指数	五日生化需氧量	氨氮	总磷	总氮			
Y1	0.59	0.16	0.11	0.25	1.26	0.92	Ⅲ	清洁
Y2	0.43	0.13	0.11	0.30	1.23	0.89	Ⅲ	清洁
Y3	0.54	0.25	0.19	0.30	1.13	0.83	Ⅲ	清洁
Y4	0.62	0.37	0.13	0.25	1.12	0.83	Ⅲ	清洁
Y5	0.64	0.43	0.21	0.30	1.11	0.83	Ⅲ	清洁
Y6	0.62	0.20	0.17	0.25	1.09	0.81	Ⅲ	清洁
均值	0.57	0.26	0.15	0.28	1.15	0.85	Ⅲ	清洁

根据内梅罗综合污染评价法评价雪野湖国家湿地水质情况可知，6 个监测样点内梅罗污染指数范围为 0.81～0.92，评价结果均为Ⅲ类水质，均值评价结果为Ⅲ类水质。5 个评价指标中只有总氮有大于 1 的样点，说明雪野湖国家湿地主要污染指标为总氮。内梅罗污染指数最高的的样点为 Y1 样点，污染水平为清洁，内梅罗污染指数最低的样点为 Y6 样点，污染水平为清洁，各样点之间污染水平变化较小。2020 年 5 月雪野湖国家湿地整体

污染水平为清洁。

　　雪野湖国家湿地各样点污染物所占比例如图 4.4 所示，主要污染物为总氮，占总污染物的 47.86%，其次为总磷，占总污染物的 23.76%，与内梅罗综合污染评价结论一致。总氮是衡量水质的重要指标之一，水体中的磷是浮游植物生长所需要的一种关键元素，过量的氮、磷是造成水体富营养化的主要原因。水中氮、磷超标时，微生物大量繁殖，浮游植物生长旺盛，水体容易出现富营养化状态。雪野湖国家湿地氮、磷含量较低，不易发生水体富营养。

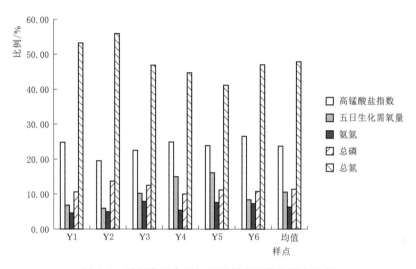

图 4.4　雪野湖国家湿地不同样点污染物所占比例

4.4.3　综合营养状态评价

　　选取高锰酸盐指数（COD$_{Mn}$）、总氮（TN）、总磷（TP）、透明度（SD）、叶绿素 a（Chla）作为富营养化评价因子，分别评价雪野湖国家湿地 6 个监测样点的综合营养状态。各样点之间综合营养状态指数差异较小，见表 4.13。

表 4.13　　　　　　　　　　雪野湖国家湿地综合营养状态评价结果表

样点编号	不同指标营养状态评价结果					TLI 值	富营养化程度
	总氮	高锰酸盐指数	总磷	叶绿素 a	透明度		
Y1	58	48	50	54	35	48.8	中营养
Y2	63	43	52	54	35	49.3	中营养
Y3	63	46	52	54	34	49.9	中营养
Y4	58	49	50	54	35	49.0	中营养
Y5	58	49	52	54	29	48.4	中营养
Y6	59	48	50	54	37	49.6	中营养
均值	60	47	51	54	34	49.3	中营养

根据综合营养状态指数评价法评价雪野湖国家湿地富营养化情况可知，6 个监测样点富营养化程度均为中营养，富营养化程度变化较小。5 个评价指标中，均值最大的是总氮，说明影响雪野湖国家湿地富营养化程度的主要指标为总氮。TLI 值最高的样点是 Y3 样点，为中营养，TLI 值最低的样点是 Y5 样点，为中营养。2020 年 5 月雪野湖国家湿地整体富营养化程度为中营养，富营养化程度较低。

4.5　黄河玫瑰湖国家湿地

参照《水环境监测规范》（SL 219—2013）及《地表水环境质量标准》（GB 3838—2002）中监测样点的布设原则，于 2020 年 5 月在玫瑰湖国家湿地设置 6 个采样点，监测水温、浑浊度、透明度、pH 值、电导率、溶解氧、总氮、氨氮、亚硝酸盐氮、硝酸盐氮、五日生化需氧量、高锰酸盐指数、总磷、盐度、磷酸盐、叶绿素 a、悬浮物等 17 项水质指标。

4.5.1　单因子水质评价

对玫瑰湖国家湿地 6 个采样样点水质状况进行单因子评价，根据 pH 值、溶解氧（DO）、高锰酸盐指数（COD_{Mn}）、五日生化需氧量（BOD_5）、氨氮（NH_3-N）和总磷（TP）6 项重点水质指标进行水质类别划分，见表 4.14。

表 4.14　　　　　　　　　　　玫瑰湖国家湿地单因子评价结果表

样点编号	单因子评价结果 Q	不同指标评价结果 Q_i					
		pH 值	溶解氧	高锰酸盐指数	五日生化需氧量	氨氮	总磷
M1	Ⅲ	Ⅰ	Ⅰ	Ⅰ	Ⅰ	Ⅱ	Ⅲ
M2	Ⅲ	Ⅰ	Ⅰ	Ⅰ	Ⅰ	Ⅱ	Ⅲ
M3	Ⅲ	Ⅰ	Ⅱ	Ⅰ	Ⅰ	Ⅱ	Ⅲ
M4	Ⅲ	Ⅰ	Ⅰ	Ⅰ	Ⅰ	Ⅰ	Ⅲ
M5	Ⅲ	Ⅰ	Ⅰ	Ⅰ	Ⅰ	Ⅰ	Ⅲ
M6	Ⅲ	Ⅰ	Ⅰ	Ⅰ	Ⅰ	Ⅰ	Ⅲ
均值	Ⅲ	Ⅰ	Ⅰ	Ⅰ	Ⅰ	Ⅰ	Ⅲ

由玫瑰湖国家湿地单因子评价结果可看出，6 个监测样点水质类别范围均为Ⅲ类，各监测样点水质变化较小，2020 年 5 月玫瑰湖国家湿地整体水质为Ⅲ类。

4.5.2　内梅罗综合污染评价

对玫瑰湖国家湿地 6 个监测样点水质状况进行内梅罗综合污染评价，选择高锰酸盐指数（COD_{Mn}）、五日生化需氧量（BOD_5）、氨氮（NH_3-N）、总氮（TN）和总磷（TP）5 项重点水质指标计算内梅罗综合污染指数并进行水质评价，总氮（TN）选用《地表水环境质量标准》（GB 3838—2002）Ⅴ类标准，其他指标选用Ⅲ类标准作为各评价因子的标准值，见表4.15。

表 4.15　　　　　　玫瑰湖国家湿地内梅罗综合污染指数评价结果表

样点编号	不同指标污染指数 P_i					内梅罗污染指数 P	评价结果	污染水平
	高锰酸盐指数	五日生化需氧量	氨氮	总磷	总氮			
M1	0.26	0.21	0.19	0.80	1.14	0.85	Ⅲ	清洁
M2	0.22	0.38	0.16	0.60	1.16	0.86	Ⅲ	清洁
M3	0.19	0.29	0.16	1.00	1.17	0.91	Ⅲ	清洁
M4	0.20	0.30	0.12	0.80	1.10	0.82	Ⅲ	清洁
M5	0.20	0.25	0.11	1.00	1.16	0.87	Ⅲ	清洁
M6	0.23	0.14	0.11	1.00	0.98	0.75	Ⅲ	清洁
均值	0.22	0.26	0.14	0.87	1.12	0.83	Ⅲ	清洁

根据内梅罗综合污染评价法评价玫瑰湖国家湿地水质情况可知，6个监测样点内梅罗污染指数范围为0.75～0.91，评价结果均为Ⅲ类水质。5个评价指标中只有总磷和总氮有大于1的样点，其中总氮均值污染指数达到1.12，说明玫瑰湖国家湿地主要污染指标为总氮。内梅罗污染指数最高的样点为M3样点，污染水平为清洁，内梅罗污染指数最低的样点为M6样点，污染水平为清洁，各样点之间污染水平变化较小。2020年5月玫瑰湖国家湿地整体污染水平为清洁。

玫瑰湖国家湿地各样点污染物所占比例如图4.5所示，主要污染物为总氮，占总污染物的42.93%，其次为总磷，占总污染物的33.27%，与内梅罗综合污染评价结论一致。总氮是衡量水质的重要指标之一，常用来表示水体受营养物质污染的程度。水体中的磷是浮游植物生长所需要的一种关键元素，过量的氮、磷是造成水体富营养化的主要原因。水中氮、磷超标时，微生物大量繁殖，浮游植物生长旺盛，水体容易出现富营养化状态。玫瑰湖国家湿地氮、磷含量较低，不易发生水体富营养。

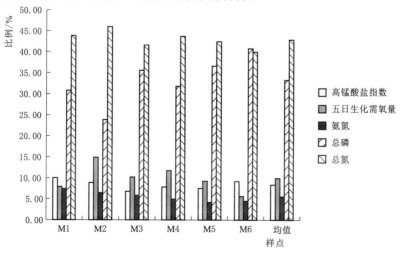

图 4.5　玫瑰湖国家湿地不同样点污染物所占比例

4.5.3　综合营养状态评价

选取高锰酸盐指数（COD_{Mn}）、总氮（TN）、总磷（TP）、透明度（SD）、叶绿素 a（Chla）作为富营养化评价因子，分别评价玫瑰湖国家湿地 6 个监测样点的综合营养状态。各样点之间综合营养状态指数差异较小，见表 4.16。

表 4.16　　　　　　　　玫瑰湖国家湿地综合营养状态评价结果表

样点编号	不同指标营养状态评价结果					TLI 值	富营养化程度
	总氮	高锰酸盐指数	总磷	叶绿素 a	透明度		
M1	56.7	13.0	42.1	47.6	60.1	43.9	中营养
M2	57.0	8.9	37.4	48.2	61.1	42.5	中营养
M3	57.2	4.6	45.7	48.0	59.5	43.0	中营养
M4	56.1	5.5	42.1	48.0	64.6	43.3	中营养
M5	57.0	6.6	45.7	48.0	61.1	43.7	中营养
M6	54.2	9.1	45.7	47.9	59.5	43.3	中营养
均值	56.4	8.1	43.4	48.0	60.9	43.4	中营养

根据综合营养状态评价法评价玫瑰湖国家湿地富营养化情况可知，6 个监测样点富营养化程度均为中营养，富营养化程度变化较小。5 个评价指标中，均值最大的是透明度，说明影响玫瑰湖国家湿地富营养化程度的主要指标为透明度。TLI 值最高的样点是 M1 样点，为中营养，TLI 值最低的样点是 M2 样点，为中营养。2020 年 5 月玫瑰湖国家湿地整体富营养化程度为中营养，富营养化程度较低。

4.6　商河县大沙河省级湿地

参照《水环境监测规范》（SL 219—2013）及《地表水环境质量标准》（GB 3838—2002）中监测样点的布设原则，于 2021 年 9 月在大沙河省级湿地设置 6 个采样点，监测水温、浑浊度、透明度、pH 值、电导率、溶解氧、总氮、氨氮、亚硝酸盐氮、硝酸盐氮、五日生化需氧量、高锰酸盐指数、总磷、盐度、磷酸盐、叶绿素 a、悬浮物等 17 项水质指标。

4.6.1　单因子水质评价

对大沙河省级湿地 6 个采样样点水质状况进行单因子评价，根据 pH 值、溶解氧（DO）、高锰酸盐指数（COD_{Mn}）、五日生化需氧量（BOD₅）、氨氮（NH₃ - N）和总磷（TP）6 项重点水质指标进行水质类别划分，见表 4.17。

表 4.17   大沙河省级湿地单因子评价结果表

样点编号	单因子评价结果 Q	不同指标评价结果 Q_i					
		pH 值	溶解氧	高锰酸盐指数	五日生化需氧量	氨氮	总磷
S1	V	I	I	III	V	I	II
S2	IV	I	I	III	IV	I	II
S3	IV	I	I	III	IV	I	II
S4	V	I	I	III	V	I	II
S5	IV	I	I	III	IV	I	II
S6	IV	I	I	III	IV	I	II
均值	V	I	I	III	V	I	II

由大沙河省级湿地单因子评价结果可看出，6 个监测样点水质类别均在Ⅳ～Ⅴ类之间，各监测样点水质变化不大，2021 年 9 月大沙河省级湿地整体水质为Ⅴ类。

4.6.2 内梅罗综合污染评价

对大沙河省级湿地 6 个采样样点水质状况进行内梅罗综合污染评价，选择高锰酸盐指数（COD_{Mn}）、五日生化需氧量（BOD_5）、氨氮（NH_3-N）、总氮（TN）和总磷（TP）5 项重点水质指标计算内梅罗综合污染指数并进行水质评价，总氮（TN）选用《地表水环境质量标准》（GB 3838—2002）Ⅴ类标准，其他指标选用Ⅲ类标准作为各评价因子的标准值，见表 4.18。

表 4.18   大沙河省级湿地内梅罗综合污染指数评价结果表

样点编号	不同指标污染指数 P_i					内梅罗污染指数 P	评价结果	污染水平
	高锰酸盐指数	五日生化需氧量	氨氮	总磷	总氮			
S1	0.95	1.73	0.10	0.45	0.83	1.29	IV	轻度污染
S2	0.82	1.05	0.12	0.45	0.75	0.81	III	清洁
S3	0.80	1.50	0.03	0.35	0.48	1.11	IV	轻度污染
S4	0.68	1.93	0.04	0.40	0.68	1.41	IV	轻度污染
S5	0.72	1.38	0.10	0.35	0.72	1.03	IV	轻度污染
S6	0.73	1.48	0.03	0.35	0.66	1.09	IV	轻度污染
均值	0.78	1.51	0.07	0.39	0.69	1.12	IV	轻度污染

根据内梅罗综合污染评价法评价大沙河省级湿地水质情况可知，6 个监测样点内梅罗污染指数范围为 0.81～1.41，评价结果均为Ⅲ～Ⅳ类水质。5 个评价指标中只有五日生化需氧量有大于 1 的样点，说明大沙河省级湿地主要污染指标为五日生化需氧量。内梅罗污染指数最高的样点是 S4 样点，污染水平为轻度污染，内梅罗污染指数最低的样点是 S2 样点，污染水平为清洁，各样点之间污染水平变化较小。2021 年 9 月大沙河省级湿地整体

污染水平为轻度污染。

大沙河省级湿地各样点污染物所占比例如图 4.6 所示，主要污染物为五日生化需氧量和高锰酸盐指数，分别占总污染物的 43.89%、22.77%，与内梅罗综合污染评价结论一致。五日生化需氧量是水体中的好氧微生物在一定温度下将水中有机物分解成无机质，这一特定时间内的氧化过程中所需要的溶解氧量，是表示水中有机物等需氧污染物质含量的一个综合指标。高锰酸盐指数跟五日生化需氧量类似，也是反映水体中有机和无机可氧化物质污染的常用指标之一。在一定条件下，用高锰酸钾氧化水样中的某些有机物及无机还原性物质，由消耗的高锰酸钾量计算相当的氧量，主要指示水中有机物含量。

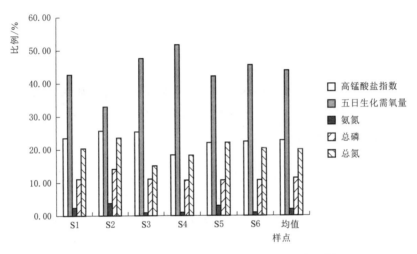

图 4.6　大沙河省级湿地不同样点污染物所占比例

4.6.3　综合营养状态评价

选取高锰酸盐指数（COD_{Mn}）、总氮（TN）、总磷（TP）、透明度（SD）、叶绿素 a（Chla）作为富营养化评价因子，分别评价大沙河省级湿地 6 个监测样点的综合营养状态。各样点之间综合营养状态指数差异较小，见表 4.19。

表 4.19　　　　　　　　　　大沙河省级湿地综合营养状态评价结果表

样点编号	不同指标营养状态评价结果					TLI 值	富营养化程度
	总氮	高锰酸盐指数	总磷	叶绿素 a	透明度		
S1	63.0	47.4	55.3	58.1	53.2	55.4	轻度富营养
S2	61.4	43.4	55.3	59.1	55.5	54.9	轻度富营养
S3	53.7	42.8	51.2	58.5	54.3	52.1	轻度富营养
S4	59.7	38.7	53.3	58.9	51.2	52.4	轻度富营养
S5	60.7	40.0	51.2	58.7	53.2	52.8	轻度富营养
S6	59.2	40.2	51.2	59.1	61.1	54.2	轻度富营养
均值	59.9	42.2	53.0	58.7	54.5	53.7	轻度富营养

根据综合营养状态指数评价法评价大沙河省级湿地富营养化情况可知，6个监测样点富营养化程度均为轻度富营养，富营养化程度变化较小。5个评价指标中，均值最大的是总氮，说明影响大沙河省级湿地富营养化程度的主要指标为总氮。TLI值最高的的样点是S1样点，为轻度富营养，TLI值最低的样点是S3样点，为轻度富营养。2021年9月大沙河省级湿地整体富营养化程度为轻度富营养，富营养化程度一般。

4.7 济阳土马河省级湿地

参照《水环境监测规范》（SL 219—2013）及《地表水环境质量标准》（GB 3838—2002）中监测样点的布设原则，于2021年9月在土马河省级湿地设置6个采样点，监测水温、浑浊度、透明度、pH值、电导率、溶解氧、总氮、氨氮、亚硝酸盐氮、硝酸盐氮、五日生化需氧量、高锰酸盐指数、总磷、盐度、磷酸盐、叶绿素a、悬浮物等17项水质指标。

4.7.1 单因子水质评价

对土马河省级湿地6个采样样点水质状况进行单因子评价，根据pH值、溶解氧（DO）、高锰酸盐指数（COD_{Mn}）、五日生化需氧量（BOD_5）、氨氮（$NH_3 - N$）和总磷（TP）6项重点水质指标进行水质类别划分，见表4.20。

表4.20　　　　　　　　　土马河省级湿地单因子评价结果表

样点编号	单因子评价结果 Q	不同指标评价结果 Q_i					
		pH 值	溶解氧	高锰酸盐指数	五日生化需氧量	氨氮	总磷
T1	IV	I	II	II	IV	III	IV
T2	IV	I	IV	III	III	I	III
T3	IV	I	II	III	IV	I	III
T4	III	I	I	II	III	I	III
T5	IV	I	II	III	IV	I	III
T6	IV	I	III	II	IV	III	IV
均值	IV	I	II	III	IV	II	IV

由土马河省级湿地单因子评价结果可看出，6个监测样点水质类别范围为Ⅲ～Ⅳ类，各监测样点水质变化较小。2021年9月土马河省级湿地整体水质为Ⅳ类。

4.7.2 内梅罗综合污染评价

对土马河省级湿地6个采样样点水质状况进行内梅罗综合污染评价，选择高锰酸盐指数（COD_{Mn}）、五日生化需氧量（BOD_5）、氨氮（$NH_3 - N$）、总氮（TN）和总磷（TP）5项重点水质指标计算内梅罗综合污染指数并进行水质评价，总氮（TN）选用《地表水环境质量标准》（GB 3838—2002）Ⅴ类标准，其他指标选用Ⅲ类标准作为各评价因子的标准值，见表 4.21。

表 4.21　　　　　土马河省级湿地内梅罗综合污染指数评价结果表

样点编号	不同指标污染指数 P_i					内梅罗污染指数 P	评价结果	污染水平
	高锰酸盐指数	五日生化需氧量	氨氮	总磷	总氮			
T1	0.63	1.38	0.71	0.50	1.43	1.16	Ⅳ	轻度污染
T2	0.78	0.95	0.02	0.20	0.30	1.07	Ⅳ	轻度污染
T3	0.73	1.25	0.32	0.25	1.67	1.29	Ⅳ	轻度污染
T4	0.67	0.93	0.13	0.20	1.04	0.79	Ⅲ	清洁
T5	0.77	1.25	0.12	0.25	0.68	0.97	Ⅲ	清洁
T6	0.67	1.20	0.51	0.45	1.26	1.14	Ⅳ	轻度污染
均值	0.71	1.16	0.30	0.31	1.06	0.94	Ⅲ	清洁

　　根据内梅罗综合污染评价法评价土马河省级湿地水质情况可知，6 个监测样点内梅罗污染指数范围为 0.79~1.29，评价结果为Ⅲ~Ⅳ类水质，均值评价结果为Ⅲ类水质。5 个评价指标中总氮和五日生化需氧量均有大于 1 的样点，土马河省级湿地主要污染指标为总氮和五日生化需氧量。内梅罗污染指数最高的的样点为 T3 样点，污染水平为轻度污染，内梅罗污染指数最低的样点为 T4 样点，污染水平为清洁，各样点之间污染水平变化较大。2021 年 9 月土马河省级湿地整体污染水平为清洁。

　　土马河省级湿地各样点污染物所占比例如图 4.7 所示，主要污染物为总氮和五日生化需氧量，分别占总污染物的 30.01%、32.75%，与内梅罗综合污染评价结论一致。五日生化需氧量是水体中的好氧微生物在一定温度下将水中有机物分解成无机质，这一特定时间内的氧化过程中所需要的溶解氧量，是表示水中有机物等需氧污染物质含量的一个综合指标。总氮是衡量水质的重要指标之一，常用来表示水体受营养物质污染的程度。水中氮、磷超标时，微生物大量繁殖，浮游植物生长旺盛，水体容易出现富营养化状态。土马河省级湿地有机物、总氮含量较高，容易发生水体富营养。

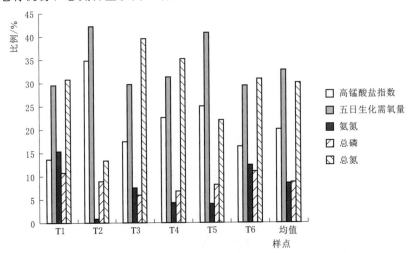

图 4.7　土马河省级湿地不同样点污染物所占比例

4.7.3 综合营养状态评价

选取高锰酸盐指数（COD_{Mn}）、总氮（TN）、总磷（TP）、透明度（SD）、叶绿素 a（Chla）作为富营养化评价因子，分别评价土马河省级湿地 6 个监测样点的综合营养状态。各样点之间综合营养状态指数差异较大，见表 4.22。

表 4.22 土马河省级湿地综合营养状态评价结果表

样点编号	不同指标营养状态评价结果					TLI 值	富营养化程度
	总氮	高锰酸盐指数	总磷	叶绿素 a	透明度		
T1	36.6	57.0	52.2	49.3	36.6	53.5	轻度富营养
T2	42.3	42.1	45.0	58.1	42.3	46.7	中营养
T3	40.5	45.7	59.1	50.2	40.5	54.1	轻度富营养
T4	38.0	42.1	47.9	52.2	38.0	49.4	中营养
T5	41.7	45.7	58.7	43.8	41.7	49.9	中营养
T6	38.0	55.3	53.6	58.9	38.0	55.2	轻度富营养
均值	39.6	49.1	53.9	51.4	39.6	52.3	轻度富营养

根据综合营养状态指数评价法评价土马河省级湿地富营养化情况可知，6 个监测样点富营养化程度范围为中营养至轻度富营养，富营养化程度变化较大。5 个评价指标中，均值最大的是总磷，说明影响土马河省级湿地富营养化程度的主要指标为总磷。土马河省级湿地 TLI 值最高的样点是 T6 样点，为轻度富营养，TLI 值最低的样点是 T2 样点，为中营养。2021 年 9 月土马河省级湿地整体富营养化程度为轻度富营养，富营养化程度一般。

4.8 济阳澄波湖省级湿地

参照《水环境监测规范》（SL 219—2013）及《地表水环境质量标准》（GB 3838—2002）中监测样点的布设原则，于 2021 年 9 月在澄波湖省级湿地设置 6 个采样点，监测水温、浑浊度、透明度、pH 值、电导率、溶解氧、总氮、氨氮、亚硝酸盐氮、硝酸盐氮、五日生化需氧量、高锰酸盐指数、总磷、盐度、磷酸盐、叶绿素 a、悬浮物等 17 项水质指标。

4.8.1 单因子水质评价

对澄波湖省级湿地 6 个采样点水质状况进行单因子评价，根据 pH 值、溶解氧（DO）、高锰酸盐指数（COD_{Mn}）、五日生化需氧量（BOD_5）、氨氮（$NH_3 - N$）和总磷（TP）等 6 项重点水质指标进行水质类别划分，见表 4.23。

表 4.23　　　　　　　　　　澄波湖省级湿地单因子评价结果表

样点编号	单因子评价结果 Q	不同指标评价结果 Q_i					
		pH 值	溶解氧	高锰酸盐指数	五日生化需氧量	氨氮	总磷
C1	Ⅲ	Ⅰ	Ⅰ	Ⅲ	Ⅰ	Ⅰ	Ⅲ
C2	Ⅲ	Ⅰ	Ⅰ	Ⅱ	Ⅰ	Ⅰ	Ⅲ
C3	Ⅲ	Ⅰ	Ⅰ	Ⅲ	Ⅰ	Ⅰ	Ⅲ
C4	Ⅳ	Ⅰ	Ⅰ	Ⅳ	Ⅰ	Ⅰ	Ⅲ
C5	Ⅲ	Ⅰ	Ⅰ	Ⅲ	Ⅰ	Ⅰ	Ⅲ
C6	Ⅳ	Ⅰ	Ⅰ	Ⅲ	Ⅳ	Ⅰ	Ⅲ
均值	Ⅲ	Ⅰ	Ⅰ	Ⅲ	Ⅲ	Ⅰ	Ⅲ

澄波湖省级湿地单因子评价结果显示，6 个监测样点水质类别范围为Ⅲ～Ⅳ类，各监测样点水质变化较小。2021 年 9 月澄波湖省级湿地整体水质为Ⅲ类。

4.8.2　内梅罗综合污染评价

对澄波湖省级湿地 6 个采样样点水质状况进行内梅罗综合污染评价，选择高锰酸盐指数（COD_{Mn}）、五日生化需氧量（BOD_5）、氨氮（NH_3-N）、总氮（TN）和总磷（TP）等 5 项重点水质指标计算内梅罗综合污染指数并进行水质评价，总氮（TN）选用《地表水环境质量标准》（GB 3838—2002）Ⅴ类标准，其他指标选用Ⅲ类标准作为各评价因子的标准值，见表 4.24。

表 4.24　　　　　　　澄波湖省级湿地内梅罗综合污染指数评价结果表

样点编号	不同指标污染指数 P_i					内梅罗污染指数 P	评价结果	污染水平
	高锰酸盐指数	五日生化需氧量	氨氮	总磷	总氮			
C1	0.88	0.73	0.03	0.20	0.32	0.66	Ⅱ	清洁
C2	0.67	0.55	0.04	0.20	0.28	0.50	Ⅰ	清洁
C3	0.80	0.75	0.04	0.20	0.28	0.60	Ⅱ	清洁
C4	1.02	0.60	0.02	0.25	0.29	0.75	Ⅲ	清洁
C5	0.83	0.75	0.05	0.20	0.26	0.63	Ⅱ	清洁
C6	0.72	1.50	0.01	0.20	0.34	1.10	Ⅳ	轻度污染
均值	0.82	0.81	0.03	0.21	0.29	0.62	Ⅱ	清洁

内梅罗综合污染评价法评价澄波湖省级湿地水质情况显示，6 个监测样点内梅罗污染指数范围为 0.50～1.10，水质评价结果范围为Ⅰ～Ⅳ类，均值评价结果为Ⅱ类水质。5 个评价指标中高锰酸盐指数和五日生化需氧量有大于 1 的样点。内梅罗污染指数最高的样点为 C6 样点，污染水平为轻度污染，其他样点污染水平均为清洁，各样点之间污染水平变化较小。2021 年 9 月澄波湖省级湿地整体污染水平为清洁。

澄波湖省级湿地各样点污染物所占比例如图 4.8 所示，主要污染物为高锰酸盐指数和五日生化需氧量，分别占总污染物的 37.86%、37.54%，与内梅罗综合污染评价结论一致。高锰酸盐指数是反映水体中有机和无机可氧化物质污染的常用指标，在一定条件下，用高锰酸钾氧化水样中的某些有机物及无机还原性物质，由消耗的高锰酸钾量计算相当的氧量，主要指示水中有机物含量。五日生化需氧量是水体中的好氧微生物在一定温度下将水中有机物分解成无机质，这一特定时间内的氧化过程中所需要的溶解氧量，是表示水中有机物等需氧污染物质含量的一个综合指标。高锰酸盐指数和五日生化需氧量浓度较高，说明澄波湖省级湿地有机物含量较高。

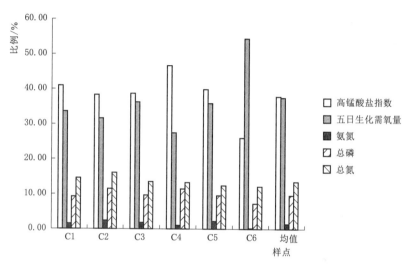

图 4.8 澄波湖省级湿地不同样点污染物所占比例

4.8.3 综合营养状态评价

选取高锰酸盐指数（COD_{Mn}）、总氮（TN）、总磷（TP）、透明度（SD）、叶绿素 a（Chla）作为富营养化评价因子，分别评价澄波湖省级湿地 6 个监测样点的综合营养状态。各样点之间综合营养状态指数差异较小，见表 4.25。

表 4.25　　　　　　　　　澄波湖省级湿地综合营养状态评价结果表

样点编号	不同指标营养状态评价结果					TLI 值	富营养化程度
	总氮	高锰酸盐指数	总磷	叶绿素 a	透明度		
C1	52.6	53.3	46.0	55.3	64.0	54.2	轻度富营养
C2	51.2	50.0	46.0	55.4	64.4	53.4	轻度富营养
C3	51.2	52.0	46.0	56.0	61.0	53.2	轻度富营养
C4	51.6	55.0	50.0	55.9	45.0	51.5	轻度富营养
C5	50.4	52.5	46.0	56.0	67.0	54.4	轻度富营养
C6	53.4	50.8	46.0	56.5	67.6	54.8	轻度富营养
均值	51.7	52.3	46.7	55.9	62.8	53.9	轻度富营养

根据综合营养状态指数评价法评价澄波湖省级湿地富营养化情况可知，6个监测样点富营养化程度均为轻度富营养，富营养化程度变化较小。5个评价指标中，均值最大的是透明度，说明影响澄波湖省级湿地富营养化程度的主要指标为透明度。TLI值最高的样点是C6样点，TLI值最低的样点是C4样点，均为轻度富营养。2021年9月澄波湖省级湿地整体富营养化程度为轻度富营养，富营养化程度一般。

4.9　锦水河省级湿地

参照《水环境监测规范》（SL 219—2013）及《地表水环境质量标准》（GB 3838—2002）中监测样点的布设原则，于2022年9月在锦水河省级设置6个采样点，监测水温、浑浊度、透明度、pH值、电导率、溶解氧、总氮、氨氮、亚硝酸盐氮、硝酸盐氮、五日生化需氧量、高锰酸盐指数、总磷、盐度、磷酸盐、叶绿素a、悬浮物等17项水质指标。

4.9.1　单因子水质评价

对锦水河省级湿地6个采样点水质状况进行单因子评价，根据pH值、溶解氧（DO）、高锰酸盐指数（COD_{Mn}）、五日生化需氧量（BOD_5）、氨氮（NH_3-N）和总磷（TP）等6项重点水质指标进行水质类别划分，见表4.26。

表4.26　　　　　　　　　　　锦水河省级湿地单因子评价结果表

样点编号	单因子评价结果 Q	不同指标评价结果 Q_i					
		pH值	溶解氧	高锰酸盐指数	五日生化需氧量	氨氮	总磷
J1	Ⅳ	Ⅰ	Ⅰ	Ⅲ	Ⅳ	Ⅰ	Ⅲ
J2	Ⅲ	Ⅰ	Ⅱ	Ⅲ	Ⅲ	Ⅱ	Ⅲ
J3	劣Ⅴ	Ⅰ	Ⅲ	Ⅱ	Ⅰ	劣Ⅴ	Ⅲ
J4	Ⅲ	Ⅰ	Ⅰ	Ⅱ	Ⅰ	Ⅲ	Ⅲ
J5	Ⅲ	Ⅰ	Ⅰ	Ⅲ	Ⅲ	Ⅲ	Ⅲ
J6	Ⅲ	Ⅰ	Ⅰ	Ⅱ	Ⅰ	Ⅰ	Ⅲ
均值	Ⅲ	Ⅰ	Ⅰ	Ⅱ	Ⅲ	Ⅲ	Ⅲ

由锦水河省级湿地单因子评价结果可看出，6个监测样点水质类别范围为Ⅲ～劣Ⅴ类，除J3样点之外，各监测样点水质变化不大。2022年9月锦水河省级湿地整体水质为Ⅲ类。

4.9.2　内梅罗综合污染评价

对锦水河省级湿地6个采样点水质状况进行内梅罗综合污染评价，选择高锰酸盐指数（COD_{Mn}）、五日生化需氧量（BOD_5）、氨氮（NH_3-N）、总氮（TN）和总磷（TP）等5

项重点水质指标计算内梅罗综合污染指数并进行水质评价，总氮（TN）选用《地表水环境质量标准》（GB 3838—2002）Ⅴ类标准，其他指标选用Ⅲ类标准作为各评价因子的标准值，见表4.27。

表4.27 锦水河省级湿地内梅罗综合污染指数评价结果表

样点编号	不同指标污染指数 P_i					内梅罗污染指数 P	评价结果	污染水平
	高锰酸盐指数	五日生化需氧量	氨氮	总磷	总氮			
J1	0.82	1.05	0.12	0.70	2.42	1.79	Ⅳ	轻度污染
J2	0.68	0.93	0.17	0.65	4.16	3.04	Ⅳ	重污染
J3	0.43	0.63	2.03	0.90	2.66	2.12	Ⅳ	中度污染
J4	0.60	0.63	0.79	0.65	3.83	2.78	Ⅳ	中度污染
J5	0.72	0.85	0.72	0.65	5.10	3.70	Ⅴ	重污染
J6	0.40	0.53	0.04	0.60	4.17	3.00	Ⅳ	重污染
均值	0.61	0.77	0.64	0.69	3.72	2.71	Ⅳ	中度污染

内梅罗综合污染评价法评价锦水河省级湿地水质情况显示，6个监测样点内梅罗污染指数范围为1.79~3.70，水质评价结果范围为Ⅳ~Ⅴ类。5个评价指标中总氮、氨氮和五日生化需氧量有大于1的样点。内梅罗污染指数最高的的样点是J5样点，污染水平为重污染，其他样点污染水在轻度污染至重污染之间，各样点之间污染水平变化较大。2022年9月锦水河省级湿地整体污染水平为中度污染。

锦水河省级湿地各样点污染物所占比例如图4.9所示，主要污染物为总氮和总磷，分别占总污染物的57.86%、10.75%，与内梅罗综合污染评价结论一致。总氮是衡量水质的重要指标之一，常用来表示水体受营养物质污染的程度。水体中的磷是浮游植物生长所需要的一种关键元素，过量的磷是造成水体污秽异臭，使湖泊发生富营养化的主要原因。水中氮、磷超标时，微生物大量繁殖，浮游植物生长旺盛，水体容易出现富营养化状态。锦水河省级湿地氮、磷含量较低，不易发生水体富营养。

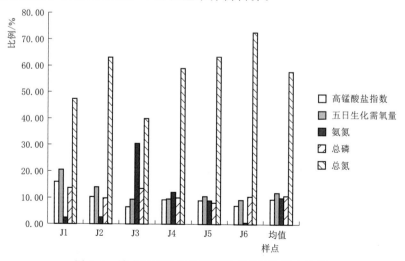

图4.9 锦水河省级湿地不同样点污染物所占比例

4.9.3　综合营养状态评价

选取高锰酸盐指数（COD_{Mn}）、总氮（TN）、总磷（TP）、透明度（SD）、叶绿素 a（Chla）作为富营养化评价因子，分别评价锦水河省级湿地 6 个监测样点的综合营养状态。各样点之间综合营养状态指数差异较小，见表 4.28。

表 4.28　　　　　　　　　锦水河省级湿地综合营养状态评价结果表

| 样点编号 | 不同指标营养状态评价结果 | | | | | TLI 值 | 富营养化程度 |
	总氮	高锰酸盐指数	总磷	叶绿素 a	透明度		
J1	81.2	43.4	62.4	67.8	42.1	59.4	轻度富营养
J2	90.4	38.6	61.2	71.2	35.9	59.5	轻度富营养
J3	82.8	26.5	66.5	42.8	42.1	52.2	轻度富营养
J4	89.0	35.2	61.2	46.1	44.7	55.2	轻度富营养
J5	93.9	39.9	61.2	44.5	37.3	55.4	轻度富营养
J6	90.4	24.4	59.2	44.0	26.5	49.1	中营养
均值	88.5	35.5	62.2	59.7	37.1	56.6	轻度富营养

根据综合营养状态指数评价法评价锦水河省级湿地富营养化情况可知，6 个监测样点富营养化程度范围为中营养至轻度富营养，富营养化程度变化较大。5 个评价指标中，均值最大的是总氮，说明影响锦水河省级湿地富营养化程度的主要指标为总氮。TLI 值最高的的样点是 J2 样点，为轻度富营养，TLI 值最低的样点是 J6 样点，为中营养。2022 年 9 月锦水河省级湿地整体富营养化程度为轻度富营养，富营养化程度较低。

4.10　浪溪河省级湿地

参照《水环境监测规范》（SL 219—2013）及《地表水环境质量标准》（GB 3838—2002）中监测样点的布设原则，于 2022 年 9 月在浪溪河省级设置 6 个采样点，监测水温、浑浊度、透明度、pH 值、电导率、溶解氧、总氮、氨氮、亚硝酸盐氮、硝酸盐氮、五日生化需氧量、高锰酸盐指数、总磷、盐度、磷酸盐、叶绿素 a、悬浮物等 17 项水质指标。

4.10.1　单因子水质评价

对浪溪河省级湿地 6 个采样样点水质状况进行单因子评价，根据 pH 值、溶解氧（DO）、高锰酸盐指数（COD_{Mn}）、五日生化需氧量（BOD_5）、氨氮（NH_3-N）和总磷（TP）等 6 项重点水质指标进行水质类别划分，见表 4.29。

表 4.29 浪溪河省级湿地单因子评价结果表

样点编号	单因子评价结果 Q	不同指标评价结果 Q_i					
		pH 值	溶解氧	高锰酸盐指数	五日生化需氧量	氨氮	总磷
R1	Ⅲ	Ⅰ	Ⅰ	Ⅱ	Ⅰ	Ⅲ	Ⅲ
R2	Ⅲ	Ⅰ	Ⅰ	Ⅲ	Ⅲ	Ⅱ	Ⅲ
R3	Ⅲ	Ⅰ	Ⅰ	Ⅱ	Ⅰ	Ⅱ	Ⅲ
R4	Ⅲ	Ⅰ	Ⅰ	Ⅰ	Ⅰ	Ⅱ	Ⅲ
R5	Ⅲ	Ⅰ	Ⅰ	Ⅰ	Ⅰ	Ⅱ	Ⅲ
R6	Ⅲ	Ⅰ	Ⅰ	Ⅱ	Ⅰ	Ⅲ	Ⅲ
均值	Ⅲ	Ⅰ	Ⅰ	Ⅱ	Ⅰ	Ⅱ	Ⅲ

浪溪河省级湿地单因子评价结果显示，6 个监测样点水质类别均为Ⅲ类。2022 年 9 月浪溪河省级湿地整体水质为Ⅲ类。

4.10.2　内梅罗综合污染评价

对浪溪河省级湿地 6 个采样点水质状况进行内梅罗综合污染评价，选择高锰酸盐指数（COD_{Mn}）、五日生化需氧量（BOD_5）、氨氮（NH_3-N）、总氮（TN）和总磷（TP）等 5 项重点水质指标计算内梅罗综合污染指数并进行水质评价，总氮（TN）选用《地表水环境质量标准》（GB 3838—2002）Ⅴ类标准，其他指标选用Ⅲ类标准作为各评价因子的标准值，见表 4.30。

表 4.30 浪溪河省级湿地内梅罗综合污染指数评价结果表

样点编号	不同指标污染指数 P_i					内梅罗污染指数 P	评价结果	污染水平
	高锰酸盐指数	五日生化需氧量	氨氮	总磷	总氮			
R1	0.57	0.75	0.57	0.60	3.90	2.83	Ⅳ	中度污染
R2	0.73	0.78	0.39	0.70	1.02	0.81	Ⅲ	清洁
R3	0.43	0.55	0.34	0.70	4.41	3.19	Ⅳ	重污染
R4	0.28	0.38	0.26	0.70	3.58	2.59	Ⅳ	中度污染
R5	0.38	0.50	0.38	0.60	3.68	2.66	Ⅳ	中度污染
R6	0.38	0.35	0.61	0.75	2.37	1.73	Ⅳ	轻度污染
均值	0.46	0.55	0.43	0.68	3.16	2.30	Ⅳ	中度污染

内梅罗综合污染评价法评价浪溪河省级湿地水质情况显示，6 个监测样点内梅罗污染指数范围为 0.81～3.19，水质评价结果范围为Ⅲ～Ⅳ类。5 个评价指标中只有总氮有大于 1 的样点。内梅罗污染指数最高的的样点是 R3 样点，污染水平为重污染，其他样点污染水平在清洁至中度污染之间，各样点之间污染水平变化较大。2022 年 9 月浪溪河省级湿地整体污染水平为中度污染。

浪溪河省级湿地各样点污染物所占比例如图 4.10 所示，主要污染物为总氮、总磷，分别占总污染物的 59.91%、12.80%，与内梅罗综合污染评价结论一致。总氮是衡量水质的重要指标之一，常用来表示水体受营养物质污染的程度。水体中的磷是浮游植物生长所需要的一种关键元素，氮磷比失衡会使湖泊发生富营养化。水中氮超标时，微生物大量繁殖，浮游植物生长旺盛，水体容易出现富营养化状态。澄波湖省级湿地氮含量较高，较易发生水体富营养。

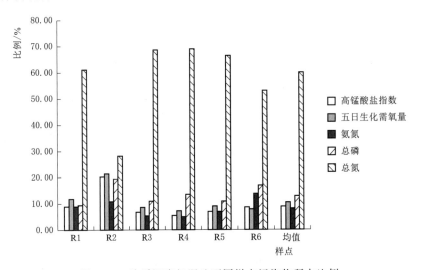

图 4.10　浪溪河省级湿地不同样点污染物所占比例

4.10.3　综合营养状态评价

选取高锰酸盐指数（COD_{Mn}）、总氮（TN）、总磷（TP）、透明度（SD）、叶绿素 a（Chla）作为富营养化评价因子，分别评价澄波湖省级湿地 6 个监测样点的综合营养状态。各样点之间综合营养状态指数差异较小，见表 4.31。

表 4.31　　　　　　　　　　浪溪河省级湿地综合营养状态评价结果表

样点编号	不同指标营养状态评价结果					TLI 值	富营养化程度
	总氮	高锰酸盐指数	总磷	叶绿素 a	透明度		
R1	89.3	33.7	59.9	59.0	49.0	58.2	轻度富营养
R2	66.6	40.5	62.4	63.0	56.5	57.8	轻度富营养
R3	91.4	26.5	62.4	62.6	59.2	60.4	中度富营养
R4	87.9	15.2	62.4	58.7	49.3	54.7	轻度富营养
R5	88.3	23.3	59.9	57.7	39.8	53.8	轻度富营养
R6	80.9	23.3	63.6	59.8	43.3	54.2	轻度富营养
均值	85.8	28.3	61.8	60.3	48.4	56.9	轻度富营养

根据综合营养状态指数评价法评价浪溪河省级湿地富营养化情况可知，6 个监测样点富营养化程度范围为轻度富营养至中度富营养，富营养化程度变化较大。5 个评价指标

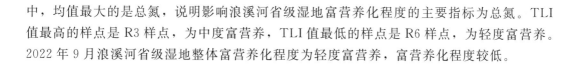

中，均值最大的是总氮，说明影响浪溪河省级湿地富营养化程度的主要指标为总氮。TLI 值最高的样点是 R3 样点，为中度富营养，TLI 值最低的样点是 R6 样点，为轻度富营养。2022 年 9 月浪溪河省级湿地整体富营养化程度为轻度富营养，富营养化程度较低。

4.11 龙山湖省级湿地

参照《水环境监测规范》(SL 219—2013) 及《地表水环境质量标准》(GB 3838—2002) 中监测样点的布设原则，于 2022 年 9 月在龙山湖省级湿地设置 6 个采样点，监测水温、浑浊度、透明度、pH 值、电导率、溶解氧、总氮、氨氮、亚硝酸盐氮、硝酸盐氮、五日生化需氧量、高锰酸盐指数、总磷、盐度、磷酸盐、叶绿素 a、悬浮物等 17 项水质指标。

4.11.1 单因子水质评价

对龙山湖省级湿地 6 个采样点水质状况进行单因子评价，根据 pH 值、溶解氧 (DO)、高锰酸盐指数 (COD_{Mn})、五日生化需氧量 (BOD_5)、氨氮 (NH_3-N) 和总磷 (TP) 等 6 项重点水质指标进行水质类别划分，见表 4.32。

表 4.32 龙山湖省级湿地单因子评价结果表

样点编号	单因子评价结果 Q	不同指标评价结果 Q_i					
		pH 值	溶解氧	高锰酸盐指数	五日生化需氧量	氨氮	总磷
L1	Ⅲ	Ⅰ	Ⅰ	Ⅱ	Ⅰ	Ⅱ	Ⅲ
L2	Ⅲ	Ⅰ	Ⅰ	Ⅱ	Ⅰ	Ⅱ	Ⅲ
L3	Ⅲ	Ⅰ	Ⅱ	Ⅰ	Ⅰ	Ⅱ	Ⅲ
L4	Ⅲ	Ⅰ	Ⅰ	Ⅰ	Ⅰ	Ⅱ	Ⅲ
L5	Ⅲ	Ⅰ	Ⅰ	Ⅱ	Ⅰ	Ⅱ	Ⅲ
L6	Ⅲ	Ⅰ	Ⅰ	Ⅱ	Ⅰ	Ⅱ	Ⅲ
均值	Ⅲ	Ⅰ	Ⅰ	Ⅱ	Ⅰ	Ⅱ	Ⅲ

龙山湖省级湿地单因子评价结果显示，6 个监测样点水质类别均为Ⅲ类。2022 年 9 月龙山湖省级湿地整体水质为Ⅲ类。

4.11.2 内梅罗综合污染评价

对龙山湖省级湿地 6 个采样点水质状况进行内梅罗综合污染评价，选择高锰酸盐指数 (COD_{Mn})、五日生化需氧量 (BOD_5)、氨氮 (NH_3-N)、总氮 (TN) 和总磷 (TP) 等 5 项重点水质指标计算内梅罗综合污染指数并进行水质评价，总氮 (TN) 选用《地表水环境质量标准》(GB 3838—2002) Ⅴ类标准，其他指标选用Ⅲ类标准作为各评价因子的标准值，见表 4.33。

表 4.33　　　　　　　龙山湖省级湿地内梅罗综合污染指数评价结果表

样点编号	不同指标污染指数 P_i					内梅罗污染指数 P	评价结果	污染水平
	高锰酸盐指数	五日生化需氧量	氨氮	总磷	总氮			
L1	0.57	0.60	0.26	0.60	3.60	2.60	IV	中度污染
L2	0.57	0.70	0.30	0.60	2.16	1.59	IV	轻度污染
L3	0.33	0.40	0.31	0.60	2.51	1.85	IV	轻度污染
L4	0.33	0.40	0.29	0.60	4.06	2.92	IV	中度污染
L5	0.45	0.53	0.26	0.65	4.16	3.00	IV	重污染
L6	0.43	0.50	0.28	0.80	3.99	2.89	IV	中度污染
均值	0.45	0.52	0.28	0.64	3.41	2.47	IV	中度污染

内梅罗综合污染评价法评价龙山湖省级湿地水质情况显示，6 个监测样点内梅罗污染指数范围为 1.59～3.00，评价结果均为 IV 类水质。5 个评价指标中只有总氮有大于 1 的样点。内梅罗污染指数最高的样点是 L5 样点，污染水平为重污染，其他样点污染水在轻度污染到中度污染之间，各样点之间污染水平变化较大。2022 年 9 月龙山湖省级湿地整体污染水平为中度污染。

龙山湖省级湿地各样点污染物所占比例如图 4.11 所示，主要污染物为总氮，占总污染物的 64.31%，与内梅罗综合污染评价结论一致。总氮是衡量水质的重要指标之一，常用来表示水体受营养物质污染的程度。水中氮超标时，微生物大量繁殖，浮游植物生长旺盛，水体容易出现富营养化状态。龙山湖省级湿地总氮含量较高，容易发生水体富营养。

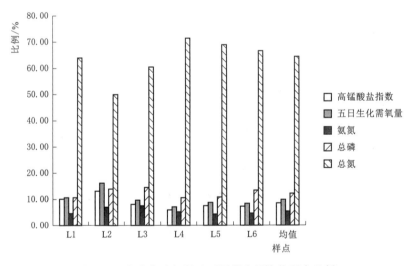

图 4.11　龙山湖省级湿地不同样点污染物所占比例

4.11.3　综合营养状态评价

选取高锰酸盐指数（COD_{Mn}）、总氮（TN）、总磷（TP）、透明度（SD）、叶绿素 a（Chla）作为富营养化评价因子，分别评价龙山湖省级湿地 6 个监测样点的综合营养状态。

各样点之间综合营养状态指数差异较小，见表 4.34。

表 4.34 龙山湖省级湿地综合营养状态评价结果表

样点编号	不同指标营养状态评价结果						富营养化程度
	总氮	高锰酸盐指数	总磷	叶绿素 a	透明度	TLI 值	
L1	87.9	33.7	59.9	59.0	34.2	54.9	轻度富营养
L2	79.3	33.7	59.9	59.0	37.7	53.9	轻度富营养
L3	81.8	19.5	59.9	59.4	35.0	51.1	轻度富营养
L4	90.0	19.5	59.9	59.4	37.7	53.3	轻度富营养
L5	90.4	27.5	61.2	60.7	32.6	54.5	轻度富营养
L6	89.7	26.5	64.6	59.1	38.7	55.7	轻度富营养
均值	87.1	27.4	61.0	59.5	35.9	54.2	轻度富营养

根据综合营养状态指数评价法评价龙山湖省级湿地富营养化情况可知，6 个监测样点富营养化程度均为轻度富营养，富营养化程度变化较小。5 个评价指标中，均值最大的是总氮，说明影响龙山湖省级湿地富营养化程度的主要指标为总氮。TLI 值最高的样点是 L6 样点，为轻度富营养，TLI 值最低的样点是 L3 样点，为轻度富营养。2022 年 9 月龙山湖省级湿地整体富营养化程度为轻度富营养，富营养化程度较低。

4.12 绣源河省级湿地

参照《水环境监测规范》（SL 219—2013）及《地表水环境质量标准》（GB 3838—2002）中监测样点的布设原则，于 2022 年 9 月在绣源河省级湿地设置 6 个采样点，监测水温、浑浊度、透明度、pH 值、电导率、溶解氧、总氮、氨氮、亚硝酸盐氮、硝酸盐氮、五日生化需氧量、高锰酸盐指数、总磷、盐度、磷酸盐、叶绿素 a、悬浮物等 17 项水质指标。

4.12.1 单因子水质评价

对绣源河省级湿地 6 个采样点水质状况进行单因子评价，根据 pH 值、溶解氧（DO）、高锰酸盐指数（COD_{Mn}）、五日生化需氧量（BOD_5）、氨氮（$NH_3 - N$）和总磷（TP）等 6 项重点水质指标进行水质类别划分，见表 4.35。

表 4.35 绣源河省级湿地单因子评价结果表

样点编号	单因子评价结果 Q	不同指标评价结果 Q_i					
		pH 值	溶解氧	高锰酸盐指数	五日生化需氧量	氨氮	总磷
Q1	Ⅲ	Ⅰ	Ⅰ	Ⅲ	Ⅲ	Ⅱ	Ⅲ
Q2	Ⅲ	Ⅰ	Ⅰ	Ⅲ	Ⅲ	Ⅱ	Ⅲ

样点编号	单因子评价结果 Q	不同指标评价结果 Q_i					
		pH 值	溶解氧	高锰酸盐指数	五日生化需氧量	氨氮	总磷
Q3	Ⅲ	Ⅰ	Ⅰ	Ⅲ	Ⅲ	Ⅱ	Ⅲ
Q4	Ⅲ	Ⅰ	Ⅰ	Ⅱ	Ⅰ	Ⅱ	Ⅲ
Q5	Ⅲ	Ⅰ	Ⅰ	Ⅲ	Ⅲ	Ⅱ	Ⅲ
Q6	Ⅲ	Ⅰ	Ⅰ	Ⅱ	Ⅰ	Ⅱ	Ⅲ
均值	Ⅲ	Ⅰ	Ⅰ	Ⅲ	Ⅲ	Ⅱ	Ⅲ

绣源河省级湿地单因子评价结果显示，6 个监测样点水质类别均为Ⅲ类。2022 年 9 月绣源河省级湿地整体水质为Ⅲ类。

4.12.2 内梅罗综合污染评价

对绣源河省级湿地 6 个采样点水质状况进行内梅罗综合污染评价，选择高锰酸盐指数（COD_{Mn}）、五日生化需氧量（BOD_5）、氨氮（NH_3-N）、总氮（TN）和总磷（TP）5 项重点水质指标计算内梅罗综合污染指数并进行水质评价，总氮（TN）选用《地表水环境质量标准》（GB 3838—2002）Ⅴ类标准，其他指标选用Ⅲ类标准作为各评价因子的标准值，见表 4.36。

表 4.36 　　　　　　　　绣源河省级湿地内梅罗综合污染指数评价结果表

样点编号	不同指标污染指数 P_i					内梅罗污染指数 P	评价结果	污染水平
	高锰酸盐指数	五日生化需氧量	氨氮	总磷	总氮			
Q1	0.78	0.88	0.15	0.60	3.68	2.67	Ⅳ	中度污染
Q2	0.75	0.90	0.32	0.65	1.68	1.26	Ⅳ	轻度污染
Q3	0.75	0.88	0.29	0.65	3.49	2.54	Ⅳ	中度污染
Q4	0.48	0.60	0.32	0.55	2.65	1.93	Ⅳ	轻度污染
Q5	0.77	0.88	0.24	0.65	2.71	1.99	Ⅳ	轻度污染
Q6	0.52	0.63	0.28	0.60	3.55	2.57	Ⅳ	中度污染
均值	0.68	0.79	0.27	0.62	2.96	2.16	Ⅳ	中度污染

内梅罗综合污染评价法评价绣源河省级湿地水质情况显示，6 个监测样点内梅罗污染指数范围为 1.26～2.67，评价结果均为Ⅳ类水质。5 个评价指标中只有总氮有大于 1 的样点。内梅罗污染指数最高的样点是 Q1 样点，污染水平为中度污染，其他样点污染水平在轻度污染到中度污染之间，各样点之间污染水平变化较大。2022 年 9 月绣源河省级湿地整体污染水平为中度污染。

绣源河省级湿地各样点污染物所占比例如图 4.12 所示，主要污染物为总氮，占总污染物的 55.73%，与内梅罗综合污染评价结论一致。总氮是衡量水质的重要指标之一，常用来表示水体受营养物质污染的程度。水中氮超标时，微生物大量繁殖，浮游植物生长旺盛，水体容易出现富营养化状态。绣源河省级湿地氮含量较高，容易发生水体富营养。

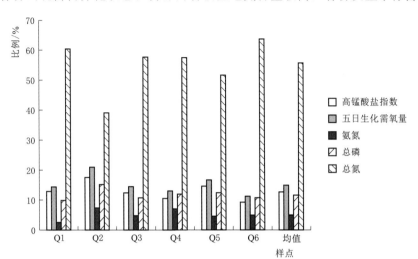

图 4.12 绣源河省级湿地不同样点污染物所占比例

4.12.3 综合营养状态评价

选取高锰酸盐指数（COD_{Mn}）、总氮（TN）、总磷（TP）、透明度（SD）、叶绿素 a（Chla）作为富营养化评价因子，分别评价绣源河省级湿地 6 个监测样点的综合营养状态。各样点之间综合营养状态指数差异较小，见表 4.37。

表 4.37　　　　　　　　绣源河省级湿地综合营养状态评价结果表

样点编号	不同指标营养状态评价结果					TLI 值	富营养化程度
	总氮	高锰酸盐指数	总磷	叶绿素 a	透明度		
Q1	88.3	42.3	74.8	51.7	54.3	62.3	中度富营养
Q2	75.0	41.1	61.2	59.0	55.5	58.4	轻度富营养
Q3	87.4	41.1	61.2	52.8	53.4	59.2	轻度富营养
Q4	82.8	29.4	58.5	61.2	47.6	55.9	轻度富营养
Q5	83.2	41.7	61.2	58.9	39.8	57.0	轻度富营养
Q6	87.7	31.2	59.9	58.9	52.2	58.0	轻度富营养
均值	84.6	38.3	63.9	57.6	49.7	58.8	轻度富营养

根据综合营养状态指数评价法评价绣源河省级湿地富营养化情况可知，6 个监测样点富营养化程度为轻度富营养至中度富营养，富营养化程度变化较小。5 个评价指标中，均值最大的是总氮，说明影响绣源河省级湿地富营养化程度的主要指标为总氮。TLI 值最高的样点是 Q1 样点，为中度富营养，TLI 值最低的样点是 Q4 样点，为轻度富营养。2022年 9 月绣源河省级湿地整体富营养化程度为轻度富营养，富营养化程度较低。

4.13　济阳燕子湾省级湿地

参照《水环境监测规范》（SL 219—2013）及《地表水环境质量标准》（GB 3838—2002）中监测样点的布设原则，于 2021 年 9 月在燕子湾省级湿地设置 6 个采样点，监测水温、浑浊度、透明度、pH 值、电导率、溶解氧、总氮、氨氮、亚硝酸盐氮、硝酸盐氮、五日生化需氧量、高锰酸盐指数、总磷、盐度、磷酸盐、叶绿素 a、悬浮物等 17 项水质指标。

4.13.1　单因子水质评价

对燕子湾省级湿地 6 个采样点水质状况进行单因子评价，根据 pH 值、溶解氧（DO）、高锰酸盐指数（COD_{Mn}）、五日生化需氧量（BOD_5）、氨氮（NH_3-N）和总磷（TP）等 6 项重点水质指标进行水质类别划分，见表 4.38。

表 4.38　　　　　　　　　　燕子湾省级湿地单因子评价结果表

样点编号	单因子评价结果 Q	不同指标评价结果 Q_i					
		pH 值	溶解氧	高锰酸盐指数	五日生化需氧量	氨氮	总磷
Z1	Ⅳ	Ⅰ	Ⅱ	Ⅳ	Ⅳ	Ⅲ	Ⅱ
Z2	Ⅴ	Ⅰ	Ⅴ	Ⅲ	Ⅰ	Ⅲ	Ⅱ
Z3	Ⅳ	Ⅰ	Ⅳ	Ⅲ	Ⅰ	Ⅳ	Ⅲ
Z4	Ⅳ	Ⅰ	Ⅳ	Ⅲ	Ⅲ	Ⅳ	Ⅱ
Z5	Ⅳ	Ⅰ	Ⅳ	Ⅳ	Ⅳ	Ⅲ	Ⅲ
Z6	Ⅳ	Ⅰ	Ⅳ	Ⅲ	Ⅲ	Ⅲ	Ⅱ
均值	Ⅳ	Ⅰ	Ⅳ	Ⅲ	Ⅲ	Ⅲ	Ⅲ

燕子湾省级湿地单因子评价结果显示，6 个监测样点水质类别范围为Ⅳ～Ⅴ类，各监测样点水质变化较小。2021 年 9 月燕子湾省级湿地整体水质为Ⅳ类。

4.13.2　内梅罗综合污染评价

对燕子湾省级湿地 6 个采样点水质状况进行内梅罗综合污染评价，选择高锰酸盐指数（COD_{Mn}）、五日生化需氧量（BOD_5）、氨氮（NH_3-N）、总氮（TN）和总磷（TP）等 5 项重点水质指标计算内梅罗综合污染指数并进行水质评价，总氮（TN）选用《地表水环境质量标准》（GB 3838—2002）Ⅴ类标准，其他指标选用Ⅲ类标准作为各评价因子的标准值，见表 4.39。

内梅罗综合污染评价法评价燕子湾省级湿地水质情况显示，6 个监测样点内梅罗污染指数范围为 2.19～3.51，水质评价结果范围为Ⅳ～Ⅴ类，均值评价结果为Ⅳ类水质。5 个评价指标中总氮、氨氮、高锰酸盐指数和五日生化需氧量均有大于 1 的样点，其中总氮、氨氮均值也大于 1。内梅罗污染指数最高的样点是 Z5 样点，污染水平为重污染，其他样点污染水平均为中度污染，各样点之间污染水平变化较小。2021 年 9 月燕子湾省级湿地整体污染水平为中度污染。

表 4.39　　　　　　　　燕子湾省级湿地内梅罗综合污染指数评价结果表

样点编号	不同指标污染指数 P_i					内梅罗污染指数 P	评价结果	污染水平
	高锰酸盐指数	五日生化需氧量	氨氮	总磷	总氮			
Z1	1.03	1.30	0.95	0.40	2.90	2.19	IV	中度污染
Z2	0.93	0.68	0.96	0.45	2.97	2.65	IV	中度污染
Z3	0.95	0.75	1.23	0.55	2.99	2.46	IV	中度污染
Z4	0.93	0.90	1.02	0.40	3.43	2.74	IV	中度污染
Z5	1.07	1.10	0.61	0.95	4.53	3.51	V	重污染
Z6	1.00	0.90	1.22	0.45	3.17	2.58	IV	中度污染
均值	0.99	0.94	1.00	0.53	3.33	2.68	IV	中度污染

　　燕子湾省级湿地各样点污染物所占比例如图 4.13 所示，主要污染物为总氮和氨氮，分别占总污染物的 49.07%、17.71%，与内梅罗综合污染评价结论一致。总氮是衡量水质的重要指标之一，常用来表示水体受营养物质污染的程度。水中氨超标时，微生物大量繁殖，浮游植物生长旺盛，水体容易出现富营养化状态。燕子湾省级湿地总氮、氨氮含量较高，易发生水体富营养。

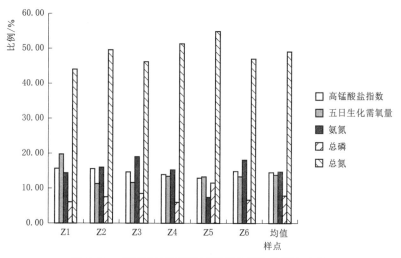

图 4.13　燕子湾省级湿地不同样点污染物所占比例

4.13.3　综合营养状态评价

　　选取高锰酸盐指数（COD_{Mn}）、总氮（TN）、总磷（TP）、透明度（SD）、叶绿素 a（Chla）作为富营养化评价因子，分别评价燕子湾省级湿地 6 个监测样点的综合营养状态。各样点之间综合营养状态指数差异较小，见表 4.40。

表 4.40   燕子湾省级湿地综合营养状态评价结果表

样点编号	不同指标营养状态评价结果					TLI 值	富营养化程度
	总氮	高锰酸盐指数	总磷	叶绿素 a	透明度		
Z1	49.6	53.3	51.6	90.8	49.6	65.9	中度富营养
Z2	46.9	55.3	50.7	92.3	46.9	66.0	中度富营养
Z3	47.4	58.5	50.5	94.0	47.4	67.1	中度富营养
Z4	46.9	53.3	51.1	95.9	46.9	66.9	中度富营养
Z5	50.5	67.4	52.3	88.0	50.5	70.0	中度富营养
Z6	48.8	55.3	50.8	86.7	48.8	65.5	中度富营养
均值	48.4	58.0	51.2	91.0	48.4	67.1	中度富营养

根据综合营养状态指数评价法评价燕子湾省级湿地富营养化情况可知，6 个监测样点富营养化程度均为中度富营养，富营养化程度变化较小。5 个评价指标中，均值最大的是叶绿素 a，说明影响燕子湾省级湿地富营养化程度的主要指标为叶绿素 a。TLI 值最高的样点是 Z5 样点，TLI 值最低的样点是 Z6 样点，均为中度富营养。2021 年 9 月燕子湾省级湿地整体富营养化程度为中度富营养，富营养化程度较高。

4.14 华山湖省级湿地

参照《水环境监测规范》（SL 219—2013）及《地表水环境质量标准》（GB 3838—2002）中监测样点的布设原则，于 2021 年 9 月在华山湖湿地设置 6 个采样点，监测水温、浑浊度、透明度、pH 值、电导率、溶解氧、总氮、氨氮、亚硝酸盐氮、硝酸盐氮、五日生化需氧量、高锰酸盐指数、总磷、盐度、磷酸盐、叶绿素 a、悬浮物等 17 项水质指标。

4.14.1 单因子水质评价

对华山湖省级湿地 6 个采样点水质状况进行单因子评价，根据 pH 值、溶解氧（DO）、高锰酸盐指数（COD_{Mn}）、五日生化需氧量（BOD_5）、氨氮（NH_3-N）和总磷（TP）等 6 项重点水质指标进行水质类别划分，见表 4.41。

表 4.41   华山湖省级湿地单因子评价结果表

样点编号	单因子评价结果 Q	不同指标评价结果 Q_i					
		pH 值	溶解氧	高锰酸盐指数	五日生化需氧量	氨氮	总磷
H1	Ⅲ	Ⅰ	Ⅰ	Ⅲ	Ⅰ	Ⅰ	Ⅲ
H2	Ⅲ	Ⅰ	Ⅰ	Ⅲ	Ⅰ	Ⅲ	Ⅲ
H3	Ⅲ	Ⅰ	Ⅰ	Ⅲ	Ⅰ	Ⅰ	Ⅱ

样点编号	单因子评价结果 Q	不同指标评价结果 Q_i					
		pH 值	溶解氧	高锰酸盐指数	五日生化需氧量	氨氮	总磷
H4	Ⅳ	Ⅰ	Ⅰ	Ⅲ	Ⅰ	Ⅰ	Ⅳ
H5	Ⅲ	Ⅰ	Ⅰ	Ⅲ	Ⅰ	Ⅰ	Ⅰ
H6	Ⅲ	Ⅰ	Ⅰ	Ⅲ	Ⅰ	Ⅱ	Ⅲ
均值	Ⅲ	Ⅰ	Ⅰ	Ⅲ	Ⅰ	Ⅰ	Ⅲ

华山湖省级湿地单因子评价结果显示，6 个监测样点水质类别范围为Ⅲ～Ⅳ类，各监测样点水质变化较小。2021 年 9 月华山湖湿地整体水质为Ⅲ类。

4.14.2 内梅罗综合污染评价

对华山湖省级湿地 6 个采样点水质状况进行内梅罗综合污染评价，选择高锰酸盐指数（COD_{Mn}）、五日生化需氧量（BOD_5）、氨氮（$NH_3 - N$）、总氮（TN）和总磷（TP）等 5 项重点水质指标计算内梅罗综合污染指数并进行水质评价，总氮（TN）选用《地表水环境质量标准》（GB 3838—2002）Ⅴ类标准，其他指标选用Ⅲ类标准作为各评价因子的标准值，见表 4.42。

表 4.42　　　　　　华山湖湿地内梅罗综合污染指数评价结果表

样点编号	不同指标污染指数 P_i					内梅罗污染指数 P	评价结果	污染水平
	高锰酸盐指数	五日生化需氧量	氨氮	总磷	总氮			
H1	0.70	0.30	0.10	0.15	0.37	0.52	Ⅰ	清洁
H2	0.68	0.73	0.60	0.20	0.72	0.59	Ⅱ	清洁
H3	0.82	0.33	0.10	0.10	0.33	0.60	Ⅱ	清洁
H4	1.00	0.28	0.03	0.35	0.31	0.73	Ⅱ	清洁
H5	0.80	0.20	0.03	0.05	0.30	0.58	Ⅰ	清洁
H6	0.80	0.37	0.17	0.17	0.41	0.60	Ⅱ	清洁
均值	0.70	0.30	0.10	0.15	0.37	0.52	Ⅰ	清洁

内梅罗综合污染评价法评价华山湖湿地水质情况显示，6 个监测样点内梅罗污染指数范围为 0.52～0.73，水质评价结果范围为Ⅰ～Ⅱ类。内梅罗污染指数最高的样点是 H4 样点，污染水平为清洁，其他样点污染水平均为清洁，各样点之间污染水平变化较小。2021 年 9 月华山湖省级湿地整体污染水平为清洁。

华山湖省级湿地各样点污染物所占比例如图 4.14 所示，主要污染物为高锰酸盐指数和总氮，分别占总污染物的 41.87％、21.20％，与内梅罗综合污染评价结论一致。高锰酸盐指数是反映水体中有机和无机可氧化物质污染的常用指标，指的是在一定条件下，用高锰酸钾氧化水样中的某些有机物及无机还原性物质，由消耗的高锰酸钾量计算相当的氧量，主要指示水中有机物含量。总氮是衡量水质的重要指标之一，常用来表示水体受营养物质污染的程度。水中氮超标时，微生物大量繁殖，浮游植物生长旺盛，水体容易出现富营养化状态。华山湖省级湿地氮含量较高，容易发生水体富营养。

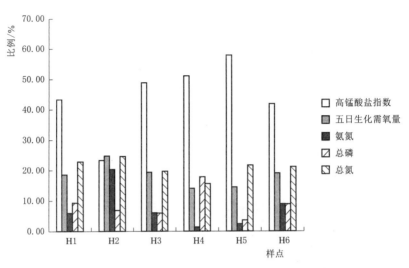

图 4.14　华山湖省级湿地不同样点污染物所占比例

4.14.3　综合营养状态评价

选取高锰酸盐指数（COD$_{Mn}$）、总氮（TN）、总磷（TP）、透明度（SD）、叶绿素 a（Chla）作为富营养化评价因子，分别评价华山湖省级湿地 6 个监测样点的综合营养状态。各样点之间综合营养状态指数差异较小，见表 4.43。

表 4.43　　　　　　　　华山湖湿地综合营养状态评价结果表

样点编号	不同指标营养状态评价结果					TLI 值	富营养化程度
	总氮	高锰酸盐指数	总磷	叶绿素 a	透明度		
H1	49.4	39.3	37.4	44.7	49.3	44.0	中营养
H2	60.7	38.6	42.1	47.2	60.5	49.8	中营养
H3	47.5	43.4	30.8	39.6	47.5	41.8	中营养
H4	46.2	48.8	51.2	45.2	64.6	51.2	轻度富营养
H5	45.9	42.8	19.6	41.2	42.1	38.3	中营养
H6	52.8	42.7	42.6	48.2	51.6	47.6	中营养
均值	49.4	39.3	37.4	44.7	49.3	44.0	中营养

根据综合营养状态指数评价法评价华山湖省级湿地富营养化情况可知，6 个监测样点富营养化程度范围为中营养至轻度富营养，富营养化程度变化较大。5 个评价指标中，均值最大的是总氮，说明影响华山湖省级湿地富营养化程度的主要指标为总氮。TLI 值最高

的样点是 H4 样点，为轻度富营养，TLI 值最低的样点是 H5 样点，为中营养。2021 年 9 月华山湖省级湿地整体富营养化程度为中营养，富营养化程度较低。

4.15　长清王家坊省级湿地

参照《水环境监测规范》（SL 219—2013）及《地表水环境质量标准》（GB 3838—2002）中监测样点的布设原则，于 2022 年 9 月在长清王家坊省级湿地设置 6 个采样点，监测水温、浑浊度、透明度、pH 值、电导率、溶解氧、总氮、氨氮、亚硝酸盐氮、硝酸盐氮、五日生化需氧量、高锰酸盐指数、总磷、盐度、磷酸盐、叶绿素 a、悬浮物等 17 项水质指标。

4.15.1　单因子水质评价

对长清王家坊省级湿地 6 个采样样点水质状况进行单因子评价，根据 pH 值、溶解氧（DO）、高锰酸盐指数（COD_{Mn}）、五日生化需氧量（BOD_5）、氨氮（$NH_3 - NH_4^+$）和总磷（TP）等 6 项重点水质指标进行水质类别划分，见表 4.44。

表 4.44　　　　　　　　　长清王家坊省级湿地单因子评价结果表

样点编号	单因子评价结果 Q	不同指标评价结果 Q_i					
		pH 值	溶解氧	高锰酸盐指数	五日生化需氧量	氨氮	总磷
W1	Ⅲ	Ⅰ	Ⅰ	Ⅱ	Ⅰ	Ⅰ	Ⅲ
W2	Ⅲ	Ⅰ	Ⅰ	Ⅱ	Ⅰ	Ⅰ	Ⅲ
W3	Ⅲ	Ⅰ	Ⅰ	Ⅱ	Ⅰ	Ⅰ	Ⅲ
W4	Ⅲ	Ⅰ	Ⅰ	Ⅱ	Ⅰ	Ⅱ	Ⅲ
W5	Ⅲ	Ⅰ	Ⅰ	Ⅱ	Ⅰ	Ⅰ	Ⅲ
W6	Ⅲ	Ⅰ	Ⅰ	Ⅱ	Ⅰ	Ⅰ	Ⅲ
均值	Ⅲ	Ⅰ	Ⅰ	Ⅱ	Ⅰ	Ⅰ	Ⅲ

长清王家坊省级湿地单因子评价结果显示，6 个监测样点水质类别均为Ⅲ类。2022 年 9 月长清王家坊省级湿地整体水质为Ⅲ类。

14.5.2　内梅罗综合污染评价

对长清王家坊省级湿地 6 个采样点水质状况进行内梅罗综合污染评价，选择高锰酸盐指数（COD_{Mn}）、五日生化需氧量（BOD_5）、氨氮（$NH_3 - N$）、总氮（TN）和总磷（TP）等 5 项重点水质指标计算内梅罗综合污染指数并进行水质评价，总氮（TN）选用《地表水环境质量标准》（GB 3838—2002）Ⅴ类标准，其他指标选用Ⅲ类标准作为各评价因子的标准值，见表 4.45。

表 4.45　　　　　　长清王家坊省级湿地内梅罗综合污染指数评价结果表

样点编号	不同指标污染指数 P_i					内梅罗污染指数 P	评价结果	污染水平
	高锰酸盐指数	五日生化需氧量	氨氮	总磷	总氮			
W1	0.47	0.50	0.00	0.70	4.40	3.17	IV	重污染
W2	0.47	0.60	0.00	0.65	4.28	3.09	IV	重污染
W3	0.47	0.60	0.04	0.65	4.39	3.16	IV	重污染
W4	0.47	0.60	0.17	0.60	4.16	3.00	IV	中度污染
W5	0.53	0.65	0.08	0.55	2.78	2.02	IV	中度污染
W6	0.53	0.65	0.03	0.60	3.08	2.23	IV	中度污染
均值	0.49	0.60	0.05	0.63	3.85	2.78	IV	中度污染

内梅罗综合污染评价法评价长清王家坊省级湿地水质情况显示，6 个监测样点内梅罗污染指数范围为 2.02～3.17，评价结果均为 IV 类水质。5 个评价指标中只有总氮有大于 1 的样点。内梅罗污染指数最高的的样点是 W1 样点，污染水平为重污染，其他样点污染水平在中度污染到重污染之间，各样点之间污染水平变化较大。2022 年 9 月长清王家坊省级湿地整体污染水平为中度污染。

长清王家坊省级湿地各样点污染物所占比例如图 4.15 所示，主要污染物为总氮，占总污染物的 68.53%，与内梅罗综合污染评价结论一致。总氮是衡量水质的重要指标之一，常用来表示水体受营养物质污染的程度。水中氮超标时，微生物大量繁殖，浮游植物生长旺盛，水体容易出现富营养化状态。长清王家坊省级湿地氮含量较高，容易发生水体富营养。

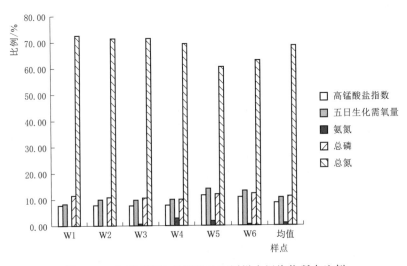

图 4.15　长清王家坊省级湿地不同样点污染物所占比例

4.15.3　综合营养状态评价

选取高锰酸盐指数（COD_{Mn}）、总氮（TN）、总磷（TP）、透明度（SD）、叶绿素 a

（Chla）作为富营养化评价因子，分别评价长清王家坊省级湿地 6 个监测样点的综合营养状态。各样点之间综合营养状态指数差异较小，见表 4.46。

表 4.46 　　　　　　　　　　长清王家坊省级湿地综合营养状态评价结果表

样点编号	不同指标营养状态评价结果					TLI 值	富营养化程度
	总氮	高锰酸盐指数	总磷	叶绿素 a	透明度		
W1	91.4	28.5	62.4	59.0	32.6	54.8	轻度富营养
W2	90.9	28.5	61.2	59.0	30.9	54.1	轻度富营养
W3	91.3	28.5	61.2	60.8	34.2	55.2	轻度富营养
W4	90.4	28.5	59.9	50.7	29.2	51.8	轻度富营养
W5	83.6	32.0	58.5	59.0	36.8	54.0	轻度富营养
W6	85.3	32.0	59.9	63.8	39.8	56.2	轻度富营养
均值	89.1	29.7	60.6	59.4	33.6	54.5	轻度富营养

根据综合营养状态指数评价法评价长清王家坊省级湿地富营养化情况可知，6 个监测样点富营养化程度均为轻度富营养，富营养化程度变化较小。5 个评价指标中，均值最大的是总氮，说明影响长清王家坊省级湿地富营养化程度的主要指标为总氮。TLI 值最高的样点是 W6 样点，为轻度富营养，TLI 值最低的样点是 W4 样点，也为轻度富营养。2022年 9 月长清王家坊省级湿地整体富营养化程度为轻度富营养，富营养化程度较低。

第 5 章

济南市湿地水生生物群落结构特征

5.1 白云湖国家湿地水生生物群落结构特征

5.1.1 浮游植物群落结构特征

5.1.1.1 浮游植物物种组成

白云湖国家湿地（以下称白云湖湿地）浮游植物种类组成及物种数量变化如图 5.1 所示。共发现浮游植物 82 种分属 7 门：绿藻门 30 种，蓝藻门 22 种，硅藻门 12 种，裸藻门 4 种，隐藻门和甲藻门各 3 种，黄藻门 2 种。物种种类主要以绿藻门和蓝藻门为主。白云湖湿地样点 1（B1）发现藻类 32 种分属 5 门，物种种类以绿藻门和蓝藻门为主，分别为 13 种和 11 种；样点 2（B2）发现藻类 20 种分属 5 门，物种种类以蓝藻门和绿藻门为主，分别为 9 种和 6 种；样点 3（B3）发现藻类 28 种分属 4 门，物种种类以绿藻门和蓝藻门为主，各为 9 种；样点 4（B4）发现藻类 36 种分属 6 门，物种种类以蓝藻门和绿藻门为主，分别为 13 种和 12 种；样点 5（B5）发现藻类 27 种分属 6 门，物种种类以绿藻门为主，为 12 种；样点 6（B6）发现藻类 25 种分属 5 门，物种种类以蓝藻门为主，为 13 种。

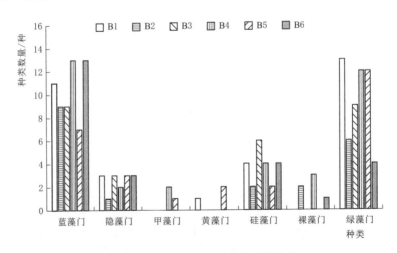

图 5.1 白云湖湿地浮游植物种类数量

5.1.1.2 浮游植物密度分布

白云湖湿地各样点密度分布如图 5.2 所示，样点 2（B2）的浮游植物密度最大为 10282.45 万个/L；其次是样点 4（B4），5684.90 万个/L；密度最低的是样点 5（B5）1861.22 万个/L，其次是样点 3（B3）2844.08 万个/L。

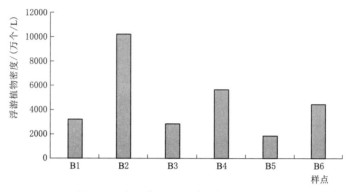

图 5.2　白云湖湿地浮游植物密度分布

白云湖湿地的浮游植物各门类密度占比情况如图 5.3 所示，湿地整体主要以蓝藻门为主，占总浮游植物密度总数的 89.23%，其次是绿藻门占总浮游植物数量的 6.75%，第三是硅藻门占总浮游植物密度的 2.29%，然后是隐藻门占总浮游植物密度的 1.10%，其他门类共占 0.63%。白云湖湿地样点 1（B1）主要以蓝藻门为主，蓝藻门占样点 1（B1）总浮游藻类密度的 84.96%，绿藻门占 9.95%，硅藻门占 2.03%，隐藻门和黄藻门各占 1.52%，其他各门总共占 1.54%。样点 2（B2）主要以蓝藻门为主，蓝藻门占样点 2（B2）总浮游藻类密度的 89.99%，绿藻门占 7.10%，硅藻门占 2.52%，其他各门总共占 0.39%。样点 3（B3）主要以蓝藻门为主，蓝藻门占样点 3（B3）总浮游藻类密度的 92.99%，绿藻门占 4.25%，硅藻门占 1.61%，其他各门总共占 1.15%。样点 4（B4）主要以蓝藻门为主，蓝藻门占样点 4（B4）总浮游藻类密度的 89.78%，绿藻门占 5.46%，硅藻门占 3.91%，其他各门总共占 0.85%。样点 5（B5）主要以蓝藻门为主，蓝藻门占样点 5（B5）总浮游藻类密度的 71.23%，绿藻门占 15.26%，隐藻门占 6.84%，其他各门总共占 6.67%。样点 6（B6）主要以蓝藻门为主，蓝藻门占样点 6（B6）总浮游藻类密度的 95.21%，绿藻门占 3.49%，其他各门总共占 1.30%。

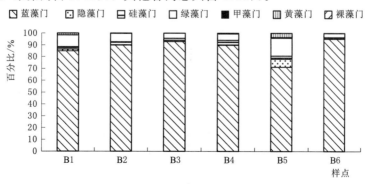

图 5.3　白云湖湿地浮游植物密度汇总百分比

白云湖湿地各样点优势物种分布情况（表 5.1）显示，样点 1（B1）的小席藻密度最大，占样点 1 总浮游植物密度的 33.03%；样点 2（B2）的小席藻密度最大，占其密度的 20.85%；样点 3（B3）的小席藻密度最大，占其密度的 35.59%；样点 4（B4）的林氏念珠藻密度最大，占其密度的 33.89%；样点 5（B5）的小席藻密度最大，占其密度的 33.34%；样点 6（B6）的林氏念珠藻密度最大，占其密度的 34.46%。

表 5.1　　　　　　　　白云湖湿地各样点浮游植物优势物种分布情况

样点	优势物种	样点	优势物种
B1	小席藻	B4	林氏念珠藻
B2	小席藻	B5	小席藻
B3	小席藻	B6	林氏念珠藻

白云湖湿地整体浮游植物以蓝藻门为主（图 5.4），以小席藻为主要优势物种，其密度占白云湖湿地总浮游植物密度的 25.99%。

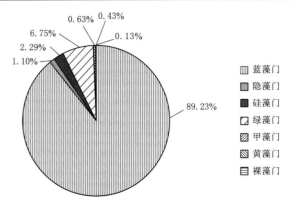

图 5.4　白云湖湿地浮游植物密度百分比

5.1.2　浮游动物群落结构特征

5.1.2.1　浮游动物物种组成

调查结果显示（图 5.5），白云湖湿地共发现浮游动物 39 种。其中，原生动物门 5 种，优势物种为浮游累枝虫；轮虫动物 22 种，优势物种为萼花臂尾轮虫、曲腿龟甲轮虫、长三肢轮虫；枝角类 5 种，主要以长肢秀体溞、长额象鼻溞为主；桡足类 7 种，主要以台湾温剑水蚤和无节幼体为主。白云湖湿地各个站位浮游动物物种分布状况显示，白云湖湿地浮游动物物种数分布范围在 17～26 种，平均物种数为 21 种。其中 B1 样点浮游动物物种数最高，B2 样点物种数最低（图 5.6）。从整体上看轮虫动物的物种数较多，占调查浮游动物物种数的 56%；桡足类浮游动物物种数位于第二，占调查浮游动物物种数的 18%（图 5.7）。

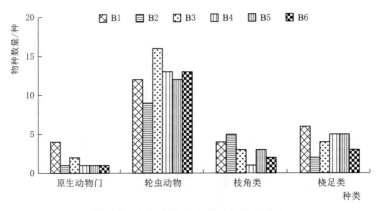

图 5.5　白云湖湿地浮游动物种类变化

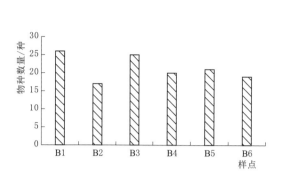

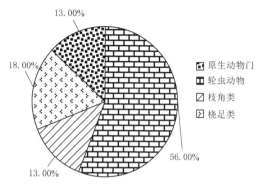

图 5.6　白云湖湿地浮游动物物种数分布

图 5.7　白云湖湿地浮游动物物种分布

5.1.2.2　浮游动物密度分布

白云湖湿地各样点浮游动物密度分布状况结果（图 5.8）显示，白云湖湿地各个样点浮游动物密度范围为 183.5～813.0 个/L，平均密度为 430.3 个/L，其中，白云湖湿地 B6 样点浮游动物密度最高，B5 样点浮游动物密度最低（图 5.9）。

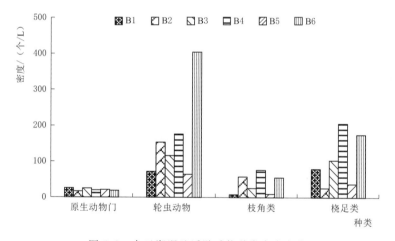

图 5.8　白云湖湿地浮游动物种类密度变化

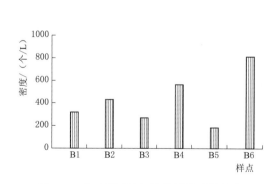

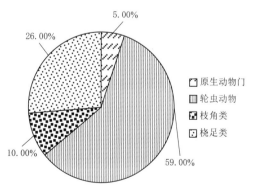

图 5.9　白云湖湿地各站位浮游动物密度

图 5.10　白云湖湿地浮游动物种类密度百分比

从整体上看，白云湖湿地优势物种主要为原生动物门的浮游累枝虫、轮虫动物的萼花臂尾轮虫、桡足类的无节幼体。白云湖湿地浮游动物密度分布显示，轮虫动物密度最高，占调查浮游动物总密度的 59%；桡足类密度位于第二，占调查浮游动物总密度的 26%；枝角类物种数位于第三，占调查浮游动物物种数的 10%；原生动物门密度最低，占调查浮游动物物种数的 5%（图 5.10）。

5.1.3　底栖动物群落结构特征

5.1.3.1　底栖动物物种组成

白云湖湿地底栖动物种类组成及物种数量变化如图 5.11 所示，白云湖湿地共发现底栖动物 13 种。其中，昆虫纲 2 种，软甲纲 3 种，腹足纲 6 种，瓣鳃纲 1 种，寡毛纲 1 种。样点 1（B1）发现底栖动物 5 种，物种种类以腹足纲为主，为 4 种；样点 2（B2）发现底栖动物 5 种，物种种类以腹足纲和软甲纲为主，分别为 2 种；样点 3（B3）发现底栖动物 8 种，物种种类以腹足纲为主，为 5 种；样点 4（B4）发现底栖动物 6 种，物种种类以腹足纲为主，为 5 种；样点 5（B5）发现底栖动物 4 种，物种种类以腹足纲为主，为 3 种；样点 6（B6）发现底栖动物 3 种，物种种类以腹足纲为主，为 2 种。

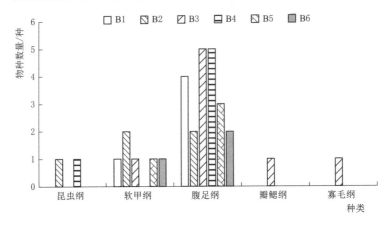

图 5.11　白云湖湿地底栖动物种类数量

5.1.3.2　底栖动物密度分布

白云湖湿地各样点底栖动物密度分布如图 5.12 所示，底栖动物密度范围在 104.53~708.48 个/m²，平均密度为 303.91 个/m²，其中，样点 B4 底栖动物密度最高，样点 B6 底栖动物密度最低。

白云湖湿地底栖动物各门类密度占比情况如图 5.13 所示，整体主要以腹足纲为主，占底栖动物密度总数的 45.22%；其次是昆虫纲，占底栖动物总数量的 38.22%；软甲纲占 15.29%；其他纲共占 1.27%。其中样点 1（B1）主要以腹足纲为主，占样点 1（B1）总底栖动物密度的 90.00%，软甲纲占 10.00%；样点 2（B2）主要以昆虫纲为主，占样点 2（B2）总底栖动物密度的 70.59%；其他各门总共占 29.41%。样点 3（B3）主要以腹足纲为主，占样点 3（B3）总底栖动物密度的 81.82%；其他各门总共占 18.18%。样点 4（B4）主要以昆虫纲为主，占样点 4（B4）总底栖动物密度的 78.69%；腹足纲占

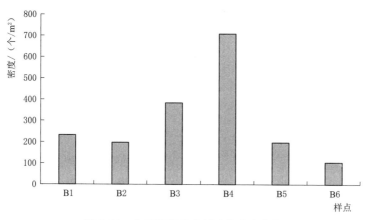

图 5.12 白云湖湿地底栖动物密度变化

21.31％。样点 5（B5）主要以软甲纲和腹足纲为主，分别占样点 5（B5）总底栖动物密度的 52.94％和 47.06％。样点 6（B6）主要以软甲纲为主，占样点 6（B6）总底栖动物密度的 66.67％；腹足纲占 33.33％。

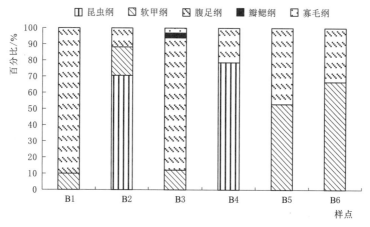

图 5.13 白云湖湿地各样点底栖动物密度百分比

白云湖湿地优势物种分布情况见表 5.2，样点 1（B1）的豆螺密度最大，占 B1 总底栖动物密度的 40.00％；样点 2（B2）的若西摇蚊密度最大，占 B2 总底栖动物密度的 70.59％；样点 3（B3）的豆螺密度最大，占 B3 总底栖动物密度的 66.67％；样点 4（B4）的特氏直突摇蚊密度最大，占 B4 总底栖动物密度的 78.69％；样点 5（B5）的秀丽白虾密度最大，占 B5 总底栖动物密度的 52.94％；样点 6（B6）的秀丽白虾密度最大，占 B6 总底栖动物密度的 66.67％。

表 5.2　　　　　　　白云湖湿地各样点底栖动物优势物种分布情况

样点	优势物种	样点	优势物种
B1	豆螺	B4	特氏直突摇蚊
B2	若西摇蚊	B5	秀丽白虾
B3	豆螺	B6	秀丽白虾

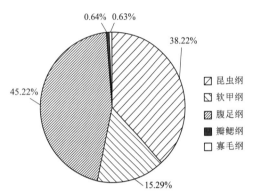

图 5.14 白云湖湿地底栖动物密度比

图例：
- 昆虫纲
- 软甲纲
- 腹足纲
- 瓣鳃纲
- 寡毛纲

38.22%
45.22%
15.29%
0.64% 0.63%

白云湖湿地底栖动物整体上以腹足纲为主（图 5.14），占底栖动物总密度的 45.22%，其中特氏直突摇蚊为主要优势物种，占白云湖湿地总底栖动物密度的 30.57%。

5.1.4 鱼类群落结构特征

5.1.4.1 鱼类物种组成

白云湖湿地鱼类调查共发现鱼类 9 科 15 种，各个样点鱼类物种数分布范围在 5～9 种，平均物种数为 7.17 种。从白云湖国家湿地各个站位鱼类物种分布状况来看，B1、B6 样点鱼类物种数最高，物种数均为 9 种，B5 样点物种数最低，为 5 种，鱼类主要代表种为红鳍鲌、鳘和褐栉鰕虎鱼（图 5.15）。从整体上看，鲌亚科鱼类物种数最多，占调查鱼类物种数的 27%；鲤亚科、鮈亚科和鰕虎鱼科鱼类物种数位于第二，各占调查鱼类物种数的 13%；其他鱼类物种数各占调查鱼类物种数的 7%，鱼类各科分布较为均匀（图 5.16）。

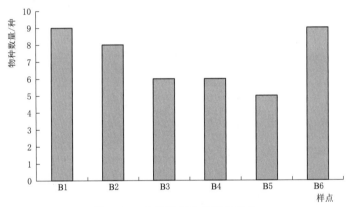

图 5.15 白云湖湿地鱼类物种数

5.1.4.2 鱼类密度分布

白云湖湿地鱼类密度鉴定结果如图 5.17 所示，各样点鱼类密度范围为 19～202 尾，平均密度为 79 尾。白云湖国家湿地各个样点鱼类物密度分布状况显示，B1 样点鱼类密度最高，B2 样点鱼类密度位于第二，B5 样点鱼类密度最低。密度代表种为麦穗鱼，5 个样点均分布，总密度达 137 尾。从整体上看，白云湖湿地鮈亚科鱼类密

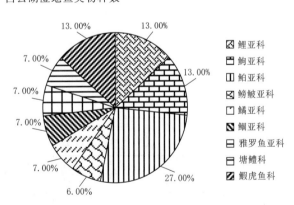

图 5.16 白云湖湿地鱼类物种占比

图例：
- 鲤亚科
- 鮈亚科
- 鲌亚科
- 鳑鲏亚科
- 鱊亚科
- 鲴亚科
- 雅罗鱼亚科
- 塘鳢科
- 鰕虎鱼科

13.00% 13.00%
7.00% 13.00%
7.00%
7.00%
7.00% 27.00%
7.00% 6.00%

度最大，占调查鱼类总密度的41%，主要包括麦穗鱼和棒花鱼两种；鳑鲏亚科的彩石鳑鲏鱼类密度位于第二，占调查鱼类总密度的18%；鰕虎鱼科的褐栉鰕虎鱼和子陵栉鰕虎鱼密度位于第三，占调查鱼类总密度的13%；鲤亚科的鳙鱼、雅罗鱼亚科的赤眼鳟鱼和塘鳢科的黄鲴密度分布最少，分别仅为1尾（图5.18）。

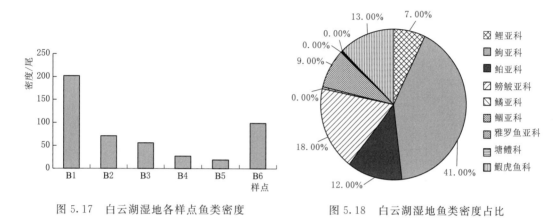

图 5.17　白云湖湿地各样点鱼类密度　　　　图 5.18　白云湖湿地鱼类密度占比

5.1.5　水生维管束植物和河岸带植物群落结构特征

5.1.5.1　水生维管束植物和河岸带植物物种组成

　　白云湖湿地调查共发现水生维管束植物共9科10种，其中水鳖科水生维管束植物最多，占水生维管束植物总数的20%；其余8科水生维管束植物物种占比相同，均占水生维管束植物总数的10%。样点B1发现水生维管束植物7种，分属6科，物种种类以禾本科为主，为2种。样点B2发现水生维管束植物9种，分属5科，物种种类以莎草科为主，为2种。样点B3发现水生维管束植物14种，分属8科，物种种类以莎草科为主，为6种。样点B4发现水生维管束植物4种，分属4科。样点B5发现水生维管束植物4种，分属4科。样点B6发现水生维管束植物3种，分属3科。如图5.19所示。

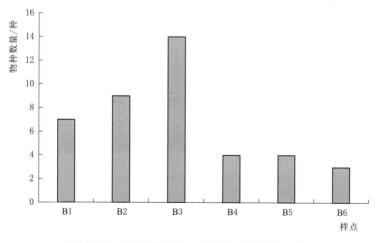

图 5.19　白云湖湿地水生维管束植物物种分布

白云湖湿地植物样方调查，共发现河岸带植物 16 科 41 种，禾本科和菊科河岸带植物最多，占河岸带植物总数的 22%；莎草科河岸带植物第二，占河岸带植物总数的 12%；锦葵科河岸带植物第三，占河岸带植物总数的 7%。样点 B1 发现河岸带植物 8 种，分属 6科，物种种类以菊科为主，为 3 种。样点 B2 发现河岸带植物 4 种，分属 3 科，物种种类以菊科为主，为 2 种。样点 B3 发现河岸带植物 16 种，分属 7 科，物种种类以禾本科为主，为 6 种。样点 B4 发现河岸带植物 15 种，分属 11 科，物种种类以菊科为主，为 3 种。样点 B5 发现河岸带植物 9 种，分属 6 科，物种种类以菊科为主，为 4 种。样点 B6 发现河岸带植物 10 种，分属 6 科，物种种类以菊科为主，为 4 种。如图 5.20 所示。

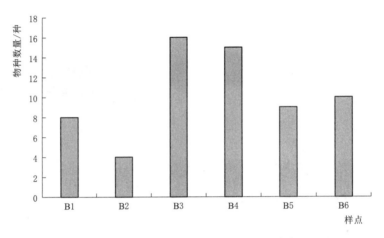

图 5.20 白云湖湿地河岸带植物物种分布

5.1.5.2 水生维管束植物和河岸带植物盖度分布

白云湖湿地水生维管束植物盖度调查结果如图 5.21 所示，苋科的盖度最大，占调查水生维管束植物总盖度的 30.58%；禾本科的盖度位于第二位，占调查水生维管束植物总盖度的 23.79%；水鳖科的盖度位于第三位，占调查水生维管束植物总盖度的 19.37%。

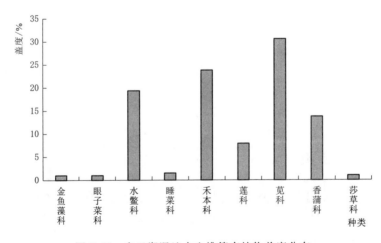

图 5.21 白云湖湿地水生维管束植物盖度分布

其中白云湖湿地样点 B1 禾本科、水鳖科和香蒲科的盖度都是 12％，其他各科盖度共 9％。样点 B2 主要以莎草科为主，在样点 B2 盖度是 25％；其次是禾本科，盖度是 20％；其他各科盖度共 5％。样点 B3 主要以莎草科为主，在样点 B3 盖度是 16％；其次是禾本科，盖度是 11％；其他各科盖度共 11％。样点 B4 主要以莎草科为主，在样点 B4 盖度是 20％；其他各科盖度共 7.5％。样点 B5 主要以禾本科为主，在样点 B5 盖度是 22％；其次是苋科，盖度是 15％，其他各科盖度共 2.5％。样点 B6 主要以禾本科为主，在样点 B6 盖度是 14％；水鳖科盖度是 5％；千屈菜科盖度是 1％。各样点水生维管束植物优势物种见表 5.3。

表 5.3　　　　　　　　　白云湖湿地各样点水生维管束植物优势物种

样点	优势种	样点	优势种
B1	大茨藻、水烛	B4	头状穗莎草
B2	头状穗莎草	B5	芦苇
B3	头状穗莎草、芦苇	B6	芦苇

白云湖湿地河岸带植物调查结果如图 5.22 所示，其中禾本科的盖度最大，占调查河岸带植物总盖度的 31％；菊科的盖度位于第二位，占调查河岸带植物总盖度的 28％；莎草科的盖度位于第三位，占调查河岸带植物总盖度的 15％。其中样点 B1 主要以蔷薇科为主，在样点 B1 盖度是 20％；其次是菊科，盖度是 17％，其他各科盖度共 18％。样点 B2 主要以禾本科为主，在样点 B2 盖度是 24％；其次是菊科，盖度是 20.5％；第三是大麻科，盖度是 5.5％。样点 B3 主要以禾本科为主，在样点 B3 盖度是 25.5％；其次是菊科，盖度是 10.5％；其他各科盖度共 26％。样点 B4 主要以禾本科为主，在样点 B4 盖度是 26％；其次是锦葵科，盖度是 21％；其他各科盖度共 25.5％。样点 B5 主要以锦葵科为主，在样点 B5 盖度是 12％；其次是菊科，盖度是 11％；其他各科盖度共 17.5％。样点 B6 主要以禾本科为主，在样点 B6 盖度都是 40％；其次是菊科，盖度是 23.5％；其他各科盖度共 17.5％。各样点河岸带植物优势物种见表 5.4。

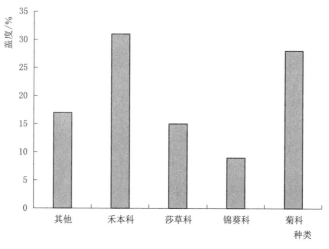

图 5.22　白云湖湿地河岸带植物盖度分布

表 5.4　　　　　　　　　　　　白云湖湿地各样点河岸带植物优势物种

样点	优势物种	样点	优势物种
B1	朝天委陵菜	B4	长芒稗
B2	长芒稗	B5	苘麻
B3	长芒稗	B6	长芒稗

　　白云湖湿地水生植物调查结果如图 5.23 所示，B3 样点水生维管束植物优势度最高，优势度指数为 0.93；B6 样点水生维管束植物优势度相对较低，优势度指数为 0.67。

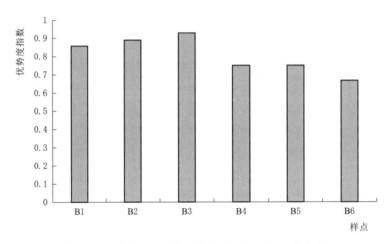

图 5.23　白云湖湿地各样点水生维管束植物优势度

　　白云湖湿地河岸带植物调查结果如图 5.24 所示，B3 样点河岸带植物优势度最高，优势度指数为 0.94；B2 样点河岸带植物优势度相对较低，优势度指数为 0.75。

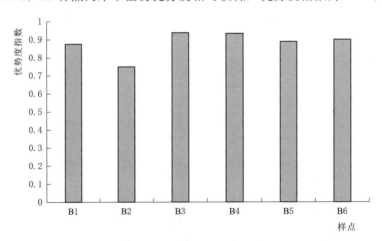

图 5.24　白云湖湿地各样点河岸带植物优势度

5.1.6　两栖类和爬行类群落结构特征

白云湖湿地公园调查结果显示，共发现两栖动物 1 目 3 科 3 属 4 种，爬行动物 2 目 3 科 5 属 5 种，无国家重点保护物种，所有发现物种全部位列《国家保护的有益的或者有重要经济、科学研究价值的陆生野生动物名录》。其中黑斑侧褶蛙（*Pelophylax nigromaculatus*）和中华蟾蜍（*Bufo gargarizans*）为该区域的优势种。白云湖湿地未改造前是济南商丘地区中华鳖养殖基地，湖区四周被养殖池塘包围，在进行水生资源调查时，多次采捕到中华鳖（*Trionyx sinensis*）。东西走向的湿地公园位于两个自然村之间，距离南边的章历村较近，无蹼壁虎（*Gekko swinhonis*）在村中和近湖的仓储间多有分布；白条锦蛇（*Elaphe dione*）和虎斑颈槽蛇（*Rhobdophis tigrina*）是河岸带主要的蛇类，白条锦蛇主要摄食鸟、啮齿类和昆虫，虎斑颈槽蛇以两栖类为主要食物，偶尔摄食小型鱼类。

5.1.7　鸟类群落结构特征

济南市白云湖湿地鸟类调查结果显示，共发现鸟类 13 目 20 科 27 属 34 种，包括：国家二级保护动物 1 种，为白尾鹞（*Circus cyaneus*）；山东省重点保护鸟类 7 种，分别是凤头䴙䴘（*Podiceps cristatus*）、普通鸬鹚（*Phalacrocorax carbo*）、苍鹭（*Ardea cinerea*）、大白鹭（*Ardea alba*）、小白鹭（*Egretta garzetta*）、草鹭（*Ardea purpurea*）、环颈雉（*Phasianus colchicus*）；中澳协定保护鸟类 4 种，分别是白额燕鸥（*Sterna albifrons*）、普通燕鸥（*Sterna hirundo*）、家燕（*Hirundo rustica*）、白鹡鸰（*Motacilla alba*）；中日协定保护鸟类 11 种，分别是凤头䴙䴘、草鹭、大白鹭、夜鹭（*Nycticorax caledonicus*）、黄斑苇鳽（*Ixobrychus sinensis*）、黑水鸡（*Gallinula chloropus*）、白额燕鸥、普通燕鸥、家燕、白鹡鸰、红尾伯劳（*Lanius cristatus*）。其中雀形目 9 科 10 属 11 种，占总种数 32.4%，为物种量最多的类群（图 5.25）。鸟类区系中，广布种鸟类最多，有 19 种，占总种数的 55.8%；其次为古北界鸟类，有 11 种，占总种数 32.4%；东洋界鸟类最少，有 4 种，占总种数 11.8%（图 5.26）。本次调查观测数据统计，白云湖湿地公园观察到鸟类 384 只，分属 34 种，其中树麻雀为优势物种，观察数量最多，有 60 只，占 15.7%；其次为小白鹭，有 47 只，占 12.2%；家燕有 40 只，占 10.4%。留鸟种类最多，为 21 种，约占总种数的 61.8%；其次为夏候鸟，为 10 种，占种总数的 29.4%；旅鸟的种类最少，为 3 种，占总种数的 8.9%（图 5.27）。统计分析显示，Shannon-Wiener 多样性指数为 2.929，Pielou 均匀度指数为 0.831，Simpson 优势度指数为 0.075，Margalef 丰富度指数为 5.546。栖息环境的相似性在一定程度上决定了鸟类群落组成的相似性，通过对白云湖湿地公园周围环境的调查，划分出人工林、灌丛、水域、农田、居民区 5 类亚生境。人工林区和灌丛的鸟种相似性指数最高，为 0.960，其次是人工林和农田，相似性指数为 0.880；水域和人工林的鸟种相似性最低，仅为 0.211，其次是水域和灌丛，相似性指数为 0.216。

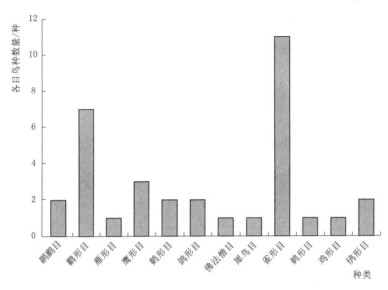

图 5.25　白云湖湿地鸟种数量

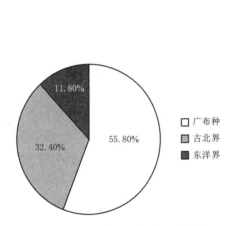

图 5.26　白云湖湿地鸟类区系占比

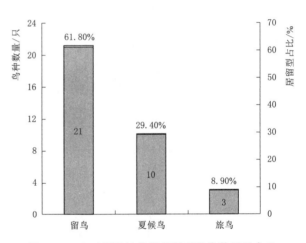

图 5.27　白云湖湿地鸟类居留型种类数量及占比

5.2　济西国家湿地水生生物群落结构特征

5.2.1　浮游植物群落结构特征

5.2.1.1　浮游植物物种组成

济西国家湿地（以下称济西湿地）浮游植物种类组成及物种数量变化如图 5.28 所示。济西湿地共发现浮游植物 60 种，隶属 8 门：绿藻门 24 种，蓝藻门 14 种，硅藻门 9 种，裸藻门 5 种，隐藻门 3 种，金藻门和甲藻门各 2 种，黄藻门 1 种。物种种类主要以绿藻门和蓝藻门为主。济西国家湿地样点 1（X1）发现藻类 27 种分属 6 门，物种种类以绿藻门为主，为 13 种。样点 2（X2）发现藻类 38 种分属 6 门，物种种类以蓝藻门、绿藻门和硅藻门为主，分别为 8 种、9 种和 6 种。样点 3（X3）发现藻类 23 种分属 7 门，物种种类以绿藻门为主，为 9 种。样点 4（X4）发现藻类 29 种分属 7 门，物种种类以蓝藻门和绿藻门为主，分别为 11 种和 7 种。样点 5（X5）发现藻类 23 种分属 5 门，物种种类以蓝藻门和绿藻门为主，分别为 9 种和 8 种。样点 6（X6）发现藻类 24 种分属 6 门，物种种类以绿藻门为主，为 12 种。

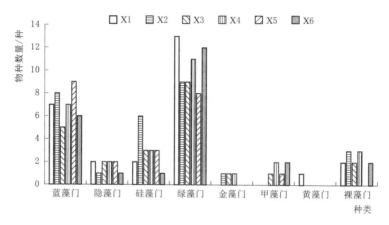

图 5.28　济西湿地浮游植物种类组成

5.2.1.2　浮游植物密度分布

济西湿地各样点密度分布如图 5.29 所示，样点 6（X6）的浮游植物密度最大，为 3010.61 万个/L；其次是样点 1（X1），为 2060.41 万个/L；密度最低的是样点 3（X3）为 1537.96 万个/L。

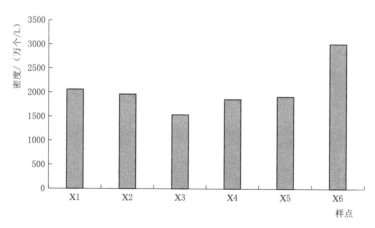

图 5.29　济西湿地浮游植物密度分布

济西湿地浮游植物各门类密度占比情况如图 5.30 所示，整体主要以蓝藻门为主，占总浮游植物密度总数的 81.46%，其次是绿藻门占综合浮游植物数量的 13.60%，其他门共占 4.95%。其中，样点 1（X1）主要以蓝藻门为主，占样点 1（X1）总浮游藻类密度的 82.73%；绿藻门占 13.15%；其他各门总共占 4.12%。样点 2（X2）主要以蓝藻门为主，占样点 2（X2）总浮游藻类密度的 89.18％；绿藻门占 4.66％；硅藻门占 4.16％；其他各门总共占 2％。样点 3（X3）主要以蓝藻门为主，占样点 3（X3）总浮游藻类密度的 73.04％；绿藻门占 18.90％；金藻门占 2.97％；隐藻门占 2.55％；其他各门总共占 2.54％。样点 4（X4）主要以蓝藻门为主，占样点 4（X4）总浮游藻类密度的 70.83％；绿藻门占 20.91％；其他各门总共占 8.26％。样点 5（X5）主要以蓝藻门为主，占样点 5（X5）总浮游藻类密度的 86.35％；绿藻门占 11.09％；其他各门总共占 2.56％。样点 6（X6）主要以蓝藻门为主，占样点 6（X6）总浮游藻类密度的 83.30％；绿藻门占 14.10％；其他各门总共占 2.6％。

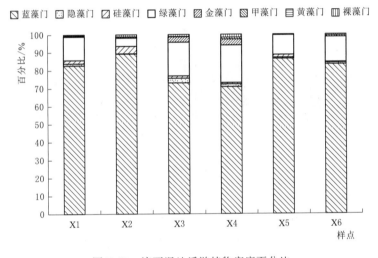

图 5.30　济西湿地浮游植物密度百分比

济西湿地浮游植物各样点优势物种分布情况见表 5.5，样点 1（X1）的小席藻密度最大，占样点 1 总浮游植物密度的 31.22％。样点 2（X2）的小席藻密度最大，占样点 2 总浮游植物密度的 38.44％。样点 3（X3）的小席藻密度最大，占样点 3 总浮游植物密度的 28.45％。样点 4（X4）的小席藻密度最大，占样点 4 总浮游植物密度的 31.63％。样点 5（X5）的细小平裂藻密度最大，占样点 5 总浮游植物密度的 43.69％。样点 6（X6）的细小平裂藻密度最大，占样点 6 总浮游植物密度的 73.97％。

表 5.5　　　　　　　　　　　济西湿地各样点浮游植物优势物种

样点	优势物种	样点	优势物种
X1	小席藻	X4	小席藻
X2	小席藻	X5	细小平裂藻
X3	小席藻	X6	细小平裂藻

济西湿地浮游植物整体上主要以蓝藻门为主，占浮游植物总密度的 81.46％（图 5.31），其中细小平裂藻为主要优势物种，占济西湿地总浮游植物密度的 36.30％。

5.2.2 浮游动物群落结构特征

5.2.2.1 浮游动物物种组成

本次调查结果显示，济西湿地共发现浮游动物32种。其中，原生动物门2种，代表物种为盘状表壳虫；轮虫动物21种，优势种为角突臂尾轮虫、裂足臂尾轮虫、剪形臂尾轮虫、长三肢轮虫、针簇多肢轮虫；枝角类2种，以长肢秀体溞、劲沟基合溞为主；桡足类7种，以桡足幼体和无节幼体为主（图5.32）。从济

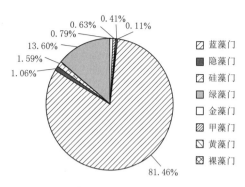

图 5.31 济西湿地浮游植物密度百分比

西湿地各个样点浮游动物物种分布状况来看，济西湿地浮游动物物种数范围在11～22种，平均物种数为16种。其中，X3站位浮游动物物种数最高，X4站位物种数最低（图5.33）。从整体上看，轮虫动物的物种数较多，占浮游动物物种数的66%；其次是桡足类浮游动物，物种数占浮游动物物种数的22%（图5.34）。

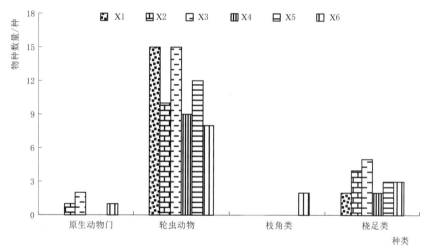

图 5.32 济西湿地浮游动物种类组成

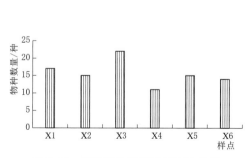

图 5.33 济西湿地浮游动物物种分布

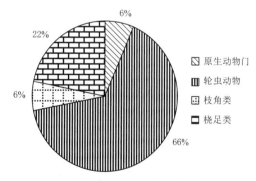

图 5.34 济西湿地浮游动物种类组成

5.2.2.2　浮游动物密度分布

　　济西湿地各个样点浮游动物密度分布状况如图 5.35 所示，各个样点浮游动物密度范围在 129～251.5 个/L，平均密度为 170 个/L。其中，济西湿地 X6 站位浮游动物密度最高，X4 站位浮游动物密度最低（图 5.36）。

　　从整体上看，济西湿地密度优势种主要为轮虫动物的裂足臂尾轮虫和针簇多肢轮虫、桡足类的桡足幼体和无节幼体。根据图 5.35 显示，轮虫动物密度最高，占调查浮游动物总密度的 65%；桡足类密度位于第二，占调查浮游动物总密度的 32%；枝角类浮游动物物种数位于第三，占调查浮游动物物种数的 3%（图 5.37）。

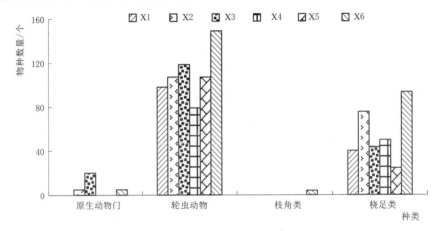

图 5.35　济西湿地浮游动物种类组成

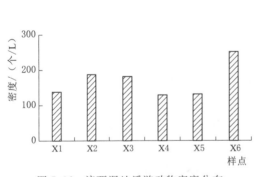

图 5.36　济西湿地浮游动物密度分布

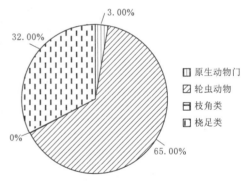

图 5.37　济西湿地浮游动物密度百分比

5.2.3　底栖动物群落结构特征

5.2.3.1　底栖动物物种组成

　　济西湿地底栖动物种类组成及物种数量变化如图 5.38 所示，共发现底栖动物 12 种，其中，昆虫纲 5 种，软甲纲 2 种，腹足纲 3 种，瓣鳃纲 1 种，寡毛纲 1 种。样点 1（X1）发现底栖动物 3 种，物种种类以腹足纲、瓣鳃纲和昆虫纲为主，分别为 1 种；样点 2（X2）发现底栖动物 5 种，物种种类以腹足纲和昆虫纲为主，分别为 2 种；样点 3（X3）发现底栖动物 3 种，物种种类以软甲纲、腹足纲和昆虫纲为主，分别为 1 种；样点 4

（X4）发现底栖动物 2 种，物种种类以寡毛纲和腹足纲为主，分别为 1 种；样点 5（X5）发现底栖动物 2 种，物种种类以寡毛纲和昆虫纲为主，分别为 1 种；样点 6（X6）发现底栖动物 4 种，物种种类以昆虫纲为主，分别为 2 种。

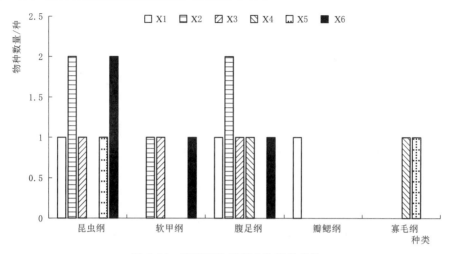

图 5.38　济西湿地底栖动物种类变化

5.2.3.2　底栖动物密度分布

济西湿地各样点底栖动物密度分布如图 5.39 所示，各个站位底栖动物密度范围在 34.84～277.97 个/m²，平均密度为 150.88 个/m²，其中，X2 样点底栖动物密度最高，X4 样点底栖动物密度最低。

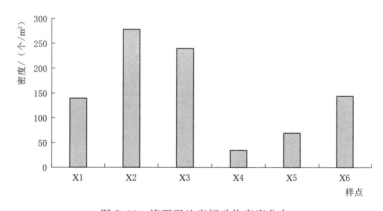

图 5.39　济西湿地底栖动物密度分布

济西湿地底栖动物种类密度占比情况如图 5.40 所示，整体主要以昆虫纲为主，占底栖动物密度总数的 69.94%；其次是腹足纲，占总底栖动物数量的 14.27%；寡毛纲纲占 8.98%；其他纲共占 6.80%。其中样点 1（X1）以腹足纲为主，占样点 1（X1）总底栖动物密度的 50.00%，昆虫纲占 33.33%。样点 2（X2）以昆虫纲为主，占样点 2（X2）总底栖动物密度的 86.21%。样点 3（X3）以昆虫纲为主，占样点 3（X3）总底栖动物密度的 88%。样点 4（X4）以寡毛纲为主，占样点 4（X4）总底栖动物密度的 66.67%；腹足纲占 33.33%。样点 5（X5）以寡毛纲为主，占样点 5（X5）总底栖动物密度的 83.33%。

样点 6（X6）以昆虫纲为主，占样点 6（X6）总底栖动物密度的 86.67％。

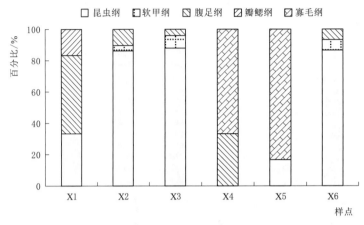

图 5.40　济西湿地底栖动物密度百分比

济西湿地底栖动物优势物种分布情况见表 5.6，样点 1（X1）的梨形环棱螺密度最大，占 X1 总底栖动物密度的 50.00％。样点 2（X2）的特氏直突摇蚊密度最大，占 X2 总底栖动物密度的 82.76％。样点 3（X3）的云集多足摇蚊密度最大，占 X3 总底栖动物密度的 88.00％。样点 4（X4）的克拉伯水丝蚓密度最大，占 X4 总底栖动物密度的 66.67％。样点 5（X5）的克拉伯水丝蚓密度最大，占 X5 总底栖动物密度的 83.33％。样点 6（X6）的特氏直突摇蚊密度最大，占 X6 总底栖动物密度的 80.00％。

表 5.6　　　　　　　　　　济西湿地各样点底栖动物优势物种分布情况

样点	优势物种	样点	优势物种
X1	梨形环棱螺	X4	克拉伯水丝蚓
X2	特氏直突摇蚊	X5	克拉伯水丝蚓
X3	云集多足摇蚊	X6	特氏直突摇蚊

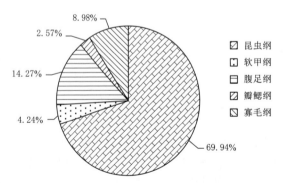

图 5.41　济西湿地底栖动物密度组成

济西湿地底栖动物整体上以昆虫纲为主，占底栖动物总密度的 69.94％（图 5.41），其中特氏直突摇蚊为主要优势物种，占济西湿地总底栖动物密度的 39.40％。

5.2.4　鱼类群落结构特征

济西湿地各个样点鱼类物种的调查显示，济西湿地鱼类物种数范围在 7～10 种，平均物种数为 8.67 种，其中，X3、X4、X5 监测站位鱼类物种数最高，物种数均为 10 种，X1 和 X5 站位鱼类物种分布相对较少（图 5.42）。鱼类主要代表种为麦穗鱼和彩石鳑鲏，6 个样点均出现。从济西湿地各个样点鱼类密度分布状况来看，各个样点鱼类密度范围在 15～401 尾，平均密度为

107 尾，其中，密度代表种为似鳊，5 个站位共发现 446 尾。X1 监测站位鱼类密度最高，如图 5.43 所示。

济西湿地鱼类调查显示，共采集鉴定鱼类 9 科（亚科）16 种，鲤亚科和鲌亚科鱼类物种数最多，各占调查鱼类物种数的 25%；鮈亚科鱼类物种数位于第二，占调查鱼类物种数的 13%；其他鱼类物种所占比例相对较少。从密度鉴定结果来看，鲴亚科鱼类密度最多，占调查鱼类总密度的 70%；鲌亚科鱼类密度位于第二，占调查鱼类总密度的 7%；鲤亚科、鲹鲅亚科和鳑亚科鱼类密度位于第三，各占调查鱼类总密度的 6%。

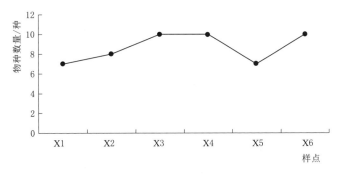

图 5.42　济西湿地鱼类物种数分布

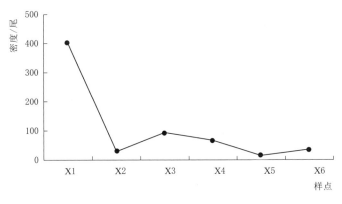

图 5.43　济西湿地鱼类密度分布

5.2.5　水生维管束植物和河岸带植物群落结构特征

5.2.5.1　水生维管束植物和河岸带植物物种组成

济西湿地植物调查结果显示，共发现水生维管束植物 14 科 15 种，其中禾本科水生维管束植物最多，占水生维管束植物总数的 12.9%，其余 13 科水生维管束植物物种相同，均占水生维管束植物总数的 6.7%。样点 X1 发现水生维管束植物 6 种分属 5 科，物种种类以禾本科为主，有 2 种。样点 X2 发现水生维管束植物 4 种分属 4 科。样点 X3 发现水生维管束植物 4 种分属 3 科，物种种类以禾本科为主，有 2 种。样点 X4 未发现水生维管束植物。样点 X5 发现水生维管束植物 7 种分属 7 科。样点 X6 发现水生维管束植物 3 种分属 3 科（图 5.44）。

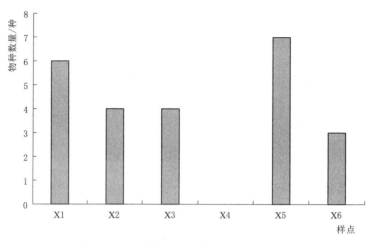

图 5.44 济西湿地水生维管植物物种分布

济西湿地河岸带植物调查共发现河岸带植物 26 科 56 种，菊科河岸带植物最多，占河岸带植物总数的 30%；禾本科河岸带植物第二，占河岸带植物总数的 13%；豆科河岸带植物第三，占河岸带植物总数的 7%。样点 X1 发现河岸带植物 20 种分属 12 科，物种种类以菊科为主，有 7 种。样点 X2 发现河岸带植物 15 种分属 9 科，物种种类以菊科为主，有 6 种。样点 X3 发现河岸带植物 18 种分属 12 科，物种种类以菊科为主，有 5 种。样点 X4 发现河岸带植物 19 种分属 8 科，物种种类以菊科为主，有 6 种。样点 X5 发现河岸带植物 12 种分属 7 科，物种种类以菊科为主，有 4 种。样点 X6 发现河岸带植物 22 种分属 11 科，物种种类以菊科为主，有 8 种（图 5.45）。

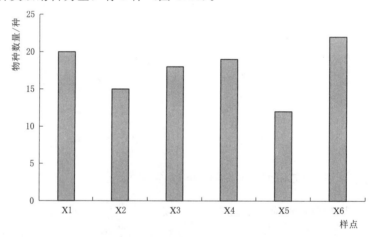

图 5.45 济西湿地河岸带植物物种分布

济西湿地 6 个样点的调查结果显示，其水生维管束植物大多以禾本科和菊科为主，河岸带植物也大多以禾本科和菊科为主。

5.2.5.2 水生维管束植物和河岸带植物盖度分布

济西湿地水生维管植束物盖度结果如图 5.46 所示，禾本科的盖度最大，占调查水生维管束植物总盖度的 32%；香蒲科的盖度位于第二位，占调查水生维管束植物总盖度的

12%；莲科的盖度位于第三位，占调查水生维管束植物总盖度的11%。其中，样点X1以禾本科为主，占样点X1盖度的26%；其次是水鳖科盖度，占2%；其他各科盖度共占4%。样点X2以禾本科为主，占样点X2盖度的20%；其次是鸢尾科盖度，占8%；其他各科盖度共占7.5%。样点X3以禾本科为主，占样点X3盖度的32%；其次是睡莲科盖度，占2.5%；天南星科盖度占2%。样点X4未发现水生维管束植物。样点X5以禾本科和天南星科为主，均占样点X5盖度的13%；其他各科盖度共占35.5%。样点X6以禾本科为主，占样点X6盖度的17.5%；千屈菜科盖度占4.5%；金鱼藻科盖度占2%。各样点水生维管束植物优势物种见表5.7。

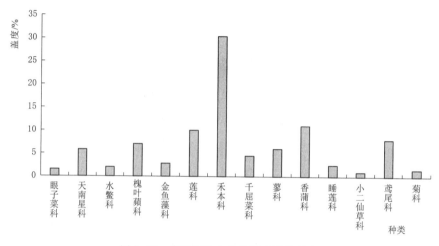

图 5.46　济西湿地水生维管束植物盖度

表 5.7　　　　　　　　　济西湿地各样点水生维管束植物优势物种

样点	优势物种	样点	优势物种
X1	芦苇	X4	无
X2	芦苇	X5	芦苇、浮萍
X3	芦竹	X6	芦苇

济西湿地河岸带植物调查结果如图5.47所示，其中菊科的盖度最大，占调查河岸带植物总盖度的45%；禾本科的盖度位于第二位，占调查河岸带植物总盖度的29%；杨柳科和豆科的盖度位于第三位，占调查河岸带植物盖度的7%。其中，样点X1以菊科为主，占样点X1盖度的18.5%；其次是禾本科盖度，占8%；其他各科盖度共占16.5%。样点X2以禾本科为主，占样点X2盖度的23.5%；其次是菊科盖度，占17%；其他各科盖度共占22%。样点X3以菊科为主，占样点X3盖度的10.5%；其次是禾本科，盖度占9.5%；其他各科盖度共占23.5%。样点X4以菊科为主，占样点X4盖度的25.5%；其次是禾本科，盖度占14.5%；其他各科盖度共占30%。样点X5以杨柳科为主，占样点X5盖度的4.5%；其次是菊科，盖度占4%；其他各科盖度共占10%。样点X6以禾本科和菊科为主，均占样点X6盖度的20%；其他各科盖度共占21%。各样点河岸带植物优势物种见表5.8。

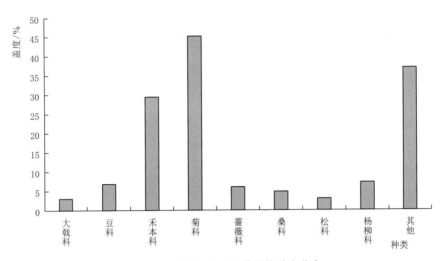

图 5.47　济西湿地河岸带植物盖度分布

表 5.8　　　　　　　　　　　　济西湿地各样点河岸带植物优势物种

样点	优势物种	样点	优势物种
X1	狗尾草、大狼把草	X4	天人菊
X2	狗尾草	X5	垂柳
X3	大狗尾草	X6	狗尾草

　　济西湿地水生维管束植物调查结果如图 5.48 所示，样点 X5 水生维管束植物优势度最高，优势度指数为 0.86。样点 X4 未发现水生维管束植物。除了样点 X4，其余样点优势度差距不大。

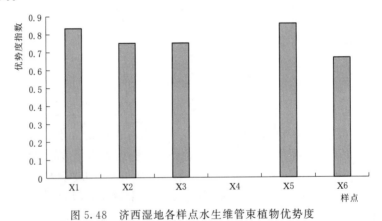

图 5.48　济西湿地各样点水生维管束植物优势度

　　济西湿地河岸带植物调查结果显示，样点 X6 河岸带植物优势度最高，优势度指数为 0.95。样点 X5 河岸带植物优势度相对较低，优势度指数为 0.92（图 5.49）。

5.2.6　两栖类和爬行类群落结构特征

　　济西湿地两栖类和爬行类调查结果显示，共发现两栖类动物 1 目 3 科 3 属 4 种，爬行类动物 2 目 5 科 6 属 7 种，无国家重点保护物种，均列于《国家保护的有益的或者有重要

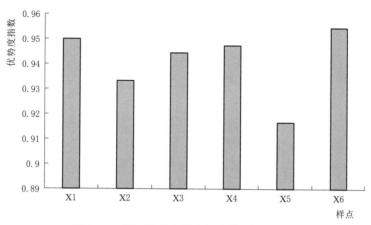

图 5.49 济西湿地各样点河岸带植物优势度

经济、科学研究价值的陆生野生动物名录》中。其中黑斑侧褶蛙和中华蟾蜍为该区域的优势种，叉舌蛙科的泽陆蛙（*Fejervarya multistriata*）作为为数不多的在日间活动的两栖类也有一定数量。济西国家湿地离济南的主城区较近（位于槐荫区和长清区的交界处），人类活动较多，其爬行动物组成中有中华草龟（*Mauremys reevesii*）、中国花龟（*Mauremys sinensis*）、红耳龟（*Trachemys scripta*）3 种龟鳖类，很可能源自人们的放养或者放生。其中红耳龟是重要的入侵种类，其可在济西湿地越冬，但是否会在区域内繁殖仍有待验证。白条锦蛇和虎斑颈槽蛇是河岸带主要的蛇类，白条锦蛇主要摄食鸟、啮齿类和昆虫；虎斑颈槽蛇以两栖类为主要食物，偶摄食鱼类。丽斑麻蜥（*Eremias argus*）是济西湿地内调查发现的唯一蜥蜴科物种，且数量不多。

5.2.7 鸟类群落结构特征

济西湿地鸟类调查结果显示，共发现鸟类 13 目 23 科 31 属 37 种，包括国家二级保护动物 1 种——燕隼（*Falco subbuteo*），山东省重点保护鸟类 5 种——苍鹭、大白鹭、小白鹭、环颈雉、星头啄木鸟（*Dendrocopos canicapillus*），中国特有种银喉长尾山雀（*Aegithalos caudatus*）1 种，中澳协定保护鸟类白腰雨燕（*Apus pacificus*）、家燕、白鹡鸰 3 种，中日协定保护鸟类大白鹭、夜鹭、燕隼、黑水鸡、北鹰鹃（*Hierococcyx hyperythrus*）、白腰雨燕、家燕、金腰燕（*Cecropis daurica*）、白鹡鸰、灰伯劳（*Lanius excubitor*）、黑喉石䳭（*Saxicola maurus*）等 11 种。鸟类群落组成中雀形目 12 科 16 属 18 种，占总种数 48.6%，为物种量最多的类群，其中家燕数量最多（图 5.50）。在鸟类区系中，广布种鸟类最多，有 17 种，占总种数的 46.0%；其次为古北界鸟类，有 14 种，占总种数 37.8%；东洋界鸟类最少，有 6 种，占总种数 16.2%（图 5.51）。本次调查、观察统计显示，济西国家湿地观察到鸟类 303 只，分属 37 种，其中家燕观察数量最多，为 42 只，占 13.9%；其次为灰喜鹊，为 37 只，占 12.2%；棕头鸦雀为 34 只，占 11.2%。留鸟种类最多，为 24 种，约占总种数的 64.9%；其次为夏候鸟，为 9 种，占总种数的 24.3%；旅鸟种类最少，为 4 种，占总种数的 10.8%（图 5.52）。统计分析显示，鸟类 Shannon-Wiener 多样性指数为 3.079，Pielou 均匀度指数为 0.853，Simpson 优势度指数为 0.067，Margalef 丰富度指数为 6.301。栖息环境的相似性在一定程度上决定了鸟类群落组成的相似性，济西国家湿地周围环境的调查显示，存在 5 大类亚生境：人工林、灌丛、水域、农田、居民区。人工林区和灌丛的鸟种相似性系数最高，为 0.800，其次是水域和居民区，为 0.760；水域和灌丛的鸟种相似度最低，仅为 0.324，其次是水域和人工林，相似度为 0.356。

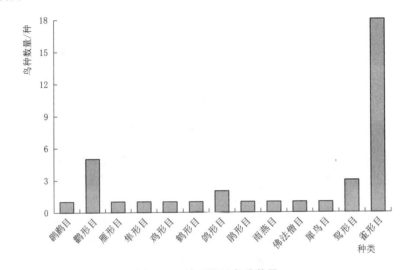

图 5.50 济西湿地鸟种数量

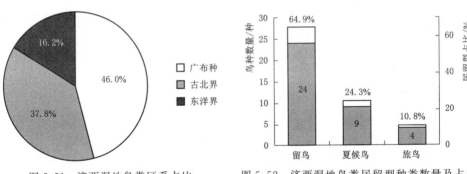

图 5.51 济西湿地鸟类区系占比　　图 5.52 济西湿地鸟类居留型种类数量及占比

5.3 钢城大汶河国家湿地水生生物群落结构特征

5.3.1 浮游植物群落结构特征

5.3.1.1 浮游植物物种组成

钢城大汶河国家湿地（以下称大汶河湿地）浮游植物种类组成及物种数量变化如图 5.53 所示。大汶河湿地共检测出浮游植物 55 种，隶属 6 门：硅藻门 23 种，绿藻门 21 种，蓝藻门 4 种，隐藻门和甲藻门各 3 种，裸藻门 1 种。物种种类主要以蓝藻门和绿藻门为主。样点 1（D1）藻类 20 种分属 5 门，物种种类以绿藻门为主，有 9 种。样点 2（D2）发现藻类 20 种分属 6 门，物种种类以硅藻门为主，有 9 种。样点 3（D3）发现藻类 12 种分属 5 门，物种种类以硅藻门为主，有 7 种。样点 4（D4）发现藻类 16 种分属 3 门，物种种类以硅藻门和绿藻门为主，分别有 7 种和 6 种。样点 5（D5）发现藻类 13 种分属 5 门，物种种类以硅藻门和绿藻门为主，分别有 5 和 4 种。样点 6（D6）发现藻类 32 种分属 5 门，物种种类以绿藻门和硅藻门为主，有 16 和 12 种。

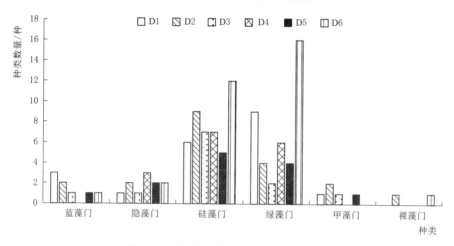

图 5.53　大汶河湿地浮游植物种类组成

大汶河湿地 6 个调查样点的调查结果显示，其中浮游植物大多以绿藻门和硅藻门为主，其中样点 1（D1）和样点 6（D6）主要以绿藻门为主，其余样点以硅藻门为主。样点 6（D6）物种数相对于其他样点较多，为 32 种。湿地各样点间物种分布基本均匀，差异不显著。

5.3.1.2　浮游植物密度分布

大汶河湿地各样点密度分布如图 5.54 所示，其中样点 6（D6）的浮游植物密度最大为 946.94 万个/L，其次是样点 1（D1）724.90 万个/L；密度最低的是样点 3（D3）137.14 万个/L，其次是样点 4（D3）166.53 万个/L。

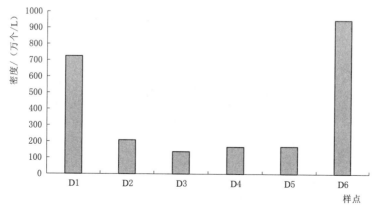

图 5.54　大汶河湿地浮游植物密度分布

97

大汶河湿地浮游植物各门类密度占比情况如图 5.55 所示，整体主要以绿藻门和硅藻门为主，绿藻门占总浮游植物密度的 43.00％；其次是硅藻门占总浮游植物数量的 25.66％；其他门共占 31.35％。其中大汶河湿地样点 1（D1）以硅藻门为主，占样点 1（D1）总浮游藻类密度的 36.49％；绿藻门占 34.68％；其他各门总共占 28.83％。样点 2（D2）以硅藻门和蓝藻门为主，硅藻门占样点 2（D2）总浮游藻类密度的 32.81％，蓝藻门占 29.69％，其他各门总共占 37.50％。样点 3（D3）以硅藻门和甲藻门为主，硅藻门占样点 3（D3）总浮游藻类密度的 35.71％，甲藻门占 33.33％，其他各门总共占 30.95％。样点 4（D4）以绿藻门和硅藻门为主，绿藻门占样点 4（D4）总浮游藻类密度的 64.71％，硅藻门占 23.53％，其他各门总共占 11.76％。样点 5（D5）以绿藻门和硅藻门为主，绿藻门占样点 5（D5）总浮游藻类密度的 50.00％，硅藻门占 17.31％，其他各门总共占 32.69％。样点 6（D6）以绿藻门和隐藻门为主，绿藻门占样点 6（D6）总浮游藻类密度的 52.76％，隐藻门占 24.48％，其他各门总共占 22.76％。

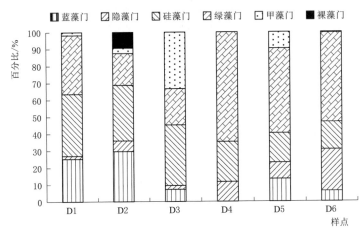

图 5.55 大汶河湿地浮游植物密度百分比

大汶河湿地各样点优势物种分布情况见表 5.9，样点 1（D1）的小环藻密度最大，占 D1 总浮游植物密度的 25.68％；样点 2（D2）的小席藻密度最大，占 D2 总浮游植物密度的 28.13％；样点 3（D3）的微小多甲藻密度最大，占 D3 总浮游植物密度的 33.33％；样点 4（D4）的小空星藻、双对栅藻和弯曲栅藻密度最大，分别占 D4 总浮游植物密度的 15.69％；样点 5（D5）的双对栅藻密度最大，占 D5 总浮游植物密度的 19.23％；样点 6（D6）的卵形隐藻密度最大，占 D6 总浮游植物密度的 15.17％。

表 5.9　　　　　　　大汶河湿地各样点浮游植物优势物种分布情况

样点	优势物种	样点	优势物种
D1	小环藻	D4	小空星藻、双对栅藻、弯曲栅藻
D2	小席藻	D5	双对栅藻
D3	微小多甲藻	D6	卵形隐藻

大汶河湿地整体上主要以绿藻门为主（图 5.56），绿藻门占浮游植物总密度的 43.00％，其中小环藻为主要优势物种，占大汶河湿地总浮游植物密度的 10.54％。

5.3.2 浮游动物群落结构特征

5.3.2.1 浮游动物物种组成

调查结果显示，大汶河湿地共发现浮游动物26种。其中，原生动物门3种，代表物种为盘状表壳虫；轮虫动物18种，优势种为针簇多肢轮虫；枝角类1种，优势种为点滴尖额溞；桡足类4种，以无节幼体为主（图5.57）。从大汶河湿地各个样点浮游动物物种分布状况

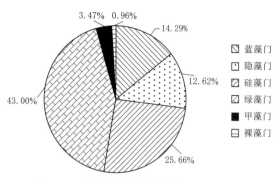

图5.56 大汶河湿地浮游植物密度百分比

来看，大汶河湿地浮游动物物种数范围在6～19种，平均物种数为10种。其中，大汶河湿地D1样点浮游动物物种数最高，D4样点物种数最低（图5.58）。从整体上看轮虫动物的物种数较多，占调查浮游动物物种数的69%；桡足类浮游动物物种数位于第二，占调查浮游动物物种数的15%（图5.59）。

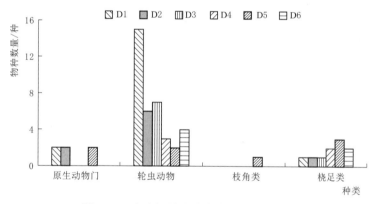

图5.57 大汶河湿地浮游动物种类数组成

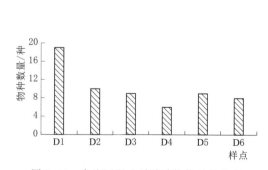

图5.58 大汶河湿地浮游动物物种数分布

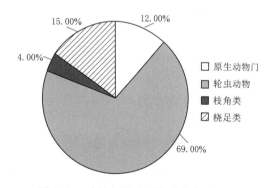

图5.59 大汶河湿地浮游动物物种组成

5.3.2.2 浮游动物密度分布

大汶河湿地浮游动物密度分布如图5.60所示，其中各个样点浮游动物密度范围在5～162.5个/L，平均密度为70个/L，其中，大汶河国家湿地D1样点浮游动物密度最

高，D4 样点浮游动物密度最低（图 5.61）。

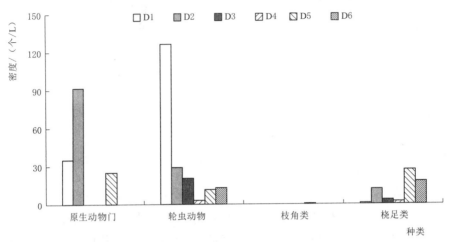

图 5.60 大汶河湿地浮游动物密度组成

从整体上看，大汶河湿地密度优势物种主要为轮虫动物的针簇多肢轮虫，桡足类无节幼体。从浮游动物密度分布来看，大汶河湿地轮虫动物门密度最高，占调查浮游动物总密度的 65%；桡足类密度位于第二，占调查浮游动物总密度的 32%；枝角类浮游动物物种数位于第三，占调查浮游动物物种数的 3%（图 5.62）。

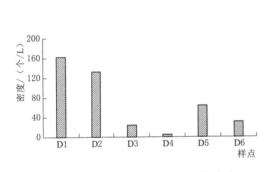

图 5.61 大汶河湿地浮游动物密度变化

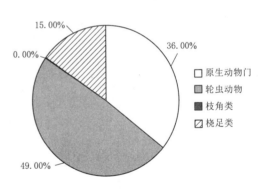

图 5.62 大汶河湿地浮游动物密度百分比

5.3.3 底栖动物群落结构特征

5.3.3.1 底栖动物物种组成

大汶河湿地底栖动物种类组成及物种数量变化如图 5.63 所示。大汶河湿地共发现底栖动物 26 种，其中，昆虫纲 11 种，软甲纲 1 种，腹足纲 10 种，寡毛纲 3 种，蛭纲 1 种。物种种类以昆虫纲和腹足纲为主。大汶河湿地样点 1（D1）发现底栖动物 3 种，物种种类以昆虫纲为主，有 2 种；样点 2（D2）发现底栖动物 8 种，物种种类以昆虫纲为主，有 5 种；样点 3（D3）发现底栖动物 9 种，物种种类以昆虫纲和腹足纲为主，分别有 5 种和 4 种；样点 4（D4）发现底栖动物 9 种，物种种类以昆虫纲和腹足纲为主，分别有 3 种和 4

种；样点 5（D5）发现底栖动物 6 种，物种种类以昆虫纲和腹足纲为主，分别有 2 种和 3 种；样点 6（D6）发现底栖动物 4 种，物种种类以腹足纲为主，有 2 种。

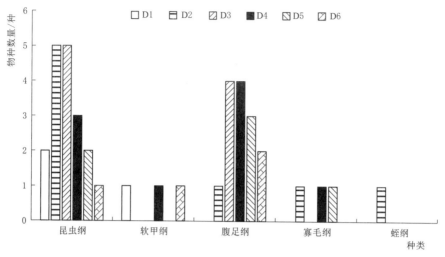

图 5.63　大汶河湿地底栖动物种类数量

5.3.3.2　底栖动物密度分布

大汶河湿地各样点密度分布如图 5.64 所示，其中各个样点底栖动物密度范围为 412.16～1830.75 个/m²，平均密度为 825.91 个/m²，其中，大汶河湿地 D3 样点底栖动物密度最高，大汶河湿地 D4 样点底栖动物密度最低。

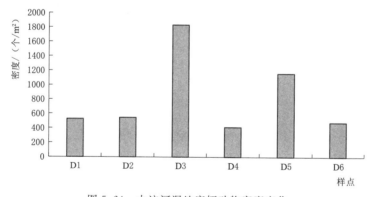

图 5.64　大汶河湿地底栖动物密度变化

大汶河湿地底栖动物各门类密度占比如图 5.65 所示，大汶河湿地整体以昆虫纲为主，占底栖动物密度总数的 63.44%；其次是腹足纲，占总底栖动物数量的 32.11%；其他纲共占 4.45%。样点 1（D1）以昆虫纲为主，占样点 1（D1）总底栖动物密度的 94.55%。样点 2（D2）以昆虫纲为主，占样点 2（D2）总底栖动物密度的 94.74%。样点 3（D3）以昆虫纲为主，占样点 3（D3）总底栖动物密度的 82.20%。样点 4（D4）以昆虫纲为主，占样点 4（D4）总底栖动物密度的 62.79%。样点 5（D5）以腹足纲为主，占样点 5（D5）总底栖动物密度的 76.03%。样点 6（D6）以腹足纲为主，占样点 6（D6）总底栖动物密度的 62.00%。

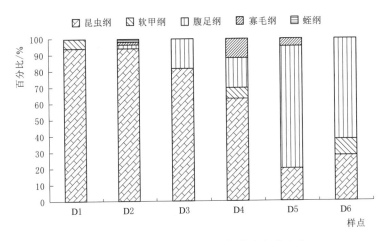

图 5.65　大汶河湿地底栖动物密度组成变化

　　大汶河湿地各样点优势种分布见表 5.10。样点 1（D1）的云集多足摇蚊密度最大，占 D1 总底栖动物密度的 83.64％。样点 2（D2）的四节蜉密度最大，占 D2 总底栖动物密度的 66.67％。样点 3（D3）的云集多足摇蚊密度最大，占 D3 总底栖动物密度的 78.01％。样点 4（D4）的云集多足摇蚊密度最大，占 D4 总底栖动物密度的 41.86％。样点 5（D5）的豆螺密度最大，占 D5 总底栖动物密度的 68.60％。样点 6（D6）的梨形环棱螺密度最大，占 D6 总底栖动物密度的 52.00％。

表 5.10　　　　　　　　大汶河湿地各样点底栖动物优势种分布情况

样点	优势物种	样点	优势物种
D1	云集多足摇蚊	D4	云集多足摇蚊
D2	四节蜉	D5	豆螺
D3	云集多足摇蚊	D6	梨形环棱螺

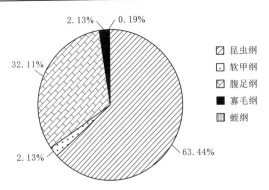

图 5.66　大汶河湿地底栖动物密度百分比

　　大汶河湿地底栖动物整体上以昆虫纲为主，占底栖动物总密度的 63.44％（图 5.66），其中云集多足摇蚊为主要优势物种，占大汶河湿地底栖动物密度的 45.07％。

5.3.4　鱼类群落结构特征

　　大汶河湿地鱼类调查显示，其中各个样点鱼类物种数范围为 4～9 种，平均物种数为 6.5 种，D3 样点鱼类物种数最高，D1 样点鱼类物种数最低（图 5.67）。鱼类代表种为鲤亚科的鲫，6 个样点均分布。从鱼类密度分布状况来看，大汶河湿地各个样点鱼类密度范围为 5～117 尾，平均密度为 57 尾，D6 样点鱼类密度最高，D5 样点鱼类密度最低，其中密度代表种为鮈亚科的麦穗鱼，为 98 尾（图 5.68）。

　　大汶河湿地鱼类调查显示，共采集鉴定出鱼类 10 科 16 种，鲤亚科鱼类物种数最多，占调查鱼类物种数的 25%；鮈亚科鱼类物种数位于第二，占调查鱼类物种数的 19%；鰕虎鱼科鱼类物种数位于第三，占调查鱼类物种数的 13%。从大汶河湿地鱼类密度鉴定结果来看，鮈亚科鱼类密度最多，占调查鱼类总密度的 54%；鲌亚科鱼类密度位于第二，占调查鱼类总密度的 28%；鲤亚科鱼类密度位于第三，占调查鱼类总密度的 7%。

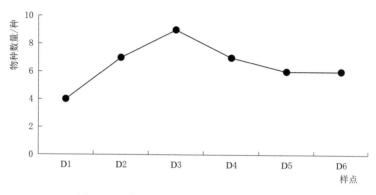

图 5.67　大汶河湿地鱼类各站位物种数分布

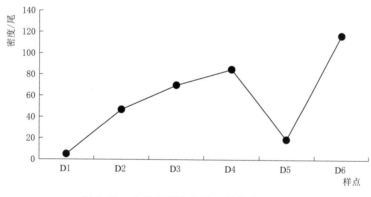

图 5.68　大汶河湿地鱼类各站位密度变化

5.3.5　水生维管束植物和河岸带植物群落结构特征

5.3.5.1　水生维管束植物和河岸带植物物种组成

　　大汶河湿地植物调查共发现水生维管束植物共 10 科 12 种，其中水鳖科水生维管束植物最多，占水生维管束植物总数的 22%；眼子菜科水生维管束植物第二，占水生维管束植物总数的 14%。大汶河湿地样点 D1 发现水生维管束植物 2 种分属 2 科，物种种类分别为苋科、蓼科。样点 D2 发现水生维管束植物 7 种分属 7 科。样点 D3 发现水生维管束植物 5 种分属 5 科。样点 D4 发现水生维管束植物 9 种分属 8 科，物种种类以水鳖科为主，有 2 种。样点 D5 发现水生维管束植物 6 种分属 5 科，物种种类以莎草科为主，有 2 种。样点 D6 发现水生维管束植物 11 种分属 7 科，物种种类以水鳖科为主，有 3 种（图 5.69）。

　　大汶河湿地植物调查共发现河岸带植物 35 科 79 种，菊科河岸带植物最多，占河岸带植物总数的 23%；禾本科河岸带植物位第二，占河岸带植物总数的 10%；苋科河岸带植

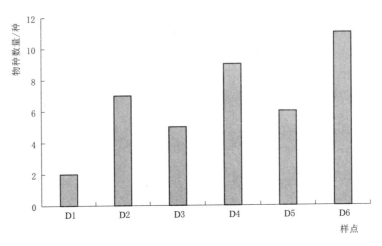

图 5.69　大汶河湿地水生维管束植物物种分布

物第三，占河岸带植物总数的 5％。其中样点 D1 发现河岸带植物 23 种分属 15 科，物种种类以菊科为主，有 6 种。样点 D2 发现河岸带植物 30 种分属 16 科，物种种类以菊科为主，有 8 种。样点 D3 发现河岸带植物 17 种分属 8 科，物种种类以菊科为主，有 7 种。样点 D4 发现河岸带植物 16 种分属 9 科，物种种类以菊科为主，有 6 种。样点 D5 发现河岸带植物 19 种分属 13 科，物种种类以菊科为主，有 4 种。样点 D6 发现河岸带植物 17 种分属 11 科，物种种类以菊科为主，有 6 种（图 5.70）。

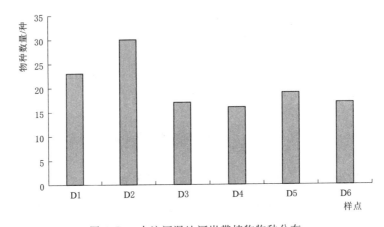

图 5.70　大汶河湿地河岸带植物物种分布

5.3.5.2　水生维管束植物和河岸带植物盖度分布

　　大汶河湿地水生维管束植物盖度调查结果如图 5.71 所示，睡莲科的盖度最大，占调查水生维管束植物总盖度的 19％；禾本科和水鳖科的盖度位于第二位，占调查水生维管束植物总盖度的 17％；眼子菜科的盖度位于第三位，占调查水生维管束植物总盖度的 13％。大汶河湿地样点 D1 以苋科为主，盖度是 10％；其次是芡科，盖度是 8％。样点 D2 以禾本科为主，盖度是 8％；其次是芡科，盖度是 6％；其他各科盖度共 10.5％。样点 D3 以睡莲科为主，盖度是 10％；其次是眼子菜科，盖度是 7％；其他各科盖度共 15％。样点 D4 以禾本科和莎草科为主，盖度均为 8％；其次是水鳖科，盖度是 6％；其他各科盖度共 18％。样点 D5 以莎草科为主，盖度是 12.5％；其次是槐叶苹科，盖度是 4％；其他各科盖度共 6.5％。样点 D6 以禾本科为主，盖度是 11.5％；其次是水鳖科，盖度是 11％；其他各科盖度共 28.5％。各样点水生维管束植物优势物种见表 5.11。

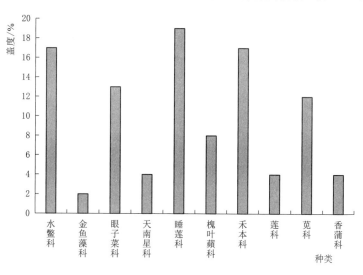

图 5.71　大汶河湿地水生维管束植物盖度分布

表 5.11　　　　　　　　　　大汶河湿地水生维管束植物优势物种

样点	优势物种	样点	优势物种
D1	喜旱莲子草	D4	芦苇
D2	芦苇	D5	头状穗莎草
D3	荇菜	D6	芦苇、头状穗莎草

大汶河湿地河岸带植物调查结果如图 5.72 所示，菊科的盖度最大，占调查河岸带植物总盖度的 27％；禾本科的盖度位于第二，占调查河岸带植物总盖度的 20％；苋科的盖度位于第三，占调查河岸带植物总盖度的 3％。其中大汶河湿地样点 D1 以菊科为主，盖度是 27.5％；其次是禾本科，盖度是 15.5％；其他各科盖度共 39％。样点 D2 以菊科为主，盖度是 25.5％；其次是禾本科，盖度是 14％；其他各科盖度共 36％。样点 D3 以禾本科为主，盖度是 30％；其次是菊科，盖度是 19.5％；其他各科盖度共 18.5％。样点 D4 以菊科为主，盖度是 22.5％；其次是禾本科，盖度是 10％；其他各科盖度共 27.5％。样点 D5 以菊科为主，盖度是 32.5％；其次是禾本科，盖度是 18％；其他各科盖度共 10.5％。样

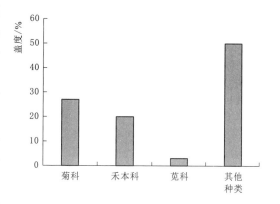

图 5.72　大汶河湿地河岸带植物盖度分布

点 D6 以菊科为主，盖度是 26%；其次是禾本科，盖度是 10%；其他各科盖度共 13%。多采样点河岸带植物优势物种见表 5.12。

表 5.12 大汶河湿地各样点河岸带植物优势种

样点	优势物种	样点	优势物种
D1	小蓬草	D4	狗尾草
D2	翅果菊	D5	小蓬草、狗尾草
D3	狗尾草	D6	翅果菊

大汶河湿地水生维管束植物调查结果显示，大汶河湿地 D6 样点水生维管束植物优势度最高，优势度指数为 0.91；D1 样点河岸带植物优势度相对较低，优势度指数为 0.50（图 5.73）。

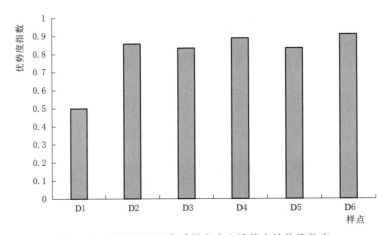

图 5.73　大汶河湿地各采样点水生维管束植物优势度

大汶河湿地河岸带植物调查结果如图 5.74 所示，大汶河湿地 D2 站位河岸带植物优势度最高，优势度指数为 0.97；D4 位点河岸带植物优势度相对较低，优势度指数为 0.94。

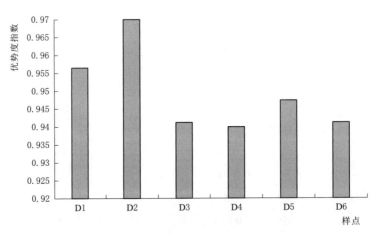

图 5.74　大汶河湿地各采样点河岸带植物优势度

5.3.6 两栖类和爬行类群落结构特征

大汶河湿地两栖类和爬行类调查共发现两栖类动物 1 目 3 科 3 属 5 种，爬行类动物 2 目 5 科 6 属 6 种，无国家重点保护物种。其中黑斑侧褶蛙、花背蟾蜍（*Bufo daddei*）和中华蟾蜍为该区域的优势种。大汶河湿地是典型的河流型国家级湿地，流域范围东南至旋崮山北麓茅头山大汶河发源地，西北至与济南市莱城区交界处盘龙桥。调查区域发现中华草龟和红耳龟 2 种龟鳖类，很可能源自人们的放养或者放生，其中红耳龟是重要的入侵种类；中华鳖是大汶河水系的原生物种，但近年来少有发现。白条锦蛇和虎斑颈槽蛇为河岸带主要的蛇类，丽斑麻蜥是湿地内调查发现的唯一蜥蜴科物种，且数量不多。

5.3.7 鸟类群落结构特征

大汶河湿地鸟类调查共观察发现鸟类 10 目 20 科 29 属 32 种，包括山东省重点保护鸟类苍鹭、大白鹭、小白鹭、星头啄木鸟 4 种，中澳协定保护鸟类林鹬（*Tringa glareola*）、家燕、白鹡鸰、金眶鸻（*Charadrius dubius*）3 种，中日协定保护鸟类大白鹭、黑水鸡、林鹬、家燕、金腰燕、白鹡鸰、北红尾鸲（*Phoenicurus auroreus*）7 种。鸟类组成中雀形目 10 科 14 属 15 种，占总种数 48.4%，为物种数量最多的类群（图 5.75）。鸟类区系中，广布种鸟类最多有 17 种，占总种数的 53.1%；其次为古北界鸟类，有 9 种，占总种数 28.1%；东洋界鸟类最少，有 6 种，占总种数 18.8%（图 5.76）。本次调查观察显示，大汶河湿地留鸟种类最多，有 21 种，约占总种数的 65.6%；其次为夏候鸟，有 7 种，占总种数的 21.9%；旅鸟的种类最少，有 4 种，占总种数的 12.5%（图 5.77）。鸟类 Shannon-Wiener 多样性指数为 2.934，Pielou 均匀度指数为 0.854，Simpson 优势度指数为 0.067，Margalef 丰富度指数为 5.195。栖息环境的相似性在一定程度上决定了鸟类群落组成的相似性，通过对大汶河湿地周围环境的调查，划分出人工林、灌丛、水域、农田、居民区 5 类亚生境。人工林区和灌丛的鸟种相似性系数最高，为 0.848，其次是水域

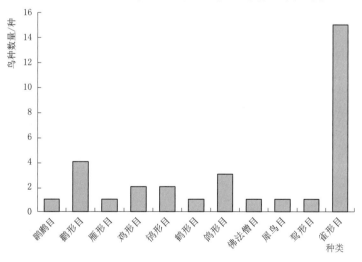

图 5.75 大汶河湿地鸟类组成

和居民区，相似性系数为 0.783；水域和灌丛的鸟种相似度最低，仅为 0.286，其次是水域和人工林区，相似性为 0.316。

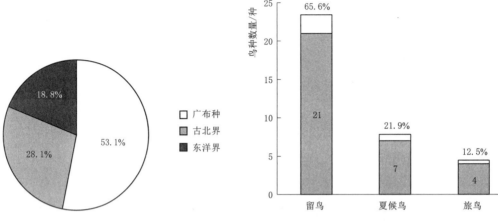

图 5.76　大汶河湿地鸟类区系占比　　　图 5.77　大汶河湿地鸟类居留型种类数量及占比

5.4　莱芜雪野湖国家湿地水生生物群落结构特征

5.4.1　浮游植物群落结构特征

5.4.1.1　浮游植物物种组成

莱芜雪野湖国家湿地（以下称雪野湖湿地）浮游植物种类组成及物种数量变化如图 5.78 所示。雪野湖湿地共发现浮游植物 58 种，分属 5 门：绿藻门 25 种，蓝藻门 12 种，硅藻门 17 种，裸藻门 1 种，隐藻门 3 种。物种种类以绿藻门和硅藻门为主。雪野湖湿地样点 1（Y1）发现藻类 23 种分属 4 门，物种种类以绿藻门为主，有 11 种。样点 2（Y2）发现藻类 16 种分属 4 门，物种种类以绿藻门和硅藻门为主，各有 7 种。样点 3（Y3）发现藻类 23 种分属 5 门，物种种类以硅藻门和绿藻门为主，分别有 9 种和 8 种。样点 4（Y4）发现藻类 23 种分属 4 门，物种种类以蓝藻门和绿藻门为主，分别有 7 种和 8 种。样点 5（Y5）发现藻类 14 种分属 4 门，物种种类以绿藻门为主，有 5 种。样点 6（Y6）发现藻类 18 种分属 4 门，物种种类以绿藻门为主，有 9 种。

雪野湖湿地 6 个样点的调查结果显示，雪野湖湿地的浮游植物大多以硅藻门和绿藻门为主。样点 5（Y5）物种数相对于其他样点较少，有 14 种。各湿地样点间物种分布基本均匀。

5.4.1.2　浮游植物密度分布

雪野湖湿地各样点密度分布如图 5.79 所示，样点 1（Y1）的浮游植物密度最大，为 1123.27 万个/L；其次是样点 6（Y6）；764.08 万个/L；密度最低的是样点 3（Y3）；251.43 万个/L。

雪野湖湿地各门类密度占比如图 5.80 所示，浮游植物整体以蓝藻门为主，占总浮游

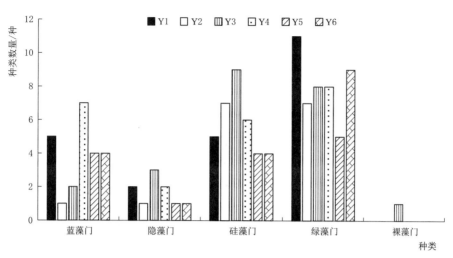

图 5.78 雪野湖湿地浮游植物种类数量

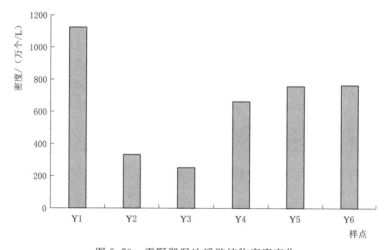

图 5.79 雪野湖湿地浮游植物密度变化

植物密度总数的 59.73%；其次是绿藻门，占总浮游植物数量的 29.61%%；其他门类共占 10.65%。样点 1（Y1）以蓝藻门为主，占样点 1（Y1）总浮游藻类密度的 66.57%；绿藻门占 27.91%；其他各门总共占 5.52%。样点 2（Y2）以绿藻门为主，占样点 2（Y2）总浮游藻类密度的 74.51%；其他各门总共占 25.49%。样点 3（Y3）以绿藻门为主，占样点 3（Y3）总浮游藻类密度的 40.26%；硅藻门占 33.77%；其他各门总共占 25.97%。样点 4（Y4）以蓝藻门为主，占样点 4（Y4）总浮游藻类密度的 69.46%；绿藻门占 19.70%；其他各门总共占 10.84%。样点 5（Y5）以蓝藻门为主，占样点 5（Y5）总浮游藻类密度的 77.59%；绿藻门占 15.95%；其他各门总共占 6.47%。样点 6（Y6）以蓝藻门为主，占样点 6（Y6）总浮游藻类密度的 59.83%；绿藻门占 31.20%；其他各门总共占 8.97%。

雪野湖湿地各样点优势物种分布情况见表 5.13。样点 1（Y1）的小席藻密度最大，占 Y1 总浮游植物密度的 31.69%。样点 2（Y2）的双对栅藻密度最大，占 Y2 总浮游植

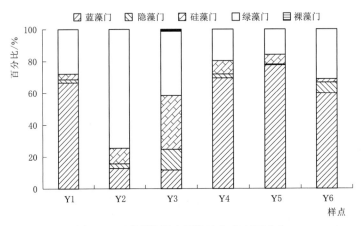

图 5.80　雪野湖湿地浮游植物密度百分比

物密度的 33.33%。样点 3（Y3）的双对栅藻密度最大，占 Y3 总浮游植物密度的 12.99%。样点 4（Y4）的小席藻密度最大，占 Y4 总浮游植物密度的 40.39%。样点 5（Y5）的普通念珠藻密度最大，占 Y5 总浮游植物密度的 44.40%。样点 6（Y6）的水华微囊藻密度最大，占 Y6 总浮游植物密度的 26.50%。

表 5.13　　　　　　　　雪野湖湿地各样点浮游植物优势物种分布情况

样点	优势物种	样点	优势物种
Y1	小席藻	Y4	小席藻
Y2	双对栅藻	Y5	普通念珠藻
Y3	双对栅藻	Y6	水华微囊藻

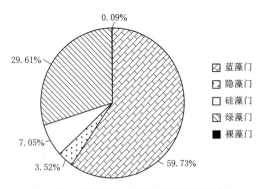

图 5.81　雪野湖湿地浮游植物密度百分比

雪野湖湿地浮游植物整体上以蓝藻门为主，占浮游植物总密度的 59.73%（图 5.81），其中细小平裂藻为主要优势物种，占雪野湖湿地总浮游植物密度的 22.90%。

5.4.2　浮游动物群落结构特征

5.4.2.1　浮游动物物种组成

雪野湖湿地浮游动物调查共发现浮游动物 32 种。其中，原生动物门 2 种，代表物种为浮游累枝虫；轮虫动物 20 种，优势种为针簇多肢轮虫、暗小异尾轮虫；枝角类 4 种，以长肢秀体溞为主；桡足类 6 种，以桡足幼体和无节幼体为主（图 5.82）。雪野湖湿地各个样点浮游动物物种分布状况显示，其中浮游动物物种数范围为 11～21 种，平均物种数为 15 种。雪野湖湿地 Y3 样点浮游动物物种数最高，Y2 和 Y6 样点物种数最低（图 5.83）。从整体上看轮虫动物的物种数较多，占调查浮游动物物种数的 63%；桡足类浮游动物物种数位于第二，占调查浮游动物物种数的 19%（图 5.84）。

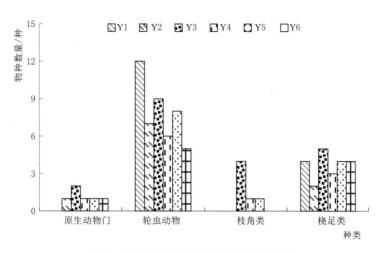

图 5.82 雪野湖湿地浮游动物种类组成

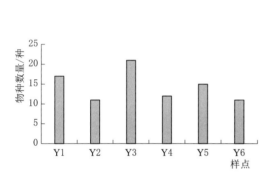

图 5.83 雪野湖湿地各站位浮游动物物种数

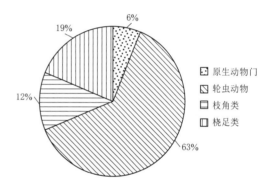

图 5.84 雪野湖湿地浮游动物物种百分比

5.4.2.2 浮游动物密度分布

雪野湖湿地各个站位浮游动物密度分布如图 5.85 所示。雪野湖湿地各个样点浮游动物密度范围为 62~374 个/L，平均密度为 141 个/L，其中，Y6 样点浮游动物密度最高，Y1 样点浮游动物密度最低（图 5.86）。

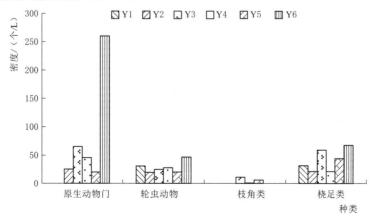

图 5.85 雪野湖湿地浮游动物种类密度

雪野湖湿地浮游动物优势物种主要为轮虫动物的暗小异尾轮虫和针簇多肢轮虫、桡足类的无节幼体。雪野湖湿地浮游动物密度分布显示，轮虫动物密度最高，占调查浮游动物总密度的 59%；桡足类密度位于第二，占调查浮游动物总密度的 29%；原生动物门浮游动物物种数位于第三，占调查浮游动物物种数的 10%（图 5.87）。

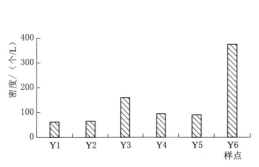

图 5.86　雪野湖湿地浮游动物各样点密度

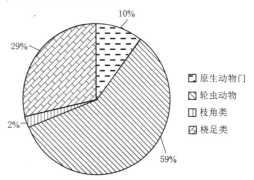

图 5.87　雪野湖湿地浮游动物密度百分比

5.4.3　底栖动物群落结构特征

5.4.3.1　底栖动物物种组成

雪野湖湿地底栖动物种类组成及物种数量变化如图 5.88 所示。雪野湖湿地共发现底栖动物 17 种。其中，昆虫纲 8 种，软甲纲 2 种，腹足纲 5 种，瓣鳃纲 1 种，蛭纲 1 种。物种种类以昆虫纲和腹足纲为主。雪野湖湿地样点 1（Y1）发现底栖动物 2 种，物种种类以昆虫纲为主，有 2 种；样点 2（Y2）发现底栖动物 11 种，物种种类以昆虫纲为主，有 6 种；样点 3（Y3）发现底栖动物 6 种，物种种类以腹足纲为主，有 5 种；样点 4（Y4）发现底栖动物 2 种，物种种类以昆虫纲和软甲纲为主，各有 1 种；样点 5（Y5）发现底栖动物 4 种，物种种类以软甲纲为主，有 2 种；样点 6（Y6）发现底栖动物 1 种，物种种类以软甲纲为主，有 1 种。

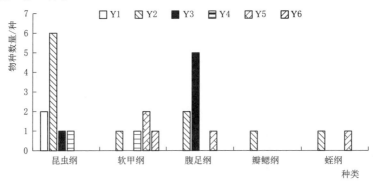

图 5.88　雪野湖湿地底栖动物种类数量

5.4.3.2　底栖动物密度分布

雪野湖湿地各样点密度调查显示，底栖动物密度范围在 9.59 ～555.93 个/m²，平均密度为 289.15 个/m²，其中，Y3 样点底栖动物密度最高，Y6 样点底栖动物密度最低（图 5.89）。

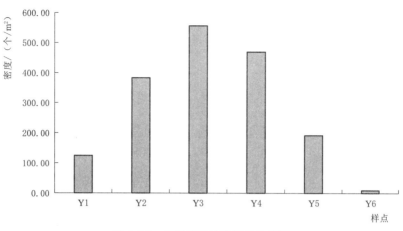

图 5.89　雪野湖湿地底栖动物密度

雪野湖湿地各门类密度占比如图 5.90 所示，底栖动物以软甲纲为主，占底栖动物密度总数的 40.33%；其次是昆虫纲和腹足纲，占总底栖动物数量的 28.18%；其他纲共占 3.31%。样点 1 （Y1）以昆虫纲为主，占样点 1 （Y1）总底栖动物密度的 100.00%。样点 2 （Y2）以昆虫纲为主，占样点 2 （Y2）总底栖动物密度的 52.50%。样点 3 （Y3）以腹足纲为主，占样点 3 （Y3）总底栖动物密度的 72.41%。样点 4 （Y4）以软甲纲为主，占样点 4 （Y4）总底栖动物密度的 97.96%。样点 5 （Y5）以软甲纲为主，占样点 5 （Y5）总底栖动物密度的 80.00%。样点 6 （Y6）以软甲纲为主，占样点 6 （Y6）总底栖动物密度的 100.00%。

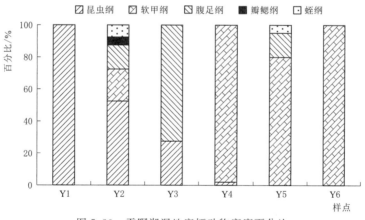

图 5.90　雪野湖湿地底栖动物密度百分比

雪野湖湿地各采样点底栖动物优势物种见表 5.14。雪野湖湿地样点 1 （Y1）的云集多足摇蚊密度最大，占 Y1 总底栖动物密度的 92.31%。样点 2 （Y2）的四节蜉和中华齿米虾密度最大，分别占 Y2 总底栖动物密度的 20.00%。样点 3 （Y3）的溪流摇蚊和梨形环棱螺密度最大，分别占 Y3 总底栖动物密度的 27.59%。样点 4 （Y4）的中华齿米虾密度最大，占 Y4 总底栖动物密度的 97.96%。样点 5 （Y5）的中华齿米虾密度最大，占 Y5 总底栖动物密度的 55.00%。样点 6 （Y6）的中华齿米虾密度最大，占 Y6 总底栖动物密度的 100.00%。

表 5.14　　　　　　　　雪野湖湿地各样点底栖动物优势物种

采样点	优势物种	采样点	优势物种
Y1	云集多足摇蚊	Y4	中华齿米虾
Y2	四节蜉、中华齿米虾	Y5	中华齿米虾
Y3	溪流摇蚊、梨形环棱螺	Y6	中华齿米虾

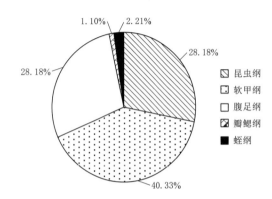

图 5.91　雪野湖湿地底栖动物密度比

雪野湖湿地底栖动物整体上以软甲纲为主，软甲纲占底栖动物总密度的 40.33%（图 5.91），其中中华齿米虾为主要优势物种，占雪野湖湿地总底栖动物密度的 37.57%。

5.4.4　鱼类群落结构特征

雪野湖湿地鱼类调查共采集鉴定鱼类 6 科 20 种，其中鲤亚科鱼类物种数最多，占调查鱼类物种数的 65%；鰕虎鱼科和鳘科鱼类物种数位于第二，各占调查鱼类物种数的 10%；其余鱼类各占调查鱼类物种数的 5%（图 5.92）。雪野湖湿地鱼类密度统计显示，鲤亚科鱼类数量最多，占调查鱼类总数量的 71%；鰕虎鱼科数量位于第二，占调查鱼类总数量的 9%；鳘科鱼类数量位于第三，占调查鱼类总数量的 8%（图 5.93）。

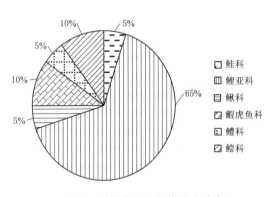

图 5.92　雪野湖湿地鱼类物种分布

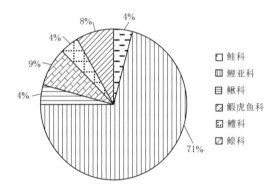

图 5.93　雪野湖湿地鱼类密度分布

5.4.5　水生维管束植物和河岸带植物群落结构特征

5.4.5.1　水生维管束植物和河岸带植物物种组成

雪野湖湿地植物调查共发现水生维管束植物 10 科 10 种，每科水生维管束植物种类数相同，均占水生维管束植物总数的 10%。雪野湖湿地样点 Y1 发现水生维管束植物 3 种分属 3 科，样点 Y2 发现水生维管束植物 1 种，样点 Y3 发现水生维管束植物 7 种分属 7 科，样点 Y4 发现水生维管束植物 4 种分属 4 科，样点 Y5 未发现水生维管束植物，样点 Y6 未发现水生维管束植物（图 5.94）。

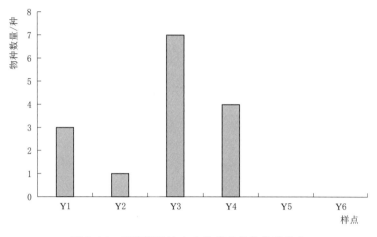

图 5.94　雪野湖湿地水生维管束植物物种分布

雪野湖湿地河岸带植物调查共发现河岸带植物 39 科 94 种，菊科河岸带植物最多，占河岸带植物总数的 19%；禾本科和豆科河岸带植物第二，分别占河岸带植物总数的 8%；蔷薇科河岸带植物第三，占河岸带植物总数的 6%。雪野湖湿地样点 Y1 发现河岸带植物 31 种分属 23 科。样点 Y2 发现河岸带植物 30 种分属 16 科，物种种类以菊科为主，有 11 种。样点 Y3 发现河岸带植物 25 种分属 15 科，物种种类以菊科为主，有 5 种。样点 Y4 发现河岸带植物 24 种分属 12 科，物种种类以菊科为主，有 5 种。样点 Y5 发现河岸带植物 17 种分属 9 科，物种种类以菊科为主，有 6 种。样点 Y6 发现河岸带植物 38 种分属 20 科，物种种类以菊科为主，有 9 种（图 5.95）。

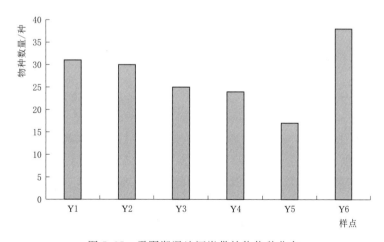

图 5.95　雪野湖湿地河岸带植物物种分布

5.4.5.2　水生维管束植物和河岸带植物盖度分布

雪野湖湿地植物盖度调查结果如图 5.96 所示。水生维管束植物中禾本科的盖度最大，占调查水生维管束植物总盖度的 15.8%；小二仙草科的盖度位于第二位，占调查水生维管束植物总盖度的 6%；阿福花科的盖度位于第三位，占调查水生维管束植物总盖度的13%。雪野湖湿地样点 Y1 以禾本科为主，盖度是 18.5%；其次是菊科，盖度是 3%；莎草科盖度是 1.5%。雪野湖湿地样点 Y2 以禾本科为主，盖度是 18.5%。样点 Y3 以禾本科为主，盖度是 12%；其次是菊科和水鳖科，盖度都是 2%；其他各科盖度共 4.5%。样点 Y4 以禾本科为主，盖度是 14%；其次是小二仙草科，盖度是 6%；其他各科盖度共8%。样点 Y5 未发现水生维管束植物。样点 Y6 未发现水生维管束植物。各样点维管束植物优势物种见表 5.15。

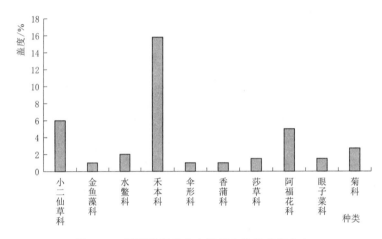

图 5.96　雪野湖湿地水生维管束植物盖度分布

表 5.15　　　　　　　　雪野湖湿地各样点水生维管束植物优势物种

样点	优势物种	样点	优势物种
Y1	芦苇	Y4	芦苇
Y2	芦苇	Y5	无
Y3	芦苇	Y6	无

雪野湖湿地河岸带植物调查结果如图 5.97 所示。菊科的盖度最大，占调查河岸带植物总盖度的 36%；禾本科的盖度位于第二位，各占调查河岸带植物总盖度的 16%；杨柳科科的盖度位于第三位，占调查河岸带植物总盖度的 14%。雪野湖湿地样点 Y1 以杨柳科为主，盖度是 8.5%；其次是大麻科和豆科，盖度是 7.5%；其他各科盖度共 43.5%。样点 Y2 以菊科为主，盖度是 17.5%；其次是杨柳科，盖度是 17%；其他各科盖度共 32%。样点 Y3 以菊科为主，盖度是 6.5%；其次是杨柳科，盖度是 5%；其他各科盖度共 18%。样点 Y4 以菊科为主，盖度是 23%；其次是禾本科和杨柳科，盖度都是 10%；其他各科盖度共 24%。样点 Y5 以禾本科为主，盖度是 24%；其次是菊科，盖度是 21.5%；其他各科盖度共 34.5%。样点 Y6 以菊科为主，盖度是 19%；其次是夹竹桃科，盖度是 9%；其他各科盖度共 62%。河岸带植物盖度分布见表 5.16。

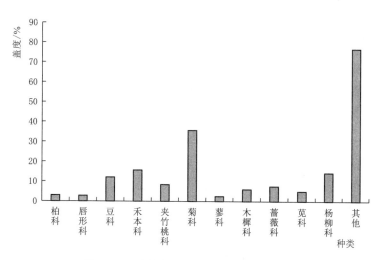

图 5.97　雪野湖湿地河岸带植物盖度分布

表 5.16　　　　　　　　　　雪野湖湿地各样点河岸带植物优势物种

采样点	优势物种	采样点	优势物种
Y1	垂柳	Y4	垂柳
Y2	垂柳	Y5	垂柳
Y3	垂柳	Y6	垂柳

　　雪野湖湿地水生维管束植物调查显示，Y3 样点水生维管束植物优势度最高，优势度指数为 0.86；Y5、Y6 样点水生维管束植物优势度最低，优势度指数为 0（图 5.98）。

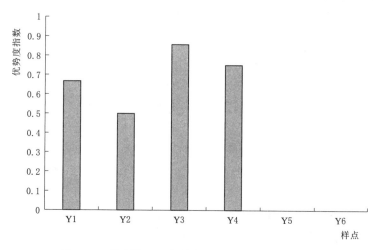

图 5.98　雪野湖湿地各样点水生维管束植物优势度

　　雪野湖湿地河岸带植物调查结果显示，Y6 样点河岸带植物优势度最高，优势度指数为 0.97；Y5 样点河岸带植物优势度相对较低，优势度指数为 0.94。各样点之间优势度差异性不显著（图 5.99）。

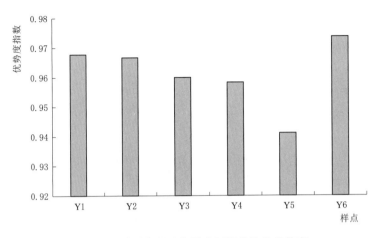

图 5.99　雪野湖湿地各样点河岸带植物优势度

5.4.6　两栖类和爬行类群落结构特征

雪野湖湿地两栖类和爬行类调查共发现两栖类动物 1 目 3 科 3 属 6 种，爬行动物 2 目 5 科 6 属 7 种，无国家重点保护物种。其中黑斑侧褶蛙、花背蟾蜍和中华蟾蜍为该区域的优势种，通过走访了解到有放生的牛蛙（*Rana catesbeiana*）曾在该区域被捕获。所调查到的佛罗里达鳖（*Apalone ferox*）和红耳龟 2 种龟鳖类为来自美洲的入侵物种，源自人们的放养或者放生，其中红耳龟是重要的入侵物种，其在全国范围内的分布区域有扩大的趋势。中华鳖是雪野湖的原生物种，有一定数量，在湖周围的港汊内有发现。白条锦蛇和虎斑颈槽蛇为河岸带主要的蛇类，丽斑麻蜥和山地麻蜥（*Eremias brenchleyi*）均有发现，丽斑麻蜥数量不多，山地麻蜥在湖周丘陵地带是最常见的蜥蜴类。

5.4.7　鸟类群落结构特征

雪野湖湿地调查共发现鸟类 12 目 22 科 27 属 28 种，包括：国家二级保护动物 1 种，为红隼（*Falco tinnunculus*）；山东省重点保护鸟类 5 种，分别是苍鹭、小白鹭、环颈雉、星头啄木鸟、黑枕黄鹂（*Oriolus chinensis*），中澳协定保护鸟类 3 种，分别是普通燕鸥、家燕、白鹡鸰，中日协定保护鸟类 6 种，分别是黑水鸡、普通燕鸥、家燕、金腰燕、白鹡鸰、黑枕黄鹂 6 种。鸟类群落中雀形目 11 科 13 属 13 种，占总种数 46.4%，为物种量最多的类群（图 5.100）。鸟类区系中，广布种鸟类最多有 16 种，占总种数的 57.2%；其次为古北界鸟类和东洋界鸟类，各有 6 种，各占总种数 21.4%（图 5.101）。本次调查观测显示，雪野湖湿地公园留鸟种类最多，为 20 种，约占总种数的 71.4%；其次为夏候鸟，为 7 种，占总种数的 25.0%；旅鸟的种类只有 1 种，占总种数的 3.6%（图 5.102）。鸟类 Shannon-Wiener 多样性指数为 2.661，Pielou 均匀度指数为 0.798，Simpson 优势度指数为 0.102，Margalef 丰富度指数为 4.886。栖息环境的相似性在一定程度上决定了鸟类群落组成的相似性，通过对雪野湖国家级湿地公园周围环境的调查，划分出人工林、灌丛、水域、农田、居民区 5 类亚生境。人工林区和灌丛的鸟种相似性系数最高，为 0.867，其次是水域和居民区，为 0.789；再次是水域和人工林区，为 0.303；水域和灌丛的鸟种相似度最低，仅为 0.276。

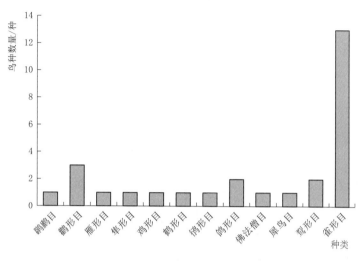

图 5.100　雪野湖湿地鸟种数量

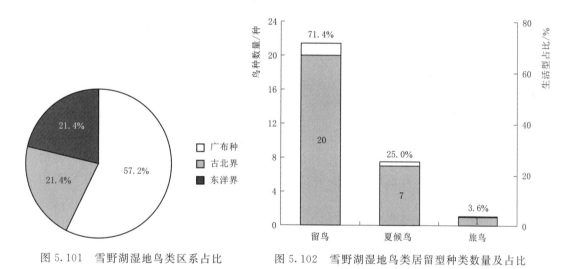

图 5.101　雪野湖湿地鸟类区系占比　　　图 5.102　雪野湖湿地鸟类居留型种类数量及占比

5.5　黄河玫瑰湖国家湿地水生生物群落结构特征

5.5.1　浮游植物群落结构特征

5.5.1.1　浮游植物物种组成

黄河玫瑰湖国家湿地（以下称玫瑰湖湿地）浮游植物种类组成及物种数量变化如图 5.103 所示。玫瑰湖湿地共发现浮游植物 47 种，分属 6 门：硅藻门 15 种，绿藻门 18 种，蓝藻门 6 种，甲藻门 2 种，隐藻门和裸藻门各 3 种。物种种类主要以绿藻门和硅藻门为主。玫瑰湖湿地样点 1（M1）发现藻类 21 种分属 5 门，物种种类以绿藻门和硅藻门为主，分别为 8 种和 7 种。样点 2（M2）发现藻类 7 种分属 4 门，物种种类以绿藻门为主，为 4 种。样点 3（M3）发现藻类 17 种分属 6 门，物种种类以绿藻门为主，为 6 种。样点 4（M4）发现藻类 24 种分属 6 门，物种种类以绿藻门为主，为 8 种。样点 5（M5）发现藻类 14 种分属 4 门，物种种类以硅藻门为主，为 6 种。样点 6（M6）发现藻类 16 种分属 5 门，物种种类以绿藻门为主，为 8 种。

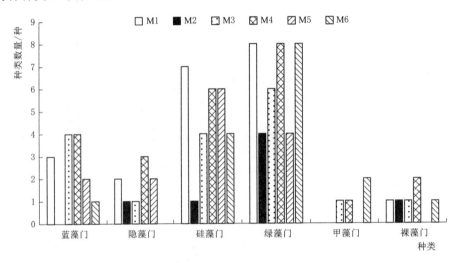

图 5.103　玫瑰湖湿地浮游植物种类数量

　　玫瑰湖湿地 6 个不同样点的调查结果显示，玫瑰湖湿地的浮游植物大多以绿藻门和硅藻门为主，其中样点 2（M2）、样点 3（M3）、样点 4（M4）和样点 6（M6）主要以绿藻门为主。样点 5（M5）主要以硅藻门为主。样点 1（M1）主要以绿藻门和硅藻门为主。样点 2（M2）物种数相对于其他样点较少，为 7 种。其余各湿地样点间物种分布基本均匀。

5.5.1.2　浮游植物密度分布

　　浮游植物各样点密度分布如图 5.104 所示，样点 3（M3）的浮游植物密度最大，为 793.47 万个/L，其次是样点 1（M1），506.12 万个/L；密度最低的是样点 2（M2），104.49 万个/L，其次是样点 6（M6），密度为 267.76 万个/L。

　　玫瑰湖湿地浮游植物各门类密度占比如图 5.105 所示，整体主要以蓝藻门和绿藻门为主，蓝藻门和绿藻门密度分别占总浮游植物密度总数的 46.62% 和 35.68%，其他门密度共占 17.70%。其中玫瑰湖湿地样点 1（M1）主要以蓝藻门和绿藻门为主，分别占样点 1（M1）总浮游藻类密度的 45.81% 和 41.29%，其他各门总共占 12.90%。样点 2（M2）主要以绿藻门和硅藻门为主，绿藻门占样点 2（M2）总浮游藻类密度的 84.38%，硅藻门占 9.38%，其他各门总共占 6.25%。样点 3（M3）主要以蓝藻门和绿藻门为主，蓝藻门占样点 3（M3）总浮游藻类密度的 68.31%，绿藻门占 21.40%，其他各门总共占 10.29%。样点 4（M4）主要以蓝藻门和绿藻门为主，蓝藻门占样点 4（M4）总浮游藻类密度的

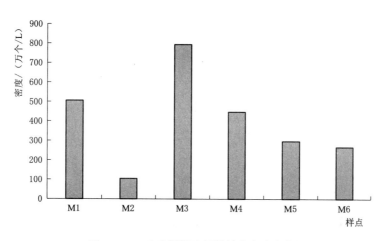

图 5.104 玫瑰湖湿地浮游植物密度变化

50.36%，绿藻门占 28.47%，其他各门总共占 21.17%。样点 5（M5）主要以蓝藻门和绿藻门为主，蓝藻门占样点 5（M5）总浮游藻类密度的 34.07%，绿藻门占 32.97%，其他各门总共占 32.97%。样点 6（M6）主要以绿藻门和硅藻门为主，绿藻门占样点 6（M6）总浮游藻类密度的 63.41%，硅藻门占 23.17%，其他各门总共占 13.41%。

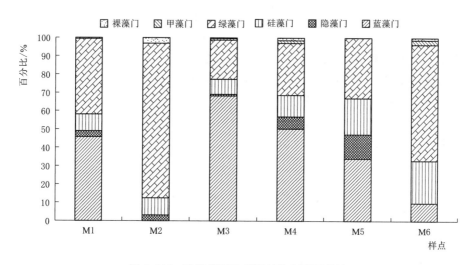

图 5.105 玫瑰湖湿地浮游植物密度百分比

玫瑰湖湿地浮游植物优势物种分布情况见表 5.17。样点 1（M1）的双对栅藻密度最大，占 M1 总浮游植物密度的 18.06%。样点 2（M2）的四角十字藻密度最大，占 M2 总浮游植物密度的 50.00%。样点 3（M3）的细小平裂藻密度最大，占 M3 总浮游植物密度的 46.09%。样点 4（M4）的细小平裂藻密度最大，占 M4 总浮游植物密度的 35.04%。样点 5（M5）的湖泊鞘丝藻密度最大，占 M5 总浮游植物密度的 23.08%。样点 6（M6）的小球藻、双对栅藻和中型脆杆藻密度最大，占 M6 总浮游植物密度的 14.63%。

表 5.17　　　　　　　　　玫瑰湖湿地浮游植物优势物种分布情况

样点	优势物种	样点	优势物种
M1	双对栅藻	M4	细小平裂藻
M2	四角十字藻	M5	湖泊鞘丝藻
M3	细小平裂藻	M6	小球藻、双对栅藻、中型脆杆藻

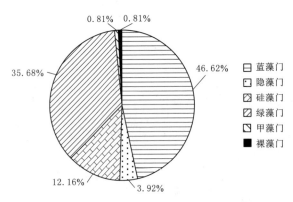

图 5.106　玫瑰湖湿地浮游植物密度百分比

玫瑰湖湿地整体上以蓝藻门种类为主（图 5.106），占浮游植物总密度的 46.62%，其中细小平裂藻为主要优势物种，占玫瑰湖湿地总浮游植物密度的 24.86%。

5.5.2　浮游动物群落结构特征

5.5.2.1　浮游动物物种组成

玫瑰湖湿地浮游动物调查结果显示，玫瑰湖湿地共发现浮游动物 34 种。其中，原生动物门 1 种，代表物种为浮游累枝虫；轮虫动物 19 种，主要代表物种为曲腿龟甲轮虫；枝角类 5 种，主要以长额象鼻溞为主；桡足类 9 种，主要以台湾温剑水蚤、广布中剑水溞和无节幼体为主（图 5.107）。玫瑰湖湿地各个站位浮游动物种分布状况如图 5.108 所示，浮游动物物种数分布范围在 11～21 种，平均物种数为 15 种。其中，玫瑰湖湿地 M4 样点浮游动物物种数最高，M3 和 M6 样点物种数最低。从整体上看轮虫动物的物种数较多，占调查浮游动物物种数的 56%；桡足类浮游动物物种数位于第二，占调查浮游动物物种数的 26%（图 5.109）。

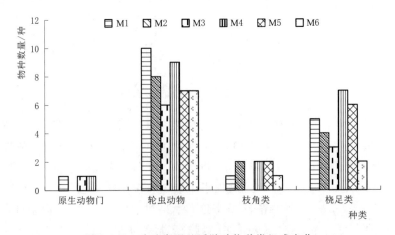

图 5.107　玫瑰湖湿地浮游动物种类组成变化

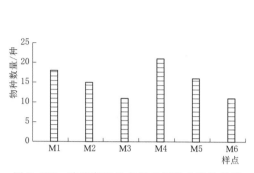

图 5.108 玫瑰湖湿地各样点浮游动物物种数

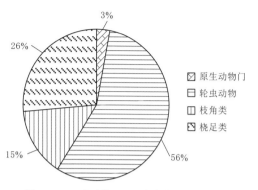

图 5.109 玫瑰湖湿地浮游动物种类组成

5.5.2.2 浮游动物密度分布

玫瑰湖湿地各个站位浮游动物密度分布状况如图 5.110 所示，浮游动物密度范围在 51～318 个/L 之间，平均密度为 129 个/L，其中，M4 样点浮游动物密度最高，M6 样点浮游动物密度最低（图 5.111）。

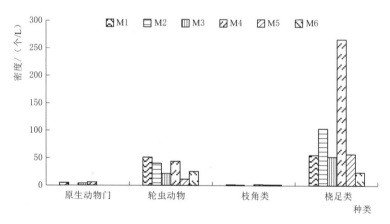

图 5.110 玫瑰湖湿地浮游动物种类密度

整体上玫瑰湖湿地密度优势种主要为轮虫动物的曲腿龟甲轮虫，桡足类无节幼体。根据玫瑰湖湿地浮游动物密度分布图（图 5.111）显示，桡足类密度最高，占调查浮游动物总密度的 72%；轮虫动物密度位于第二，占调查浮游动物总密度的 26%；原生动物门和枝角类浮游动物密度占调查浮游动物总密度较低，分别占 1%（图 5.112）。

5.5.3 底栖动物群落结构特征

5.5.3.1 底栖动物物种组成

玫瑰湖湿地底栖动物种类组成及物种数量变化如图 5.113 所示。玫瑰湖湿地共发现底栖动物 17 种，其中昆虫纲 2 种，软甲纲 1 种，腹足纲 9 种，瓣鳃纲 3 种，寡毛纲 1 种，蛭纲 1 种。物种种类以腹足纲为主。玫瑰湖湿地样点 1（M1）发现底栖动物 3 种，物种种类以腹足纲为主，为 2 种；样点 2（M2）发现底栖动物 7 种，物种种类以腹足纲为主，为 5 种；样点 3（M3）发现底栖动物 4 种，物种种类以腹足纲为主，为 3 种；样点 4（M4）

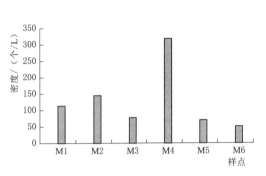

图 5.111　玫瑰湖湿地浮游动物密度变化

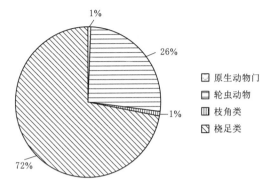

图 5.112　玫瑰湖湿地浮游动物密度组成

发现底栖动物 5 种，物种种类以腹足纲为主，为 3 种；样点 5（M5）发现底栖动物 8 种，物种种类以腹足纲为主，为 5 种；样点 6（M6）发现底栖动物 6 种，物种种类以腹足纲为主，为 3 种。

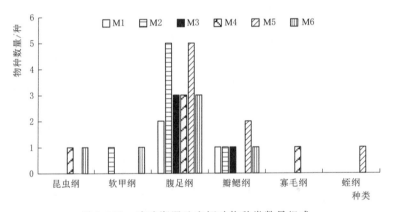

图 5.113　玫瑰湖湿地底栖动物种类数量组成

5.5.3.2　底栖动物密度分布

玫瑰湖湿地底栖动物各样点密度分布如图 5.114 所示，各个样点底栖动物密度范围在 116.14~1196.28 个/m² 之间，平均密度为 485.87 个/m²，其中，M2 样点底栖动物密度最高，M6 样点底栖动物密度最低。

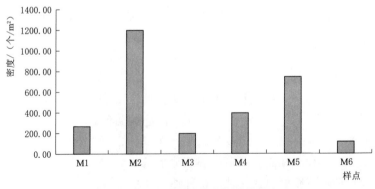

图 5.114　玫瑰湖湿地底栖动物密度

玫瑰湖湿地底栖动物各门类密度占比情况如图 5.115 所示，整体以腹足纲为主，占底栖动物密度总数的 83.27％；其次是昆虫纲，占总底栖动物数量的 10.76％；其他纲共占 5.98％。其中样点 1（M1）底栖动物以腹足纲为主，占样点 1（M1）总底栖动物密度的 95.65％。样点 2（M2）以腹足纲为主，占样点 2（M2）总底栖动物密度的 96.12％。样点 3（M3）以腹足纲为主，占样点 3（M3）总底栖动物密度的 88.24％。样点 4（M4）以昆虫纲为主，占样点 4（M4）总底栖动物密度的 76.47％。样点 5（M5）以腹足纲为主，占样点 5（M5）总底栖动物密度的 95.31％。样点 6（M6）以腹足纲为主，占样点 6（M6）总底栖动物密度的 60.00％。

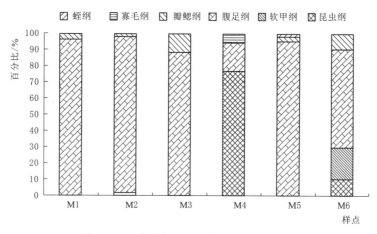

图 5.115 玫瑰湖湿地底栖动物密度百分比

玫瑰湖湿地底栖动物各样点优势物种分布情况见表 5.18。样点 1（M1）的豆螺密度最大，占 M1 总底栖动物密度的 86.96％。样点 2（M2）的短沟蜷密度最大，占 M2 总底栖动物密度的 60.19％。样点 3（M3）的豆螺密度最大，占 M3 总底栖动物密度的 35.29％。样点 4（M4）的云集多足摇蚊密度最大，占 M4 总底栖动物密度的 76.47％。样点 5（M5）白旋螺密度最大，占 M5 总底栖动物密度的 75.00％。样点 6（M6）的狭萝卜螺密度最大，占 M6 总底栖动物密度的 30.00％。

表 5.18　　　　　　　玫瑰湖湿地各样点底栖动物优势物种分布情况

样点	优势物种	样点	优势物种
M1	豆螺	M4	云集多足摇蚊
M2	短沟蜷	M5	白旋螺
M3	豆螺	M6	狭萝卜螺

整体上玫瑰湖湿地的底栖动物以腹足纲为主（图 5.116），占底栖动物总密度的 83.27％，其中短沟蜷为主要优势物种，占玫瑰湖湿地总底栖动物密度的 27.09％。

5.5.4 鱼类群落结构特征

玫瑰湖湿地鱼类调查结果显示，各个样点鱼类物种数分布范围在 3～11 种，平均物种数为 6.5 种，M4 样点鱼类物种数最高，M1 样点鱼类物种数最低（图 5.117）；玫瑰湖湿

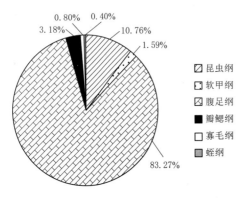

图 5.116　玫瑰湖湿地底栖动物密度百分比

地常见鱼类物种有麦穗鱼、似鳈、似鳊，采样点出现频率为 5 次。玫瑰湖湿地各个样点鱼类密度分布状况如图 5.118 所示，各个样点鱼类密度范围在 24～340 尾，平均密度为 103 尾，玫瑰湖湿地 M3 样点鱼类密度最高。玫瑰湖湿地鱼类密度优势物种为似鳊，共发现 349 尾。

玫瑰湖湿地鱼类组成调查共鉴定鱼类 7 科 14 种，鲌亚科鱼类物种数最多，占调查鱼类物种数的 36%；鮈亚科鱼类物种数位于第二，占调查鱼类物种数的 22%；鲤亚科鱼类物种数位于第三，占调查鱼类物种数的 14%。玫瑰湖湿地鱼类密度鉴定结果显示，鳈亚科鱼类密度最多，占调查鱼类总密度的 79%；鮈亚科鱼类密度位于第二，占调查鱼类总密度的 8%；鲌亚科鱼类密度位于第三，占调查鱼类总密度的 6%。

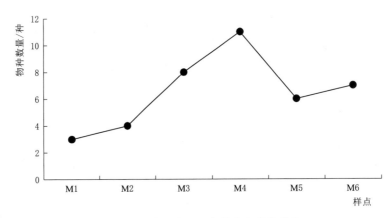

图 5.117　玫瑰湖湿地各样点鱼类物种数

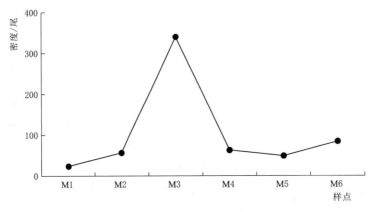

图 5.118　玫瑰湖湿地各样点鱼类密度

5.5.5　水生维管束植物和河岸带植物群落结构特征

5.5.5.1　水生维管束植物和河岸带植物物种组成

玫瑰湖湿地植物调查共发现水生维管束植物共 8 科 10 种，其中莎草科水生维管束植物最多，占水生维管束植物总数的 50%，其余 2 科（莲科与禾本科）物种占比相同，分别占水生维管束植物总数的 25%（图 5.119）。其中，玫瑰湖湿地样点 M1 发现水生维管束植物 3 种分属 3 科；样点 M2 发现水生维管束植物 2 种分属 2 科；样点 M3 发现水生维管束植物 3 种分属 3 科；样点 M4 发现水生维管束植物 5 种分属 4 科，物种种类以禾本科为主，有 3 种；样点 M5 发现水生维管束植物 9 种分属 7 科，物种种类以禾本科为主，有 2 种；样点 M6 发现水生维管束植物 4 种分属 4 科。

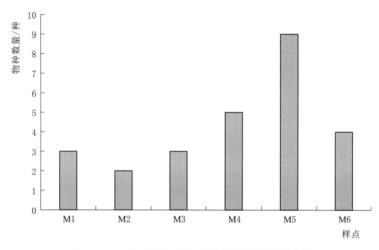

图 5.119　玫瑰湖湿地水生维管束植物物种分布

玫瑰湖湿地河岸带植物调查结果如图 5.120 所示，发现河岸带植物 29 科 59 种，菊科河岸带植物最多，占河岸带植物总数的 15%；第二是禾本科与蔷薇科，均占河岸带植物总数的 8%；第三是锦葵科和无患子科，均占河岸带植物总数的 7%。其中样点 M1 发现河岸带植物 22 种分属 16 科；样点 M2 发现河岸带植物 11 种分属 7 科，物种种类以菊科为主，有 4 种；样点 M3 发现河岸带植物 12 种分属 11 科，物种种类以菊科为主，有 2 种；样点 M4 发现河岸带植物 16 种分属 12 科，物种种类以菊科为主，有 3 种；样点 M5 发现河岸带植物 14 种分属 10 科，物种种类以蔷薇科为主，有 3 种；样点 M6 发现河岸带植物 15 种分属 10 科。

5.5.5.2　水生维管束植物和河岸带植物盖度分布

玫瑰湖湿地水生维管束植物盖度调查结果如图 5.121 所示。禾本科的盖度最大，占调查水生维管束植物总盖度的 61%；莲科的盖度位于第二，占调查水生维管束植物总盖度的 21%；莎草科的盖度位于第三，占调查水生维管束植物总盖度的 18%。其中玫瑰湖湿地样点 M1 以禾本科为主，盖度是 34%；其次是菊科，盖度是 2%；锦葵科盖度是 0.5%。样点 M2 以禾本科为主，盖度是 28%；其次是菊科，盖度是 5.5%。样点 M3

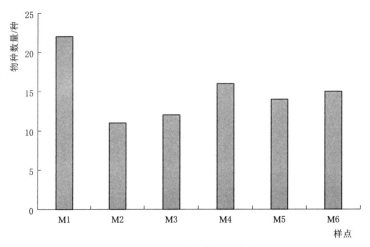

图 5.120 玫瑰湖湿地河岸带植物物种分布

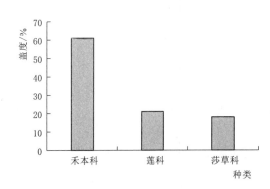

图 5.121 玫瑰湖湿地水生维管束植物盖度分布

以禾本科为主，盖度是 25%；其次是千屈菜科，盖度是 5%；菊科盖度是 3%。样点 M4 以禾本科为主，盖度是 31%；其次是莎草科，盖度是 6%；其余各科盖度共 4%。样点 M5 以禾本科为主，盖度是 40%；其次是莲科，盖度是 10%；其余各科盖度共 7%。样点 M6 以禾本科为主，盖度是 30%；其次是莎草科，盖度是 5.5%；其余各科盖度共 1%。各样点水生维管束植物优势物种见表 5.19。

表 5.19　　　　　　　玫瑰湖湿地各样点水生维管束植物优势物种

样点	优势物种	样点	优势物种
M1	芦苇	M4	芦苇
M2	芦苇	M5	芦苇
M3	芦苇	M6	芦苇

玫瑰湖湿地河岸带植物调查结果显示，禾本科的盖度最大，占调查河岸带植物总盖度的 27%；菊科的盖度位于第二位，占调查河岸带植物总盖度的 14%；无患子科的盖度位于第三位，占调查河岸带植物总盖度的 4%（图 5.122）。玫瑰湖湿地样点 M1 以菊科为主，盖度是 18%；其次是禾本科，盖度是 16%；其余各科盖度共 29.5%。样点 M2 以菊科为主，盖度是 34.5%；其次是杨柳科，盖度是 13%；其余各科盖度共 19%。样点 M3 以大麻科为主，盖度是 10%；其次是菊科，盖度是 8%；其余各科盖度共 29%。样点 M4 以禾本科为主，盖度是 35%；其次是菊科，盖度是 12%；其余各科盖度共 12%。样点 M5 以禾本科为主，盖度是 15%；其次是菊科，盖度是 6.5%；其余各科盖度共 21.5%。样点 M6 以菊科为主，盖度是 15.5%；其次是禾本科，盖度是 10%；其余各科盖度共

28%。各样点河岸带植物优势物种见表5.20。

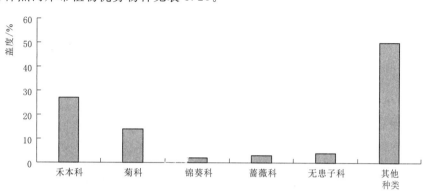

图 5.122　玫瑰湖湿地河岸带植物盖度分布

表 5.20　　　　　　　　玫瑰湖湿地各样点河岸带植物优势物种

采样点	优势物种	采样点	优势物种
M1	狗尾草	M4	狗尾草
M2	鬼针草	M5	狗尾草
M3	葎草	M6	狗尾草

玫瑰湖湿地水生维管束植物调查结果如图 5.123 所示，M5 样点水生维管束植物优势度最高，优势度指数为 0.89；玫瑰湖湿地 M2 样点水生维管束植物优势度相对较低，优势度指数为 0.50。

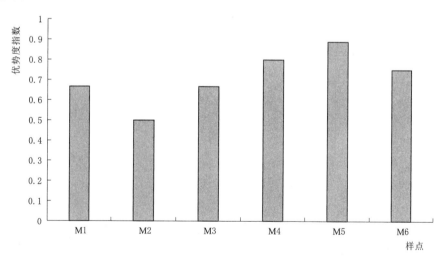

图 5.123　玫瑰湖湿地各采样点水生维管束植物优势度

玫瑰湖湿地河岸带植物调查结果如图 5.124 所示，M1 样点河岸带植物优势度最高，优势度指数为 0.95；玫瑰湖湿地 M2 号位点河岸带植物优势度相对较低，优势度指数为 0.91。

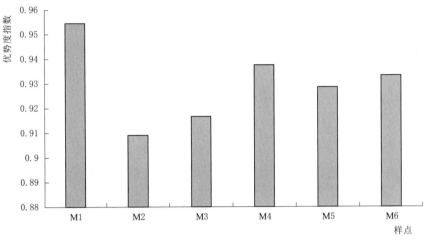

图 5.124 玫瑰湖湿地各采样点河岸带植物优势度

5.5.6 两栖类和爬行类群落结构特征

玫瑰湖湿地共发现两栖动物 1 目 2 科 2 属 3 种，爬行动物 2 目 5 科 5 属 5 种，无国家重点保护物种。其中黑斑侧褶蛙和中华蟾蜍为该区域的优势种，花背蟾蜍数量较少。调查到的龟鳖类 2 种，其中红耳龟为来自美洲的入侵物种，可能源自放生，其在全国范围内的分布区域有扩大的趋势；中华鳖每年有被捕获到的记录。白条锦蛇和虎斑颈槽蛇为岸带主要的蛇类，丽斑麻蜥为湿地内调查发现的唯一蜥蜴科物种。玫瑰湖湿地有部分区域封闭，还有一部分正在建设，核心区域水体面积较小，而水体和便于调查的陆地面积比例较大，可能是调查到两栖类和爬行类物种数量较少的一个原因。

5.5.7 鸟类群落结构特征

玫瑰湖湿地鸟类调查共发现鸟类 9 目 21 科 26 属 29 种，包括国家二级保护动物 1 种——白尾鹞 (*Circus cyaneus*)，山东省重点保护鸟类 3 种——苍鹭、小白鹭、暗绿绣眼鸟 (*Zosterops japonicus*)，中澳协定保护鸟类 2 种——家燕、白鹡鸰，中日协定保护鸟类 8 种——夜鹭、黑水鸡、家燕、金腰燕、白鹡鸰、红尾伯劳、黑喉石䳭 (*Saxicola maurus*)、苇鹀 (*Emberiza pallasi*)。其中雀形目 13 科 15 属 18 种，占总种数 62.1%，为物种量最多的类群 (图 5.125)。鸟类区系中，广布种鸟类最多有 14 种，占总种数的 48.3%；其次为古北界鸟类，有 10 种，占总种数 34.5%；东洋界鸟类最少，有 5 种，占总种数 17.2% (图 5.126)。玫瑰湖湿地内调查期间共观测到鸟类 29 种 296 只，其中家燕和棕头鸦雀数量最多，各 50 只，各占 16.9%；其次为夜鹭，有 30 只，占 10.1%；珠颈斑鸠和树麻雀数量相差不大，分别是 26 只和 25 只，共占 17.2%。从居留型看，留鸟和夏候鸟种类最多，分别为 16 种和 10 种，约占总种数的 55.2% 和 34.5%；旅鸟和冬候鸟的种类最少，分别为 2 种和 1 种 (图 5.127)。统计分析显示，鸟类 Shannon - Wiener 多样性指数为 2.707，Pielou 均匀度指数为 0.804，Simpson 优势度指数为 0.094，Margalef 丰富度指数为 4.921。栖息环境的相似性在一定程度上决定了鸟类群落组成的相似性，通过对玫瑰湖国家级湿地公园周围环境的调查，划分出人工林、灌丛、水域、农田、居民区5类亚生境。人工林区和灌丛的鸟种相似性系数最高，为0.857；其次是农田和人工林，系数为0.815。水域和灌丛的鸟种相似度最低，系数仅为0.303；其次是水域和人工林，系数为0.364。

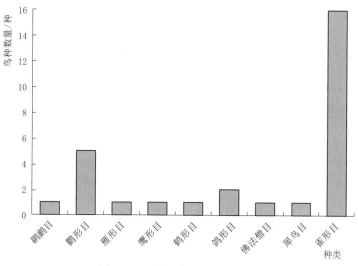

图5.125 玫瑰湖湿地鸟种数量

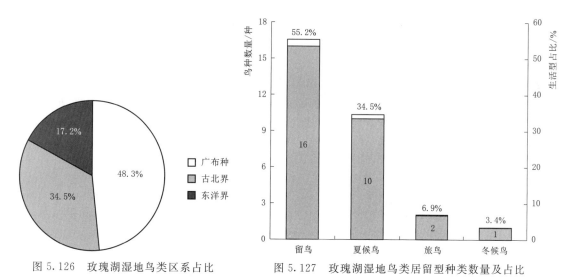

图5.126 玫瑰湖湿地鸟类区系占比

图5.127 玫瑰湖湿地鸟类居留型种类数量及占比

5.6 商河县大沙河省级湿地水生生物群落结构特征

5.6.1 浮游植物群落结构特征

5.6.1.1 浮游植物物种组成

商河县大沙河省级湿地（下称大沙河湿地）浮游植物种类组成及物种数量变化如图5.128所示。大沙河湿地共发现浮游植物60种，分属6门：绿藻门19种，蓝藻门15种，裸藻门 12 种，硅藻门 10 种，隐藻门 3 种，甲藻门 1 种。物种种类以硅藻门为主。大沙河湿地样点 1（S1）发现藻类 17 种分属 5 门，物种种类以绿藻门为主，有 8 种；样点 2（S2）发现藻类 23 种分属 5 门，物种种类以蓝藻门为主，有 9 种；样点 3（S3）发现藻类 20 种分属 5 门，物种种类以硅藻门为主，有 7 种；样点 4（S4）发现藻类 28 种分属 6 门，物种种类以蓝藻门为主，有 9 种；样点 5（S5）发现藻类 24 种分属 5 门，物种种类以绿藻门为主，有 11 种；样点 6（S6）发现藻类 7 种，分属 5 门，物种种类以蓝藻门为主，有 5 种。

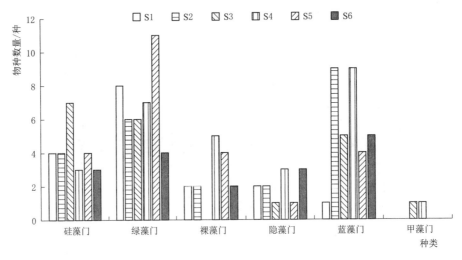

图 5.128　大沙河湿地浮游植物种类数量

5.6.1.2　浮游植物密度分布

大沙河湿地浮游植物各样点密度分布如图 5.129 所示，样点 3（S3）的浮游植物密度最大为 9336.65 万个/L；其次是样点 2（S2），密度为 9222.14 万个/L；密度最低的是样点 1（S1），密度为 208.69 万个/L。

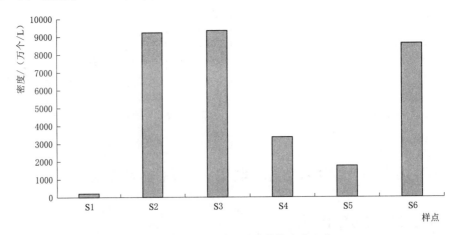

图 5.129　大沙河湿地浮游植物密度变化

大沙河湿地浮游植物各门类密度占比情况如图 5.130 所示。大沙河湿地浮游植物密度整体以蓝藻门为主，其占总浮游植物密度总数的 95.06%。其中大沙河湿地样点 S1 以绿藻门为主，占样点 S1 总浮游藻类密度的 45.21%；样点 S2 以蓝藻门为主，占样点 S2 总浮游藻类密度的 96.97%；样点 S3 以蓝藻门为主，占样点 S3 总浮游藻类密度的 97.01%；样点 S4 以蓝藻门为主，占样点 S4 总浮游藻类密度的 88.81%；样点 S5 以蓝藻门为主，占样点 S5 总浮游藻类密度的 88.77%；样点 S6 以蓝藻门为主，占样点 S6 总浮游藻类密度的 95.78%。

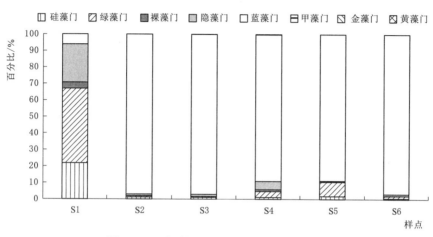

图 5.130 大沙河湿地浮游植物密度百分比

大沙河湿地浮游植物各样点优势物种分布情况见表 5.21，样点 S1 的环丝藻密度最大，占样点 S1 总浮游植物密度的 23.22%；样点 S2 的小席藻密度最大，占其密度的 83.98%；样点 S3 的小席藻密度最大，占其密度的 79.50%；样点 S4 的小席藻密度最大，占其密度的 32.56%；样点 S5 的小席藻密度最大，占其密度的 48.98%；样点 S6 的小席藻密度最大，占其密度的 89.95%。

表 5.21　　　　　　　　　大沙河湿地各样点浮游植物优势物种分布情况

样点	优势物种	样点	优势物种
S1	环丝藻	S4	小席藻
S2	小席藻	S5	小席藻
S3	小席藻	S6	小席藻

大沙河湿地浮游植物密度调查分析显示，从整体上看，以蓝藻门种类为主，占浮游植物总密度的 95.06%（图 5.131），其中小席藻为主要优势物种，占大沙河湿地总浮游植物密度的 76.53%。

5.6.2 浮游动物群落结构特征

5.6.2.1 浮游动物物种组成

大沙河湿地浮游动物调查共发现浮游动物 19 种。其中，原生动物门 3 种；轮虫动物

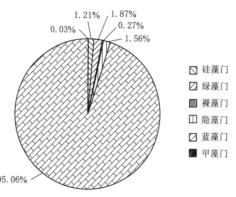

图 5.131 大沙河湿地浮游植物密度百分比

11 种，共占调查浮游动物物种数的 58%，代表种为前节晶囊轮虫、针簇多肢轮虫；枝角类 2 种；桡足类 3 种，主要为广布中剑水溞。大沙河湿地各个样点浮游动物物种分布状况显示，浮游动物物种数分布范围为 2～12 种，平均物种数为 6 种。其中 S6 样点浮游动物物种数最高，S2 样点物种数最低（图 5.132）。

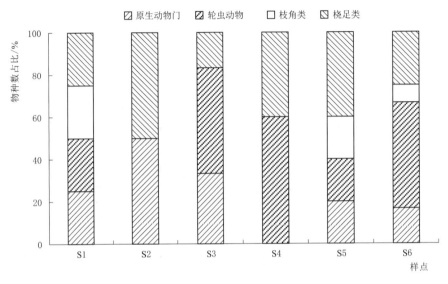

图 5.132 大沙河湿地浮游动物物种数占比

5.6.2.2 浮游动物密度分布

大沙河湿地各个样点浮游动物密度分布状况如图 5.133 所示，浮游动物密度范围在 5～100 个/L，平均密度为 47 个/L，其中，S5 样点浮游动物密度最高，S2 样点浮游动物密度最低。大沙河湿地浮游动物密度占比显示，桡足类密度最高，占调查浮游动物总密度的 94%；轮虫动物密度位于第二，占调查浮游动物总密度的 4%；原生动物门和枝角类密度占调查浮游动物总密度的百分比较低。

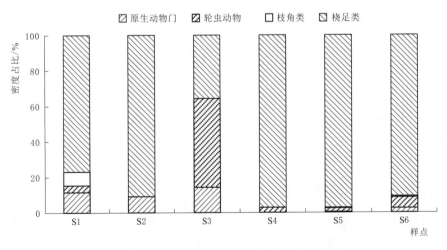

图 5.133 大沙河湿地浮游动物密度占比

5.6.3 底栖动物群落结构特征

5.6.3.1 底栖动物物种组成

大沙河湿地底栖动物物种组成及物种数量变化如图 5.134 所示，大沙河湿地共发现底栖动物 10 种，其中，腹足纲 8 种，昆虫纲 2 种，物种种类主要以腹足纲为主。样点 S1 发现底栖动物 3 种，物种种类以腹足纲为主，有 3 种；样点 S2 发现底栖动物 2 种，物种种类以腹足纲为主，有 2 种；样点 S3 发现底栖动物 3 种，物种种类以腹足纲为主，有 3 种；样点 S4 发现底栖动物 3 种，物种种类以腹足纲为主，有 3 种；样点 S5 发现底栖动物 3 种，物种种类以腹足纲为主，有 2 种；样点 S6 发现底栖动物 3 种，物种种类以腹足纲为主，有 3 种。

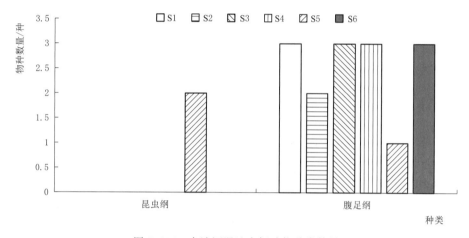

图 5.134 大沙河湿地底栖动物种类数量

5.6.3.2 底栖动物密度分布

大沙河湿地各样点底栖动物密度分布如图 5.135 所示，样点 S6 的底栖动物密度最大为 853.33 个/m²，其次是样点 S4 为 466.67 个/m²，密度最低的是样点 S1 为 40 个/m²。

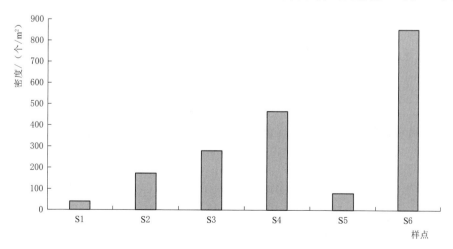

图 5.135 大沙河湿地底栖动物密度汇总

大沙河湿地底栖动物各门类密度占比情况如图 5.136 所示，大沙河湿地整体以腹足纲为主，腹足纲占底栖动物密度总数的 96.48％；其次是昆虫纲，占总底栖动物数量的 3.52％。大沙河湿地样点 S1 以腹足纲为主，占样点 S1 总底栖动物密度的 100％；样点 S2 以腹足纲为主，占样点 S2 总底栖动物密度的 100％；样点 S3 以腹足纲为主，占样点 S3 总底栖动物密度的 100％；样点 S4 以腹足纲为主，占样点 S4 总底栖动物密度的 100％；样点 S5 以昆虫纲为主，占样点 S5 总底栖动物密度的 83.33％；样点 S6 以腹足纲为主，占样点 S6 总底栖动物密度的 100％。

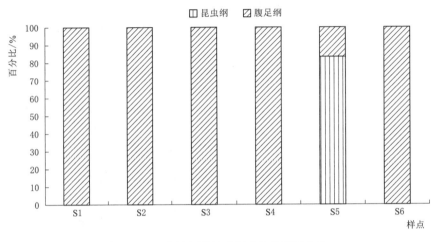

图 5.136　大沙河湿地底栖动物密度百分比

大沙河湿地底栖动物各样点优势物种分布情况见表 5.22，样点 S1 的卵萝卜螺密度最大，占样点 S1 总底栖动物密度的 33.33％；样点 S2 的小土蜗密度最大，占其密度的 53.85％；样点 S3 的梨形环棱螺密度最大，占其密度的 66.67％；样点 S4 的梨形环棱螺密度最大，占其密度的 45.71％；样点 S5 的墨黑摇蚊密度最大，占其密度的 66.67％；样点 S6 的小土蜗密度最大，占其密度的 84.38％。

表 5.22　　　　　　　　　大沙河湿地各样点底栖动物优势物种

样点	优势物种	样点	优势物种
S1	卵萝卜螺	S4	梨形环棱螺
S2	小土蜗	S5	墨黑摇蚊
S3	梨形环棱螺	S6	小土蜗

大沙河湿地底栖动物密度组成如图 5.137 所示，整体上以腹足纲为主，其占底栖动物总密度的 96.48％，其中小土蜗为主要优势物种，其密度占大沙河湿地总底栖动物密度的 48.30％。

5.6.4　水生维管束植物和河岸带植物群落结构特征

5.6.4.1　水生维管束植物和河岸带植物物种组成

大沙河湿地植物调查共发现水生维管束植物共 3 科 3 种，其中这 3 科水生维管束植物物种相同，均占水生维管束植物总数的 33.3%。大沙河湿地样点 S1 发现水生维管束植物 1 种分属 1 科，物种种类为禾本科。样点 S2 发现水生维管束植物 2 种分属 2 科，物种种类为禾本科和金鱼藻科。样点 S3 发现水生维管束植物 2 种分属 2 科，物种种类为禾本科和金鱼藻科。样点 S4 发现水生维管束植物 2 种分属 2 科，物种种类为禾本科和金鱼藻科。样点 S5 发现水生维管束植物 2 种分属 2 科，物种种类为禾本科和金鱼藻科。样点 S6 发现水生维管束植物 2 种分属 2 科，物种种类为禾本科和香蒲科（图 5.138）。

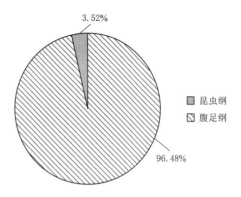

图 5.137　大沙河湿地底栖动物密度百分比

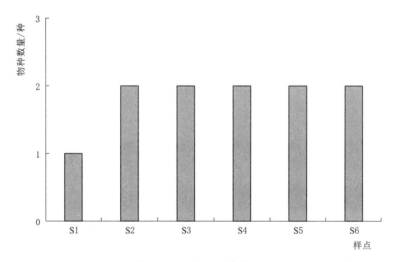

图 5.138　大沙河湿地水生维管束植物物种分布

大沙河湿地河岸带植物调查结果如图 5.139 所示，共发现河岸带植物 21 科 42 种。其中菊科河岸带植物最多，占河岸带植物总数的 19%；禾本科河岸带植物第二，占河岸带植物总数的 14%；杨柳科、木樨科和蔷薇科河岸带植物第三，均占河岸带植物总数的 7%。大沙河湿地样点 S1 发现河岸带植物 21 种分属 15 科，物种种类以菊科和禾本科为主，有 3 种。样点 S2 发现河岸带植物 15 种分属 10 科，物种种类以禾本科为主，有 4 种。样点 S3 发现河岸带植物 11 种分属 8 科，物种种类以禾本科为主，有 3 种。样点 S4 发现河岸带植物 14 种分属 8 科，物种种类以禾本科为主，有 4 种。样点 S5 发现河岸带植物 14 种分属 9 科，物种种类以菊科和禾本科为主，都为 3 种。样点 S6 发现河岸带植物 24 种分属 16 科，物种种类以禾本科为主，有 4 种。

5.6.4.2　水生维管束植物和河岸带植物盖度分布

大沙河湿地水生维管束植物调查盖度如图 5.140 所示，金鱼藻科的盖度最大，占调查水生维管束植物总盖度的 17%；禾本科的盖度第二，占调查水生维管束植物总盖度的 9%；香蒲科的盖度第三，占调查水生维管束植物总盖度的 6%。其中大沙河湿地样点 S1

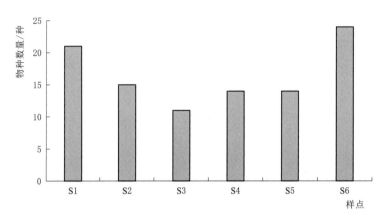

图 5.139　大沙河湿地河岸带植物物种分布

仅有禾本科，盖度是 6%。样点 S2 以金鱼藻科为主，盖度是 18%；禾本科盖度是 7%。样点 S3 以金鱼藻科为主，盖度是 18%；禾本科盖度是 14%。样点 S4 以金鱼藻科为主，盖度是 17%；禾本科盖度是 9%。样点 S5 以金鱼藻科为主，盖度是 15%；禾本科盖度是 7%。样点 S6 以禾本科为主，盖度是 10%；香蒲科盖度是 6%。各样点水生维管束植物优势物种见表 5.23。

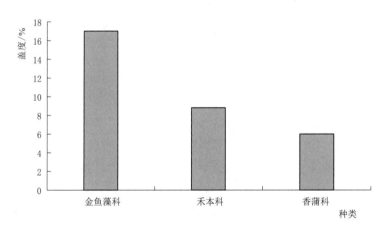

图 5.140　大沙河湿地水生维管束植物盖度分布

表 5.23　　　　　　　　大沙河湿地各样点水生维管束植物优势物种

样点	优势物种	样点	优势物种
S1	芦苇	S4	金鱼藻
S2	金鱼藻	S5	金鱼藻
S3	金鱼藻	S6	芦苇

　　大沙河湿地河岸带植物调查结果显示，禾本科的盖度最大，占调查河岸带植物总盖度的 24%；菊科的盖度位于第二位，占调查河岸带植物总盖度的 21%；杨柳科的盖度

位于第三位，占调查河岸带植物总盖度的 19％（图 5.141）。样点 S1 河岸带植物以杨柳科为主，盖度是 17.5％；其次是菊科，盖度是 10.5％；其他各科盖度共 56％。样点 S2 以禾本科为主，盖度是 15.5％；其次是杨柳，盖度是 7％；其他各科盖度共 27.5％。样点 S3 以禾本科为主，盖度是 14％；其次是菊科，盖度是 6.5％；其他各科盖度共 27.5％。样点 S4 以禾本科为主，盖度是 19.5％；其次是菊科和杨柳科，盖度都是 11％；其他各科盖度共 27.5％。样点 S5 以豆科为主，盖度是 11％；其次是禾本科和杨柳科，盖度都是 10.5％；其他各科盖度共 17.5％。样点 S6 以禾本科为主，盖度是 16.5％；其次是杨柳科，盖度是 12％；其他各科盖度共 50.5％。各样点河岸带植物优势物种见表 5.24。

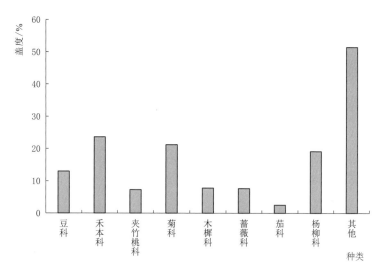

图 5.141 大沙河湿地河岸带植物盖度分布

表 5.24 大沙河湿地各采样点河岸带植物优势物种

样点	优势物种	样点	优势物种
S1	桑	S4	藜、狗尾草
S2	杨树	S5	刺槐
S3	狗尾草	S6	垂柳

大沙河湿地水生维管束植物调查结果显示，大沙河湿地 S1 样点水生维管束植物只有 1 种。大沙河湿地其余位点水生维管束植物优势度相同，优势度指数为 0.5（图 5.142）。

大沙河湿地河岸带植物调查结果如图 5.143 所示，大沙河湿地 S6 样点河岸带植物优势度最高，优势度指数为 0.96；S3 样点河岸带植物优势度相对较低，优势度指数为 0.91。

5.6.5 两栖类和爬行类群落结构特征

大沙河湿地调查共发现两栖动物 1 目 3 科 3 属 5 种，爬行动物 2 目 6 科 6 属 6 种，

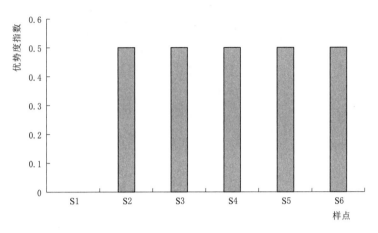

图 5.142　大沙河湿地各采样点水生维管束植物优势度

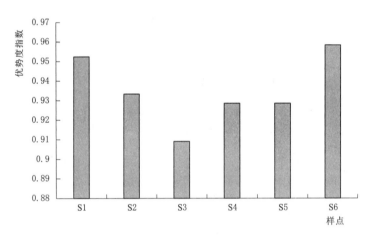

图 5.143　大沙河湿地各采样点河岸带植物优势度

无国家重点保护物种。其中黑斑侧褶蛙、花背蟾蜍和中华蟾蜍为该区域的优势种，金线侧褶蛙（*Pelophylax plancyi*）和泽陆蛙（*Fejervarya multistriata*）数量不多。大沙河湿地是典型的河流型湿地，调查发现中华鳖和红耳龟 2 种龟鳖类，红耳龟源自人们的放养或放生，是重要的入侵种类；中华鳖是原生物种，有地理分布，但也不排除是放生个体。白条锦蛇和虎斑颈槽蛇为岸带主要的蛇类，赤链蛇（*Dinodon rufozonatum*）仅发现了行车碾压致死的幼体，丽斑麻蜥是湿地内调查发现的唯一蜥蜴科物种，且数量很少。

5.6.6　鸟类群落结构特征

大沙河湿地鸟类调查，共发现鸟类 9 目 18 科 21 属 23 种。其中，山东省重点保护鸟类 5 种，包括普通鸬鹚、大白鹭、中白鹭（*Ardea intermedia*）、小白鹭、星头啄木鸟；中澳协定保护鸟类家燕 1 种；中日协定保护鸟类 3 种，包括大白鹭、黑水鸡、家燕。其中雀形目 9 科 10 属 10 种，占总种数 43.5%，为物种量最多的类群（图 5.144）。鸟类区系中，广布种鸟类最多，有 12 种，占总种数的 52.2%；其次为古北界鸟类，有 8 种，占总种数 38.8%；东洋界鸟类最少，有 3 种，占总种数 13.0%（图 5.145）。本次调查数据计算后得知，大沙河湿地留鸟种类最多，为 17 种，约占总种数的 73.9%；其次为夏候鸟，为 4 种，占总种数的 17.4%；旅鸟的种类最少，为 2 种，占总种数的 8.7%（图 5.146）。鸟类 Shannon-Wiener 多样性指数为 1.675，Pielou 均匀度指数为 0.728，Simpson 优势度指数为 0.254，Margalef 丰富度指数为 2.015。栖息环境的相似性在一定程度上决定了鸟类群落组成的相似性，通过对大沙河湿地公园周围环境的调查，划分出人工林、灌丛、水域、农田、居民区 5 类亚生境。灌丛和人工林的鸟种相似性系数最高，为 0.818；其次是农田和人工林，系数为 0.762。水域和人工林的鸟种相似度最低，相似性系数仅为 0.357；其次是水域和灌丛，相似性系数为 0.385。

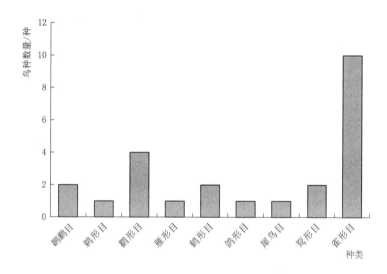

图 5.144　大沙河湿地鸟种数量

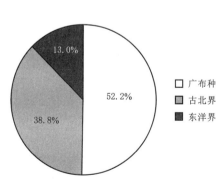

图 5.145　大沙河湿地鸟类区系占比

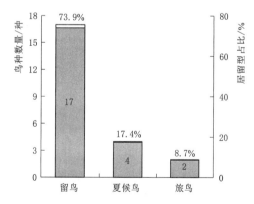

图 5.146　大沙河湿地鸟类居留型种类数量及占比

5.7　济阳土马河省级湿地水生生物群落结构特征

5.7.1　浮游植物群落结构特征

5.7.1.1　浮游植物物种组成

济阳土马河省级湿地（以下称土马河湿地）浮游植物种类组成及物种数量变化如图 5.147 所示，土马河湿地共发现浮游植物 56 种分属 6 门：绿藻门 19 种，硅藻门 14 种，蓝藻门 10 种，裸藻门 9 种，隐藻门和甲藻门各 2 种。物种种类以绿藻门和硅藻门为主。土马河湿地样点 1（T1）发现藻类 17 种分属 6 门，物种种类以绿藻门为主，为 6 种。样点 2（T2）发现藻类 18 种分属 5 门，物种种类以绿藻门和硅藻门为主，分别为 6 种。样点 3（T3）发现藻类 22 种分属 5 门，物种种类以绿藻门为主，为 7 种。样点 4（T4）发现藻类 16 种分属 4 门，物种种类以绿藻门为主，为 7 种。样点 5（T5）发现藻类 18 种分属 5 门，物种种类以绿藻门为主，为 9 种。样点 6（T6）发现藻类 14 种，分属 6 门，物种种类以硅藻门为主，有 4 种。

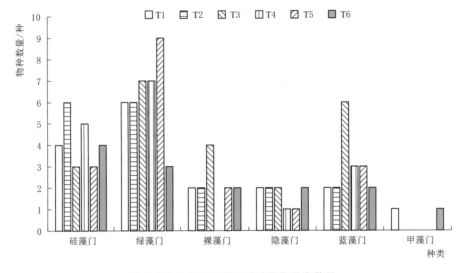

图 5.147　土马河湿地浮游植物种类数量

5.7.1.2　浮游植物密度分布

土马河湿地浮游植物各样点密度分布如图 5.148 所示，样点 5（T5）的浮游植物密度最大，为 1772.43 万个/L；其次是样点 3（T3），为 1068.72 万个/L；密度最低的是样点 1（T1），为 374.62 万个/L。

土马河湿地浮游植物各门类密度占比情况如图 5.149 所示，浮游植物密度整体以蓝藻门为主，占总浮游植物密度总数的 70.22%。土马河湿地样点 T1 主要以绿藻门为主，占样点 T1 总浮游藻类密度的 51.73%；样点 T2 以蓝藻门为主，占样点 T2 总浮游藻类密度的 65.53%；样点 T3 以蓝藻门为主，占样点 T3 总浮游藻类密度的 75.64%；样点 T4 以

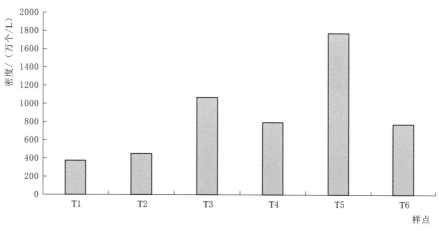

图 5.148 土马河湿地浮游植物密度

蓝藻门为主，占样点 T4 总浮游藻类密度的 53.82%；样点 T5 以蓝藻门为主，占样点 T5 总浮游藻类密度的 83.16%；样点 T6 以蓝藻门为主，占样点 T6 总浮游藻类密度的 75.18%。

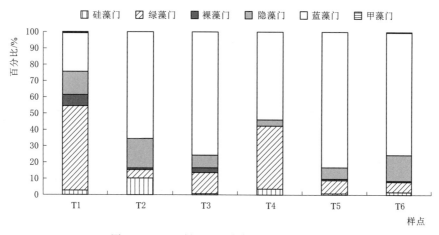

图 5.149 土马河湿地浮游植物密度百分比

土马河湿地浮游植物优势物种分布情况见表 5.25，样点 T1 的四足十字藻密度最大，占样点 T1 总浮游植物密度的 31.99%；样点 T2 的类颤藻鱼腥藻密度最大，占其密度的 61.02%；样点 T3 的点状平裂藻密度最大，占其密度的 30.54%；样点 T4 的小席藻密度最大，占其密度的 49.96%；样点 T5 的小席藻密度最大，占其密度的 69.78%；样点 T6 的小席藻密度最大，占其密度的 74.85%。

表 5.25 　　　　　　　　 土马河湿地各样点浮游植物优势物种分布情况

样点	优势物种	样点	优势物种
T1	四足十字藻	T4	小席藻
T2	类颤藻鱼腥藻	T5	小席藻
T3	点状平裂藻	T6	小席藻

143

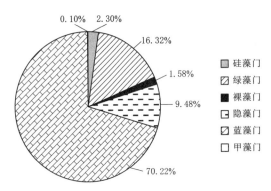

图 5.150　土马河湿地浮游植物密度百分比

土马河湿地浮游植物调查显示，整体上以蓝藻门为主（图 5.150），占浮游植物总密度的 70.22%，其中小席藻为主要优势物种，占土马河湿地总浮游植物密度的 47.22%。

5.7.2　浮游动物群落结构特征

5.7.2.1　浮游动物物种组成

土马河湿地浮游动物调查共发现浮游动物 24 种。其中，原生动物门 6 种，主要为球形砂壳虫；轮虫物种 15 种，优势种为前节晶囊轮虫和曲腿龟甲轮虫；枝角类 2 种，以秀体溞为主；桡足类 1 种，以台湾温剑水溞为主。土马河湿地各个样点浮游动物物种分布状况显示，其浮游动物物种数分布范围在 4～13 种，平均物种数为 8 种。其中 T3 样点浮游动物物种数最高，T6 样点物种数最低（图 5.151）。从整体上看轮虫动物的物种数较多，占调查浮游动物物种数的 63%；原生动物门物种数位于第二，占调查浮游动物物种数的 25%。

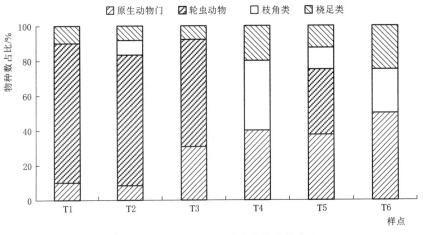

图 5.151　土马河湿地浮游动物物种数占比

5.7.2.2　浮游动物密度分布

土马河湿地各个样点浮游动物密度分布状况结果显示，各个样点浮游动物密度范围在 15～191 个/L，平均密度为 77 个/L，其中，T5 样点浮游动物密度最高，T4 样点浮游动物密度最低。土马河湿地浮游动物密度分布如图 5.152 所示，桡足类密度最高，占调查浮游动物总密度的 91%；轮虫动物密度位于第二，占调查浮游动物总密度的 4%；原生动物门和枝角类密度占调查浮游动物总密度的比例较低。

5.7.3　底栖动物群落结构特征

5.7.3.1　底栖动物物种组成

土马河湿地底栖动物种类组成及物种数量变化如图 5.153 所示，共发现底栖动物 9

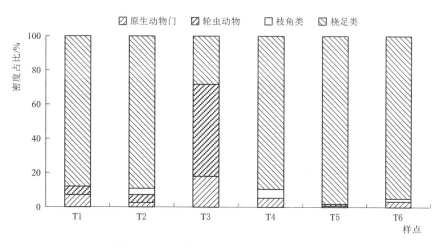

图 5.152 土马河湿地浮游动物密度百分比

种，其中，腹足纲 7 种，昆虫纲和软甲纲分别为 1 种，物种种类以腹足纲为主。土马河湿地样点 T1 发现底栖动物 4 种，物种种类以腹足纲为主，有 3 种；样点 T2 发现底栖动物 3 种，物种种类以腹足纲为主，有 2 种；样点 T3 发现底栖动物 1 种，隶属于腹足纲；样点 T4 发现底栖动物 3 种，物种种类以腹足纲为主，有 3 种；样点 T5 发现底栖动物 2 种，均为腹足纲；样点 T6 底栖动物 2 种，均为腹足纲。

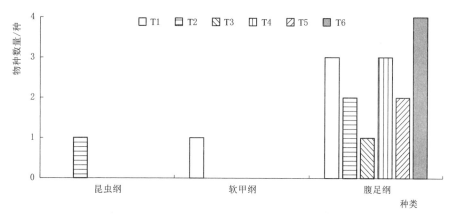

图 5.153 土马河湿地底栖动物种类数量

5.7.3.2 底栖动物密度分布

土马河湿地底栖动物各样点密度分布如图 5.154 所示，样点 T2 的底栖动物密度最大，为 93.33 个/m²，其次是样点 T1 和样点 T4，分别为 80 个/m²；密度最低的是样点 T6，为 26.67 个/m²。

土马河湿地底栖动物各门类密度占比情况如图 5.155 所示，整体以腹足纲为主，占底栖动物密度总数的 93.55%；其次为软甲纲和昆虫纲，分别占总底栖动物数量的 3.23%。其中样点 T1 以腹足纲为主，占样点 T1 总底栖动物密度的 83.33%；样点 T2 以腹足纲为主，占样点 T2 总底栖动物密度的 85.71%；样点 T3 以腹足纲为主，占样点 T3 总底栖动

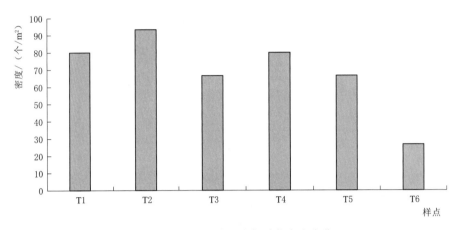

图 5.154 土马河湿地底栖动物密度变化

物密度的 100％；样点 T4 以腹足纲为主，占样点 T4 总底栖动物密度的 100％；样点 T5 以腹足纲为主，占样点 T5 总底栖动物密度的 100％；样点 T6 以腹足纲为主，占样点 T6 总底栖动物密度的 100％。

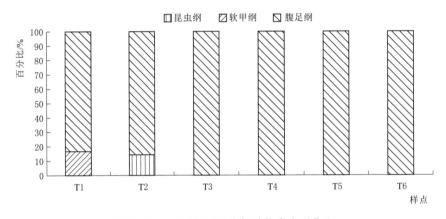

图 5.155 土马河湿地底栖动物密度百分比

土马河湿地底栖动物各样点优势物种分布情况见表 5.26。样点 T1 的梨形环棱螺和赤豆螺密度最大，分别占样点 T1 总底栖动物密度的 33.33％；样点 T2 的梨形环棱螺密度最大，占其密度的 57.14％；样点 T3 的梨形环棱螺密度最大，占其密度的 100％；样点 T4 的梨形环棱螺密度最大，占其密度的 66.67％；样点 T5 的环棱螺属密度最大，占其密度的 80％；样点 T6 的梨形环棱螺密度最大，占其密度的 50％。

表 5.26　　　　　　　　土马河湿地各样点底栖动物优势物种分布情况

样点	优势物种	样点	优势物种
T1	梨形环棱螺、赤豆螺	T4	梨形环棱螺
T2	梨形环棱螺	T5	环棱螺属
T3	梨形环棱螺	T6	梨形环棱螺

土马河湿地底栖动物调查显示，种类组成整体上以腹足纲为主，占土马河湿地底栖动物总密度的93.55%（图5.156），其中以梨形环棱螺为主要优势物种，占土马河湿地总底栖动物密度的60.61%。

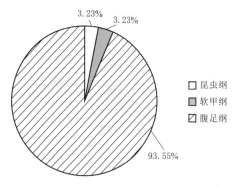

图5.156 土马河湿地底栖动物密度百分比

5.7.4 水生维管束植物和河岸带植物群落结构特征

5.7.4.1 水生维管束植物和河岸带植物物种组成

土马河湿地植物调查共发现水生维管束植物9科11种，其中禾本科和莎草科最多，占水生维管束植物总数的18.5%，其余7科物种相同，均占水生维管束植物总数的9%。土马河湿地样点T1发现水生维管束植物6种分属5科，物种种类以禾本科为主，有2种。样点T2发现水生维管束植物4种分属3科，物种种类以禾本科为主，有2种。样点T3发现水生维管束植物4种分属4科。样点T4发现水生维管束植物3种分属3科。样点T5发现水生维管束植物8种分属7科，物种种类以禾本科为主，有2种。样点T6发现水生维管束植物4种分属4科（图5.157）。

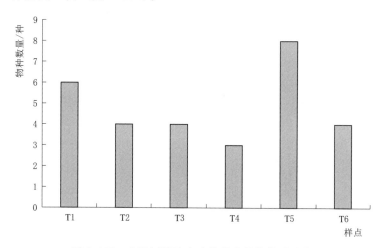

图5.157 土马河湿地水生维管束植物物种分布

土马河湿地河岸带植物调查共发现河岸带植物28科59种，菊科河岸带植物最多，占河岸带植物总数的26%；禾本科河岸带植物第二，占河岸带植物总数的9%；苋科河岸带植物第三，占河岸带植物总数的7%。土马河湿地样点T1发现河岸带植物23种分属14科，物种种类以菊科为主，有5种。样点T2发现河岸带植物30种分属20科，物种种类以菊科为主，有7种。样点T3发现河岸带植物18种分属8科，物种种类以菊科为主，有7种。样点T4发现河岸带植物14种分属7科，物种种类以禾本科为主，有4种。样点T5发现河岸带植物19种分属7科，物种种类以菊科为主，有8种。样点T6发现河岸带植物16种分属12科，物种种类以菊科和禾本科为主，有3种（图5.158）。

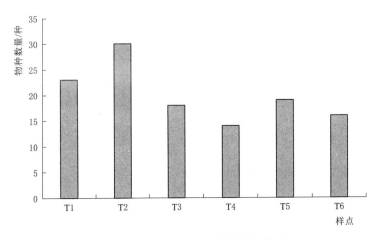

图 5.158　土马河湿地河岸带植物物种分布

5.7.4.2　水生维管束植物和河岸带植物盖度分布

土马河湿地水生维管束植物盖度调查结果显示，金鱼藻科的盖度最大，占调查水生维管束植物总盖度的 19%；天南星科的盖度位于第二位，占调查水生维管束植物总盖度的 18%；禾本科的盖度位于第三位，占调查水生维管束植物总盖度的 17%（图 5.159）。土马河湿地样点 T1 以莲科为主，盖度是 12%；其次是禾本科，盖度是 10%；其他各科盖度共 7.5%。样点 T2 以禾本科为主，盖度是 11.5%；其次是莲科，盖度是 11%；鸢尾科盖度是 3%。样点 T3 以禾本科为主，盖度是 13.5%；其次是香蒲科，盖度是 6%；其他各科盖度共 5%。样点 T4 以天南星科为主，盖度是 18%；其次是禾本科，盖度是 9%；香蒲科盖度是 5.5%。样点 T5 以金鱼藻科为主，盖度是 14%；其次是莎草科，盖度是 7%；其他各科盖度共 21.5%。样点 T6 以莲科为主，盖度是 18.5%；金鱼藻科盖度是 12.5%；其他各科盖度共 13.5%。各样点水生维管束植物优势物种见表 5.27。

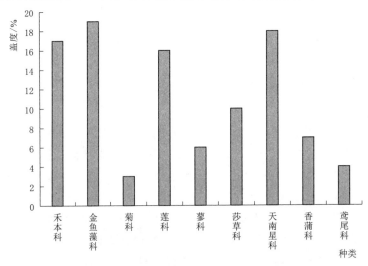

图 5.159　土马河湿地水生维管束植物盖度分布

表 5.27   土马河湿地各样点水生维管束植物优势物种

样点	优势物种	样点	优势物种
T1	莲	T4	浮萍
T2	莲	T5	金鱼藻
T3	芦苇	T6	莲

土马河湿地河岸带植物中，菊科的盖度最大，占调查河岸带植物总盖度的 19％；禾本科的盖度位于第二位，占调查河岸带植物总盖度的 13％；杨柳科的盖度位于第三位，占调查河岸带植物总盖度的 8％（图 5.160）。土马河湿地样点 T1 主要以禾本科为主，盖度是 14％；其次是菊科，盖度是 13.5％；其他各科盖度共 38％。样点 T2 以菊科为主，盖度是 8％；其次是禾本科，盖度是 6.5％；其他各科盖度共 40％。样点 T3 以菊科为主，盖度是 22％；其次是禾本科，盖度是 15％；其他各科盖度共 28.5％。样点 T4 以禾本科为主，盖度是 16％；其次是杨柳科，盖度是 12％；其他各科盖度共 29.5％。样点 T5 以禾本科为主，盖度是 15.5％；其次是杨柳科，盖度是 13％；其他各科盖度共 19％。样点 T6 以禾本科为主，盖度是 15.5％；其次是菊科，盖度是 6％；其他各科盖度共 32％。各样点河岸带植物优势物种见表 5.28。

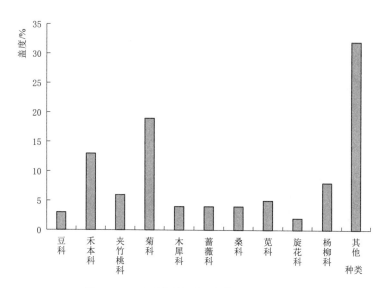

图 5.160 土马河湿地河岸带植物盖度分布

表 5.28   土马河湿地各样点河岸带植物优势物种

样点	优势物种	样点	优势物种
T1	垂柳	T4	垂柳、柽柳
T2	垂柳	T5	杨树
T3	垂柳	T6	狗尾草

土马河湿地水生物维管束植物调查显示，T5 样点水生维管束植物优势度最高，优势度指数为 0.88；T4 样点水生维管束植物优势度相对较低，优势度指数为 0.67（图 5.161）。

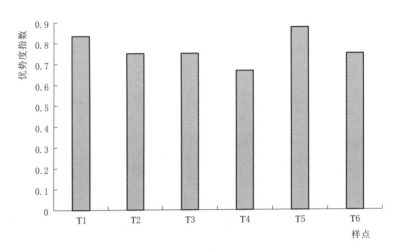

图 5.161　土马河湿地各采样点水生维管束植物优势度

土马河湿地河岸带植物调查显示，T2 样点河岸带植物优势度最高，优势度指数为 0.97；T4 样点河岸带植物优势度相对较低，优势度指数为 0.93（图 5.162）。

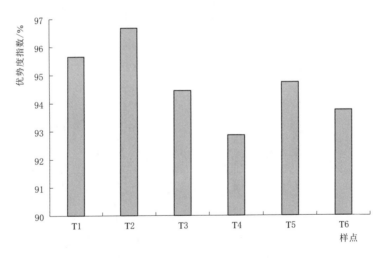

图 5.162　土马河湿地各采样点河岸带植物优势度

5.7.5　两栖类和爬行类群落结构特征

土马河湿地两栖类和爬行类调查共发现两栖动物 1 目 2 科 2 属 4 种，爬行动物 2 目 5 科 5 属 5 种，无国家重点保护物种。其中黑斑侧褶蛙和中华蟾蜍为该区域的优势种，金线侧褶蛙和花背蟾蜍数量不多。此次土马河湿地调查，仅发现 1 种龟鳖类，为红耳龟，红耳龟源自人们的放养或放生，是重要的入侵种类。白条锦蛇和虎斑颈槽蛇为岸带主要的蛇类，丽斑麻蜥是土马河湿地内调查发现的唯一蜥蜴科物种，且数量很少。

5.7.6 鸟类群落结构特征

土马河湿地鸟类调查共发现鸟类 8 目 14 科 21 属 21 种。其中，山东省重点保护鸟类 3 种，分别是大白鹭、中白鹭、小白鹭，中澳协定保护鸟类 1 种，为家燕，中日协定保护鸟类 4 种，分别是大白鹭、黑水鸡、大麻鳽、家燕。其中雀形目 10 科 10 属 10 种，占总种数 47.6%，为物种量最多的类群（图 5.163）。鸟类区系中，广布种鸟类最多，有 11 种，占总种数的 52.4%；其次为古北界鸟类，有 6 种，占总种数 28.6%；东洋界鸟类最少，有 4 种，占总种数 19.0%（图 5.164）。本次调查与观测显示，土马河湿地留鸟种类最多，为 14 种，约占总种数的 66.7%；其次为夏候鸟，为 5 种，占总种数的 23.8%；旅鸟的种类最少，为 2 种，占总种数的 9.5%（图 5.165）。鸟类 Shannon - Wiener 多样性指数为 2.038，Pielou 均匀度指数为 0.820，Simpson 优势度指数为 0.225，Margalef 丰富度指数为 2.489。栖息环境的相似性在一定程度上决定了鸟类群落组成的相似性，通过对土马河湿地公园周围环境的调查，划分出人工林、灌丛、水域、农田、居民区 5 类亚生境。灌丛和人工林及水域和居民区的鸟种相似性系数最高，为 0.952；其次是农田和灌丛，系数为 0.889。水域和农田的鸟种相似度最低，相似性系数仅为 0.250；其次是水域和灌丛，相似性系数为 0.385。

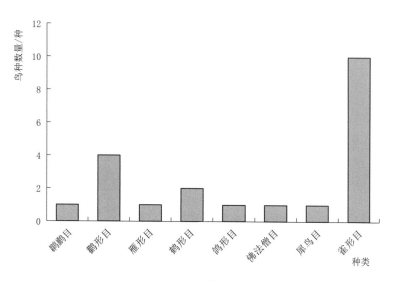

图 5.163　土马河湿地鸟种数量

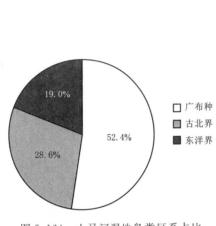

图 5.164　土马河湿地鸟类区系占比

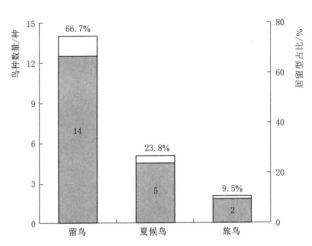

图 5.165　土马河湿地鸟类居留型种类数量及占比

5.8　济阳澄波湖省级湿地水生生物群落结构特征

5.8.1　浮游植物群落结构特征

5.8.1.1　浮游植物物种组成

济阳澄波湖省级湿地（以下称澄波湖湿地）浮游植物种类组成及物种数量变化如图 5.166 所示，澄波湖湿地共发现浮游植物 50 种，隶属 6 门：绿藻门 14 种，蓝藻门 13 种，硅藻门 12 种，裸藻门 8 种，隐藻门 2 种，甲藻门 1 种。物种种类以绿藻门和蓝藻门为主。澄波湖湿地样点 1（C1）发现藻类 19 种分属 5 门，物种种类以绿藻门为主，为 6 种；样点 2（C2）发现藻类 20 种分属 4 门，物种种类以绿藻门为主，为 8 种；样点 3（C3）发现藻类 20 种分属 5 门，物种种类以绿藻门为主，为 7 种；样点 4（C4）发现藻类 10 种分属 6 门，物种种类以绿藻门和蓝藻门为主，各为 3 种；样点 5（C5）发现藻类 18 种分属 5 门，物种种类以蓝藻门为主，为 9 种；样点 6（C6）发现藻类 16 种，分属 5 门，物种种类以绿藻门和蓝藻门为主，各为 5 种。

5.8.1.2　浮游植物密度分布

澄波湖湿地浮游植物各样点密度分布如图 5.167 所示，澄波湖湿地样点 C5 的浮游植物密度最大，为 6271.75 万个/L；其次是样点 C1，密度为 3604.16 万个/L；密度最低的是样点 C3，为 806.83 万个/L。

澄波湖湿地浮游植物各门类密度占比情况如图 5.168 所示，澄波湖湿地密度整体以蓝藻门为主导，蓝藻门密度占总浮游植物密度总数的 84.90%。其中，样点 C1 以蓝藻门为主，占样点 C1 总浮游藻类密度的 79.99%；样点 C2 以蓝藻门为主，占样点 C2 总浮游藻类密度的 92.65%；样点 C3 以蓝藻门为主，占样点 C3 总浮游藻类密度的 67.15%；样点 C4 以蓝藻门为主，占样点 C4 总浮游藻类密度的 55.90%；样点 C5 以蓝藻门为主，占样点 C5 总浮游藻类密度的 98.95%；样点 C6 以蓝藻门为主，占样点 C6 总浮游藻类密度的 75.06%。

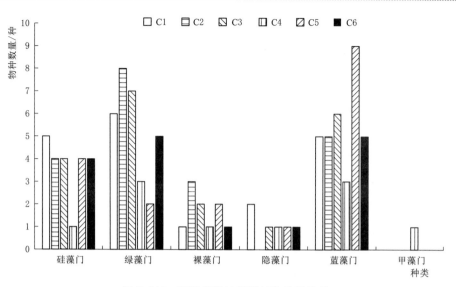

图 5.166 澄波湖湿地浮游植物种类数量

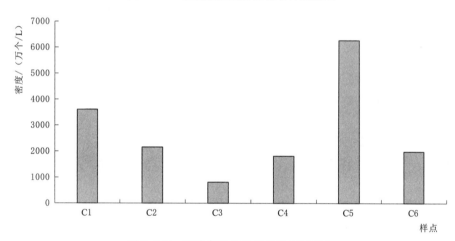

图 5.167 澄波湖湿地浮游植物密度变化

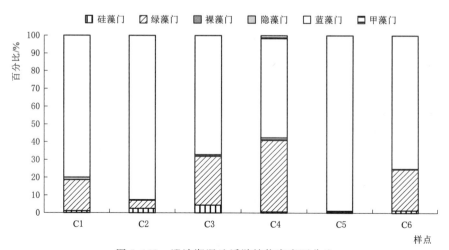

图 5.168 澄波湖湿地浮游植物密度百分比

澄波湖湿地各样点优势物种分布情况见表5.29，样点C1的小席藻密度最大，占样点C1总浮游植物密度的34.17%；样点C2的中华尖头藻密度最大，占其密度的56.59%；样点C3的弯头尖头藻密度最大，占其密度的43.69%；样点C4的中华尖头藻密度最大，占其密度的44.93%；样点C5的小席藻密度最大，占其密度的47.08%；样点C6的小席藻密度最大，占其密度的53.84%。

表5.29　　　　　　　　　澄波湖湿地各样点浮游植物优势物种分布情况

样点	优势物种	样点	优势物种
C1	小席藻	C4	中华尖头藻
C2	中华尖头藻	C5	小席藻
C3	弯头尖头藻	C6	小席藻

澄波湖湿地浮游植物优势种调查发现，浮游植物整体上以蓝藻门为主，密度占84.90%（图5.169），其中小席藻为主要优势物种，占澄波湖湿地总浮游植物密度的38.09%。

5.8.2　浮游动物群落结构特征

5.8.2.1　浮游动物物种组成

澄波湖湿地浮游动物调查结果如图5.170所示，澄波湖湿地共发现浮游动物18种。其中，原生动物门4种，主要为球形砂壳虫；轮虫13种，

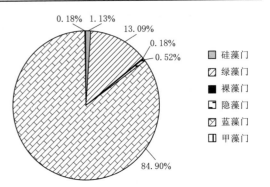

图5.169　澄波湖湿地浮游植物密度百分比

优势物种为曲腿龟甲轮虫和缘板龟甲轮虫；枝角类1种；桡足类2种，以台湾温剑水蚤和无节幼体为主。澄波湖湿地各个样点浮游动物物种分布状况显示，澄波湖湿地浮游动物物种数分布范围在4~10种，平均物种数为8种。其中C2样点浮游动物物种数最高，C5样点物种数最低。整体上轮虫动物的物种数较多，占调查浮游动物物种数的72%；原生动物门物种数位于第二，占调查浮游动物物种数的22%。

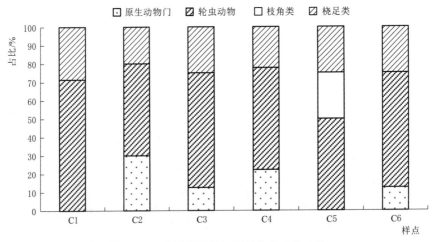

图5.170　澄波湖湿地浮游动物物种数占比

5.8.2.2　浮游动物密度分布

澄波湖湿地各个样点浮游动物密度分布状况如图 5.171 所示，澄波湖湿地各个样点浮游动物密度范围为 4～37 个/L，平均密度为 18 个/L。其中，澄波湖湿地 C3 样点浮游动物密度最高，C5 样点浮游动物密度最低。澄波湖湿地浮游动物密度分布图显示，桡足类密度最高，占调查浮游动物总密度的 71％；轮虫动物密度位于第二，占调查浮游动物总密度的 25％；原生动物门和枝角类密度占比较低。

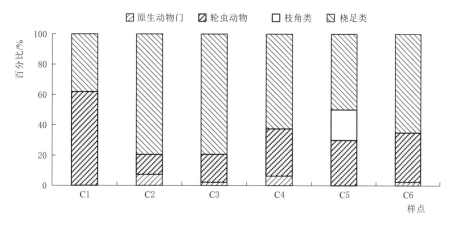

图 5.171　澄波湖湿地浮游动物密度百分比

5.8.3　底栖动物群落结构特征

5.8.3.1　底栖动物物种组成

澄波湖底栖动物物种组成及物种数量变化如图 5.172 所示，澄波湖湿地共发现底栖动物 6 种，其中，腹足纲 5 种、昆虫纲 1 种，物种种类以腹足纲为主。澄波湖湿地样点 C1 发现底栖动物 3 种，物种种类以腹足纲为主，有 2 种；样点 C2 发现底栖动物 1 种，隶属于腹足纲；样点 C4 发现底栖动物 1 种，隶属于腹足纲；样点 C5 发现底栖动物 1 种，隶属于腹足纲。

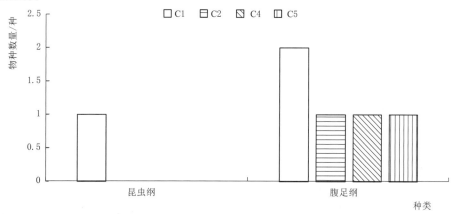

图 5.172　澄波湖湿地底栖动物种类数量

5.8.3.2 底栖动物密度分布

澄波湖湿地各样点密度分布如图 5.173 所示，样点 C1 的底栖动物密度最大，为 133.33 个/m²；其次是样点 C4 和样点 C5，均为 26.67 个/m²；密度最低的是样点 C3 和样点 C6。

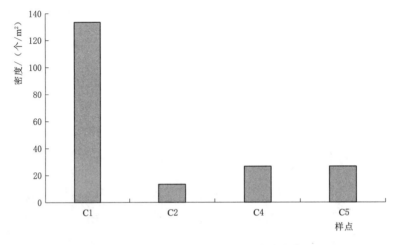

图 5.173 澄波湖湿地底栖动物密度变化

澄波湖湿地底栖动物各门类密度占比情况如图 5.174 所示，底栖动物整体以腹足纲为主，占底栖动物密度总数的 93.33%；其次是昆虫纲，占总底栖动物数量的 6.67%。样点 C1 以腹足纲为主，占样点 C1 总底栖动物密度的 90%；样点 C2 以腹足纲为主，占样点 C2 总底栖动物密度的 100%；样点 C4 以腹足纲为主，占样点 C4 总底栖动物密度的 100%；样点 C5 以腹足纲为主，占样点 C5 总底栖动物密度的 100%。

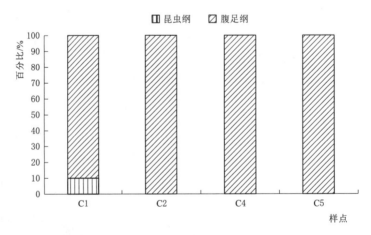

图 5.174 澄波湖湿地底栖动物密度组成百分比

澄波湖湿地底栖动物各样点优势种分布情况见表 5.30，样点 C1 的卵萝卜螺密度最大，占样点 C1 总底栖动物密度的 60%；样点 C2 的赤豆螺密度最大，占其密度的 100%；样点 C4 的狭萝卜螺密度最大，占其密度的 100%；样点 C5 的耳萝卜螺密度最大，占其密度的 100%。

表 5.30　　　　　澄波湖湿地各样点底栖动物优势种分布情况

样点	优势物种	样点	优势物种
C1	卵萝卜螺	C4	狭萝卜螺
C2	赤豆螺	C5	耳萝卜螺

澄波湖湿地底栖动物优势种调查显示，底栖动物整体上以腹足纲为主（图 5.175），密度占 93.33%，其中卵萝卜螺为主要优势物种，其密度占澄波湖湿地总底栖动物密度的 37.50%。

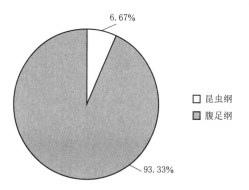

图 5.175　澄波湖湿地底栖动物密度百分比

5.8.4　水生维管束植物和河岸带植物群落结构特征

5.8.4.1　水生维管束植物和河岸带植物物种组成

澄波湖湿地植物调查共发现水生维管束植物共 7 科 8 种，其中莎草科水生维管束植物最多，占水生维管束植物总数的 25%；其余 6 科水生维管束植物物种相同，均占水生维管束植物总数的 12.5%。澄波湖湿地样点 C1 发现水生维管束植物 4 种分属 4 科，样点 C2 发现水生维管束植物 5 种分属 5 科，样点 C3 发现水生维管束植物 2 种分属 2 科，样点 C4 发现水生维管束植物 5 种分属 5 科，样点 C5 发现水生维管束植物 4 种分属 4 科，样点 C6 发现水生维管束植物 2 种分属 2 科（图 5.176）。

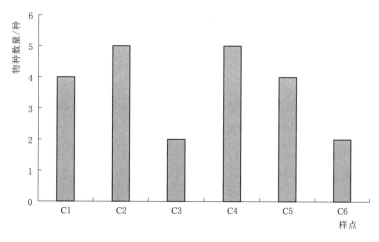

图 5.176　澄波湖湿地水生维管束植物物种分布

澄波湖湿地河岸带植物调查共发现河岸带植物 37 科 79 种，菊科河岸带植物最多，占河岸带植物总数的 18%；蔷薇科河岸带植物第二，占河岸带植物总数的 9%；禾本科河岸带植物第三，占河岸带植物总数的 8%。澄波湖湿地样点 C1 发现河岸带植物 26 种分属 21 科，物种种类以菊科和禾本科为主，有 3 种。C2 发现河岸带植物 23 种分属 14 科，物种种类以禾本科为主，有 4 种。样点 C3 发现河岸带植物 12 种分属 10 科，物种种类以禾本科和杨柳科为主，有 2 种。样点 C4 发现河岸带植物 23 种分属 17 科，物种种类以木樨科和蔷薇科为主，有 3 种。样点 C5 发现河岸带植物 31 种分属 20 科，物种种类以菊科为主，有 8 种。样点 C6 发现河岸带植物 26 种分属 14 科，物种种类以菊科为主，有 6 种（图 5.177）。

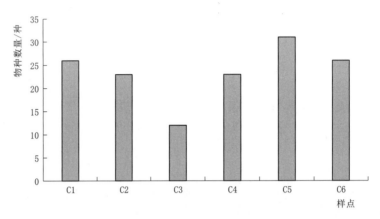

图 5.177　澄波湖湿地河岸带植物物种分布

5.8.4.2　水生维管束植物和河岸带植物盖度分布

澄波湖湿地水生维管束植物盖度调查结果如图 5.178 所示，小二仙草科的盖度最大，占调查水生维管束植物总盖度的 13.2%；禾本科的盖度位于第二位，占调查水生维管束植物总盖度的 8%；莎草科和香蒲科的盖度位于第三位，占调查水生维管束植物总盖度的 6.3%。澄波湖湿地样点 C1 以禾本科为主，盖度是 7.5%；其次是鸢尾科，盖度是 4%；其他各科盖度共 5.5%。样点 C2 以睡莲科为主，盖度是 15%；其次是莲科，盖度是 8%；其他各科盖度共 9%。样点 C3 以睡莲科为主，盖度是 14%；小二仙草科盖度是 9%。样点 C4 以睡莲科为主，盖度是 10.5%；其次是小二仙草科，盖度是 8.5%；其他各科盖度共 10.5%。样点 C5 以小二仙草科为主，盖度是 6%；其次是禾本科和香蒲科，盖度是 2%；莎草科盖度是 0.5%。样点 C6 以禾本科为主，盖度是 13%；香蒲科科盖度是 8%。各样点水生维管束植物优势种见表 5.31。

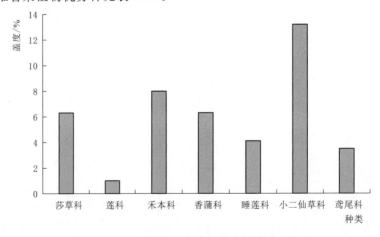

图 5.178　澄波湖湿地水生维管束植物盖度分布

表 5.31　　　　　　　澄波湖湿地各样点水生维管束植物优势物种分布情况

样点	优势物种	样点	优势物种
C1	芦苇	C4	睡莲
C2	睡莲	C5	芦苇、水烛
C3	睡莲	C6	芦苇

澄波湖湿地河岸带植物调查结果显示，菊科的盖度最大，占调查河岸带植物总盖度的 32.2%；蔷薇科的盖度位于第二位，占调查河岸带植物总盖度的 14.3%；禾本科和杨柳科的盖度位于第三位，占调查河岸带植物总盖度的 13.2%（图 5.179）。澄波湖湿地样点 C1 以杨柳科为主，盖度是 13.5%；其次是菊科，盖度是 8%；其他各科盖度共 55.5%。样点 C2 以木犀科为主，盖度都是 8%；其次是杨柳科和禾本科，盖度是 6%；其他各科盖度共 28%。样点 C3 以杨柳科为主，盖度是 6.5%；其次是禾本科，盖度是 6%；其他各科盖度共 24.5%。样点 C4 以木犀科为主，盖度是 7%；其次禾本科，盖度是 6%；其他各科盖度共 37.5%。样点 C5 以菊科为主，盖度是 17%；其次是禾本科，盖度是 12.5%；其他各科盖度共 40%。样点 C6 以菊科为主，盖度是 14.5%；其次是禾本科，盖度是 9.5%；其他各科盖度共 45%。各采样点河岸带植物优势物种见表 5.32。

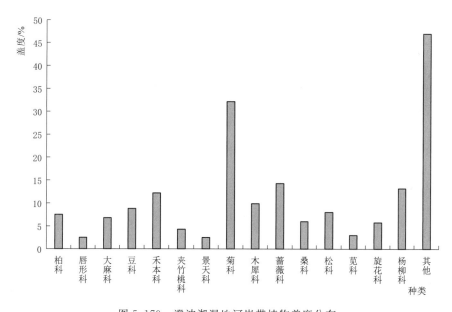

图 5.179　澄波湖湿地河岸带植物盖度分布

表 5.32　　　　　　　澄波湖湿地各样点河岸带植物优势物种分布情况

样点	优势物种	样点	优势物种
C1	垂柳	C4	垂柳
C2	垂柳	C5	狗尾草
C3	沿阶草	C6	垂柳

澄波湖湿地水生维管束植物调查结果如图 5.180 所示，澄波湖湿地 C2、C4 样点水生维管束植物优势度最高，优势度指数为 0.8；C3、C6 样点水生维管束植物优势度相对较低，优势度指数为 0.5。

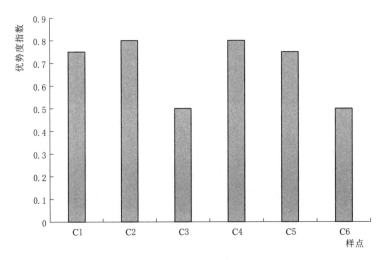

图 5.180　澄波湖湿地各采样点水生维管束植物优势度

澄波湖湿地河岸带植物调查结果如图 5.181 所示，C5 样点河岸带植物优势度最高，优势度指数为 0.97；C3 样点河岸带植物优势度相对较低，优势度指数为 0.92。

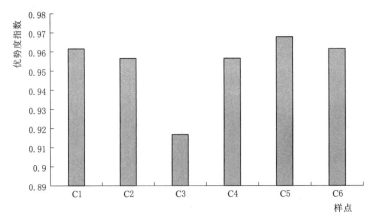

图 5.181　澄波湖湿地各采样点河岸带植物优势度

5.8.5　两栖类和爬行类群落结构特征

澄波湖湿地生物调查共发现两栖动物 1 目 3 科 3 属 5 种，爬行动物 2 目 5 科 5 属 5 种。其中，黑斑侧褶蛙和中华蟾蜍为该区域的优势种，金线侧褶蛙、泽陆蛙和花背蟾蜍数量不多。澄波湖湿地内仅调查到 1 种龟鳖类——红耳龟，应该是源自人们的放养或放生，为重要的入侵种类。白条锦蛇和虎斑颈槽蛇为岸带主要的蛇类，丽斑麻蜥为昼行性蜥蜴，分布于湿地周围环境较复杂的干旱岸带；无蹼壁虎（*Gekko swinhonis*）为夜行性种类，分布于湿地周围的居民区建筑物。

5.8.6 鸟类群落结构特征

澄波湖湿地鸟类调查共发现鸟类 8 目 18 科 20 属 21 种，包括国家二级保护动物 1 种，为白尾鹞；山东省重点保护鸟类 2 种，分别是小白鹭、凤头䴙䴘；中澳协定保护鸟类 3 种，分别是家燕、白鹡鸰、黄鹡鸰（*Motacilla flava*）；中日协定保护鸟类 4 种，分别是凤头䴙䴘、家燕、白鹡鸰、黄鹡鸰。其中雀形目 11 科 12 属 13 种，占总种数 61.9%，为物种量最多的类群（图 5.182）。鸟类区系中，古北界鸟类最多，有 9 种，占总种数的 42.9%；其次为广布种鸟类，有 8 种，占总种数 38.1%；东洋界鸟类最少，有 4 种，占总种数 19.0%（图 5.183）。本次调查观测显示，澄波湖湿地留鸟种类最多，有 15 种，约占总种数的 71.5%；其次为夏候鸟，有 4 种，占总种数的 19.0%；旅鸟的种类最少，有 2 种，占总种数的 9.5%（图 5.184）。鸟类 Shannon - Wiener 多样性指数为 1.880，Pielou 均匀度指数为 0.856，Simpson 优势度指数为 0.191，Margalef 丰富度指数为 1.931。栖息环境的相似性在一定程度上决定了了鸟类群落组成的相似性，通过澄波湖湿地公园周围环境的调查，划分出人工林、灌丛、水域、农田、居民区 5 类亚生境。农田和人工林的鸟种相似性系数最高，为 0.947；其次是灌丛和人工林，相似性系数为 0.818。水域和人工林的鸟种相似度最低，仅为 0.250；其次是水域和农田，相似性系数为 0.400。

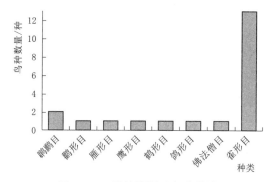

图 5.182　澄波湖湿地鸟种数量

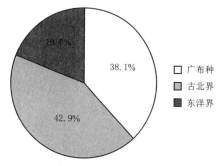

图 5.183　澄波湖湿地鸟类区系占比

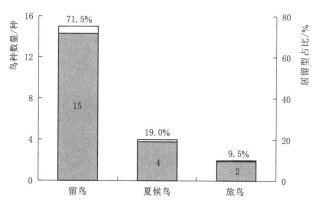

图 5.184　澄波湖湿地鸟类居留型种类数量及占比

5.9　锦水河省级湿地水生生物群落结构特征

5.9.1　浮游植物群落结构特征

5.9.1.1　浮游植物物种组成

锦水河省级湿地（以下称锦水河湿地）浮游植物种类组成及物种数量变化如图 5.185 所示。锦水河湿地共发现浮游植物 70 种分属 8 门：绿藻门 26 种，硅藻门 24 种，蓝藻门 8 种，裸藻门 6 种，隐藻门和甲藻门各 2 种，金藻门和黄藻门各 1 种。物种种类以绿藻门和硅藻门为主。锦水河湿地样点 1（J1）发现藻类 44 种分属 8 门，物种种类以绿藻门、硅藻门为主，分别为 19 种、11 种。样点 2（J2）发现藻类 32 种分属 6 门，物种种类以绿藻门和硅藻门为主，为 16 种、9 种。样点 3（J3）发现藻类 22 种分属 4 门，物种种类以硅藻门为主，为 14 种。样点 4（J4）发现藻类 28 种分属 6 门，物种种类以绿藻门为主，为 13 种。样点 5（J5）发现藻类 29 种分属 7 门，物种种类以绿藻门为主，为 13 种。样点 6（J6）发现藻类 17 种分属 4 门，物种种类以绿藻门和硅藻门为主，分别为 6 种、8 种。

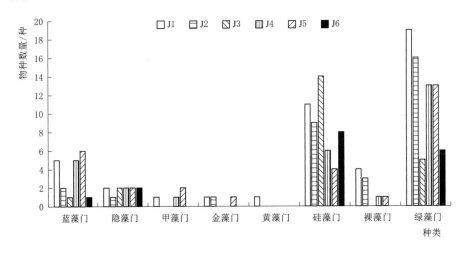

图 5.185　锦水河省级湿地浮游植物种类数量

5.9.1.2　浮游植物密度分布

锦水河省级湿地各样点浮游植物密度分布如图 5.186 所示，样点 5（J5）的浮游植物密度最大，为 8343.6 万个/L；其次是样点 4（J4），密度为 6168.45 万个/L；密度最低的是样点 6（J6），为 119.85 万个/L。

锦水河湿地浮游植物各门类密度占比如图 5.187 所示，整体上以绿藻门为主，占总浮游植物密度总数的 62.92%；其次是蓝藻门，占总浮游植物数量的 29.67%；其他门共占 7.41%。锦水河湿地样点 1（J1）以绿藻门为主，占样点 1（J1）总浮游藻类密度的 50.38%；蓝藻门占 33.40%；硅藻门占 11.52%；其他各门总共占 4.70%。样点 2（J2）

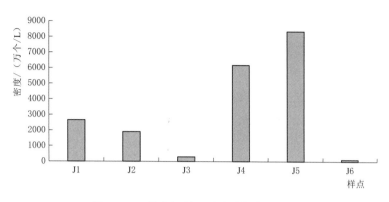

图 5.186 锦水河湿地浮游植物密度变化

以绿藻门为主，占样点 2（J2）总浮游藻类密度的 47.51％；蓝藻门占 41.72％；硅藻门占 6.46％；其他各门总共占 4.31％。样点 3（J3）以硅藻门为主，占样点 3（J3）总浮游藻类密度的 64.91％；蓝藻门占 19.30％；绿藻门占 9.65％；隐藻门占 6.14％。样点 4（J4）以绿藻门为主，占样点 4（J4）总浮游藻类密度的 70.61％；蓝藻门占 24.47％；其他各门总共占 4.92％。样点 5（J5）以绿藻门为主，占样点 5（J5）总浮游藻类密度的 67.21％；蓝藻门占 30.01％；其他各门总共占 2.78％。样点 6（J6）以硅藻门为主，占样点 6（J6）总浮游藻类密度的 46.81％；蓝藻门占 25.53％；绿藻门占 19.15％；隐藻门占 8.51％。

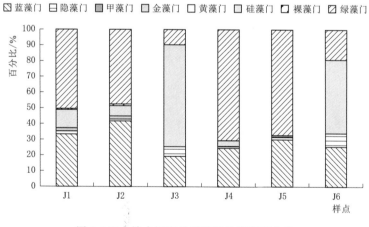

图 5.187 锦水河湿地浮游植物密度百分比

锦水河湿地浮游植物各样点优势种分布情况见表 5.33。样点 1（J1）的弓形藻密度最大，占其总浮游植物密度的 29.56％。样点 2（J2）的水华束丝藻密度最大，占其总浮游植物密度的 39.03％。样点 3（J3）的水华束丝藻密度最大，占其总浮游植物密度的 19.30％。样点 4（J4）的弓形藻密度最大，占其总浮游植物密度的 54.40％。样点 5（J5）的弓形藻密度最大，占其总浮游植物密度的 43.83％。样点 6（J6）的水华束丝藻密度最大，占其总浮游植物密度的 25.53％。

表 5.33　　　　　　　锦水河省级湿地各样点浮游植物优势种分布情况

样点	优势物种	样点	优势物种
J1	弓形藻	J4	弓形藻
J2	水华束丝藻	J5	弓形藻
J3	水华束丝藻	J6	水华束丝藻

锦水河湿地浮游植物调查显示，浮游植物组成整体上主要以绿藻门为主，占浮游植物总密度的 62.92%（图 5.188），其中弓形藻为主要优势物种，占锦水河湿地总浮游植物密度的 43.24%。

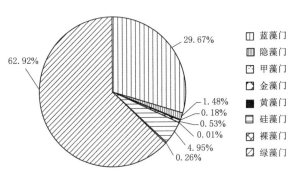

图 5.188　锦水河湿地浮游植物密度比

5.9.2　浮游动物群落结构特征

5.9.2.1　浮游动物物种组成

锦水河湿地浮游植物调查共发现浮游动物 41 种。其中，原生动物门 7 种，主要为湖累枝虫；轮虫动物 22 种，优势种为曲腿龟甲轮虫和罗氏异尾轮虫；枝角类 6 种，优势种为长肢秀体溞；桡足类 6 种，以英勇剑水蚤为主（图 5.189）。锦水河湿地各个样点浮游动物物种分布状况调查显示，锦水河湿地浮游动物物种数分别范围为 14～25 种，平均物种数为 21 种。其中 J3 样点浮游动物物种数最高，J1 样点物种数最低（图 5.190）。整体上以轮虫动物的物种数居多，占调查浮游动物物种数的 54%；原生动物门的物种数位于第二，占调查浮游动物物种数的 17%。

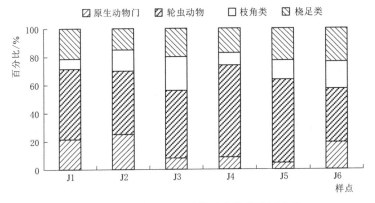

图 5.189　锦水河湿地浮游动物物种数百分比

5.9.2.2　浮游动物密度分布

锦水河湿地各个样点浮游动物密度分布状况调查显示，各个样点浮游动物密度范围为 23～304 个/L，平均密度为 128 个/L。其中，J5 样点浮游动物密度最高，J2 样点浮游动物密度最低（图 5.191）。锦水河湿地浮游动物密度分布图显示，原生动物密度最高，占调查浮游动物总密度的 42%；桡足类密度位于第二，占调查浮游动物总密度的 29%；轮虫和枝角类密度占调查浮游动物总密度相对均较低（图 5.192）。

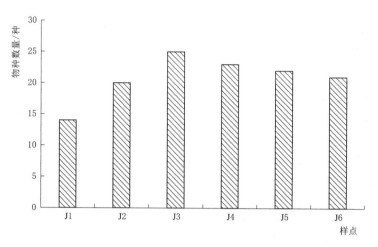

图 5.190 锦水河湿地各样点浮游动物物种数

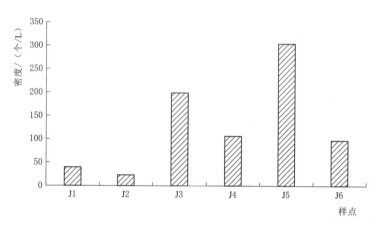

图 5.191 锦水河湿地浮游动物各样点密度

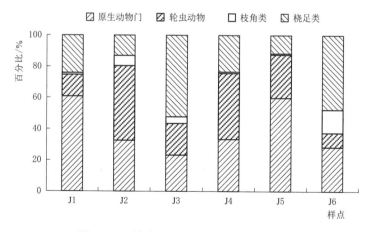

图 5.192 锦水河湿地浮游动物密度百分比

5.9.3 底栖动物群落结构特征

5.9.3.1 底栖动物物种组成

锦水河湿地底栖动物种类组成及物种数量变化如图 5.193 所示，共发现底栖动物 16 种。其中，腹足纲 8 种，昆虫纲 6 种，双壳纲 2 种。锦水河湿地样点 1（J1）发现底栖动物 2 种，物种种类以腹足纲和昆虫纲为主，各为 2 种；样点 2（J2）发现底栖动物 3 种，物种种类以腹足纲、双壳纲和昆虫纲为主，分别为 2 种、2 种和 1 种；样点 3（J3）发现底栖动物 2 种，物种种类以腹足纲和昆虫纲为主，各为 5 种；样点 4（J4）发现底栖动物 1 种，物种种类以腹足纲为主，为 3 种；样点 5（J5）发现底栖动物 1 种，物种种类以腹足纲为主，为 4 种；样点 6（J6）发现底栖动物 3 种，物种种类以腹足纲、昆虫纲、双壳纲为主，分别为 2 种、1 种、1 种。

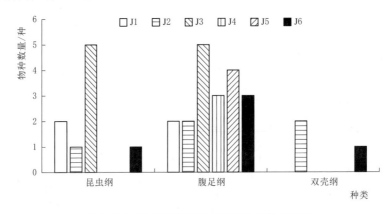

图 5.193 锦水河湿地底栖动物种类数目变化

5.9.3.2 底栖动物密度分布

锦水河湿地各样点底栖动物密度分布如图 5.194 所示，各个样点底栖动物密度范围在 $11.11 \sim 155.56$ 个/m² 之间，平均密度为 56.02 个/m²，其中，J3 样点底栖动物密度最高，J5 样点底栖动物密度最低。

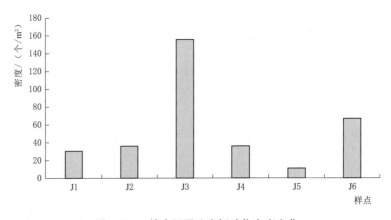

图 5.194 锦水河湿地底栖动物密度变化

锦水河湿地底栖动物各门类密度占比如图 5.195 所示，整体上以腹足纲为主，占底栖动物密度总数的 72.73%；其次是昆虫纲，占总底栖动物密度总数的 24.79%；双壳纲占 2.48%。样点 1（J1）底栖动物以昆虫纲为主，占其总底栖动物密度的 72.73%。样点 2（J2）以腹足纲为主，占其总底栖动物密度的 76.92%。样点 3（J3）以腹足纲为主，占其总底栖动物密度的 69.64%。样点 4（J4）以腹足纲为主，占其总底栖动物密度的 100.00%。样点 5（J5）以腹足纲为主，占其总底栖动物密度的 100.00%。样点 6（J6）以腹足纲为主，占其总底栖动物密度的 79.17%。

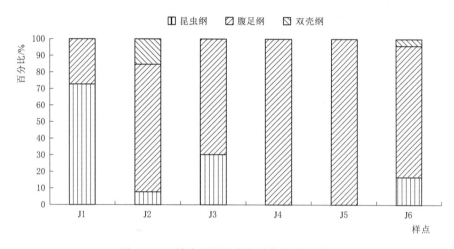

图 5.195　锦水河湿地底栖动物密度百分比

锦水河湿地底栖动物各样点优势物种分布情况见表 5.34，样点 1（J1）的溪流摇蚊密度最大，占其总底栖动物密度的 63.64%。样点 2（J2）的梨形环棱螺密度最大，占其总底栖动物密度的 69.23%。样点 3（J3）的梨形环棱螺密度最大，占其总底栖动物密度的 30.36%。样点 4（J4）的梨形环棱螺密度最大，占其总底栖动物密度的 46.15%。样点 5（J5）的纹沼螺、梨形环棱螺、方形环棱螺、中国圆田螺密度最大，共占其总底栖动物密度的 25.00%。样点 6（J6）的纹沼螺密度最大，占其总底栖动物密度的 58.33%。

表 5.34　　　　　　　　　　　锦水河湿地各样点底栖动物优势物种

样点	优势物种	样点	优势物种
J1	溪流摇蚊	J4	梨形环棱螺
J2	梨形环棱螺	J5	纹沼螺、梨形环棱螺 方形环棱螺、中国圆田螺
J3	梨形环棱螺	J6	纹沼螺

锦水河湿地底栖动物整体上以腹足纲为主，其密度占底栖动物总密度的 72.73%，其中梨形环棱螺为主要优势物种，占锦水河湿地总底栖动物密度的 29.75%（图 5.196）。

5.9.4 水生维管束植物和河岸带植物群落结构特征

5.9.4.1 水生维管束植物和河岸带植物物种组成

锦水河湿地植物调查发现水生维管束植物共10科13种，其中禾本科水生维管束植物最多，占水生维管束植物总数的23%；天南星科植物第二，占水生维管束植物总数的15.3%。锦水河湿地样点J1发现水生维管束植物3种分属3科，物种种类分别为禾本科、菱科和香蒲科。样点J2发现水生维管束植物4种分属2科，物种种类以禾本科为主，有3种。样点J3发现水生维管束植物10种分属9科，其中禾本科为主，有2种。样点J4发现水生维管束植物4种分属4科。样点J5发现水生维管束植物4种分属4科。样点J6发现水生维管束植物6种分属5科，其中禾本科为主，有2种。水生维管束植物物种分布如图5.197所示。

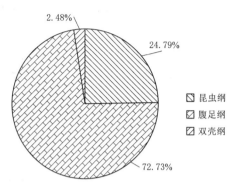

图5.196 锦水河湿地底栖动物密度百分比

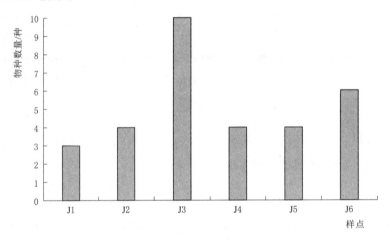

图5.197 锦水河湿地水生维管束植物物种分布

锦水河湿地共发现河岸带植物33科65种，其中菊科河岸带植物最多，占河岸带植物总数的29.4%。锦水河湿地样点J1发现河岸带植物26种分属18科，物种种类以菊科为主，为5种。样点J2发现河岸带植物23种分属19科，物种种类以菊科为主，为4种。样点J3发现河岸带植物23种分属13科，物种种类以菊科为主，为7种。样点J4发现河岸带植物14种分属11科，物种种类以禾本科、苋科和杨柳科为主，均为2种。样点J5发现河岸带植物17种分属14科，物种种类以禾本科为主，为3种。样点J6发现河岸带植物16种分属9科，物种种类以苋科为主，为4种。河岸带植物物种分布如图5.198所示。

5.9.4.2 水生维管束植物和河岸带植物盖度分布

锦水河湿地水生维管束植物调查发现，禾本科的盖度最大，占调查水生维管束植物总盖度的42.2%；菱科的盖度第二，占调查水生维管束植物总盖度的14.4%；天南星科的

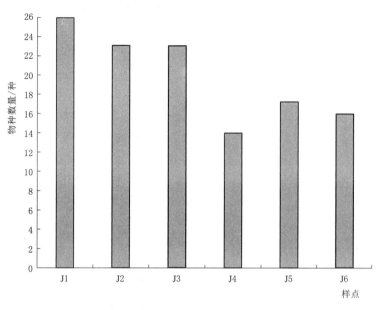

图 5.198　锦水河湿地河岸带植物物种分布

盖度第三，占调查水生维管束植物总盖度的 9.8%（图 5.199）。锦水河湿地样点 J1 以禾本科为主，盖度是 16%；其次是菱科，盖度是 12%。样点 J2 以禾本科为主，盖度是 22%；其次是蓼科，盖度是 3.5%。样点 J3 以禾本科为主，盖度是 8.5%；其次是水鳖科，盖度是 9%；其他各科盖度共 26%。样点 J4 以禾本科为主，盖度是 9%；其次是天南星科，盖度是 5.5%；其他各科盖度共 7.5%。样点 J5 以禾本科为主，盖度是8.5%；其次是天南星科，盖度是 6%；其他各科盖度共 7%。样点 J6 以禾本科为主，盖度是 9.5%；水鳖科盖度是 6%；其他各科盖度共 12%。各样点水生维管束植物优势物种见表 5.35。

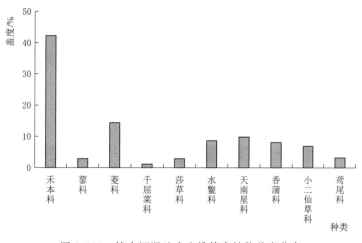

图 5.199　锦水河湿地水生维管束植物盖度分布

169

表 5.35 锦水河湿地各样点水生维管束植物优势物种

样点	优势物种	样点	优势物种
J1	芦苇	J4	芦苇
J2	芦苇	J5	芦苇
J3	黑藻	J6	芦苇、黑藻

锦水河湿地河岸带植物调查结果显示，菊科的盖度最大，占调查河岸带植物总盖度的16.7%；禾本科的盖度第二，占调查河岸带植物总盖度的10.7%；苋科的盖度第三，占调查河岸带植物总盖度的7.3%（图5.200）。锦水河湿地样点J1河岸带植物以菊科为主，盖度是11.5%；其次是禾本科，盖度是7.5%。样点J2以菊科为主，盖度是13%；其次是豆科，盖度是8.5%；其他各科盖度共51%。样点J3以菊科为主，盖度是12.5%；其次是禾本科，盖度是7.5%；其他各科盖度共32.5%。样点J4以大戟科为主，盖度是13%；其次是苋科，盖度是10%；其他各科盖度共47%。样点J5以禾本科为主，盖度是15.5%；其次是杨柳科，盖度是13%；其他各科盖度共19%。样点J6以禾本科为主，盖度是15.5%；其次是天门冬科，盖度是9%；其他各科盖度共44%。各样点河岸带植物优势物种见表5.36。

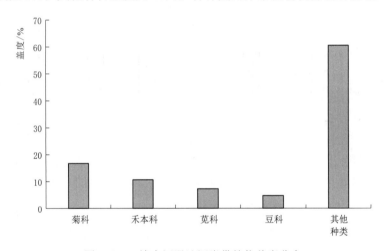

图 5.200 锦水河湿地河岸带植物盖度分布

表 5.36 锦水河湿地各样点河岸带植物优势物种

样点	优势物种	样点	优势物种
J1	鳢肠	J4	地锦
J2	红叶石楠	J5	狗尾草
J3	假龙头花	J6	构树

锦水河湿地水生维管束植物调查结果显示，J3样点水生维管束植物优势度最高，优势度指数为0.88；J2样点水生维管束植物优势度相对较低，优势度指数为0.37（图5.201）。

锦水河湿地河岸带植物调查结果结图5.202所示，J5样点河岸带植物优势度最高，优势度指数为0.97；J6位点河岸带植物优势度相对较低，优势度指数为0.9。

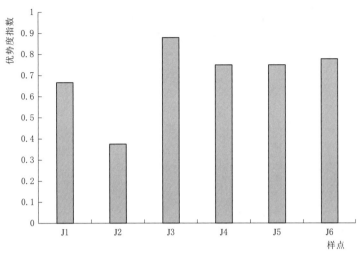

图 5.201 锦水河湿地各样点水生维管束植物优势度

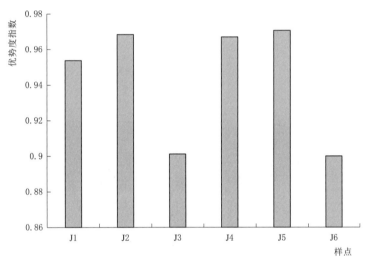

图 5.202 锦水河湿地各样点河岸带植物优势度

5.9.5 两栖类和爬行类群落结构特征

锦水河湿地调查共发现两栖类动物 1 目 3 科 3 属 5 种，爬行类动物 2 目 6 科 6 属 6 种。其中黑斑侧褶蛙和中华蟾蜍为该区域的优势种，金线侧褶蛙（*Pelophylax plancyi*）、泽陆蛙和花背蟾蜍数量不多。锦水河湿地调查到红耳龟和中华草龟 2 种龟类，均是源自人们的放养或放生，其中红耳龟为重要的入侵种类。中华鳖是河中的原生物种，但近年来发现较少，偶有发现也多为放生个体。白条锦蛇和虎斑颈槽蛇为岸带主要的蛇类，无蹼壁虎为夜行性种类，分布于湿地周围的居民区建筑物之中。

5.9.6 鸟类群落结构特征

锦水河湿地鸟类调查共发现鸟类 9 目 17 科 23 属 24 种。其中，山东省重点保护鸟类 4 种，分别是凤头䴙䴘、苍鹭、中白鹭、小白鹭；中澳协定保护鸟类 3 种，分别是家燕、白

鹬鸰、普通燕鸥；中日协定保护鸟类 7 种，分别是凤头鸊鷉、夜鹭、黑水鸡、白腰草鹬
（*Tringa ochropus*）、家燕、白鹡鸰、普通燕鸥。鸟类组成中雀形目 9 科 10 属 10 种，占
总种数 41.7%，为物种量最多的类群（图 5.203）。鸟类区系中，广布种鸟类最多，有 13
种，占总种数的 54.2%；其次为古北界鸟类，有 8 种，占总种数 33.3%；东洋界鸟类最
少，有 3 种，占总种数 12.5%（图 5.204）。本次调查观测显示，锦水河湿地留鸟种类最
多，为 18 种，约占总种数的 75.0%；其次为夏候鸟，为 5 种，占总种数的 20.8%；旅鸟
的种类最少，为 1 种，占总种数的 4.2%（图 5.205）。鸟类 Shannon-Wiener 多样性指数为
2.360，Pielou 均匀度指数为 0.920，Simpson 优势度指数为 0.106，Margalef 丰富度指数为
2.919。栖息环境的相似性在一定程度上决定了鸟类群落组成的相似性，通过锦水河湿地公
园周围环境的调查认为，湿地可划分为人工林、灌丛、水域、农田、居民区 5 类亚生境。农
田和居民区的鸟种相似性系数最高，为 0.966；其次是水域和居民区，为 0.878。水域和农
田的鸟种相似性系数最低，仅为 0.143；其次是灌丛和居民区，为 0.216。

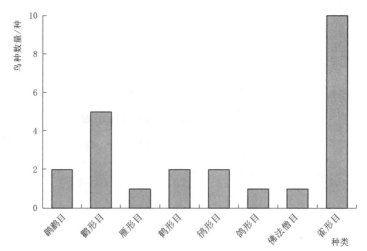

图 5.203 锦水河湿地鸟种数量

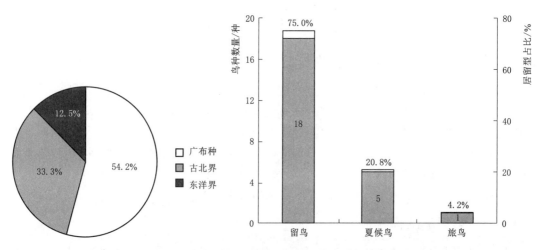

图 5.204 锦水河湿地鸟类区系占比

图 5.205 锦水河湿地鸟类居留型种类数量及占比

5.10 浪溪河省级湿地水生生物群落结构特征

5.10.1 浮游植物群落结构特征

5.10.1.1 浮游植物物种组成

浪溪河省级湿地（以下称浪溪河湿地）浮游植物种类组成及物种数量变化如图 5.206 所示。浪溪河湿地共发现浮游植物 61 种，分属 6 门；绿藻门 28 种，硅藻门 15 种，蓝藻门 8 种，裸藻门 7 种，隐藻门 2 种，甲藻门 1 种。物种种类以绿藻门和硅藻门为主。浪溪河湿地样点 1（R1）发现藻类 33 种分属 5 门，物种种类以绿藻门、硅藻门、蓝藻门为主，分别为 14 种、9 种、7 种。样点 2（R2）发现藻类 33 种分属 5 门，物种种类以绿藻门为主，为 12 种。样点 3（R3）发现藻类 29 种分属 5 门，物种种类以绿藻门为主，为 16 种。样点 4（R4）发现藻类 25 种分属 5 门，物种种类以绿藻门和硅藻门为主，为 12 种、7 种。样点 5（R5）发现藻类 29 种分属 5 门，物种种类以绿藻门和硅藻门为主，为 14 种、8 种。样点 6（R6）发现藻类 32 种分属 5 门，物种种类以绿藻门和硅藻门为主，分别为 16 种、8 种。

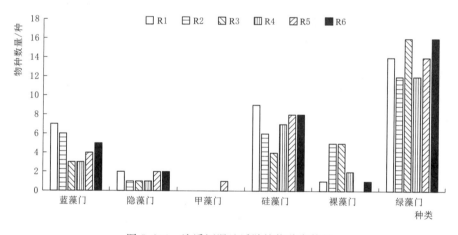

图 5.206 浪溪河湿地浮游植物种类数量

5.10.1.2 浮游植物密度分布

浪溪河湿地各样点浮游植物密度分布如图 5.207 所示。样点 1（R1）的浮游植物密度最大，为 6834 万个/L；其次是样点 2（R2），密度为 5426.4 万个/L；密度最低的是样点 4（R4），为 767.55 万个/L。

浪溪河湿地浮游植物各门类密度占比情况如图 5.208 所示。浮游植物整体上以蓝藻门为主，占总浮游植物密度总数的 77.30%；其次是绿藻门占总浮游植物数量的 15.03%；其他门共占 7.67%。浪溪河湿地样点 1（R1）浮游植物以蓝藻门为主，占其总浮游藻类密度的 85.34%；绿藻门占 10.30%；硅藻门占 4.10%；其他各门总共占 0.26%。样点 2（R2）以蓝藻门为主，占其总浮游藻类密度的 73.73%；绿藻门占 16.54%；硅藻占

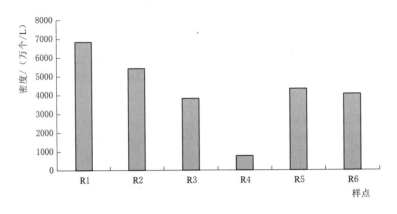

图 5.207　浪溪河湿地浮游植物密度变化

8.27%；其他各门总共占 1.46%。样点 3（R3）以蓝藻门为主，占其总浮游藻类密度的 67.42%；绿藻门占 19.69%；硅藻门占 10.61%；其他各门总共占 2.28%。样点 4（R4）以蓝藻门为主，占其总浮游藻类密度的 56.15%；绿藻门占 22.59%；硅藻门占 13.29%；其他各门总共占 7.97%。样点 5（R5）以蓝藻门为主，占其总浮游藻类密度的 87.38%；绿藻门占 7.96%；其他各门总共占 4.66%。样点 6（R6）以蓝藻门为主，占其总浮游藻类密度的 71.07%；绿藻门占 22.70%；其他各门总共占 6.23%。

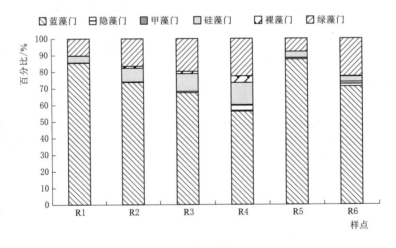

图 5.208　浪溪河湿地浮游植物密度百分比

浪溪河湿地各样点浮游植物优势物种分布情况见表 5.37。浪溪河湿地样点 1（R1）的微小平裂藻密度最大，占其总浮游植物密度的 50.97%。样点 2（R2）的水华束丝藻密度最大，占其总浮游植物密度的 64.85%。样点 3（R3）的水华束丝藻密度最大，占其总浮游植物密度的 53.54%。样点 4（R4）的水华束丝藻密度最大，占其总浮游植物密度的 53.82%。样点 5（R5）的水华束丝藻密度最大，占其总浮游植物密度的 85.79%。样点 6（R6）的微小平裂藻密度最大，占其总浮游植物密度的 46.79%。

表 5.37　　　　　　　　　　浪溪河湿地各样点浮游植物优势物种

样点	优势物种	样点	优势物种
R1	微小平裂藻	R4	水华束丝藻
R2	水华束丝藻	R5	水华束丝藻
R3	水华束丝藻	R6	微小平裂藻

浪溪河湿地浮游植物整体上以蓝藻门为主，其密度占浪溪河湿地浮游植物总密度的 77.30%（图 5.209），其中水华束丝藻为主要优势物种，占浪溪河湿地浮游植物总密度的 40.34%。

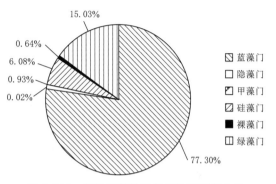

图 5.209　浪溪河湿地浮游植物密度百分比

5.10.2　浮游动物群落结构特征

5.10.2.1　浮游动物物种组成

浪溪河湿地浮游动物调查共发现浮游动物 39 种。其中，原生动物门 5 种，主要为湖累枝虫；轮虫动物 24 种，优势种为红眼旋轮虫和囊形单趾轮虫；枝角类 5 种，优势种为长额象鼻溞；桡足类 5 种，以锯缘真剑水蚤和台湾温剑水蚤为主（图 5.210）。浪溪河湿地各个样点浮游动物物种分布状况调查显示，其浮游动物物种数分布范围为 14～27 种，平均物种数为 18.5 种。其中 R1 样点浮游动物物种数最低，R5 样点物种数最高。整体上看轮虫动物的物种数相对较多，占调查浮游动物物种数的 61.5%（图 5.211）。

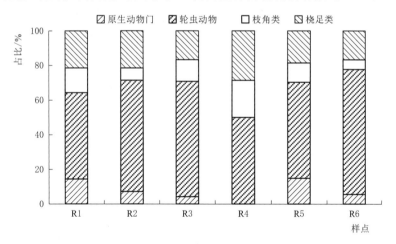

图 5.210　浪溪河湿地浮游动物物种数占比

5.10.2.2　浮游动物密度分布

浪溪河湿地各个样点浮游动物密度分布状况结果显示，各个样点浮游动物密度范围为 38～304 个/L，平均密度为 122.5 个/L。其中，浪溪河湿地 R5 样点浮游动物密度最高，R2 站位浮游动物密度最低（图 5.212）。浪溪河湿地浮游动物密度分布图显示，轮虫动物密度最高，占调查浮游动物总密度的 42.8%；桡足类密度位于第二，占调查浮游动物总密度的

28.7％；原生动物门和枝角类浮游动物密度占调查浮游动物总密度较低（图 5.213）。

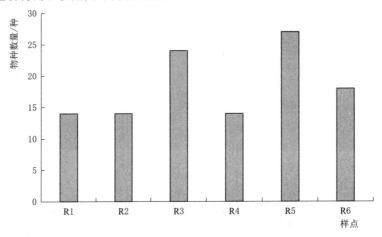

图 5.211　浪溪河湿地各站位浮游动物物种数量

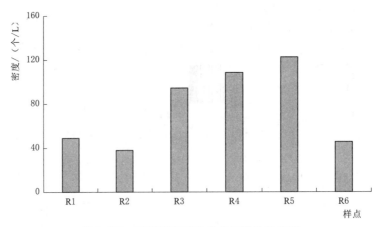

图 5.212　浪溪河湿地各样点浮游动物密度

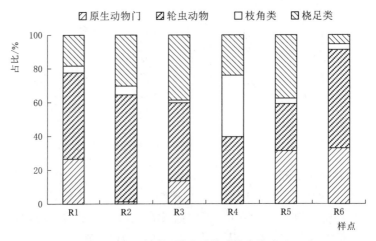

图 5.213　浪溪河湿地浮游动物密度占比

5.10.3 底栖动物群落结构特征

5.10.3.1 底栖动物物种组成

浪溪河湿地底栖动物种类组成及物种数量变化如图 5.214 所示。浪溪河湿地共发现底栖动物 18 种：腹足纲 9 种，昆虫纲 5 种，双壳纲 2 种，软甲纲和瓣鳃纲各 1 种。浪溪河湿地样点 1（R1）发现底栖动物 2 种，物种种类以腹足纲和双壳纲为主，各 1 种；样点 2（R2）发现底栖动物 8 种，物种种类以昆虫纲、腹足纲和双壳纲为主，分别为 5 种、2 种和 1 种；样点 3（R3）发现底栖动物 2 种，物种种类以腹足纲为主，为 2 种；样点 4（R4）发现底栖动物 5 种，物种种类以腹足纲、瓣鳃纲为主，分别为 4 种、1 种；样点 5（R5）发现底栖动物 4 种，物种种类以腹足纲为主，为 4 种；样点 6（R6）发现底栖动物 4 种，物种种类以腹足纲为主，为 4 种。

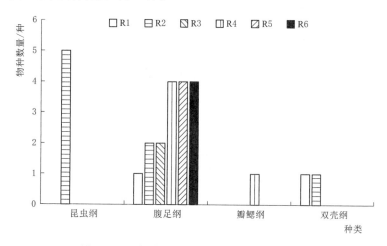

图 5.214 浪溪河湿地底栖动物种类数量变化

5.10.3.2 底栖动物密度分布

浪溪河湿地各样点底栖动物密度分布如图 5.215 所示。浪溪河湿地各个样点底栖动物密度范围在 11.11～61.11 个/m² 之间，平均密度为 37.04 个/m²，其中，R4 样点底栖动物密度最高，R6 样点底栖动物密度最低。

浪溪河湿地底栖动物各门类密度占比如图 5.216 所示。浪溪河湿地整体上以腹足纲为主，占底栖动物密度总数的 82.50%；其次是昆虫纲，占总底栖动物密度的 10.00%；双壳纲占 3.75%；其他纲共占 3.75%。浪溪河湿地样点 1（R1）底栖动物以腹足纲为主，占其总底栖动物密度的 77.78%；软甲纲占 11.11%；双壳纲占 11.11%。其以腹足纲为主，占样点 2（R2）总底栖动物密度的 50.00%；昆虫纲占 40.00%。样点 3（R3）以腹足纲为主，占其总底栖动物密度的 100.00%。样点 4（R4）以腹足纲为主，占其总底栖动物密度的 90.91%。样点 5（R5）以腹足纲为主，占其总底栖动物密度的 100.00%。样点 6（R6）以腹足纲为主，占其总底栖动物密度的 100.00%。

浪溪河湿地各样点底栖动物优势物种分布情况见表 5.38。浪溪河湿地样点 1（R1）的方格短沟蜷密度最大，占其总底栖动物密度的 77.78%。样点 2（R2）的梨形环棱螺、

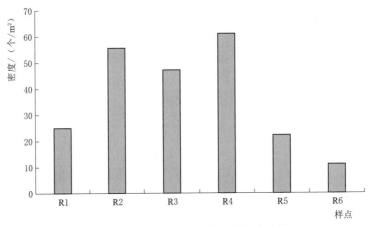

图 5.215　浪溪河湿地底栖动物密度变化

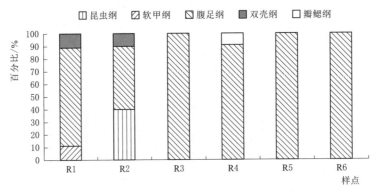

图 5.216　浪溪河湿地底栖动物密度百分比

方形环棱螺密度最大，各占其总底栖动物密度的 25.00％。样点 3（R3）的梨形环棱螺密度最大，占其总底栖动物密度的 94.12％。样点 4（R4）的梨形环棱螺密度最大，占其总底栖动物密度的 45.00％。样点 5（R5）的中华圆田螺密度最大，占其总底栖动物密度的 50.00％。样点 6（R6）的狭萝卜螺、卵萝卜螺、耳萝卜螺、纹沼螺密度最大，各占其总底栖动物密度的 25.00％。

表 5.38　　　　　　　浪溪河湿地各样点底栖动物优势物种

样点	优势物种	样点	优势物种
R1	方格短沟蜷	R4	梨形环棱螺
R2	梨形环棱螺、方形环棱螺	R5	中华圆田螺
R3	梨形环棱螺	R6	狭萝卜螺、卵萝卜螺、耳萝卜螺、纹沼螺

　　浪溪河湿地底栖动物种类组成整体上以腹足纲为主（图 5.217），其密度占底栖动物总密度的 82.50％，其中梨形环棱螺为主要优势物种，占浪溪河湿地总底栖动物密度的 40.00％。

178

5.10.4 水生维管束植物和河岸带植物群落结构特征

5.10.4.1 水生维管束植物和河岸带植物物种组成

浪溪河湿地共发现水生维管束植物 4 科 4 种。其中，样点 R1 未发现水生维管束植物；样点 R2 发现水生维管束植物 1 种分属 1 科，物种种类为禾本科；样点 R3 未发现水生维管束植物；样点 R4 发现水生维管束植物 2 种分属 2 科，物种种类分别为狸藻科和菱科；样点 R5 发现水生维管束植物 2 种分属 2 科，物种种类分别为狸藻科和菱科；样点

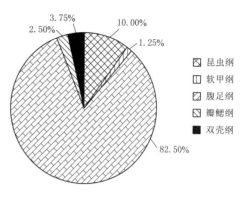

图 5.217　浪溪河湿地底栖动物密度百分比

R6 发现水生维管束植物 1 种分属 1 科，物种种类为蓼科。水生维管束植物物种分布如图 5.218 所示。

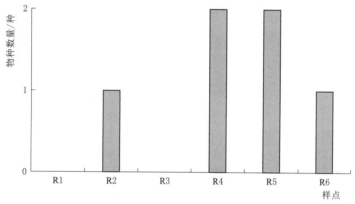

图 5.218　浪溪河湿地水生维管束植物物种分布

浪溪河湿地共发现河岸带植物 26 科 57 种，其中，菊科河岸带植物最多，占河岸带植物总数的 28%；禾本科河岸带植物第二，占河岸带植物总数的 8.7%；蔷薇科河岸带植物第三，占河岸带植物总数的 7%。浪溪河湿地样点 R1 发现河岸带植物 18 种分属 12 科，物种种类以菊科为主，为 6 种。样点 R2 发现河岸带植物 17 种分属 10 科，物种种类以菊科为主，为 5 种。样点 R3 发现河岸带植物 26 种分属 13 科，物种种类以菊科为主，为 10 种。样点 R4 发现河岸带植物 21 种分属 14 科，物种种类以禾本科为主，为 4 种。样点 R5 发现河岸带植物 19 种分属 11 科，物种种类以菊科为主，为 5 种。样点 R6 发现河岸带植物 24 种分属 14 科，物种种类以菊科为主，为 8 种。河岸带植物物种分布如图 5.219 所示。

5.10.4.2 水生维管束植物和河岸带植物盖度分布

浪溪河湿地水生维管束植物调查发现，禾本科和狸藻科的盖度最大，均占调查水生维管束植物总盖度的 31.4%；菱科的盖度位于第三位，占调查水生维管束植物总盖度的 28.6%（图 5.220）。其中样点 R1 未发现水生维管束植物。样点 R2 以禾本科为主，盖度是 11%。样点 R3 未发现水生维管束植物。样点 R4 以狸藻科为主，盖度是 5%；其次是菱科，盖度是 4%。样点 R5 以狸藻科和菱科为主，盖度均为 6%。样点 R6 以蓼科为主，盖度是 3%。各采样点水生维管束植物优势物种见表 5.39。

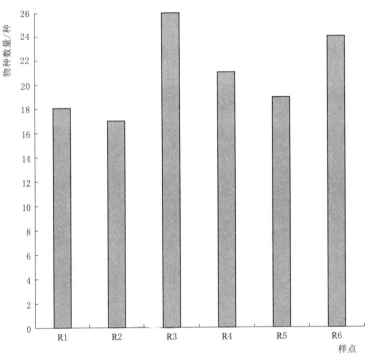

图 5.219　浪溪河湿地河岸带植物物种分布

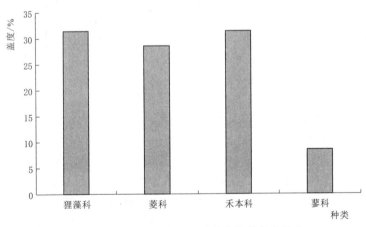

图 5.220　浪溪河湿地水生维管束植物盖度分布

表 5.39　　　　　　　　　浪溪河湿地各样点水生维管束植物优势物种

样点	优势物种	样点	优势物种
R1	无	R4	穗状狐尾藻
R2	芦苇	R5	穗状狐尾藻、欧菱
R3	无	R6	水蓼

　　浪溪河湿地河岸带植物中菊科的盖度最大，占调查河岸带植物总盖度的 24.1%；禾本科的盖度位于第二位，占调查河岸带植物总盖度的 20.4%；杨柳科的盖度位于第三位，占调查河岸带植物总盖度的 14.4%（图 5.221）。其中，样点 R1 河岸带植物以杨柳科为

主，盖度是 15%；其次是禾本科，盖度是 12%；其他各科盖度共 30%。样点 R2 以禾本科为主，盖度是 11%；其次是杨柳科，盖度是 7%；其他各科盖度共 30.5%。样点 R3 以菊科为主，盖度是 37%；其次是禾本科，盖度是 13%；其他各科盖度共 42%。样点 R4 以禾本科为主，盖度是 25.5%；其次是豆科，盖度是 12%；其他各科盖度共 43.5%。样点 R5 以禾本科为主，盖度是 20.5%；其次是菊科，盖度是 17.5%；其他各科盖度共 35%。样点 R6 以禾本科为主，盖度是 24.5%；其次是蔷薇科，盖度是 12.5%；其他各科盖度共 47%。各样点河岸带植物优势物种见表 5.40。

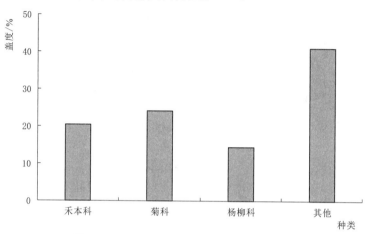

图 5.221 浪溪河湿地河岸带植物盖度分布

表 5.40 浪溪河湿地各样点河岸带植物优势物种

样点	优势物种	样点	优势物种
R1	杨树	R4	杨树
R2	狗尾草	R5	杨树
R3	苍耳	R6	杨树

浪溪河湿地水生维管束植物调查结果显示，样点 R3、R4 水生维管束植物优势度最高，优势度指数均为 0.5（图 5.222）。

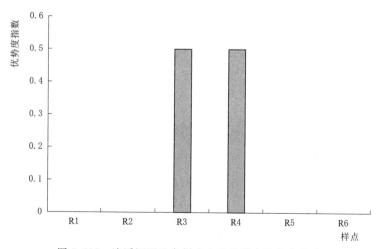

图 5.222 浪溪河湿地各样点水生维管束植物优势度

浪溪河湿地调查结果如图 5.223 所示，R4 样点河岸带植物优势度最高，优势度指数为 0.95；R3 样点河岸带植物优势度相对较低，优势度指数为 0.85。

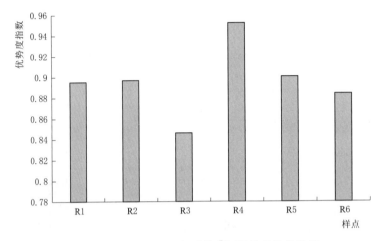

图 5.223　浪溪河湿地各采样点河岸带植物优势度

5.10.5　两栖类和爬行类群落结构特征

浪溪河湿地位于济南市平阴县的东阿镇和洪范池镇，湿地公园以河岸湿地为中心，集河流、沼泽、滩涂等自然景观于一体，为典型的河流型湿地。浪溪河湿地动物调查共发现两栖类动物 1 目 3 科 3 属 5 种，爬行类动物 2 目 3 科 3 属 3 种，无国家重点保护物种。其中，黑斑侧褶蛙和中华蟾蜍为该区域的优势种，花背蟾蜍和泽陆蛙数量较少。调查到龟鳖类 1 种——红耳龟，为来自美洲的入侵物种，可能源自人们的放生。白条锦蛇和虎斑颈槽蛇为岸带主要的蛇类，其数量均较少。浪溪河湿地的景观设计和施工完成时间较短，很多植被还没有完全定植，施工期间人类活动也比较多，对观测有一定影响，可能导致调查的两爬类多样性不高。

5.10.6　鸟类群落结构特征

浪溪河湿地鸟类调查共发现鸟类 6 目 9 科 13 属 14 种。其中，山东省重点保护鸟类 1 种，为小白鹭；中澳协定保护鸟类包括家燕 1 种；中日协定保护鸟类 2 种，分别是夜鹭、黑水鸡。其中雀形目 4 科 5 属 5 种，占总种数 35.7%，为物种量最多的类群（图 5.224）。鸟类区系中，广布种鸟类最多，有 9 种，占总种数的 64.3%；其次为古北界鸟类，有 3 种，占总种数 21.4%；东洋界鸟类最少，有 2 种，占总种数 14.3%（图 5.225）。本次调查观测显示，浪溪河湿地留鸟种类最多，为 11 种，约占总种数的 78.6%；其次为夏候鸟，为 3 种，占总种数的 14.3%（图 5.226）。鸟类 Shannon-Wiener 多样性指数为 1.554，Pielou 均匀度指数为 0.606，Simpson 优势度指数为 0.269，Margalef 丰富度指数为 1.638。栖息环境的相似性在一定程度上决定了鸟类群落组成的相似性，通过对浪溪河湿地公园周围环境的调查，划分出人工林、灌丛、水域、农田、居民区 5 类亚生境。灌丛和人工林的鸟种相似性系数最高，为 1.000；其次是农田与灌丛、人工林，相似性系数为

0.889。水域和人工林、灌丛的鸟种相似度最低，相似性系数仅为 0.250。

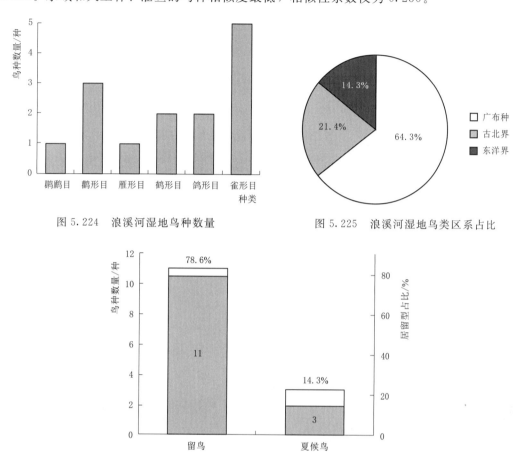

图 5.224 浪溪河湿地鸟种数量

图 5.225 浪溪河湿地鸟类区系占比

图 5.226 浪溪河湿地鸟类居留型种类数量及占比

5.11 龙山湖省级湿地水生生物群落结构特征

5.11.1 浮游植物群落结构特征

5.11.1.1 浮游植物物种组成

龙山湖省级湿地（以下称龙山湖湿地）浮游植物种类组成及物种数量变化如图 5.227 所示。龙山湖湿地共发现浮游植物 68 种分属 8 门：绿藻门 26 种，硅藻门 20 种，蓝藻门 8 种，裸藻门 7 种，甲藻门 3 种，隐藻门 2 种，金藻门和黄藻门各 1 种。物种种类以绿藻门和硅藻门为主。龙山湖湿地样点 1（L1）发现藻类 28 种分属 8 门，物种种类以绿藻门、硅藻门为主，分别为 10 种、8 种。样点 2（L2）发现藻类 27 种分属 7 门，物种种类以绿藻门为主，为 11 种。样点 3（L3）发现藻类 36 种分属 7 门，物种种类以绿藻门为主，为 18 种。样点 4（L4）发现藻类 30 种分属 6 门，物种种类以绿藻门和蓝藻门为主，分别为 14 种、7 种。样点 5（L5）发现藻类 27 种分属 7 门，物种种类以绿藻门和硅藻门为主，为 11 种、7 种。样点 6（L6）发现藻类 25 种分属 7 门，物种种类以硅藻门、绿藻门、蓝藻门为主，分别为 7 种、6 种、5 种。

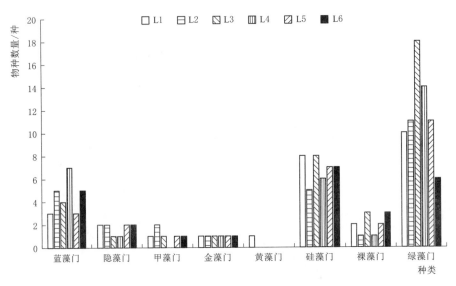

图 5.227 龙山湖湿地浮游植物种类数量

5.11.1.2 浮游植物密度分布

龙山湖湿地各样点浮游植物密度分布如图 5.228 所示，样点 5（L5）的浮游植物密度最大，为 2371.5 万个/L；其次是样点 2（L2），为 1881.9 万个/L；密度最低的是样点 3（L3），为 905.25 万个/L。

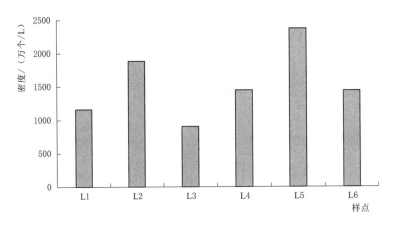

图 5.228 龙山湖湿地浮游植物密度变化

龙山湖湿地浮游植物各门类密度占比如图 5.229 所示。浮游植物整体上以蓝藻门为主，占总浮游植物密度总数的 60.73%；其次是绿藻门，占总浮游植物数量的 18.94%；其他门共占 20.33%。龙山湖湿地样点 1（L1）浮游植物以蓝藻门为主，占其总浮游藻类密度的 61.98%；绿藻门占 16.92%；隐藻门占 9.23%；硅藻门占 7.03%；其他各门总共占 4.84％。样点 2（L2）以蓝藻门为主，占其总浮游藻类密度的 71.27％；绿藻门占 20.33％；硅藻门占 3.25％；其他各门总共占 5.15％。样点 3（L3）以绿藻门为主，占其总浮游藻类密度的 46.20％；蓝藻门占 31.27％；硅藻门占 10.70％；其他各门总共占 11.83％。样点 4（L4）以蓝藻门为主，占其总浮游藻类密度的 56.16％；绿藻门占 22.36％；金藻门占 10.39％；其他各门总共占 11.09％。样点 5（L5）以蓝藻门为主，占其总浮游藻类密度的 55.16％；金藻门占 26.34％；绿藻门占 14.52％；其他各门总共占 3.98％。样点 6（L6）以蓝藻门为主，占其总浮游藻类密度的 78.23％；金藻门占 6.19％；绿藻门占 5.49％；其他各门总共占 10.09％。

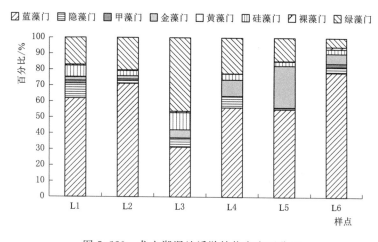

图 5.229 龙山湖湿地浮游植物密度百分比

龙山湖湿地各样点浮游植物优势物种分布情况见表 5.41。样点 1（L1）的水华束丝藻密度最大，占其总浮游植物密度的 58.24％。样点 2（L2）的水华束丝藻密度最大，占其总浮游植物密度的 61.25％。样点 3（L3）的水华束丝藻密度最大，占其总浮游植物密度的 23.66％。样点 4（L4）的点状平裂藻密度最大，占其总浮游植物密度的 24.30％。样点 5（L5）的水华束丝藻密度最大，占其总浮游植物密度的 44.95％。样点 6（L6）的水华束丝藻密度最大，占其总浮游植物密度的 61.59％。

表 5.41　　　　　　　　　　龙山湖湿地各样点浮游植物优势物种

样点	优势物种	样点	优势物种
L1	水华束丝藻	L4	点状平裂藻
L2	水华束丝藻	L5	水华束丝藻
L3	水华束丝藻	L6	水华束丝藻

龙山湖湿地浮游植物种类组成整体上以蓝藻门为主（图 5.230），其密度占浮游植物总密度的 60.73％，其中，水华束丝藻为主要优势物种，占龙山湖湿地总浮游植物密度的 44.06％。

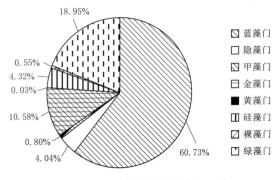

图 5.230　龙山湖湿地浮游植物密度占比

- ▨ 蓝藻门
- ▢ 隐藻门
- ▨ 甲藻门
- ▤ 金藻门
- ■ 黄藻门
- ▥ 硅藻门
- ▧ 裸藻门
- ▢ 绿藻门

18.95%
0.55%
4.32%
0.03%
10.58%
0.80%
4.04%
60.73%

5.11.2　浮游动物群落结构特征

5.11.2.1　浮游动物物种组成

龙山湖湿地浮游动物调查共发现浮游动物 33 种。其中，原生动物门 6 种，主要为盘状表壳虫；轮虫动物 18 种，优势种为针簇多肢轮虫；枝角类 4 种；桡足类 5 种，主要以锯缘真剑水蚤为主（图 5.231）。从龙山湖湿地各个样点浮游动物物种分布状况来看，龙山湖湿地浮游动物物种数分布范围为 7~30 种，平均物种数为 14 种。其中 L6 样点浮游动物物种数最多，L3 和 L4 样点物种数最少。整体上轮虫动物的物种数较多，占调查浮游动物物种数的 54.5%；原生动物门物种数位于第二，占调查浮游动物物种数的 18%（图 5.232）。

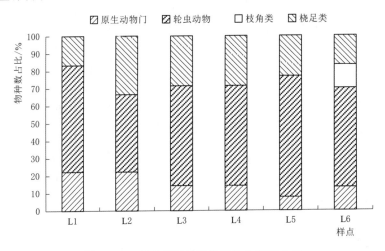

图 5.231　龙山湖湿地浮游动物物种数占比

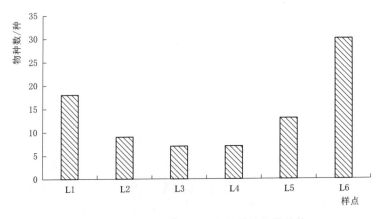

图 5.232　龙山湖湿地各样点浮游动物物种数

5.11.2.2 浮游动物密度分布

龙山湖湿地各个样点浮游动物密度分布状况如图 5.233 所示，浮游动物密度范围为 15.5～304 个/L，平均密度为 122.5 个/L，其中，L6 样点浮游动物密度最高，L2 样点浮游动物密度最低。龙山湖湿地浮游动物密度分布图显示，桡足类密度最高，为 203 个/L，占调查浮游动物总密度的 52.7%；轮虫动物密度位于第二，为 152 个/L，占调查浮游动物总密度的 39.5%；原生动物门和枝角类密度占调查浮游动物总密度的比例相对较低（图 5.234）。

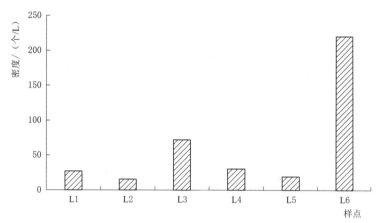

图 5.233 龙山湖湿地各样点浮游动物密度变化

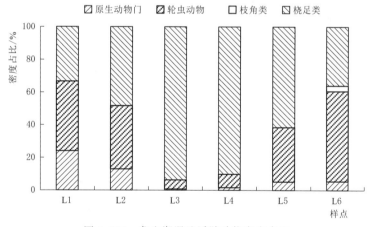

图 5.234 龙山湖湿地浮游动物密度占比

5.11.3 底栖动物群落结构特征

5.11.3.1 底栖动物物种组成

龙山湖湿地底栖动物种类组成及物种数量变化如图 5.235 所示。龙山湖省级湿地共发现底栖动物 23 种，其中，腹足纲 13 种，昆虫纲 10 种。龙山湖湿地样点 1（L1）发现底栖动物 9 种，物种种类以腹足纲和昆虫纲为主，分别为 6 种、3 种；样点 2（L2）发现底栖动物 7 种，物种种类以腹足纲和昆虫纲为主，分别为 6 种、1 种；样点 3（L3）发现底栖动物 4 种，物种种类以腹足纲为主，为 4 种；样点 4（L4）发现底栖动物 5 种，物种种类以腹足纲和昆虫纲为主,分别为 3 种、2 种;样点 5(L5)发现底栖动物 4 种,物种种类以腹足纲和昆虫纲为主,分别为 3 种、1 种;样点 6(L6)发现底栖动物 12 种,物种种类以腹足纲和昆虫纲为主,分别为 6 种。

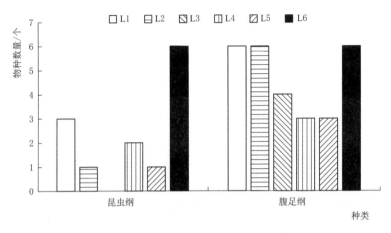

图 5.235 龙山湖湿地底栖动物种类数目变化

5.11.3.2 底栖动物密度分布

龙山湖湿地各样点底栖动物密度分布如图 5.236 所示,各个样点底栖动物密度范围为 16.67~330.56 个/m²,平均密度为 114.81 个/m²,其中,L5 样点底栖动物密度最高,L3 样点底栖动物密度最低。

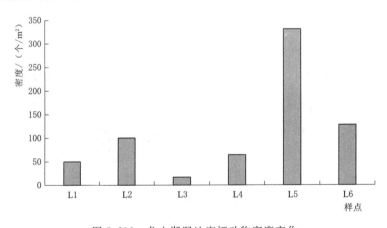

图 5.236 龙山湖湿地底栖动物密度变化

龙山湖湿地底栖动物各门类密度占比如图 5.237 所示。整体上以腹足纲为主,占底栖动物密度总数的 86.29%;其次是昆虫纲,占总底栖动物数量的 13.71%。其中样点 1(L1)底栖动物以腹足纲为主,占其总底栖动物密度的 83.33%;昆虫纲占 16.67%。样点 2(L2)以腹足纲为主,占其总底栖动物密度的 97.22%。样点 3(L3)以腹足纲为主,占其总底栖动物密度的 100.00%。样点 4(L4)以腹足纲为主,占其总底栖动物密度的 91.30%。样点 5(L5)以腹足纲为主,占其总底栖动物密度的 99.16%。样点 6(L6)以昆虫纲为主,占其总底栖动物密度的 58.70%;腹足纲占 41.30%。

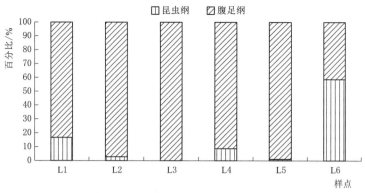

图 5.237　龙山湖湿地底栖动物密度百分比

龙山湖湿地各样点优势物种分布见表 5.42。样点 1（L1）的纹沼螺密度最大，占其总底栖动物密度的 27.78%。样点 2（L2）的纹沼螺密度最大，占其总底栖动物密度的 44.44%。样点 3（L3）的纹沼螺密度最大，占其总底栖动物密度的 33.33%。样点 4（L4）的中华圆田螺密度最大，占其总底栖动物密度的 34.78%。样点 5（L5）的纹沼螺密度最大，占其总底栖动物密度的 73.95%。样点 6（L6）的柔嫩雕翅摇蚊密度最大，占其总底栖动物密度的 39.13%。

表 5.42　　　　　　　　　龙山湖湿地各样点底栖动物优势物种

样点	优势物种	样点	优势物种
L1	纹沼螺	L4	中华圆田螺
L2	纹沼螺	L5	纹沼螺
L3	纹沼螺	L6	柔嫩雕翅摇蚊

龙山湖湿地底栖动物种类组成整体上以腹足纲为主，占底栖动物总密度的 86.29%（图 5.238），其中纹沼螺为主要优势物种，占龙山湖湿地总底栖动物密度的 46.37%。

5.11.4　水生维管束植物和河岸带植物群落结构特征

5.11.4.1　水生维管束植物和河岸带植物物种组成

龙山湖湿地植物调查共发现水生维管束植物 11 科 12 种，其中水鳖科最多，占水生维管束植物总数的 16.7%。龙山湖湿地样点 L1 发现水生

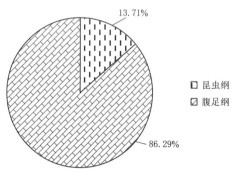

图 5.238　龙山湖湿地底栖动物密度比

维管束植物 8 种分属 7 科，物种种类以水鳖科为主，为 2 种。样点 L2 发现水生维管束植物 9 种分属 9 科。样点 L3 发现水生维管束植物 5 种分属 5 科。样点 L4 发现水生维管束植物 5 种分属 5 科。样点 L5 发现水生维管束植物 7 种分属 7 科。样点 L6 发现水生维管束植物 3 种分属 3 科。水生维管束植物物种分布如图 5.239 所示。

龙山湖湿地共发现河岸带植物 26 科 59 种，菊科河岸带植物最多，占河岸带植物总数的 23.7%；禾本科和苋科河岸带植物第二，均占河岸带植物总数的 8.4%。龙山湖湿地样

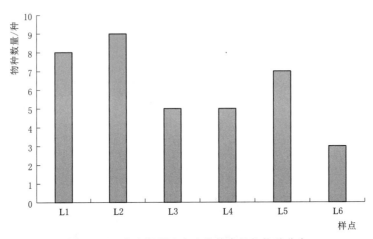

图 5.239　龙山湖湿地水生维管束植物物种分布

点 L1 发现河岸带植物 20 种分属 12 科，物种种类以菊科为主，为 5 种。样点 L2 发现河岸带植物 11 种分属 11 科。样点 L3 发现河岸带植物 17 种分属 7 科，物种种类以菊科为主，为 6 种。样点 L4 发现河岸带植物 32 种分属 17 科，物种种类以菊科为主，为 7 种。样点 L5 发现河岸带植物 20 种分属 14 科，物种种类以菊科为主，为 4 种。样点 L6 发现河岸带植物 18 种分属 11 科，物种种类以菊科为主，为 6 种。河岸带植物物种分布如图 5.240 所示。

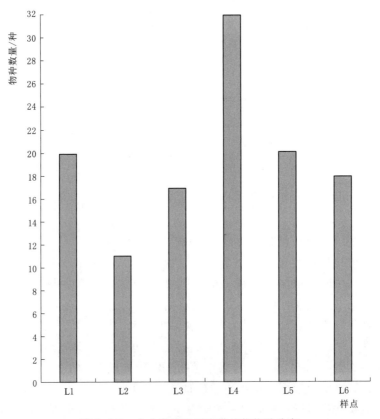

图 5.240　龙山湖湿地河岸带植物物种分布

5.11.4.2　水生维管束植物和河岸带植物盖度分布

龙山湖湿地水生维管束植物盖度调查结果如图 5.241 所示，禾本科的盖度最大，占调查水生维束管植物总盖度的 34.5%；菱科的盖度位于第二位，占调查水生维管束植物总盖度的 20.5%；水鳖科的盖度位于第三位，占调查水生维管束植物总盖度的 18.5%。其中，龙山湖湿地样点 L1 以菱科为主，盖度是 8%；其次是水鳖科，盖度是 7.5%；其他各科盖度共 19%。样点 L2 以禾本科为主，盖度是 7.5%；其次是菱科，盖度是 6.5%；水鳖科盖度是 6%。样点 L3 以菱科为主，盖度是 6%；其次是禾本科，盖度是 5.5%；其他各科盖度共 11.5%。样点 L4 以禾本科为主，盖度是 5.5%；其次是蓼科，盖度是 3.5%；槐叶苹科盖度是 3%。样点 L5 以水鳖科为主，盖度是 5%；其次是禾本科，盖度是 4%；蓼科盖度是 3.5%；其他各科盖度共 9%。样点 L6 以禾本科为主，盖度是 6%；蓼科盖度是 3%；槐叶蘋科盖度是 2%。各样点水生维管束植物优势物种见表 5.43。

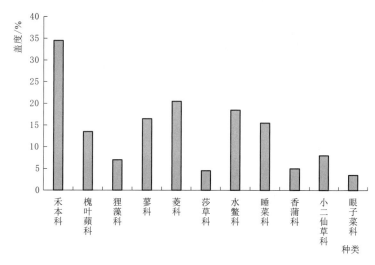

图 5.241　龙山湖湿地水生维管束植物盖度分布

表 5.43　　　　　　　　龙山湖湿地各样点水生维管束植物优势物种

样点	优势物种	样点	优势物种
L1	欧菱	L4	芦苇
L2	芦苇	L5	黑藻
L3	欧菱	L6	芦苇

龙山湖湿地河岸带植物调查结果如图 5.242 所示，菊科的盖度最大，占调查河岸带植物总盖度的 26.4%；禾本科的盖度位于第二位，占调查河岸带植物总盖度的 16.8%；杨柳科的盖度位于第三位，占调查河岸带植物总盖度的 11.7%。龙山湖湿地样点 L1 以菊科为主，盖度是 12.5%；其次是禾本科，盖度是 8.5%；其他各科盖度共 32.5%。样点 L2 以杨柳科为主，盖度是 10%；其次是桑科，盖度是 6%；其他各科盖度共 19%。样点 L3 以菊科为主，盖度是 18.5%；其次是禾本科，盖度是 13%；其他各科盖度共 24%。样点 L4 以菊科为主，盖度是 22%；其次是禾本科，盖度是 16.5%；其他各科盖度共 40%。样

点 L5 以菊科为主，盖度是 13%；其次是禾本科，盖度是 12%；其他各科盖度共 34.5%。样点 L6 以菊科为主，盖度是 21.5%；其次是蔷薇科，盖度是 9.5%；其他各科盖度共 33%。各样点河岸带植物优势物种见表 5.44。

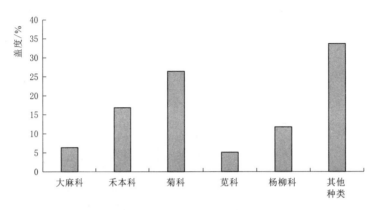

图 5.242　龙山湖湿地河岸带植物盖度分布

表 5.44　　　　　　　　　　龙山湖湿地各样点河岸带植物优势物种

样点	优势物种	样点	优势物种
L1	垂柳	L4	狗尾草
L2	杨树	L5	杨树、狗尾草
L3	莕草	L6	金鸡菊

龙山湖湿地调查水生维管束植物调查结果显示，L2 样点水生维管束植物优势度最高，优势度指数为 0.88；L6 样点水生维管束植物优势度相对较低，优势度指数为 0.66（图 5.243）。

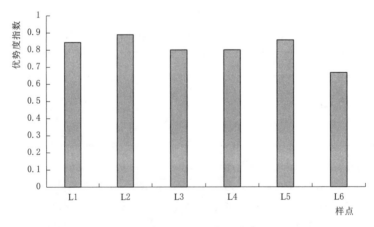

图 5.243　龙山湖湿地各采样点水生维管束植物优势度

龙山湖湿地河岸带植物调查结果如图 5.244 所示，L2 样点河岸带植物优势度最高，优势度指数为 0.99；L3 样点河岸带植物优势度相对较低，优势度指数为 0.85。

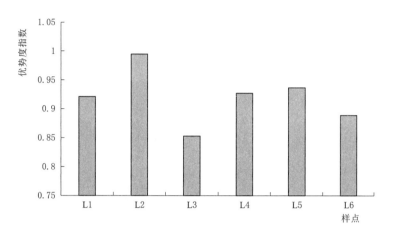

图 5.244　龙山湖湿地各采样点河岸带植物优势度

5.11.5　两栖类和爬行类群落结构特征

龙山湖湿地共发现两栖动物 1 目 3 科 3 属 5 种，爬行动物 2 目 6 科 6 属 7 种。其中，黑斑侧褶蛙和中华蟾蜍为该区域的优势种，金线侧褶蛙、泽陆蛙和花背蟾蜍数量不多。龙山湖湿地区域内仅调查到红耳龟和中华草龟 2 种龟类，可能来源于人们的放养或放生，其中红耳龟为重要的入侵种类。通过走访与查阅资料了解到，湖中也有野生的中华鳖偶尔被捕获。白条锦蛇和虎斑颈槽蛇为岸带主要的蛇类，赤链蛇（*Dinodon rufozonatum*）数量不多。丽斑麻蜥为昼行性蜥蜴，分布于湿地周围环境较复杂的干旱岸带；无蹼壁虎为夜行性种类，分布于湿地周围的居民区建筑物。

5.11.6　鸟类群落结构特征

龙山湖湿地共发现鸟类 8 目 13 科 14 属 15 种。其中，山东省重点保护鸟类 1 种，为小白鹭；中澳协定保护鸟类 2 种，分别是家燕、普通燕鸥；中日协定保护鸟类 3 种，分别是家燕、黑水鸡、普通燕鸥。鸟类组成中雀形目 6 科 6 属 6 种，占总种数 40.0%，为物种量最多的类群（图 5.245）。鸟类区系中，广布种鸟类最多，有 9 种，占总种数的 60.0%；其次为古北界鸟类，有 4 种，占总种数 26.7%；东洋界鸟类最少，有 2 种，占总种数 13.3%（图 5.246）。本次调查观测显示，济南龙山湖湿地留鸟种类最多，为 11 种，约占总种数的 73.3%；其次为夏候鸟，为 4 种，占总种数的 26.7%（图 5.247）。鸟类 Shannon-Wiener 多样性指数为 2.021，Pielou 均匀度指数为 1.039，Simpson 优势度指数为 0.171，Margalef 丰富度指数为 2.370。龙山湖湿地公园周围环境的调查显示，可划分出人工林、灌丛、水域、农田、居民区 5 类亚生境。其中，农田和人工林的鸟种相似性系数最高，为 1.000；其次是灌丛和农田、人工林，相似性系数为 0.923；然后是水域和人工林，相似性系数为 0.421；水域和灌丛的鸟种相似度最低，相似性系数仅为 0.333。

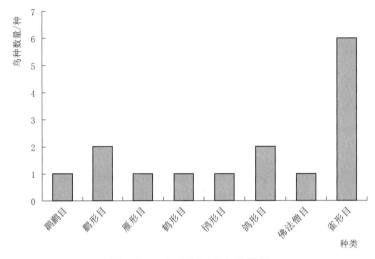

图 5.245　龙山湖湿地鸟种数量

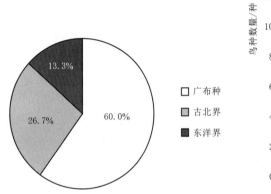

图 5.246　龙山湖湿地鸟类区系占比

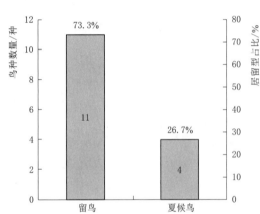

图 5.247　龙山湖湿地鸟类居留型种类数量及占比

5.12　绣源河省级湿地水生生物群落结构特征

5.12.1　浮游植物群落结构特征

5.12.1.1　浮游植物物种组成

绣源河省级湿地（以下称绣源河湿地）浮游植物种类组成及物种数量变化如图 5.248 所示。绣源河省级湿地共发现浮游植物 55 种分属 7 门：硅藻门 20 种，绿藻门 19 种，蓝藻门 6 种，裸藻门 4 种，隐藻门、甲藻门、金藻门各 2 种。物种种类以硅藻门和绿藻门为主。绣源河湿地样点 1（Q1）发现藻类 12 种分属 2 门，物种种类以硅藻门、绿藻门为主，分别为 11 种、1 种。样点 2（Q2）发现藻类 7 种分属 4 门，物种种类以硅藻门、裸藻门、甲藻门、金藻门为主，分别为 3 种、2 种、1 种、1 种。样点 3（Q3）发现藻类 15 种分属 6 门，物种种类以硅藻门为主，为 6 种。样点 4（Q4）发现藻类 26 种分属 5 门，物种种类以绿藻门和硅藻门为主，分别为 13 种、7 种。样点 5（Q5）发现藻类 20 种分属 6 门，物种种类以硅藻门和绿藻门为主，分别为 12 种、9 种。样点 6（Q6）发现藻类 29 种分属 7 门，物种种类以绿藻门和硅藻门为主，分别为 14 种、6 种。

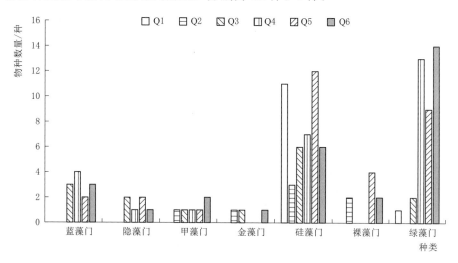

图 5.248　绣源河湿地浮游植物种类数量

5.12.1.2　浮游植物密度分布

绣源河湿地各样点浮游植物密度分布如图 5.249 所示，样点 4（Q4）的浮游植物密度最大，为 5094.9 万个/L；其次是样点 6（Q6），为 1999.2 万个/L；密度最低的是样点 3（Q3），为 109.65 万个/L。

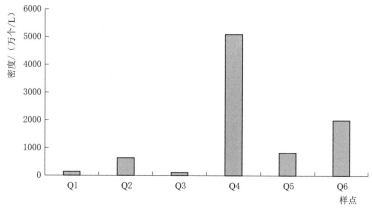

图 5.249　绣源河湿地浮游植物密度变化

绣源河湿地浮游植物各门类密度占比如图 5.250 所示。绣源河湿地整体以蓝藻门为主，占总浮游植物密度总数的 54.20%；其次是绿藻门，占总浮游植物数量的 22.74%；其他门共占 23.06%。其中绣源河湿地样点 1（Q1）以硅藻门为主，占其总浮游藻类密度的 85.19%；绿藻门占 14.81%。样点 2（Q2）以金藻门为主，占其总浮游藻类密度的 96.02%；其他各门总共占 3.98%。样点 3（Q3）以硅藻门为主，占其总浮游藻类密度的 27.91%；金藻门占 25.58%；蓝藻门占 20.93%；绿藻门占 16.28%；其他各门总共占

9.3%。样点 4 （Q4）以蓝藻门为主，占其总浮游藻类密度的 72.62%；绿藻门占
18.12%；硅藻门占 8.96%；其他各门总共占 0.30%。样点 5 （Q5）以蓝藻门为主，占其
总浮游藻类密度的 32.3%；硅藻门占 20.5%；隐藻门占 15.53%；甲藻门占 13.98%；其
他各门总共占 17.69%。样点 6 （Q6）以绿藻门为主，占其总浮游藻类密度的 48.34%；
蓝藻门占 39.16%；其他各门总共占 12.5%。

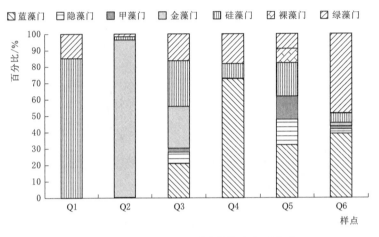

图 5.250　绣源河湿地浮游植物密度百分比

绣源河湿地各样点浮游植物优势物种分布情况见表 5.45。样点 1 （Q1）的扁圆卵形
藻密度最大，占其总浮游植物密度的 16.67%。样点 2 （Q2）的分歧锥囊藻密度最大，占
其总浮游植物密度的 96.02%。样点 3 （Q3）的分歧锥囊藻密度最大，占其总浮游植物密
度的 25.58%。样点 4 （Q4）的水华束丝藻密度最大，占其总浮游植物密度的 68.37%。
样点 5 （Q5）的铜绿微囊藻密度最大，占其总浮游植物密度的 26.71%。样点 6 （Q6）的
水华束丝藻密度最大，占其总浮游植物密度的 32.91%。

表 5.45　　　　　　　　　　绣源河湿地各样点浮游植物优势物种

样点	优势物种	样点	优势物种
Q1	扁圆卵形藻	Q4	水华束丝藻
Q2	分歧锥囊藻	Q5	铜绿微囊藻
Q3	分歧锥囊藻	Q6	水华束丝藻

绣源河省级湿地浮游植物优势种群整体上以蓝藻门为主 （图 5.251），占浮游植物总
密度的 54.20%，其中水华束丝藻为主要优势物种，占绣源河湿地总浮游植物密度
的 47.74%。

5.12.2　浮游动物群落结构特征

5.12.2.1　浮游动物物种组成

绣源河湿地共发现浮游动物 43 种。其中，原生动物门 11 种，以盘状匣壳虫为主；轮
虫动物 22 种，优势种为囊形单趾轮虫和角突臂尾轮虫；枝角类 6 种，优势种为短尾秀体

溞；桡足类 6 种，以锯缘真剑水蚤为主（图 5.252）。绣源河湿地各样点浮游动物物种分布状况显示，其浮游动物物种数分布范围在 6～25 种，平均物种数为 15 种。其中 Q6 样点浮游动物物种数最高，Q2 样点物种数最低。整体上以轮虫动物的物种数为多，占调查浮游动物物种数的 51％；原生动物门物种数第二，占调查浮游动物物种数的 25.6％（图 5.253）。

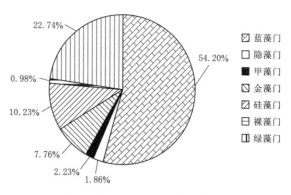

图 5.251 绣源河湿地浮游植物密度占比

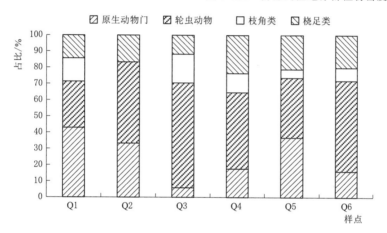

图 5.252 绣源河湿地浮游动物物种数占比

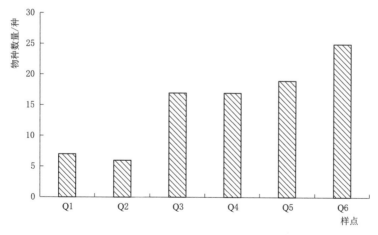

图 5.253 绣源河湿地各样点浮游动物物种数变化

5.12.2.2 浮游动物密度分布

绣源河湿地各样点浮游动物密度分布状况如图 5.254 所示，浮游动物密度范围为 15～77.5 个/L，平均密度为 43 个/L。其中，绣源河湿地 Q6 样点浮游动物密度最高，Q1

样点浮游动物密度最低。绣源河湿地浮游动物密度分布图显示，轮虫动物密度最高，为115 个/L，占调查浮游动物总密度的44.3%；桡足类密度第二，为89 个/L，占调查浮游动物总密度的34.3%；原生动物门和枝角类浮游动物密度占调查浮游动物总密度较低（图5.255）。

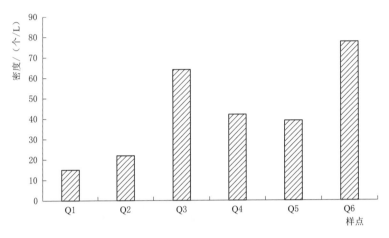

图5.254 绣源河湿地各样点浮游动物密度变化

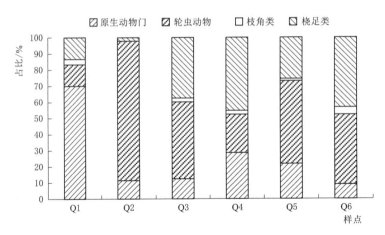

图5.255 绣源河湿地浮游动物密度占比

5.12.3 底栖动物群落结构特征

5.12.3.1 底栖动物物种组成

绣源河湿地底栖动物种类组成及物种数量变化如图5.256所示。绣源河湿地共发现底栖动物29 种，其中，昆虫纲19 种，腹足纲8 种，寡毛纲2 种。绣源河省级湿地样点1（Q1）发现底栖动物4 种，物种种类以昆虫纲为主，为4 种；样点2（Q2）发现底栖动物6 种，物种种类以腹足纲和昆虫纲为主，分别为4 种、2 种；样点3（Q3）发现底栖动物5 种，物种种类以腹足纲和昆虫纲为主，分别为4 种、1 种；样点4（Q4）发现底栖动物3 种，物种种类以腹足纲为主，为3 种；样点5（Q5）发现底栖动物16 种，物种种类以昆虫纲和寡毛纲为主，分别为 14 种、2 种；样点 6（Q6）发现底栖动物 9 种，物种种类以昆虫纲、腹足纲、寡毛纲为主，分别为 5 种、3 种、1 种。

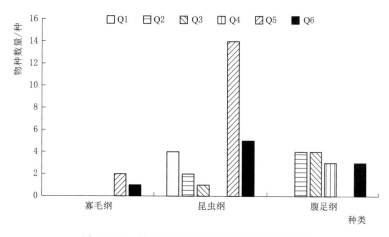

图 5.256 绣源河湿地底栖动物种类数量变化

5.12.3.2 底栖动物密度分布

绣源河湿地各样点底栖动物密度分布如图 5.257 所示。绣源河湿地各样点底栖动物密度范围为 27.78～361.11 个/m²，平均密度为 138.61 个/m²，其中，Q5 样点底栖动物密度最高，Q4 样点底栖动物密度最低。

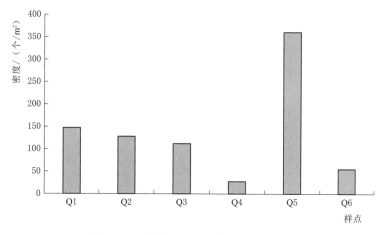

图 5.257 绣源河湿地底栖动物密度变化

绣源河湿地底栖动物各门类密度占比情况如图 5.258 所示，整体上以昆虫纲为主，占底栖动物密度总数的 49.86%；其次是腹足纲，占总底栖动物数量的 28.10%；寡毛纲占 22.04%。其中样点 1（Q1）以昆虫纲为主，占其总底栖动物密度的 100.00%。样点 2（Q2）以腹足纲为主，占其总底栖动物密度的 68.75%；昆虫纲占 31.25%。样点 3（Q3）以腹足纲为主，占其总底栖动物密度的 92.86%。样点 4（Q4）以腹足纲为主，占其总底栖动物密度的 100.00%。样点 5（Q5）以昆虫纲和寡毛纲为主，分别各占其总底栖动物密度的 50.00%。样点 6（Q6）以昆虫纲为主，占其总底栖动物密度的 70.00%；腹足纲占 25%。

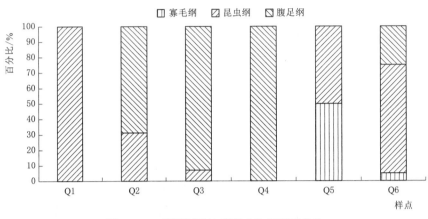

图 5.258　绣源河湿地底栖动物密度百分比

绣源河湿地各样点底栖动物优势物种分布情况见表 5.46。样点 1（Q1）的底栖动物以四节蜉密度最大，占其总底栖动物密度的 86.79%。样点 2（Q2）的中华圆田螺密度最大，占其总底栖动物密度的 25.00%。样点 3（Q3）的梨形环棱螺密度最大，占其总底栖动物密度的 64.29%。样点 4（Q4）的梨形环棱螺密度最大，占其总底栖动物密度的80.00%。样点 5（Q5）的苏氏尾鳃蚓密度最大，占其总底栖动物密度的 40.77%。样点 6（Q6）的柔嫩雕翅摇蚊密度最大，占其总底栖动物密度的 25.00%。

表 5.46　　　　　　　　　绣源河湿地各样点底栖动物优势物种

样点	优势物种	样点	优势物种
Q1	四节蜉	Q4	梨形环棱螺
Q2	中华圆田螺	Q5	苏氏尾鳃蚓
Q3	梨形环棱螺	Q6	柔嫩雕翅摇蚊

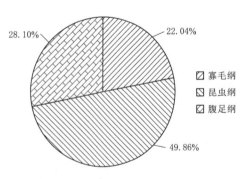

图 5.259　绣源河湿地底栖动物密度占比

绣源河湿地底栖动物整体上以昆虫纲为主，其密度占底栖动物总密度的 49.86%（图5.259），其中苏氏尾鳃蚓为主要优势物种，占绣源河省级湿地总底栖动物密度的 18.04%。

5.12.4　水生维管束植物和河岸带植物群落结构特征

5.12.4.1　水生维管束植物和河岸带植物物种组成

绣源河湿地共发现水生维管束植物 11 科 14种，其中水鳖科、眼子菜科和小二仙草科种类最多，占水生维管束植物总数的 18.1%。绣源河湿地样点 Q1 未发现水生维管束植物。样点Q2 发现水生维管束植物 6 种分属 4 科，物种种类以水鳖科和小二仙草科为主。样点 Q3 发现水生维管束植物 11 种分属 9 科，物种种类以水鳖科和眼子菜科为主。样点 Q4 发现水生维管束植物 2 种分属 2 科。样点 Q5 发现水生维管束植物 4 种分属 4 科。样点 Q6 发现水生维管束植物 6 种分属 6 科。水生维管束植物物种分布如图 5.260 所示。

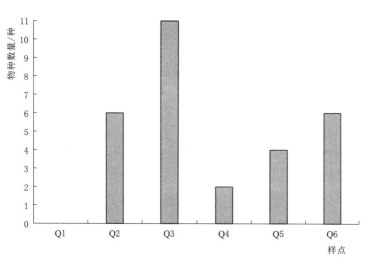

图 5.260　绣源河湿地水生维管束植物物种分布

绣源河湿地共发现河岸带植物 30 科 57 种，其中菊科河岸带植物最多，占河岸带植物总数的 28.5%；禾本科和苋科河岸带植物第二，均占河岸带植物总数的 17.2%。绣源河湿地样点 Q1 发现河岸带植物 12 种分属 7 科，物种种类以菊科为主，有 5 种。样点 Q2 发现河岸带植物 16 种分属 11 科。样点 Q3 发现河岸带植物 19 种分属 14 科，物种种类以禾本科为主，有 4 种。样点 Q4 发现河岸带植物 15 种分属 9 科，物种种类以菊科为主，有 5 种。样点 Q5 发现河岸带植物 21 种分属 11 科，物种种类以菊科为主，有 8 种。样点 Q6 发现河岸带植物 11 种分属 7 科，物种种类以菊科和禾本科为主，各有 3 种。河岸带植物物种分布如图 5.261 所示。

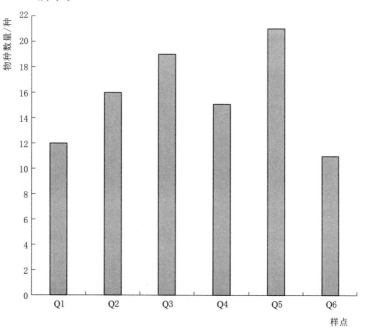

图 5.261　绣源河湿地河岸带植物物种分布

5.12.4.2　水生维管束植物和河岸带植物盖度分布

绣源河湿地水生维管束植物中禾本科的盖度最大，占调查水生维管束植物总盖度的23.7%；水鳖科的盖度位于第二位，占调查水生维管束植物总盖度的17.8%；小二仙草科的盖度位于第三位，占调查水生维管束植物总盖度的15.9%（图5.262）。绣源河湿地样点Q2水生维管束植物以水鳖科为主，盖度是7.5%；其次是小二仙草科，盖度是4.5%；鸢尾科盖度是2.5%。样点Q3以禾本科为主，盖度是8%；其次是水鳖科，盖度是6%；其他各科盖度共20%。样点Q4以小二仙草科为主，盖度是6%；其次是泽泻科，盖度是2%。样点Q5以禾本科为主，盖度是5.5%；其次是眼子菜科，盖度是4%；莎草科盖度是3%。样点Q6以禾本科为主，盖度是11%；其余各科总盖度为19%。各样点水生维管束植物优势物种见表5.47。

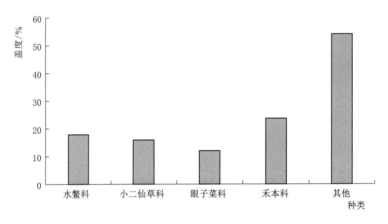

图 5.262　绣源河湿地水生维管束植物盖度分布

表 5.47　　　　　　　　　　绣源河湿地各样点水生维管束植物优势物种

样点	优势物种	样点	优势物种
Q1	无	Q4	狐尾藻
Q2	黑藻	Q5	芦苇
Q3	芦苇	Q6	芦苇

绣源河湿地河岸带植物中菊科的盖度最大，占调查河岸带植物总盖度的28.5%；禾本科的盖度位于第二位，占调查河岸带植物总盖度的17.2%；杨柳科的盖度位于第三位，占调查河岸带植物总盖度的13%（图5.263）。绣源河湿地样点Q1以菊科为主，盖度是22.5%；其次是禾本科，盖度是8%；其他各科盖度共18.5%。样点Q2以禾本科为主，盖度是13%；其次是菊科，盖度是10%；其他各科盖度共42.5%。样点Q3以禾本科为主，盖度是15.5%；其次是菊科，盖度是9%；其他各科盖度共33.5%。样点Q4以菊科为主，盖度是19%；其次是杨柳科，盖度是9%；其他各科盖度共38%。样点Q5以菊科为主，盖度是26%；其次是杨柳科，盖度是10%；其他各科盖度共38%。样点Q6以菊科为主，盖度是14.5%；其次是禾本科，盖度是9%；其他各科盖度共16.5%。各采样

点河岸带植物优势物种见表5.48。

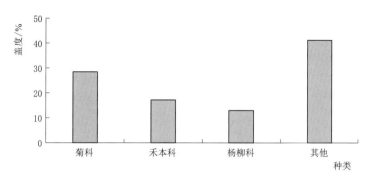

图 5.263　绣源河湿地河岸带植物盖度分布

表 5.48　　　　　　　　　　绣源河湿地各样点河岸带植物优势物种

样点	优势物种	样点	优势物种
Q1	狗尾草	Q4	垂柳
Q2	垂柳	Q5	杨树
Q3	狗尾草	Q6	构树

绣源河湿地水生维管束植物调查结果如图 5.264 所示。Q3 样点水生维管束植物优势度最高，优势度指数为 0.87；Q4 样点水生维管束植物优势度相对较低，优势度指数为 0.5。

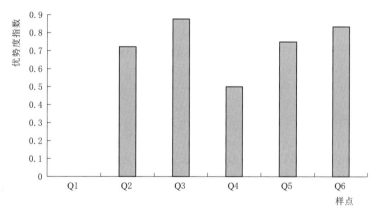

图 5.264　绣源河湿地各样点水生维管束植物优势度

绣源河省级湿地河岸带植物调查结果如图 5.265 所示。Q2 样点河岸带植物优势度最高，优势度指数为 0.95；Q1 样点河岸带植物优势度相对较低，优势度指数为 0.83。

5.12.5　两栖类和爬行类群落结构特征

绣源河湿地共发现两栖类动物 1 目 3 科 3 属 5 种，爬行类动物 2 目 4 科 4 属 4 种。其

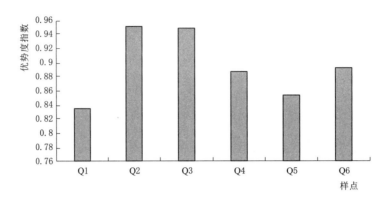

图 5.265　绣源河湿地各采样点河岸带植物优势度

中黑斑侧褶蛙和中华蟾蜍为该区域的优势种；金线侧褶蛙和黑斑侧褶蛙生境基本一致，但数量少得多；泽陆蛙和花背蟾蜍数量也不多。绣源河湿地内仅调查到红耳龟这 1 种龟鳖类，而且不是本地原有分布的物种，可能源自人为放生。白条锦蛇和虎斑颈槽蛇为岸带主要的蛇类，丽斑麻蜥分布于湿地周围环境较复杂的干旱岸带。

5.12.6　鸟类群落结构特征

绣源河湿地共发现鸟类 8 目 18 科 25 属 32 种，包括国家二级保护动物 4 种，分别是白尾鹞、黑翅鸢（*Elanus caeruleus*）、雀鹰（*Accipiter nisus*）、鹊鹞（*Circus melanoleucos*）；山东省重点保护鸟类 4 种，分别是苍鹭、大白鹭、小白鹭、中白鹭；中澳协定保护鸟类 6 种，分别是白额燕鸥、赤麻鸭（*Tadorna ferruginea*）、家燕、白鹡鸰、灰鹡鸰（*Motacilla cinerea*）、弯嘴滨鹬（*Calidris ferruginea*）；中日协定保护鸟类 9 种，分别是大白鹭、赤颈鸭（*Anas penelope*）、白腰草鹬、弯嘴滨鹬、黑翅长脚鹬（*Himantopus mexicanus*）、白额燕鸥、家燕、金腰燕、白鹡鸰。鸟类种类组成中雀形目 7 科 9 属 10种，占总种数 31.3%，为物种量最多的类群（图 5.266）。鸟类区系中，广布种鸟类最多有 17 种，占总种数的 53.1%；其次为古北界鸟类，有 14 种，占总种数 43.8%；东洋界鸟类最少，有 1 种，占总种数 3.1%（图 5.267）。本次调查、观测与走访发现，绣源河湿地留鸟种类最多，为 13 种，约占总种数的 40.6%；其次为旅鸟，为 10 种，占总种数的 31.3%；夏候鸟的种类为 8 种，占总种数的 25.0%；冬候鸟的种类最少，占总种数的 3.1%（图 5.268）。鸟类 Shannon-Wiener 多样性指数为 2.071，Pielou 均匀度指数为 0.864，Simpson 优势度指数为 0.167，Margalef 丰富度指数为 2.563。栖息环境的相似性在一定程度上决定了鸟类群落组成的相似性，对绣源河湿地公园周围环境进行划分，可划分出人工林、灌丛、水域、农田、居民区 5 类亚生境。灌丛和人工林的鸟种相似性系数最高，为 0.960；其次是灌丛和农田，相似性系数为 0.889；水域和人工林的相似性系数第三，为 0.313；水域和农田的鸟种相似度最低，相似性系数仅为 0.294。

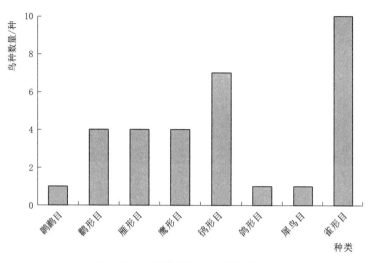

图 5.266　绣源河湿地鸟种数量组成

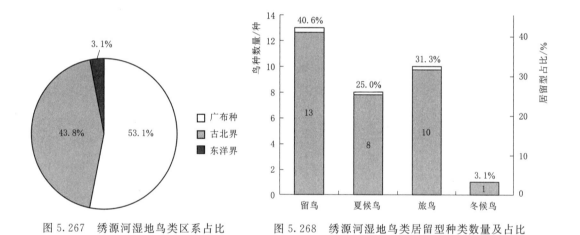

图 5.267　绣源河湿地鸟类区系占比　　　　图 5.268　绣源河湿地鸟类居留型种类数量及占比

5.13　济阳燕子湾省级湿地水生生物群落结构特征

5.13.1　浮游植物水生生物群落结构特征

5.13.1.1　浮游植物物种组成

济阳燕子湾省级湿地（以下称燕子湾湿地）浮游植物种类组成及物种数量变化如图 5.269 所示。燕子湾湿地共发现浮游植物 41 种分属 6 门：硅藻门 23 种，蓝藻门、绿藻门及裸藻门分别为 5 种，隐藻门 2 种，黄藻门 1 种。物种种类以硅藻门为主。燕子湾湿地样点 1（Z1）发现藻类 19 种分属 5 门，物种种类以硅藻门为主，为 10 种；样点 2（Z2）发现藻类 8 种分属 3 门，物种种类以硅藻门为主，分别为 6 种；样点 3（Z3）发现藻类 8 种分属 5 门，物种种类以硅藻门为主，为 7 种；样点 4（Z4）发现藻类 14 种分属 5 门，物种种类以硅藻门为主，为7种；样点5（Z5）发现藻类10种分属5门，物种种类以硅藻门为主，为3种；样点6（Z6）发现藻类7种，分属3门，物种种类以硅藻门为主，为5种。

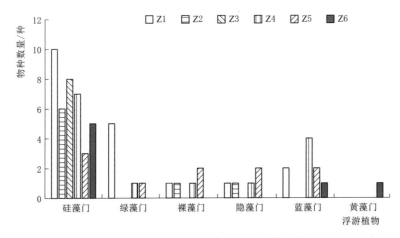

图5.269 燕子湾湿地浮游植物种类数量变化

5.13.1.2 浮游植物密度分布

燕子湾湿地各样点浮游植物密度分布如图5.270所示，样点1（Z1）的浮游植物密度最大，为584.03万个/L；其次是样点4（Z4），为323.03万个/L；密度最低的是样点3（Z3），为73.95万个/L。

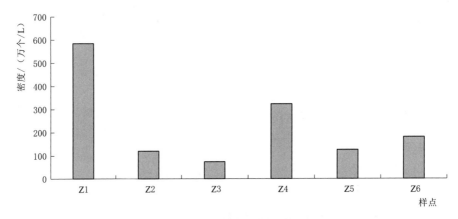

图5.270 燕子湾湿地浮游植物密度变化

燕子湾湿地浮游植物各门类密度占比情况如图5.271所示。燕子湾湿地密度整体上以硅藻门为主，其密度占总浮游植物密度总数的49.81%。其中样点Z1以硅藻门为主，占其总浮游藻类密度的43.37%；样点Z2以硅藻门为主，占其总浮游藻类密度的95.74%；样点Z3所有物种均属于硅藻门；样点Z4以蓝藻门为主，占其总浮游藻类密度的52.34%；样点Z5以蓝藻门为主，占其总浮游藻类密度的38.71%；样点Z6以硅藻门为主，占其总浮游藻类密度的65.37%。

燕子湾湿地各样点浮游植物优势物种分布情况见表5.49。燕子湾湿地样点Z1的弯头

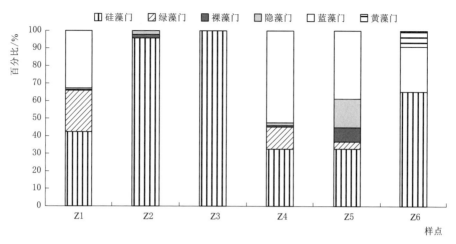

图 5.271　燕子湾湿地浮游植物密度百分比

尖头藻密度最大，占其总浮游植物密度的 21.83％；样点 Z2 的谷皮菱形藻密度最大，占其密度的 4.26％；样点 Z3 的草鞋波缘藻密度最大，占其密度的 3.45％；样点 Z4 的小席藻密度最大，占其密度的 42.87％；样点 Z5 的窝形席藻密度最大，占其密度的 28.52％；样点 Z6 的小席藻密度最大，占其密度的 25.65％。

表 5.49　　　　　　　　　　燕子湾湿地各样点浮游植物优势物种

样点	优势物种	样点	优势物种
Z1	弯头尖头藻	Z4	小席藻
Z2	谷皮菱形藻	Z5	窝形席藻
Z3	草鞋波缘藻	Z6	小席藻

　　燕子湾湿地浮游植物密度组成整体上以硅藻门为主，密度占 49.81％（图5.272），其中小席藻为主要优势物种，占燕子湾湿地总浮游植物密度的 20.34％。

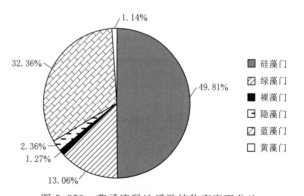

图 5.272　燕子湾湿地浮游植物密度百分比

5.13.2　浮游动物群落结构特征

5.13.2.1　浮游动物物种组成

　　燕子湾湿地调查共发现浮游动物 7 种。其中，原生动物门 3 种，代表种为盘状表壳虫；轮虫动物 3 种；桡足类 1 种，主要为英勇剑水溞。燕子湾湿地各个样点浮游动物物种分布状况显示，其浮游动物物种数分布范围在 2～4 种，平均物种数为 3 种。其中 Z4 样点浮游动物物种数最高。从种类组成整体上看，原生动物门和轮虫动物的物种数较多，桡足类浮游动物物种数最少（图 5.273）。

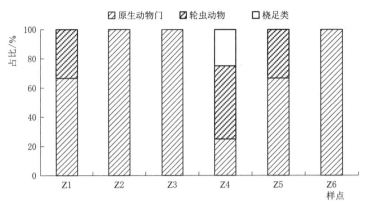

图 5.273　燕子湾湿地浮游动物物种数占比

5.13.2.2　浮游动物密度分布

燕子湾湿地各样点浮游动物密度分布状况显示，各样点浮游动物密度范围为 1.2～5 个/L，平均密度为 2 个/L，其中，Z6 样点浮游动物密度最高。从整体上看，燕子湾湿地密度优势种主要为球形砂壳虫。燕子湾湿地浮游动物密度分布图显示，原生动物门密度最高，占调查浮游动物总密度的 84%；轮虫动物密度位于第二，占调查浮游动物总密度的 12.5%；桡足类密度占调查浮游动物总密度的比例相对较低（图 5.274）。

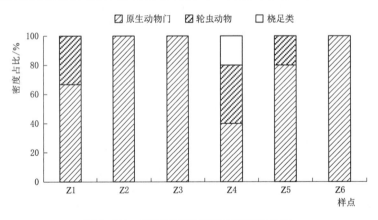

图 5.274　燕子湾湿地浮游动物密度占比

5.13.3　底栖动物群落结构特征

5.13.3.1　底栖动物物种组成

燕子湾湿地底栖动物种类组成及物种数量变化如图 5.275 所示。燕子湾湿地共发现底栖动物 5 种，其中，腹足纲 3 种，软甲纲 2 种，物种种类以腹足纲为主。燕子湾湿地样点 Z1 发现底栖动物 2 种，物种种类以腹足纲和软甲纲为主，分别为 1 种；样点 Z2 发现底栖动物 2 种，物种种类以腹足纲和软甲纲为主，分别为 1 种；样点 Z3 发现底栖动物 4 种，物种种类以腹足纲和软甲纲为主，分别为 2 种；样点 Z4 发现底栖动物 2 种，物种种类以腹足纲为主，为 2 种；样点 Z5 发现底栖动物 2 种，物种种类以腹足纲和软甲纲为主，分别为 1 种；样点 Z6 发现底栖动物 2 种，物种种类以腹足纲和软甲纲为主，分别为 1 种。

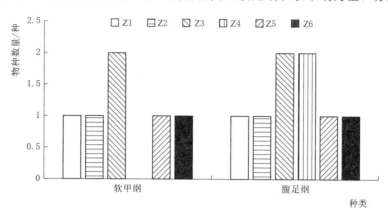

图 5.275 燕子湾湿地底栖动物种类数量

5.13.3.2 底栖动物密度分布

燕子湾湿地各样点底栖动物密度分布如图 5.276 所示，样点 Z6 的底栖动物密度最大，为 213.33 个/m²；其次是样点 Z1，密度为 146.67 个/m²；密度最低的是样点 Z4，为 26.67 个/m²。

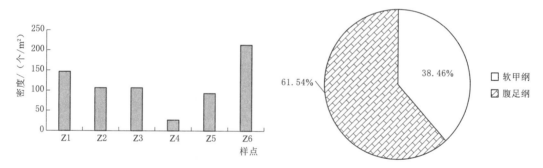

图 5.276 燕子湾湿地底栖动物密度占比

燕子湾湿地底栖动物各门类密度占比情况如图 5.277 所示，整体上以腹足纲为主，占底栖动物密度总数的 61.54%；其次是软甲纲，占总底栖动物数量的 38.46%。其中，燕子湾湿地样点 Z1 以腹足纲为主，占其总底栖动物密度的 63.64%；样点 Z2 以软甲纲和腹足纲为主，占其总底栖动物密度的 50%；样点 Z3 以软甲纲为主，占其总底栖动物密度的 75%；样点 Z4 以腹足纲为主，占其总底栖动物密度的 100%；样点 Z5 以腹足纲为主，占其总底栖动物密度的 57.14%；样点 Z6 以腹足纲为主，占其总底栖动物密度的 81.25%。

燕子湾湿地各样点底栖动物优势物种分布情况见表 5.50。样点 Z1 的梨形环棱螺密度最大，占其总底栖动物密度的 63.64%；样点 Z2 的日本沼虾和梨形环棱螺密度最大，分别占其密度的 50%；样点 Z3 的日本沼虾密度最大，占其密度的 62.50%；样点 Z4 的梨形环棱螺和小土蜗密度最大，分别占其密度的 50%；样点 Z5 的梨形环棱螺密度最大，占其密度的 57.14%；样点 Z6 的梨形环棱螺密度最大，占其密度的 81.25%。

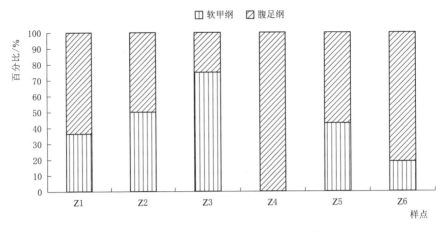

图 5.277　燕子湾湿地底栖动物密度百分比

表 5.50　　　　　　　　　　　　燕子湾湿地各样点底栖动物优势物种

样点	优势物种	样点	优势物种
Z1	梨形环棱螺	Z4	梨形环棱螺、小土蜗
Z2	日本沼虾、梨形环棱螺	Z5	梨形环棱螺
Z3	日本沼虾	Z6	梨形环棱螺

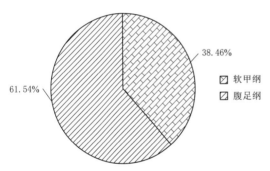

图 5.278　燕子湾湿地底栖动物密度占比

燕子湾湿地底栖动物种类组成整体上以腹足纲为主，密度占 61.54%（图 5.278），其中梨形环棱螺为主要优势物种，其密度占燕子湾湿地总底栖动物密度的 41.67%。

5.13.4　水生维管束植物和河岸带植物群落结构特征

5.13.4.1　水生维管束植物和河岸带植物物种组成

燕子湾湿地共发现水生维管束植物 6 科 6 种，其中 6 科水生维管束植物物种占比相同，均占水生维管束植物总数的 16.67%；燕子湾湿地样点 Z1 未发现水生维管束植物；样点 Z2 发现水生维管束植物 1 种分属 1 科，为菊科；样点 Z3 未发现水生维管束植物；样点 Z4 发现水生维管束植物 3 种分属 3 科；样点 Z5 发现水生维管束植物 2 种分属 2 科；样点 Z6 发现水生维管束植物 4 种分属 4 科（图 5.279）。

燕子湾湿地共发现河岸带植物 30 科 65 种，菊科河岸带植物最多，占河岸带植物总数的 23%；禾本科和苋科河岸带植物第二，占河岸带植物总数的 8%；蔷薇科河岸带植物第三，占河岸带植物总数的 6%。燕子湾湿地样点 Z1 发现河岸带植物 17 种分属 8 科，物种种类以菊科为主，为 7 种；样点 Z2 发现河岸带植物 15 种分属 5 科，物种种类以菊科和禾本科为主，为 5 种；样点 Z3 发现河岸带植物 24 种分属 14 科，物种种类以菊科为主，为 5 种；样点 Z4 发现河岸带植物 24 种分属 17 科，物种种类以菊科为主，为 5 种；样点 Z5

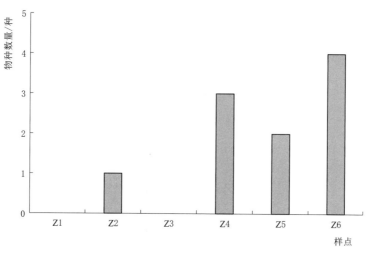

图 5.279　燕子湾湿地水生维管束植物物种分布

发现河岸带植物 30 种分属 17 科，物种种类以菊科为主，为 7 种；样点 Z6 发现河岸带植物 16 种分属 8 科，物种种类以菊科为主，为 5 种（图 5.280）。

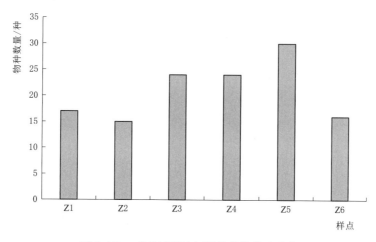

图 5.280　燕子湾湿地河岸带植物物种分布

5.13.4.2　水生维管束植物和河岸带植物盖度分布

燕子湾湿地水生维管植物盖度调查结果如图 5.281 所示，其中金鱼藻科的盖度最大，占调查水生维管束植物总盖度的 6%；小二仙草科的盖度位于第二位，占调查水生维管束植物总盖度的 5%；天南星科的盖度位于第三位，占调查水生维管束植物总盖度的 4%。燕子湾湿地样点 Z1 未发现水生维管束植物。样点 Z2 以菊科为主，盖度是 2.5%。样点 Z3 未发现水生维管束植物。样点 Z4 的水生维管束植物以小二仙草科为主，盖度是 5.5%；其次是禾本科，盖度是 3.5%；天南星科盖度是 2.5%。样点 Z5 以小二仙草科为主，盖度是 4.5%；其次是禾本科，盖度是 3.5%。样点 Z6 以金鱼藻科为主，盖度是 6%；其次是天南星，盖度是 5.5%；其他各科盖度共 5.5%。各样点水生维管束植物优势物种见表 5.51。

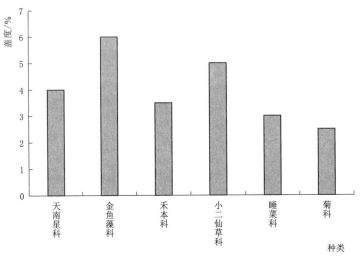

图 5.281　燕子湾湿地水生维管束植物盖度分布

表 5.51　　　　　　　　　　燕子湾湿地各样点水生维管束植物优势物种

样点	优势物种	样点	优势物种
Z1	无	Z4	穗状狐尾藻
Z2	钻叶紫菀	Z5	穗状狐尾藻
Z3	无	Z6	金鱼藻

　　燕子湾湿地河岸带植物调查结果如图 5.282 所示，其中菊科的盖度最大，占调查河岸带植物总盖度的 47.7%；禾本科的盖度位于第二位，占调查河岸带植物总盖度的 28.2%；蔷薇科的盖度位于第三位，各占调查河岸带植物总盖度的 13%。燕子湾湿地样点 Z1 河岸带植物以禾本科为主，盖度是 40%；其次是菊科，盖度是 25.5%；其他各科盖度共 14.5%。样点 Z2 以禾本科为主，盖度是 41%；其次是菊科，盖度是 20%；其他各科盖度共 16.5%。样点 Z3 以菊科为主，盖度是 32%；其次是禾本科，盖度是 23%；其他各科

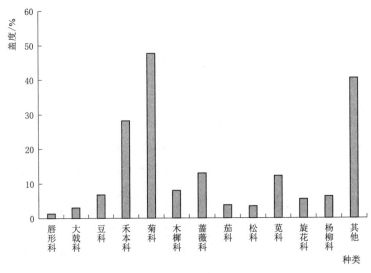

图 5.282　燕子湾湿地河岸带植物盖度分布

盖度共 43%。样点 Z4 以菊科为主,盖度是 19%;禾本科盖度是 12.5%;其他各科盖度共 37%。样点 Z5 以菊科为主,盖度是 17%;其次是禾本科,盖度是 11%;其他各科盖度共 34%。样点 Z6 以菊科为主,盖度是 12%;其次是禾本科,盖度是 10%,其他各科盖度共 21%。各样点河岸带植物优势物种见表 5.52。

表 5.52　　　　　　　　　燕子湾湿地各样点河岸带植物优势物种

样点	优势物种	样点	优势物种
Z1	狗尾草	Z4	野艾蒿、红叶石楠
Z2	狗尾草	Z5	茜草
Z3	大狼把草	Z6	葎草

燕子湾湿地水生维管束植物调查结果如图 5.283 所示,样点 Z6 水生维管束植物优势度最高,优势度指数为 0.75;样点 Z1、Z2、Z3 水生维管束植物优势度指数均为 0。

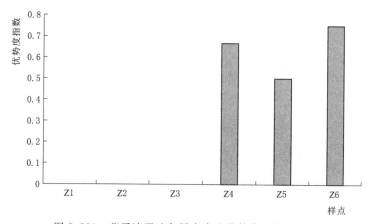

图 5.283　燕子湾湿地各样点水生维管束植物优势度

燕子湾湿地河岸带植物调查结果如图 5.284 所示,样点 Z5 河岸带植物优势度最高,优势度指数为 0.97;样点 Z2 河岸带植物优势度相对较低,优势度指数为 0.93。各点位之间优势度差距不大。

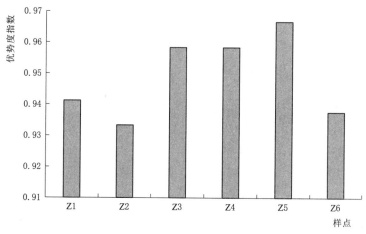

图 5.284　燕子湾湿地各样点河岸带植物优势度

213

5.13.5　两栖类和爬行类群落结构特征

燕子湾湿地位于济南市济阳区垛石镇政府以南，垛石桥村和西宋屯村之间，水面面积约 500 亩，上与齐济河相连，下与徒骇河相通。湿地内水资源比较丰富，但也距离居民集聚生活区较近，因此两栖类和爬行类动物种类不多，只调查到部分常见种。燕子湾湿地共发现两栖动物 1 目 3 科 3 属 4 种，爬行动物 2 目 5 科 5 属 5 种，无国家重点保护物种。其中黑斑侧褶蛙和中华蟾蜍为该区域的优势种。红耳龟和中华草龟源自人们的放养或者放生，其中红耳龟为重要的水生入侵物种。白条锦蛇和虎斑颈槽蛇是岸带主要的蛇类。丽斑麻蜥少量分布于湖区岸带。

5.13.6　鸟类群落结构特征

燕子湾湿地共发现鸟类 8 目 10 科 12 属 14 种，包括国家二级保护动物 1 种，为白尾鹞；山东省重点保护鸟类 4 种，分别是苍鹭、大白鹭、中白鹭（*Ardea intermedia*）、小白鹭；中澳协定保护鸟类 2 种，分别是家燕、黑翅长脚鹬；中日协定保护鸟类 4 种，分别是大白鹭、黑水鸡、家燕、金腰燕。鸟类种群结构中雀形目 3 科 4 属 4 种，鹳形目 1 科 2 属 4 种，各占总种数的 28.6%，为物种量最多的类群（图 5.285）。鸟类区系中，广布种鸟类最多有 10 种，占总种数的 71.4%；其次为古北界鸟类，有 3 种，占总种数 21.4%；东洋界鸟类最少，有 1 种，占总种数 7.2%（图 5.286）。本次调查观测显示，燕子湾湿地公园留鸟种类最多，为 10 种，约占总种数的 71.4%；其次为夏候鸟，为 3 种，占总种数的 21.4%；旅鸟的种类最少，为 1 种，占总种数的 7.2%（图 5.287）。鸟类 Shannon-Wiener 多样性指数为 1.588，Pielou 均匀度指数为 0.723，Simpson 优势度指数为 0.307，Margalef 丰富度指数为 1.859。栖息环境的相似性在一定程度上决定了鸟类群落组成的相似性，燕子湾湿地公园周围环境调查显示，可划分出人工林、灌丛、水域、农田、居民区 5 类亚生境。灌丛和人工林的鸟种相似性系数最高，为 0.857；其次是居民区和水域，相

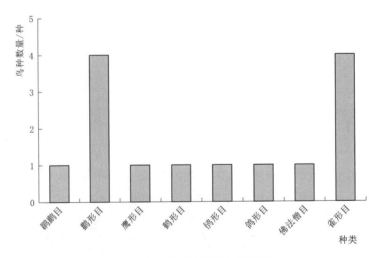

图 5.285　燕子湾湿地鸟种数量

似性系数为 0.783。水域和人工林及水域和灌丛的鸟种相似度最低，相似性系数分别仅为 0.250 和 0.353。

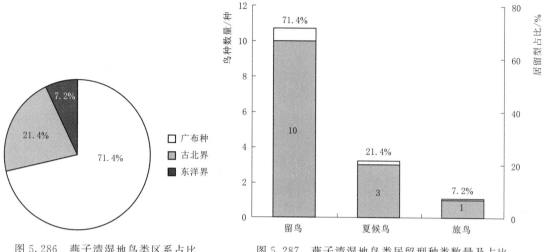

图 5.286　燕子湾湿地鸟类区系占比　　　　图 5.287　燕子湾湿地鸟类居留型种类数量及占比

5.14　华山湖省级湿地水生生物群落结构特征

5.14.1　浮游植物群落结构特征

5.14.1.1　浮游植物物种组成

济南华山湖省级湿地（下称华山湖湿地）浮游植物种类组成及物种数量变化如图 5.288 所示。华山湖湿地共发现浮游植物 38 种分属 6 门：蓝藻门 11 种，硅藻门 15 种，绿藻门 8 种，裸藻门 6 种，隐藻门 3 种，甲藻门 1 种。物种种类以蓝藻门为主。华山湖湿地样点 1（H1）发现藻类 20 种分属 6 门，物种种类以蓝藻门为主，为 7 种；样点 2（H2）发现藻类 19 种分属 6 门，物种种类以绿藻门为主，为 6 种；样点 3（H3）发现藻类 15 种分属 6 门，物种种类以绿藻门为主，为 4 种；样点 4（H4）发现藻类 10 种分属 4 门，物种种类以硅藻门、蓝藻门及隐藻门为主，分别为 3 种；样点 5（H5）发现藻类 8 种分属 5 门，物种种类以硅藻门、绿藻门及隐藻门为主，分别为 2 种；样点 6（H6）发现藻类 7 种分属 2 门，物种种类以蓝藻门为主，为 2 种。

5.14.1.2　浮游植物密度分布

华山湖湿各样点浮游植物密度分布如图 5.289 所示，样点 H2 的浮游植物密度最大，为 11036.96 万个/L；其次是样点 H1，密度为 1472.31 万个/L；密度最低的是样点 H6 浮游植物密度为 38.29 万个/L。

浮游植物各门类密度占比情况如图 5.290 所示，华山湖湿地浮游植物整体上以蓝藻门为主，占总浮游植物密度总数的 90.78%。其中，样点 H1 以蓝藻门为主，占其总浮游藻类密度的 90.43%；样点 H2 以蓝藻门为主，占其总浮游藻类密度的 94.43%；样点 H3 以

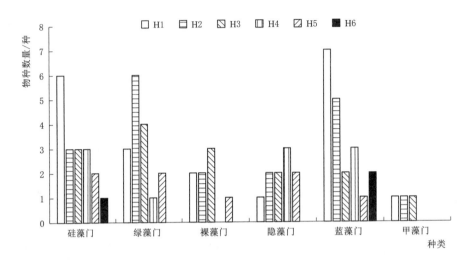

图 5.288　华山湖湿地浮游植物种类数量

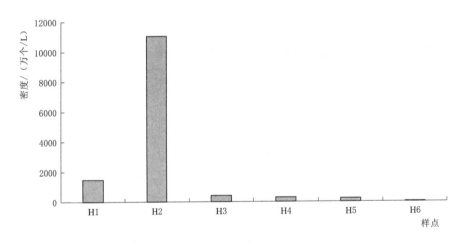

图 5.289　华山湖湿地浮游植物密度变化

绿藻门为主，占其总浮游藻类密度的 50.85％；样点 H4 以蓝藻门为主，占其总浮游藻类密度的 61.58％；样点 H5 以蓝藻门为主，占其总浮游藻类密度的 80.98％；样点 H6 以蓝藻门为主，占其总浮游藻类密度的 79.91％。

　　华山湖湿地各样点浮游植物优势物种分布情况见表 5.53。华山湖湿地样点 H1 的中华尖头藻密度最大，占其总浮游植物密度的 37.24％；样点 H2 的小席藻密度最大，占其密度的 65.69％；样点 H3 的直角十字藻密度最大，占其密度的 49.02％；样点 H4 的点状平裂藻密度最大，占其密度的 42.41％；样点 H5 的类颤鱼腥藻密度最大，占其密度的 80.98％；样点 H6 的小席藻密度最大，占其密度的 66.59％。

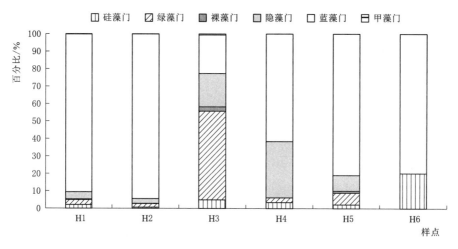

图 5.290 华山湖湿地浮游植物密度百分比

表 5.53　　　　　　　华山湖湿地各样点浮游植物优势物种

样点	优势物种	样点	优势物种
H1	中华尖头藻	H4	点状平裂藻
H2	小席藻	H5	类颤鱼腥藻
H3	直角十字藻	H6	小席藻

华山湖湿地浮游植物调查显示，浮游植物（图 5.291）整体上以蓝藻门为主，密度占 90.78%，其中小席藻为主要优势物种，其密度占华山湖湿地总浮游植物密度的 55.67%。

5.14.2　浮游动物群落结构特征

5.14.2.1　浮游动物物种组成

华山湖湿地浮游动物调查结果显示，共发现浮游动物 21 种。其中，原生动物门 5 种，代表种为盘状表壳虫和球形砂壳虫；轮虫动物 11 种，代表种为前节晶囊轮虫；枝角类 2 种；桡足类 3 种，代表种为广布中剑水溞。华山湖湿地各样点浮游动物物种分布

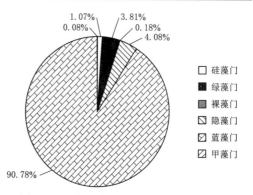

图 5.291 华山湖湿地浮游植物密度占比

状况显示，其浮游动物物种数分布范围为 3～11 种，平均物种数为 7.5 种。其中样点 H2 和 H3 浮游动物物种数最高，样点 H4 物种数最低。整体上看轮虫动物的物种数较多，占调查浮游动物物种数的 52%；原生动物门的物种数位于第二，占调查浮游动物物种数的 26%（图 5.292）。

5.14.2.2　浮游动物密度分布

华山湖湿地各样点浮游动物密度分布状况如图 5.293 所示。华山湖湿地各样点浮游动物密度范围为 2.8～48 个/L，平均密度为 16 个/L。其中，华山湖湿地样点 H2 浮游动物

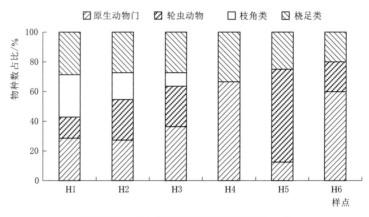

图 5.292　华山湖湿地浮游动物物种数占比

密度最高，样点 H4 浮游动物密度最低。华山湖湿地浮游动物密度分布图显示，桡足类密度最高，占调查浮游动物总密度的 60%；轮虫动物密度位于第二，占调查浮游动物总密度的 22%；原生动物门和枝角类密度占调查浮游动物总密度相对较低。

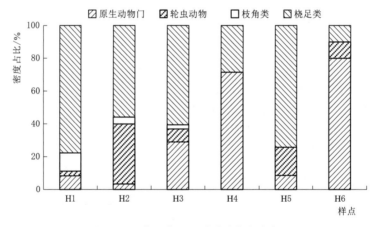

图 5.293　华山湖湿地浮游动物密度占比

5.14.3　底栖动物群落结构特征

5.14.3.1　底栖动物物种组成

华山湖湿地底栖动物种类组成及物种数量变化如图 5.294 所示。华山湖湿地共发现底栖动物 12 种，其中，昆虫纲 6 种，腹足纲 4 种，寡毛纲 2 种，物种种类以昆虫纲为主。华山湖湿地样点 H1 发现底栖动物 3 种，物种种类以昆虫纲为主，为 2 种；样点 H2 发现底栖动物 4 种，物种种类以昆虫纲为主，为 3 种；样点 H3 发现底栖动物 3 种，物种种类以昆虫纲为主，为 2 种；样点 H4 发现底栖动物 3 种，物种种类以腹足纲为主，为 3 种；样点 H5 发现底栖动物 3 种，物种种类以腹足纲为主，为 2 种；样点 H6 底栖动物 3 种，物种种类以腹足纲为主，为 3 种。

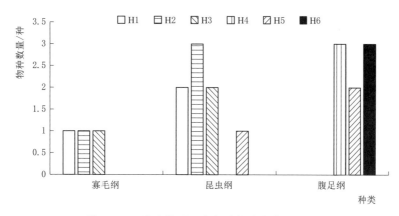

图 5.294　华山湖湿地底栖动物种类数量组成

5.14.3.2　底栖动物密度分布

华山湖湿地各样点底栖动物密度分布如图 5.295 所示，样点 H3 的底栖动物密度最大，为 226.67 个/m²；其次是样点 H6，密度为 213.33 个/m²；密度最低的是样点 H5，为 40 个/m²。

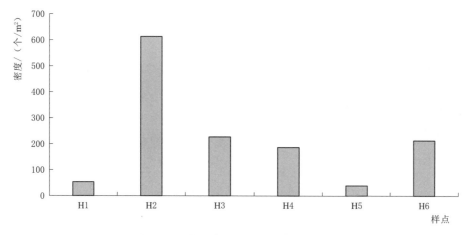

图 5.295　华山湖湿地底栖动物密度变化

华山湖湿底栖动物各门类密度占比情况如图 5.296 所示，整体以寡毛纲为主，占底栖动物密度总数的 50%；其次是腹足纲，占总底栖动物数量的 32%；昆虫纲占 18%。其中，华山湖湿地样点 H1 以昆虫纲为主，占其总底栖动物密度的 75%；样点 H2 以寡毛纲为主，占其总底栖动物密度的 86.61%。样点 H3 以寡毛纲为主，占其总底栖动物密度的 64.71%。样点 H4 以腹足纲为主，占其总底栖动物密度的 100%；样点 5 以腹足纲为主，占其总底栖动物密度的 66.67%；样点 H6 以腹足纲为主，占其总底栖动物密度的 100%。

华山湖湿地各样点底栖动物优势物种分布情况见表 5.54。样点 H1 的白角多足摇蚊密度最大，占其总底栖动物密度的 50.00%；样点 H2 的颤蚓属密度最大，占其密度的 82.61%；样点 H3 的白角多足摇蚊密度最大，占其密度的 29.41%；样点 H4 的卵萝卜螺

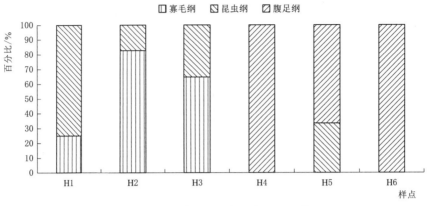

图 5.296　华山湖湿地底栖动物密度百分比

密度最大，占其密度的 57.14%；样点 H5 的墨黑摇蚊、小土蜗和狭萝卜螺密度最大，分别占其密度的 33.33%；样点 H6 的卵萝卜螺密度最大，占其密度的 43.75%。

表 5.54　　　　　　　　　　　华山湖湿地各样点底栖动物优势物种

样点	优势物种	样点	优势物种
H1	白角多足摇蚊	H4	卵萝卜螺
H2	颤蚓属	H5	墨黑摇蚊、小土蜗、狭萝卜螺
H3	白角多足摇蚊	H6	卵萝卜螺

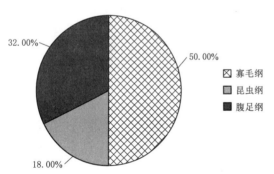

图 5.297　华山湖湿地底栖动物密度百分比

华山湖湿地底栖动物种类组成整体上以寡毛纲为主，密度占 50.00%（图 5.297），其中颤蚓属为主要优势物种，其密度占华山湖湿地总底栖动物密度的 22.62%。

5.14.4　水生维管束植物和河岸带植物群落结构特征

5.14.4.1　水生维管束植物和河岸带植物物种组成

华山湖湿地共发现水生维管束植物 16 科 27 种，其中莎草科、水鳖科和睡莲科水生植物最多，各占生维管束植物总数的 11%。华山湖湿地样点 H1 发现生维管束植物 16 种分属 13 科；样点 H2 发现生维管束植物 15 种分属 11 科；样点 H3 发现生维管束植物 14 种分属 11 科；样点 H4 发现生维管束植物 11 种分属 10 科，物种种类以莎草科为主，为 2 种；样点 H5 发现生维管束植物 11 种分属 8 科；样点 H6 发现生维管束植物 6 种分属 5 科，物种种类以香蒲科为主，为 2 种（图 5.298）。

华山湖湿地共发现河岸带植物 30 科 77 种，其中菊科河岸带植物最多，占河岸带植物总数的 22%；禾本科河岸带植物第二，占河岸带植物总数的 16%；蔷薇科河岸带植物第三，占河岸带植物总数的 9%。华山湖湿地样点 H1 发现河岸带植物 38 种分属 14 科，物种种类以菊科为主，为 14 种；样点 H2 发现河岸带植物 23 种分属 11 科，物种种类以禾本科为主，为 6 种；样点 H3 发现河岸带植物 24 种分属 14 科，物种种类以禾本科为主，

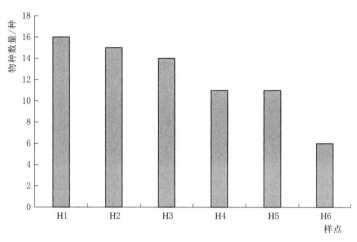

图 5.298　华山湖湿地水生维管束植物物种分布

为 7 种；样点 H4 发现河岸带植物 23 种分属 13 科，物种种类以禾本科为主，为 5 种；样点 H5 发现河岸带植物 24 种分属 11 科，物种种类以菊科为主，为 7 种；样点 H6 发现河岸带植物 25 种分属 17 科，物种种类以菊科为主，为 5 种（图 5.299）。

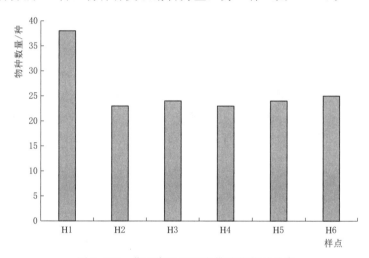

图 5.299　华山湖湿地河岸带植物物种分布

5.14.4.2　水生维管束植物和河岸带植物盖度分布

　　华山湖湿地水生维管束植物盖度调查结果如图 5.300 所示。禾本科和水鳖科的盖度最大，各占调查水生维管束植物总盖度的 14%；鸢尾科的盖度位于第二位，占调查水生维管束植物总盖度的 10%；莲科和睡莲科的盖度位于第三位，占调查水生维管束植物总盖度的 9%。其中，华山湖湿地样点 H1 水生维管束植物以水鳖科为主，盖度是 7%。样点 H2 以禾本科为主，盖度是 10.5%。样点 H3 以禾本科为主，盖度是 8.5%。样点 H4 以禾本科为主，盖度是 8.5%；其次是莎草科，盖度是 5%。样点 H5 以禾本科为主，盖度是 10.5%；其次是鸢尾科，盖度是 4.5%。样点 H6 以禾本科为主，盖度是 9%；其次是香蒲科，盖度是 5%。各样点水生维管束植物优势物种见表 5.55。

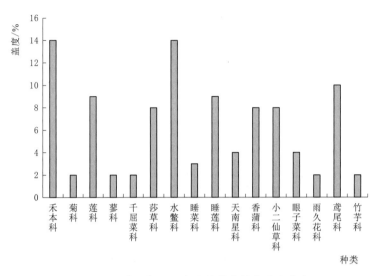

图 5.300　华山湖湿地水生维管束植物盖度分布

表 5.55　　　　　　　　华山湖湿地各样点水生维管植物优势物种

样点	优势物种	样点	优势物种
Z1	黑藻	Z4	芦苇
Z2	芦苇	Z5	芦苇
Z3	芦苇	Z6	芦苇

　　华山湖湿地河岸带植物调查结果如图 5.301 所示，菊科的盖度最大，占调查河岸带植物总盖度的 16%；禾本科的盖度位于第二位，占调查河岸带植物总盖度的 14%；蔷薇科的盖度位于第三位，占调查河岸带植物总盖度的 11%。其中，华山湖湿地样点 H1 河岸带植物以菊科为主，盖度是 13.5%；其次是杨柳科，盖度是 10%；其他各科盖度共 33%。样点 H2 以禾本科为主，盖度是 11.5%；其次是菊科，盖度是 5.5%；其他各科盖度共 15.5%。样点 H3 以禾本科为主，盖度是 11%；其次是菊科，盖度是 7%；其他各科盖度

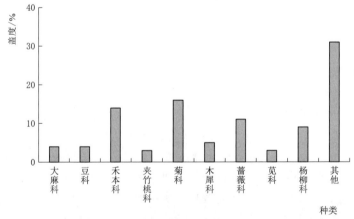

图 5.301　华山湖湿地河岸带植物盖度分布

共 22.5％。样点 H4 以禾本科为主，盖度是 10.5％；菊科盖度是 4.5％；其他各科盖度共 30.5％。样点 Z5 以杨柳科为主，盖度是 29％；其次是菊科，盖度是 9.5％；其他各科盖度共 10.5％。样点 H6 以禾本科为主，盖度是 8％；其次是菊科，盖度是 7.5％；其他各科盖度共 43％。各样点河岸带植物优势物种见表 5.56。

表 5.56　　　　　　　　　　华山湖湿地各样点河岸带植物优势物种

样点	优势物种	样点	优势物种
Z1	垂柳	Z4	垂柳
Z2	垂柳	Z5	垂柳
Z3	垂柳	Z6	朴树

华山湖湿地水生维管束植物调查结果显示，样点 H4 水生维管束植物优势度最高，优势度指数为 0.93；样点 H1 水生维管束植物优势度相对较低，优势度指数为 0.88。各采样点水生维管束植物优势度如图 5.302 所示。

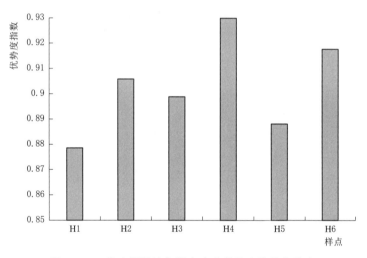

图 5.302　华山湖湿地各样点水生维管束植物优势度

华山湖湿地河岸带植物调查结果显示，样点 H3 河岸带植物优势度最高，优势度指数为 0.99；样点 H5 河岸带植物优势度相对较低，优势度指数为 0.78。各点位之间优势度差距不大。各样点河岸带植物优势度如图 5.303 所示。

5.14.5　两栖类和爬行类群落结构特征

华山湖湿地共发现两栖类动物 1 目 3 科 3 属 5 种，爬行类动物 2 目 5 科 6 属 8 种，无国家重点保护物种，但大多数种类被列入《国家保护的有益的或者有重要经济、科学研究价值的陆生野生动物名录》中。其中黑斑侧褶蛙和中华蟾蜍为该区域的优势种，叉舌蛙科的泽陆蛙也有一定数量。华山湖湿地为旅游区，人类活动较多，红耳龟源自人们的放养或者放生，2021 年也有发现入侵物种拟鳄龟（*Chelydra serpentina*）的报道，红耳龟和拟

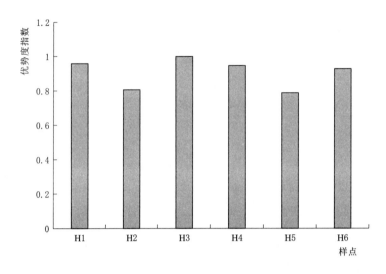

图 5.303　华山湖湿地各样点河岸带植物优势度

鳄龟均为重要的入侵种类。在岸边观察到死亡的龟鳖类尸体，还有中华草龟和中华鳖，从体形和体色判断其均人工放生的个体。白条锦蛇和虎斑颈槽蛇是岸带主要的蛇类，白条锦蛇主要摄食鸟、啮齿类和昆虫，虎斑颈槽蛇以两栖类为主要食物，偶摄食鱼类。丽斑麻蜥少量分布于湖区，山地麻蜥主要分布于山地景区。

5.14.6　鸟类群落结构特征

华山湖省级湿地共发现鸟类 10 目 17 科 24 属 25 种，包括国家二级保护动物 2 种，分别是疣鼻天鹅（Cygnus olor）、画眉（Garrulax canorus）；山东省重点保护鸟类 5 种，分别是普通鸬鹚、大白鹭、中白鹭、小白鹭、星头啄木鸟；中日协定保护鸟类 4 种，分别是夜鹭、绿头鸭（Anas platyrhynchos）、黑水鸡、北红尾鸲（Phoenicurus auroreus）。鸟类群落中雀形目 8 科 9 属 9 种，占总种数 36.0%，为物种量最多的类群（图 5.304）。鸟类区系中，广布种鸟类最多，有 13 种，占总种数的 52.0%；其次为古北界鸟类，有 9 种，占总种数 36.0%；东洋界鸟类最少，有 3 种，占总种数 12.0%（图 5.305）。本次实地调查与观测发现，华山湖湿地留鸟种类最多，为 17 种，约占总种数的 68.0%；其次为夏候鸟，为 4 种，占总种数的 16.0%；旅鸟的种类为 3 种，占总种数的 12.0%；冬候鸟的种类最少，为 1 种，占总种数的 4.0%（图 5.306）。华山湖湿地鸟类 Shannon-Wiener 多样性指数为 1.891，Pielou 均匀度指数为 0.821，Simpson 优势度指数为 0.206，Margalef 丰富度指数为 1.986。栖息环境的相似性在一定程度上决定了鸟类群落组成的相似性，通过周围环境调查，华山湖湿地可划分出人工林、灌丛、水域、农田、居民区 5 类亚生境。灌丛和人工林鸟种分布重复，鸟种相似性系数最高，为 0.857；其次是灌丛和农田，相似性系数为 0.842。水域和人工林及水域和农田的鸟种相似度最低，相似性系数分别为 0.222 和 0.240。

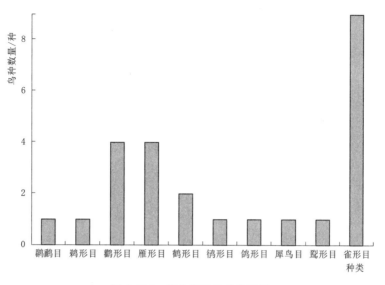

图 5.304 华山湖湿地鸟种数量

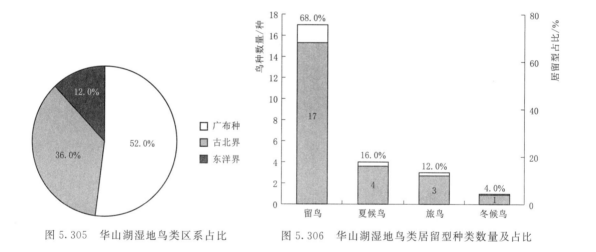

图 5.305 华山湖湿地鸟类区系占比

图 5.306 华山湖湿地鸟类居留型种类数量及占比

5.15 长清王家坊省级湿地水生生物群落结构特征

5.15.1 浮游植物群落结构特征

5.15.1.1 浮游植物物种组成

长清王家坊省级湿地（以下称长清王家坊湿地）浮游植物种类组成及物种数量变化如图 5.307 所示。长清王家坊湿地共发现浮游植物 52 种分属 7 门：绿藻门 18 种，硅藻门 18 种，裸藻门 6 种，蓝藻门 4 种，隐藻门、甲藻门、金藻门各 2 种。物种种类以绿藻门和硅藻门为主。长清王家坊湿地样点 1（W1）发现藻类 19 种分属 5 门，物种种类以硅藻门、绿藻门为主，分别为 10 种、5 种。样点 2（W2）发现藻类 25 种分属 6 门，物种种类以硅藻门、绿藻门为主，分别为 10 种、9 种。样点 3（W3）发现藻类 26 种分属 6 门，物种种类以硅藻门、绿藻门为主，分别为 11 种、10 种。样点 4（W4）发现藻类 18 种分属 6 门，物种种类以硅藻门和绿藻门为主，分别为 8 种、6 种。样点 5（W5）发现藻类 20 种分属 7 门，物种种类以绿藻门和硅藻门为主，分别为 8 种、5 种。样点 6（W6）发现藻类 20 种分属 7 门，物种种类以硅藻门和裸藻门为主，分别为 6 种、5 种。

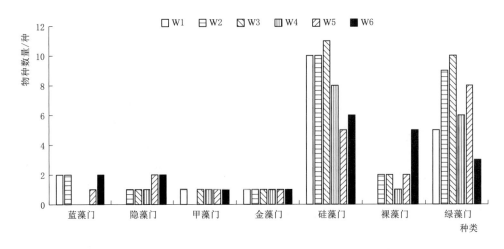

图 5.307　长清王家坊湿地浮游植物种类数量

5.15.1.2　浮游植物密度分布

长清王家坊湿地各样点浮游植物密度分布如图 5.308 所示，样点 3（W3）的浮游植物密度最大，为 1007.25 万个/L；其次是样点 2（W2），为 938.4 万个/L；密度最低的是样点 5（W5），为 216.75 万个/L。

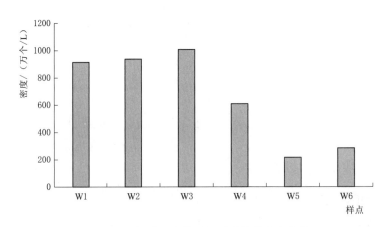

图 5.308　长清王家坊湿地浮游植物密度变化

长清王家坊湿地浮游植物各门类密度占比情况如图 5.309 所示，浮游植物种类组成以绿藻门为主，占总浮游植物密度总数的 47.75%；其次是硅藻门，占总浮游植物数量的

29.59%；其他门共占22.66%。长清王家坊省级湿地样点1（W1）以硅藻门为主，占其总浮游藻类密度的37.05%；绿藻门占34.82%；蓝藻门占20.61%；其他各门总共占7.52%。样点2（W2）以绿藻门为主，占其总浮游藻类密度的45.65%；硅藻门占34.51%；蓝藻门占14.13%；其他各门总共占5.71%。样点3（W3）以绿藻门为主，占其总浮游藻类密度的70.89%；硅藻门占23.29%；其他各门总共占5.82%。样点4（W4）以绿藻门为主，占其总浮游藻类密度的58.16%；硅藻门占36.82%；其他各门总共占5.02%。样点5（W5）以绿藻门为主，占其总浮游藻类密度的29.41%；蓝藻门占23.53%；隐藻门占20.00%；硅藻门占11.76%；其他各门总共占15.3%。样点6（W6）以蓝藻门为主，占其总浮游藻类密度的46.43%；金藻门占15.18%；隐藻门占14.29%；硅藻门占9.82%；其他各门总共占14.28%。

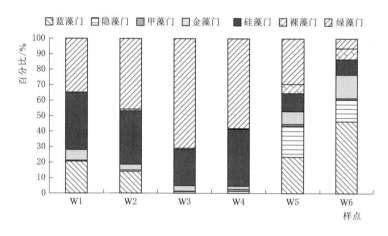

图5.309　长清王家坊湿地浮游植物密度百分比

长清王家坊湿地浮游植物各样点优势物种分布情况见表5.57。样点1（W1）的针状新月藻密度最大，占其总浮游植物密度的31.75%；样点2（W2）的针状新月藻密度最大，占其总浮游植物密度的33.97%；样点3（W3）的针状新月藻密度最大，占其总浮游植物密度的53.67%；样点4（W4）的针状新月藻密度最大，占其总浮游植物密度的49.37%；样点5（W5）的水华束丝藻密度最大，占其总浮游植物密度的23.53%；样点6（W6）的铜绿微囊藻密度最大，占其总浮游植物密度的28.57%。

表5.57　　　　　　　　　**长清王家坊湿地各样点浮游植物优势物种**

样点	优势物种	样点	优势物种
W1	针状新月藻	W4	针状新月藻
W2	针状新月藻	W5	水华束丝藻
W3	针状新月藻	W6	铜绿微囊藻

长清王家坊湿地浮游植物种类组成整体上以绿藻门为主（图5.310），其密度占浮游植物总密度的47.75%，其中针状新月藻为主要优势物种，占长清王家坊湿地总浮游植物密度的36.78%。

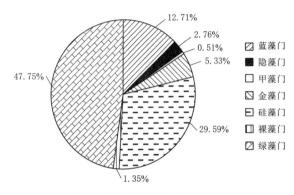

图 5.310　长清王家坊湿地浮游植物密度比

5.15.2　浮游动物群落结构特征

5.15.2.1　浮游动物物种组成

长清王家坊湿地浮游动物调查共发现浮游动物 25 种。其中，原生动物门 8 种，主要为巢居法帽虫；轮虫动物 10 种，优势种为角突臂尾轮虫；枝角类 3 种；桡足类 4 种，以台湾温剑水蚤为主。长清王家坊湿地各样点浮游动物物种分布状况显示，浮游动物物种数分布范围为 1～14 种，平均物种数为 7.2 种。其中 W5 样点浮游动物物种数最高，W1 样点物种数最低（图 5.311）。从整体上看轮虫动物物种数较多，占调查浮游动物物种数的 40%；原生动物门的物种数第二，占调查浮游动物物种数的 32%（图 5.312）。

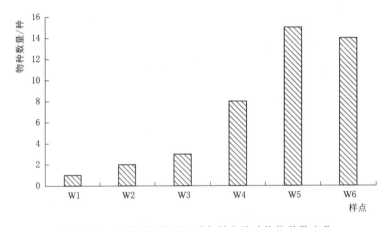

图 5.311　长清王家坊湿地浮各样点游动物物种数变化

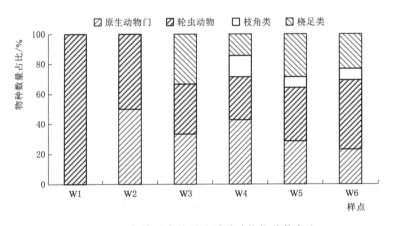

图 5.312　长清王家坊湿地浮游动物物种数占比

5.15.2.2 浮游动物密度分布

长清王家坊湿地各样点浮游动物密度分布状况结果显示，各样点浮游动物密度范围为 0.5～30.5 个/L，平均密度为 11.6 个/L，其中，W6 样点浮游动物密度最高，W1 样点浮游动物密度最低（图 5.313）。长清王家坊湿地浮游动物密度分布图显示，桡足类密度最高，为 33 个/L，占调查浮游动物总密度的 47.4%；原生动物门密度第二，占调查浮游动物总密度的 31%；轮虫动物和枝角类密度占调查浮游动物总密度的比例相对较低（图 5.314）。

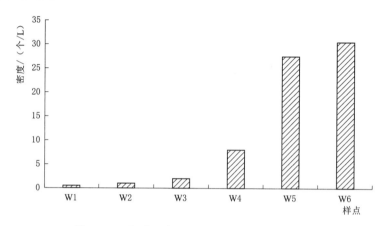

图 5.313　长清王家坊湿地各样点浮游动物密度

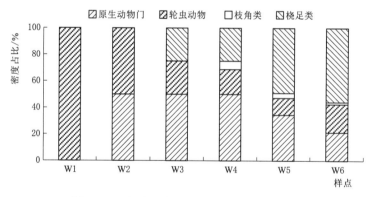

图 5.314　长清王家坊湿地浮游动物密度占比

5.15.3 底栖动物群落结构特征

5.15.3.1 底栖动物物种组成

长清王家坊湿地底栖动物种类组成及物种数量变化如图 5.315 所示，共发现底栖动物 18 种。其中，昆虫纲 8 种，腹足纲 8 种，软甲纲和瓣鳃纲各 1 种。长清王家坊湿地样点 1（W1）发现底栖动物 5 种，物种种类以腹足纲、瓣鳃纲和昆虫纲为主，分别为 3 种、1 种、1 种；样点 2（W2）发现底栖动物 5 种，物种种类以昆虫纲和腹足纲为主，分别为 4 种、1 种；样点 3（W3）发现底栖动物 6 种，物种种类以腹足纲、软甲纲和昆虫纲为主，分别为 4

种、1 种、1 种；样点 4（W4）发现底栖动物 7 种，物种种类以昆虫纲和腹足纲为主，分别为 4 种、3 种；样点 5（W5）发现底栖动物 2 种，物种种类以腹足纲和昆虫纲为主，分别各为 1 种；样点 6（W6）发现底栖动物 7 种，物种种类以昆虫纲和腹足纲为主，分别为 4 种、3 种。

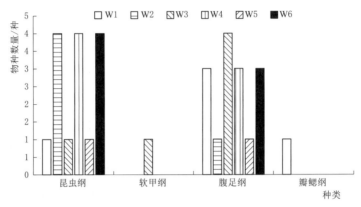

图 5.315　长清王家坊湿地底栖动物种类数目变化

5.15.3.2　底栖动物密度分布

长清王家坊湿地各样点底栖动物密度分布如图 5.316 所示，各样点底栖动物密度范围为 5.56~50.00 个/m²，平均密度为 31.02 个/m²，其中，W6 样点底栖动物密度最高，W5 样点底栖动物密度最低。

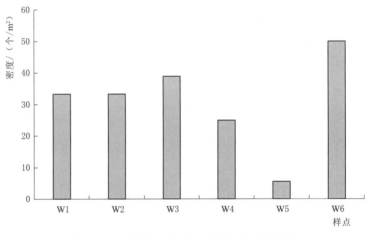

图 5.316　长清王家坊湿地底栖动物密度变化

长清王家坊湿地底栖动物各门类密度占比情况如图 5.317 所示，底栖动物整体上以腹足纲为主，占底栖动物密度总数的 49.25%；其次是昆虫纲，占总底栖动物数量的 47.76%；其他纲共占 2.99%。其中，长清王家坊湿地样点 1（W1）底栖动物以腹足纲为主，占其总底栖动物密度的 83.33%。样点 2（W2）以昆虫纲为主，占其总底栖动物密度的 83.33%。样点 3（W3）主要以腹足纲为主，占其总底栖动物密度的 85.71%。样点 4（W4）以昆虫纲为主，占其总底栖动物密度的 55.56%；腹足纲占 44.44%。样点 5（W5）以昆虫纲和腹足纲为主，各占其总底栖动物密度的 50.00%。样点 6（W6）以昆虫纲为主，占其总底栖动物密度的77.78%。

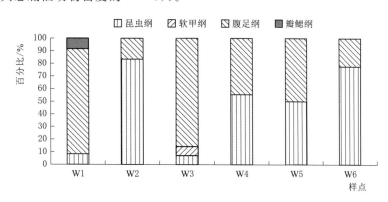

图5.317　长清王家坊湿地底栖动物密度百分比

长清王家坊湿地各样点底栖动物优势物种分布情况见表5.58。样点1（W1）的梨形环棱螺密度最大，占其总底栖动物密度的72.73%；样点2（W2）的纹石蛾密度最大，占其总底栖动物密度的50.00%；样点3（W3）的梨形环棱螺密度最大，占其总底栖动物密度的57.14%；样点4（W4）的梨形环棱螺、柔嫩雕翅摇蚊密度最大，分别占其总底栖动物密度的22.22%；样点5（W5）的小团扇春蜓、椭圆萝卜螺密度最大，分别占其总底栖动物密度的50%；样点6（W6）的柔嫩雕翅摇蚊密度最大，占其总底栖动物密度的33.33%。

表5.58　　　　　　　　　　　长清王家坊湿地各样点底栖动物优势物种

样点	优势物种	样点	优势物种
W1	梨形环棱螺	W4	梨形环棱螺、柔嫩雕翅摇蚊
W2	纹石蛾	W5	小团扇春蜓、椭圆萝卜螺
W3	梨形环棱螺	W6	柔嫩雕翅摇蚊

长清王家坊湿地底栖动物种类整体上以腹足纲为主，其密度占底栖动物总密度的49.25%（图5.318），其中梨形环棱螺为主要优势物种，占长清王家坊湿地总底栖动物密度的31.34%。

5.15.4　水生维管束植物和河岸带植物群落结构特征

5.15.4.1　水生维管束植物和河岸带植物物种组成

长清王家坊湿地共发现水生维管束植物

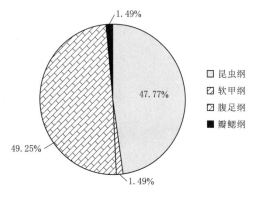

图5.318　长清王家坊湿地底栖动物密度百分比

12科14种，其中禾本科和小二仙草科水生维管束植物最多，占水生维管束植物总数的

14.2%。长清王家坊湿地样点 W1 发现水生维管束植物 8 种分属 8 科；样点 W2 发现水生维管束植物 8 种分属 7 科，物种种类以眼子菜科为主，为 2 种；样点 W3 发现水生维管束植物 5 种分属 5 科；样点 W4 发现水生维管束植物 4 种分属 4 科；样点 W5 发现水生维管束植物 8 种分属 7 科，物种种类以禾本科为主，为 2 种；样点 W6 发现水生维管束植物 5 种分属 5 科（图 5.319）。

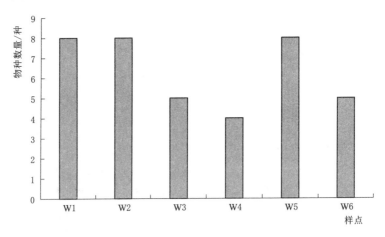

图 5.319　长清王家坊湿地水生维管束植物物种分布

长清王家坊湿地共发现河岸带植物 17 科 39 种，其中菊科河岸带植物最多，占河岸带植物总数的 28.2%；杨柳科河岸带植物第二，占河岸带植物总数的 12.8%。样点 W1 发现河岸带植物 24 种分属 13 科，物种种类以菊科为主，为 6 种；样点 W2 发现河岸带植物 19 种分属 12 科，物种种类以菊科为主，为 4 种；样点 W3 发现河岸带植物 22 种分属 13 科，物种种类以菊科为主，为 7 种；样点 W4 发现河岸带植物 18 种分属 10 科，物种种类以菊科为主，为 4 种；样点 W5 发现河岸带植物 15 种分属 8 科，物种种类以菊科为主，为 6 种；样点 W6 发现河岸带植物 15 种分属 8 科，物种种类以菊科为主，为 5 种（图 5.320）。

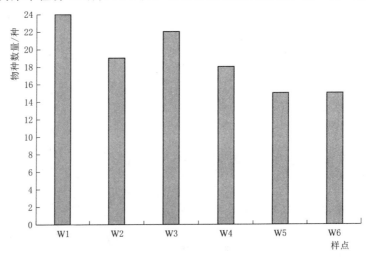

图 5.320　长清王家坊湿地河岸带植物物种分布

5.15.4.2 水生维管束植物和河岸带植物盖度分布

长清王家坊湿地水生维管束植物盖度调查显示，禾本科的盖度最大，占调查水生维管束植物总盖度的 32.7%；香蒲科的盖度位于第二位，占调查水生维管束植物总盖度的 15.4%；眼子菜科的盖度位于第三位，占调查水生维管束植物总盖度的 9.2%（图 5.321）。其中，样点 W1 以禾本科为主，盖度是 9%；其次是香蒲科，盖度是 3.5%；眼子菜科盖度是 3%。样点 W2 以禾本科和眼子菜科为主，盖度各为 6.5%；样点 W3 以禾本科为主，盖度是 8%；其次是香蒲科，盖度是 4%；其他各科盖度共 7.5%。样点 W4 以香蒲科为主，盖度是 4%；其次是禾本科，盖度是 3.5%。样点 W5 以禾本科为主，盖度是 10.5%；其次是水鳖科，盖度是 5%；莎草科盖度是 4%。样点 W6 以禾本科为主，盖度是 7%；其余各科总盖度为 13%。各样点水生维管束植物优势物种见表 5.59。

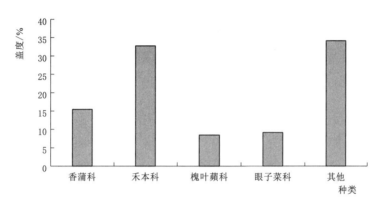

图 5.321　长清王家坊湿地水生维管束植物盖度分布

表 5.59　　　　　　　　长清王家坊湿地各样点水生维管束植物优势物种

样点	优势物种	样点	优势物种
W1	芦苇	W4	水烛
W2	芦苇	W5	芦苇
W3	芦苇	W6	芦苇

长清王家坊湿地河岸带植物调查结果显示，菊科的盖度最大，占调查河岸带植物总盖度的 24.3%；杨柳科的盖度位于第二位，占调查河岸带植物总盖度的 16.6%；禾本科的盖度位于第三位，占调查河岸带植物总盖度的 13.8%（图 5.322）。其中，样点 W1 以杨柳科为主，盖度是 14.5%；其次是菊科，盖度是 14%；其他各科盖度共 46%。样点 W2 以禾本科和菊科为主，盖度都是 11.5%。样点 W3 以菊科为主，盖度是 23.5%；其次是禾本科，盖度是 8%；其他各科盖度共 47%。样点 W4 以杨柳科为主，盖度是 20%；其次是菊科，盖度是 13.5%；其他各科盖度共 41%。样点 W5 以菊科为主，盖度是 21%；其次是杨柳科，盖度是 10.5%；其他各科盖度共 30%。样点 W6 以菊科为主，盖度是 17%；其次是杨柳科，盖度是 16%；其他各科盖度共 41%。各样点河岸带植物优势物种见表 5.60。

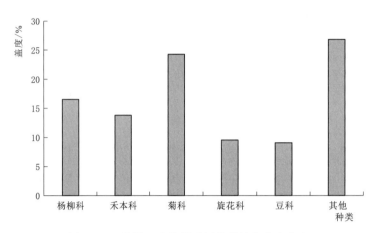

图 5.322 长清王家坊湿地河岸带植物盖度分布

表 5.60 长清王家坊湿地各样点河岸带植物优势物种

样点	优势物种	样点	优势物种
W1	榆树	W4	垂柳
W2	野大豆	W5	狗尾草
W3	蒿柳	W6	垂柳

长清王家坊湿地水生维管束植物调查结果显示，样点 W1 水生维管束植物优势度最高，优势度指数为 0.87；样点 W4 水生维管束植物优势度相对较低，优势度指数为 0.75（图 5.323）。

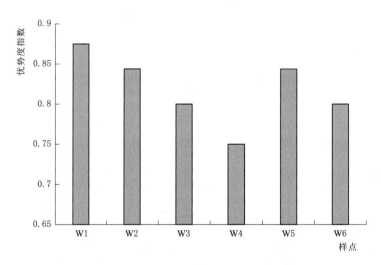

图 5.323 长清王家坊湿地各样点水生维管束植物优势度

长清王家坊湿地河岸带植物调查结果显示，样点 W4 河岸带植物优势度最高，优势度指数为 0.92；样点 W5 河岸带植物优势度相对较低，优势度指数为 0.83（图 5.324）。

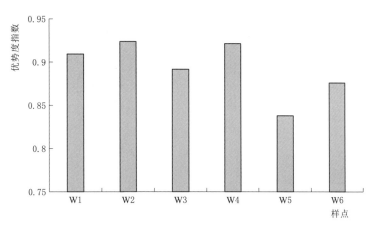

图 5.324　长清王家坊湿地各样点河岸带植物优势度

5.15.5　两栖类和爬行类群落结构特征

长清王家坊湿地调查共发现两栖类动物 1 目 3 科 3 属 5 种，爬行类动物 2 目 5 科 6 属 7 种，除红耳龟外，均为《国家保护的有益的或者有重要经济、科学研究价值的陆生野生动物名录》中物种。其中，黑斑侧褶蛙和中华蟾蜍为该区域的优势种，泽陆蛙和花背蟾蜍也有一定数量，金线侧褶蛙和黑斑侧褶蛙混居，数量较少。红耳龟源自人们的放生，中华鳖从体形和体色判断，既有野生种类、也有人工放养的个体。白条锦蛇、虎斑颈槽蛇和赤链蛇为岸带主要的蛇类，虎斑颈槽蛇和赤链蛇有一定的半水栖性，赤链蛇一般生活于岸带；丽斑麻蜥少量分布于湖区，无蹼壁虎主要分布于离湿地较近的居民生活区。

5.15.6　鸟类群落结构特征

长清王家坊省级湿地鸟类调查共发现鸟类 5 目 8 科 12 属 14 种，其中山东省重点保护鸟类 3 种，分别是苍鹭、中白鹭、小白鹭；中日协定保护鸟类 2 种，分别是夜鹭、黑水鸡。鸟类种群组成为中雀形目 4 科 5 属 5 种，鹳形目 1 科 4 属 5 种，各占总种数 35.7%，为物种量最多的类群（图 5.325）。鸟类区系中，广布种鸟类最多有 8 种，占总种数的 57.1%；其次为古北界鸟类，有 4 种，占总种数 28.6%；东洋界鸟类最少，有 2 种，占总种数 14.3%（图 5.326）。本次鸟类调查观测显示，长清王家坊湿地留鸟种类最多，为 11 种，约占总种数的 78.6%；其次为夏候鸟，为 2 种，占总种数的 14.3%；旅鸟的种类最少，为 1 种，占总种数的 7.1%（图 5.327）。鸟类 Shannon-Wiener 多样性指数为 1.932，Pielou 均匀度指数为 0.753，Simpson 优势度指数为 0.180，Margalef 丰富度指数为 2.216。栖息环境的相似性在一定程度上决定了鸟类群落组成的相似性，对长清王家坊湿地周围环境的调查后，划分出人工林、灌丛、水域、农田、居民区 5 类亚生境。灌丛和人工林以及农田和人工林的鸟种相似性系数最高，均为 0.923；水域和灌丛、农田的鸟种相似度最低，相似性系数均仅为 0.353。

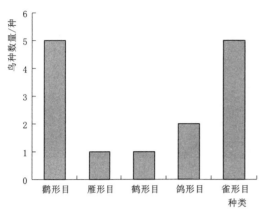

图 5.325　长清王家坊湿地鸟种数量

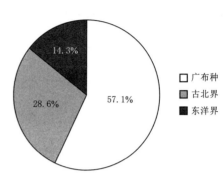

图 5.326　王家坊湿地鸟类区系占比

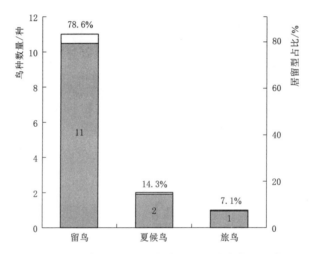

图 5.327　长清王家坊湿地鸟类居留型种类数量及占比

第6章

济南市湿地水生态系统健康评价

6.1 国内外湿地水生态系统健康现状及方法

6.1.1 湿地水生态系统健康的定义

湿地是介于陆地系统和水域环境系统之间的过渡带，并兼有两种系统的特征，具有典型的结构特征、巨大的环境调节功能和生态效益，以及丰富的资源潜力，也因此被誉为"地球之肾"。对于湿地水生态系统来说，水在生物进化与生态演替过程中始终发挥着至关重要的作用，不仅维持着水生态系统的稳定循环，也是水生生物生存所必不可少的物质基础（左其亭等，2015）。然而随着社会的不断进步和经济的快速发展，水体及其所处的生态环境均受到了不同程度的破坏，水生态系统逐渐退化，水生态危机在全球范围内不断显现，因此越来越多的人开始将目光投向水生态系统健康的研究。20世纪70年代初由美国颁发的《联邦水污染控制法修正案》，率先对水生态健康的内涵进行了初步讨论，自此，保护水生态系统健康的浪潮延续至今，成为当今涉水研究领域的热点之一。但是，截至目前水生态健康的内涵还未形成统一的定义。从生态系统角度来说，生态系统健康最具代表性的定义为：健康的生态系统具备新陈代谢活动能力、内部组织结构以及面临外界压力时的恢复力。湿地水生态系统为人类提供了众多资源，且人类的活动干扰也是影响湿地水生态系统健康的重要因素，这使得水生态系统健康的内涵与人类密不可分，因此很多专家在研究水生态系统健康的同时，将社会、经济与文化因素进行了综合考虑。综合众多专家对健康水生态系统的描述（Rapport et al.，1998）（Bergmann，et al.，1996）（Cairns et al.，1994）（Karr et al.，1999）（Karr et al.，1986）（Rapport et al.，1999）（曾德慧等，1999），一个健康的水生态系统应具备良好的组织结构及运转功能，在面临突发及长期人为活动等干扰时，具有良好稳定性及恢复能力，整体功能表现出多样性、复杂性。健康的水生态系统也应具备满足水生生物及岸边生物等对水的基本需求，同时兼具保障区域及流域内人类生产生活等对水资源需求等。

人类活动对于湿地的干扰研究已有很长的一段时间。早期的研究大多仅考虑由点源污染造成的水体理化特性的变化，而随着对水生态系统研究的不断深入，人们发现水生态系统健康不仅仅局限于点源的污染，土地利用等非点源污染对于水生态系统健康的影响也十分显著。对于水生态健康的评价，也从最初的分析化学物质对水质的影响，转变为开始注重分析水生生物对水质的响应。近年来，研究发现河流生物群落具有整合不同时间尺度上各种化学、生物和物理影响的能力（Norris et al.，1999）。这些生物群落的结构和功能特性能够反映诸如化学物质污染、物理生境的消失和斑块化变化，同时外来物种入侵、水资源的过量抽取和河岸植被带的过度采伐会造成水环境总体退化。因此，生物监测将更多的目光集中在多种生态胁迫对水环境造成的累积效应上，而对于应用生物方法评价河流健康的方法，选择何种指示生物是生态系统健康评价的关键（Costanza et al.，1999）。因此，一系列的生物评价因子，尤其是基于河流生物完整性的生物评价方法被广泛地应用（Karr et al.，1986）（王备新等，2005）（李莹，2022）。利用生物类群构建的多指标评价方法已经被大量的研究证明比单一指标评价更为有效，如鱼类（Karr et al.，1981）、藻类和大型底栖动物等生物的完整性因子已被广泛应用。

6.1.2　研究进展

近年来，很多国家都已开展了水生态系统健康评价工作，对河、湖健康状况评价方法的研究也愈来愈多元化。基于河湖健康评价方法的研究，被广泛使用在河流、湿地、溪流、水源地等涉水区域。20 世纪 80 年代，出现了两种重要的河湖健康评价方法。一种是1981 年由 Karr 提出的生态完整性指数（index of biotic integrity，IBI），另一种是1984 年由 Wright 提出的河流无脊椎动物预测和分类计划（River Invertebrate Prediction and Classification System，RIVPACS）。生态完整性指标（IBI）产生于美国中西部，由 Karr 提出并以鱼类作为指示物种，用于评价河流水生态系统健康状况，IBI 在美国等许多国家作为河湖状况的评价工具用以支持水资源计划和决策，后来被推广至浮游生物、着生藻类、底栖动物等其他生物。河流无脊椎动物预测和分类计划（RIVPACS）产生于英国，其利用区域特征预测河流在自然状况下应存在的大型无脊椎动物与其实际监测值相比较，从而评价河流的健康状况。随着国际上对河、湖健康状况的重视，河、湖健康评价工作在国外许多地方均有开展，形成了各具特色的健康评价方法，其中美国、英国、澳大利亚、南非等国家最具代表性。20 世纪 90 年代，美国环保署（Environmental Protection Agency，EPA）对 1989 年推出的快速生物监测协议（Rapid Bioassessment Protcols，RBPs）进行了修改完善，于 1999 年推出了新版的快速生物监测协议（RBPs），该协议提供了河流着生藻类、大型无脊椎动物及鱼类的监测及评价方法标准。英国的 Raven 于 1997 年提出了河流生境调查（River Habitat Survey，RHS），用以评价河流生态环境的自然特征和质量，并判断河流生态环境现状与纯自然状态之间的差距。此外，英国还建立了河流保护评价系统（System for Evaluating Rivers for Conversation，SERCON），目标是用于评价英国河流的自然保护价值。澳大利亚的学者基于 RIVPACS 发展出了适用于澳大利亚河流的评价计划（Australian River Assessment System，AUSRIVAS），并将其应用于 1993 的第一次全国水资源评价中（Schofield，1996）。除此之外，澳大利亚在 1999 年还开展了溪流状态指标（Index of Stream Condition，ISC）的研究，评估河流恢复的有效性，从而引导可持续发展的河流管理。南非在 1994 年发起了"河流健康计划"（Refugee Health Program，RHP），该计划选用河流生境状况作为河流健康的评价指标，提供了可广泛用于河流生物监测的框架。

近年来，我国已逐渐开始关注河流健康状况，并在河流健康评价指标体系、河流健康状况评价方法等方面开展了一系列的工作。但是，国内的水生态系统健康研究起步较晚，唐涛等率先对河流健康的内涵进行了初步探讨。各大流域在借鉴国外河流健康研究的基础上，根据本流域的实际情况展开了积极的研究工作。杨莲芳等利用EPT（E 蜉蝣目、F 襀翅目、T 毛翅目）分类单元数和科级水平生物指标（family biotic index，FBI）评价了安徽九华河的水质状况（杨莲芳等，1992）。王备新等（王备新等，2005）以安徽黄山地区的溪流为对象，应用IBI（Index of Biological Integrity）评价体系对底栖生物完整性指标和评价标准进行了筛选。中国科学院水生生物所的朱迪和常剑波应用鱼类生物完整性指标对长江上游健康状况进行了研究，共包括12个指标：种类数占期望值的比例，鲤科鱼类种类百分比，鳅科鱼类种类百分比，鲶科鱼类种类百分比，商业捕捞获得的鱼类科数，鲫（放养鱼类）比例，杂食性鱼类的数量比例，底栖动物食性鱼类的数量比例，鱼食性鱼类的数量比例，单位渔产量，天然杂交个体的比例，感染疾病和外形异常个体比例等。1999年，上海市环境监测中心建立包括了理化指标、生物指标、营养状况指标、景观指标4部分内容，适用于黄浦江水环境状态评价的指标体系。2005年，长江水利委员会正式出台了包含河道生态需水量满足程度、水功能区水质达标率等18个指标的长江指标体系（蔡其华，2005）。综上所述，国内的河湖健康评价方法大多基于国外已有的成熟体系进行适当的修改，常用的指示物种法有生物完整性指标、Shannon-Wiener 多样性指数、BMWP（biological monitoring working party，生物监测工作组）计分系统和底栖动物 BI（biotic index，生物）指标，而指标体系法多采用综合健康指标评价法、模糊综合评价法、灰色关联评价法，尚未形成统一标准和完整体系。

6.1.3　水生态系统健康评价指标体系

6.1.3.1　指标体系构建的原则

水生态系统是由生物和非生物环境两部分组成的，其存在动态性、复杂性和不确定性等特点。水生态系统健康评价指标的选择是构建水生态系统健康评价体系的基础，各个指标的计算和赋值很大程度上决定了评价的可行性和结果的可靠性。在选取具体的候选评价指标时要遵循科学认知、代表性、相对独立和评估标准性四个原则。

（1）科学认知原则。即基于现有的科学认知，可以基本判断其变化驱动成因的评估指标；评估指标应尽可能清晰地指示河流健康与环境压力的相应关系，能识别河湖健康状况并揭示受损成因；宜选取较为成熟的水文计算、水质评价、河岸带调查、水生生物调查方法，以科学、客观、真实地反映河流生态系统的变化规律。采用统一的、标准化的方法开展取样监测，准确反映河湖健康状况对时间和空间的变化趋势。

（2）代表性原则。河流生态系统是一类非常复杂的系统，受到各种人为和自然因素的影响，因此要在这些表征因子中提取最具代表性的指标。指标的确定要选择能表征水生态系统健康本质特征的变量。指标的选择要有取舍，要选取既能表征系统本质特征的主要因素，同时又具有普遍性的因子，舍弃相关性不高的指标，提取信息量大、综合性强、最具代表性的指标。

（3）相对独立原则。即选取的评价指标内涵不存在明显重复，并且选取的各指标数据在现有的监测技术条件下能够科学获取。

（4）评估标准性原则。即各评价指标阈值明确，能够实现标准化评价。基于现有成熟或易于接受的方法，可以制定相对严谨的评估标准的评估指标。

6.1.3.2　水生态健康评价指标

水生态健康评价指标包括生物指标和栖息地指标，以及充分考虑河流的水质污染、水文状态和物理结构的改变、外来物种的引入等可能引起生态状况恶化的因素。

1. 生物指标

生物指标是水生态健康评价的主要指标。常用的指示生物包括鱼类、底栖无脊椎动物和着生藻类等。

（1）鱼类。鱼类一般个体较大，捕获相对容易，种类丰富，活动能力强。鱼类与人类关系密切，对人为干扰的变化表现敏感，对不同时空尺度下自然条件的变化表现敏感。鱼类群落可以由几个占据不同营养级及其不同摄食功能团的物种组成。鱼类处在食物链的较高位置，能够反映生态系统的整体状况（Mathuriau C，2011）。因此鱼类一直是水生生物研究的焦点。

（2）底栖无脊椎动物。通过大型无脊椎动物对人为干扰生态效应的研究，如襀翅目幼虫在清洁河流中大量出现，福寿螺在中度污染的水体中较多，污染严重河流中颤蚓类、摇蚊幼虫数量增加等，河流中大型无脊椎动物经常作为指示生物来反映河流污染状况（Mondy C P，2012）。

（3）着生藻类。在河流环境质量的评价体系中，藻类（浮游藻类和着生藻类）已经被广泛地应用，这其中尤以硅藻的应用最为广泛（Prygiel J，2002）。硅藻是河流生态系统中的初级生产者，对生态系统其他组分的影响显著，硅藻分布范围广，世代周期短，物种丰富，采样简单，对环境变化敏感，且不同水体中组分不同，因此硅藻是常用的水生态健康评价指示生物之一。

2. 栖息地指标

河流栖息地状态的评价是水生态评价的又一重要方法。河流的生物状态很大程度上取决于栖息地状态，因此对栖息地的评价是生物评价的一个合理替代。栖息地的控制因素包括水流状态、河道结构（地貌）、水质、河岸带、基质以及人类干扰等。

6.2　基于生物多样性的单因子评价

水生生物多样性通用的计算指标包括 Shannon-Wiener 多样性指数（H）、Pielou 均匀度指数（J）、Margalef 丰富度指数（D）。Shannon-Wiener 多样性指数（H）对物种的种类数目和种类中个体分配的均匀性依赖程度较高，Margalef 丰富度指数（D）对物种的种类数目依赖程度较强，而 Pielou 均匀度指数（J）则能更好地反映物种的均匀度。

生物多样性是指生命有机体及其赖以生存的生态综合体的多样化和变异性，具体来说，生物多样性既是生命形式的多样化，也包括生命形式之间、生命形式与环境之间相互作用的多样性，还涉及生物群落、生态系统、生境、生态过程等的复杂性。生物多样性包括遗传多样性、物种多样性和生态系统多样性，而在生物多样性的研究中，常用多样性指数来表征群落的多样性特征，用生物多样性水质评价标准来评价水环境质量。生物多样性评价指标见表 6.1。

物种多样性的计算公式如下：

（1）Shannon-Winner 多样性指数（H）：

$$H = -\sum P_i \ln P_i \tag{6.1}$$

$$P_i = N_i / N$$

（2）Pieiou 均匀度指数（J）：

$$J = H / \ln S \tag{6.2}$$

（3）Margalef 丰富度指数（D）

$$D = (S - 1) / \ln N \tag{6.3}$$

式中　S——类群数目；

　　　P_i——样品中属于第 i 种的个体比例；

　　　N——所有类群总个体数。

表 6.1　　　　　　　　　　　　生物多样性评价指标

Shannon-Wiener 多样性指数	水质类型	Margalef 丰富度指数	水质类型	Pielou 均匀度指数	水质类型
>3	清洁-寡污型	>5	清洁型	>0.8~1.0	清洁型
>1~3	β-中污型	>4~5	寡污型	>0.5~0.8	清洁-寡污型
0~1	α-中污型	>3~4	β-中污型	>0.3~0.5	β-中污型
		0~3	α-中污型	0~0.3	α-中污型

6.2.1　白云湖湿地生物多样性单因子评价

白云湖湿地水生生物（浮游植物、浮游动物、底栖动物、鱼类）的多样性指数见表 6.2，水质生物学评价结果见表 6.3。白云湖湿地 Shannon-Wiener 多样性指数（H）范围在 1.85~2.68 之间，平均值为 2.44，水质处于 β-中污染状态；Pielou 均匀度指数（J）范围在 0.55~0.82 之间，平均值为 0.69，水质处于清洁-寡污状态；Margalef 丰富度指数（D）范围在 1.76~2.57 之间，平均值为 2.23，水质处于 α-中污染状态。

从不同类群来看，白云湖湿地浮游动物生物多样性较好，其次是浮游植物和底栖动物生物多样性，鱼类生物多样性相对较差。

从不同样点来看，白云湖湿地样点 5 生物多样性相对较差。其评价结果显示，基于 Shannon-Wiener 多样性指数（H）的水质呈 β-中污染状态，基于 Pielou 均匀度指数（J）的水质呈清洁状态，基于 Margalef 丰富度指数（D）的水质呈 α-中污染状态；其余样点生物多样性较好，评价结果显示基于 Shannon-Wiener 多样性指数（H）的水质均呈 β-中污染状态，基于 Pielou 均匀度指数（J）的水质均呈清洁-寡污状态，基于 Margalef 丰富度指数（D）的水质均呈 α-中污染状态。

6.2.2　济西湿地生物多样性单因子评价

济西湿地水生生物（浮游植物、浮游动物、底栖动物、鱼类）的多样性指数变化见表6.4，水质生物学评价结果见表6.5。济西湿地Shannon-Wiener多样性指数（H）范围在1.89~2.33之间，平均值为2.17，水质处于β-中污染状态；Pielou均匀度指数（J）范围在0.59~0.76之间，平均值为0.66，水质处于清洁-寡污状态；Margalef丰富度指数（D）范围在1.98~2.34之间，平均值为2.12，水质处于α-中污染状态。

从不同类群来看，济西湿地浮游植物生物多样性较好，其次是浮游动物和鱼类生物多样性，底栖动物生物多样性相对较差。

从不同样点来看，济西湿地生物多样性基本一致，其整体评价结果显示，基于Shannon-Wiener多样性指数（H）的水质均呈β-中污染状态，基于Pielou均匀度指数（J）的水质均呈清洁-寡污状态，基于Margalef丰富度指数（D）的水质均呈α-中污染状态。

表6.2　　　　　　　　　　　　　白云湖湿地水生生物多样性指数

样点	浮游植物			浮游动物			底栖动物			鱼类			平均值		
	H	J	D	H	J	D	H	J	D	H	J	D	H	J	D
样点1	3.29	0.66	3.72	3.47	0.74	4.34	2.12	0.91	0.73	1.53	0.48	1.51	2.60	0.70	2.57
样点2	1.53	0.35	1.99	2.76	0.68	2.64	1.44	0.62	0.76	1.68	0.56	1.64	1.85	0.55	1.76
样点3	3.10	0.65	3.39	3.79	0.82	4.29	1.77	0.59	1.18	1.56	0.60	1.24	2.56	0.66	2.53
样点4	3.03	0.59	3.93	3.56	0.82	3.00	1.23	0.48	0.76	1.96	0.76	1.52	2.44	0.66	2.30
样点5	3.55	0.75	3.33	3.30	0.75	3.84	1.73	0.87	0.57	2.12	0.91	1.36	2.68	0.82	2.27
样点6	2.86	0.62	2.85	3.64	0.86	2.69	1.23	0.77	0.43	2.37	0.75	1.74	2.53	0.75	1.93
平均值	2.90	0.60	3.20	3.42	0.78	3.46	1.59	0.71	0.74	1.87	0.68	1.50	2.44	0.69	2.23

表6.3　　　　　　　　　　　　　白云湖湿地水质生物学评价结果

样点	浮游植物			浮游动物			底栖动物			鱼类			平均值		
	H	J	D	H	J	D	H	J	D	H	J	D	H	J	D
样点1	清-寡	清-寡	β-中	清-寡	清-寡	寡污	β-中	清洁	α-中	β-中	β-中	α-中	β-中	清-寡	α-中
样点2	β-中	β-中	α-中	β-中	清-寡	α-中	β-中	清-寡	α-中	β-中	清-寡	α-中	β-中	清-寡	α-中
样点3	清-寡	清-寡	β-中	清-寡	清洁	寡污	β-中	清-寡	α-中	β-中	清-寡	α-中	β-中	清-寡	α-中
样点4	清-寡	清-寡	β-中	清-寡	清洁	α-中	β-中	β-中	α-中	β-中	清-寡	α-中	β-中	清-寡	α-中
样点5	清-寡	清-寡	β-中	清-寡	清-寡	β-中	β-中	清洁	α-中	β-中	清洁	β-中	β-中	清-寡	清洁
样点6	β-中	清-寡	β-中	清-寡	清洁	α-中	β-中	清-寡	α-中	β-中	清-寡	α-中	β-中	清-寡	α-中
平均值	β-中	清-寡	β-中	清-寡	清-寡	β-中	β-中	清-寡	α-中	β-中	清-寡	α-中	β-中	清-寡	α-中

表6.4　　　　　　　　　　　　　济西湿地水生生物多样性指数

样点	浮游植物			浮游动物			底栖动物			鱼类			平均值		
	H	J	D	H	J	D	H	J	D	H	J	D	H	J	D
样点1	3.04	0.64	3.28	2.72	0.67	3.25	1.46	0.92	0.41	0.34	0.12	1.00	1.89	0.59	1.98
样点2	2.84	0.59	3.43	2.68	0.69	2.67	0.99	0.43	0.71	2.47	0.82	2.08	2.25	0.63	2.22

续表

样点	浮游植物			浮游动物			底栖动物			鱼类			平均值		
	H	J	D	H	J	D	H	J	D	H	J	D	H	J	D
样点3	3.07	0.68	3.00	3.14	0.71	4.04	0.64	0.40	0.37	2.45	0.74	1.98	2.33	0.63	2.34
样点4	3.49	0.72	3.72	2.39	0.69	2.06	0.92	0.92	0.28	2.42	0.73	2.14	2.30	0.76	2.05
样点5	2.63	0.58	2.91	2.85	0.73	2.87	0.65	0.65	0.24	2.61	0.93	2.22	2.18	0.72	2.06
样点6	1.67	0.36	2.75	2.67	0.70	2.35	1.04	0.52	0.60	2.85	0.86	2.51	2.06	0.61	2.05
平均值	2.79	0.60	3.18	2.74	0.70	2.87	0.95	0.64	0.43	2.19	0.70	1.99	2.17	0.66	2.12

表 6.5　　　　　　　　　　济西湿地水质生物学评价结果

样点	浮游植物			浮游动物			底栖动物			鱼类			平均值		
	H	J	D	H	J	D	H	J	D	H	J	D	H	J	D
样点1	清-寡	清-寡	β-中	β-中	清-寡	β-中	β-中	清洁	α-中	α-中	α-中	α-中	β-中	清-寡	α-中
样点2	β-中	清-寡	β-中	β-中	清-寡	α-中	α-中	β-中	清洁	α-中	α-中	α-中	β-中	清-寡	α-中
样点3	清-寡	清-寡	α-中	清-寡	清-寡	寡污	α-中	β-中	α-中	α-中	清-寡	α-中	β-中	清-寡	α-中
样点4	清-寡	清-寡	β-中	α-中	清-寡	α-中	α-中	清洁	α-中	α-中	清-寡	α-中	β-中	清-寡	α-中
样点5	β-中	清-寡	α-中	α-中	清-寡	α-中	α-中	清洁	α-中	α-中	清-寡	α-中	β-中	清-寡	α-中
样点6	β-中	β-中	α-中	α-中	清-寡	α-中	β-中	清-寡	α-中	α-中	清-寡	α-中	β-中	清-寡	α-中
平均值	β-中	清-寡	β-中	β-中	清-寡	α-中	α-中	清-寡	α-中	β-中	清-寡	α-中	β-中	清-寡	α-中

6.2.3　大汶河湿地生物多样性单因子评价

大汶河湿地水生生物（浮游植物、浮游动物、底栖动物、鱼类）的多样性指数见表 6.6，水质生物学评价结果见表示 6.7。大汶河湿地整体 Shannon-Wiener 多样性指数（H）范围在 1.76～2.23 之间，平均值为 1.99，水质处于 β-中污染状态；Pielou 均匀度指数（J）范围在 0.82～1.05 之间，平均值为 0.97，水质处于清洁状态；Margalef 丰富度指数（D）范围在 1.61～2.10 之间，平均值为 1.90，水质处于 α-中污染状态。

从不同生物类群来看，大汶河湿地浮游植物生物多样性相对较好，其次是浮游动物和底栖动物生物多样性，鱼类生物多样性相对较差。

从不同样点来看，大汶河湿地各样点的生物多样性基本一致。整体评价结果显示，基于 Shannon-Wiener 多样性指数（H）的水质均呈 β-中污染状态，基于 Pielou 均匀度指数（J）的水质均呈清洁状态，基于 Margalef 丰富度指数（D）的水质均呈 α-中污染状态。

6.2.4　雪野湖湿地生物多样性单因子评价

雪野湖湿地水生生物（浮游植物、浮游动物、底栖动物、鱼类）的多样性指数见表 6.8，水质生物学评价结果见表 6.9。雪野湖湿地整体 Shannon-Wiener 多样性指数（H）范围在 1.69～2.75 之间，平均值为 1.87，水质处于 β-中污染状态；Pielou 均匀度指数（J）范围在 0.49～0.77 之间，平均值为 0.56，水质处于清洁-寡污状态；Margalef 丰富度指数（D）范围在 1.31～2.32 之间，平均值为 1.67，水质处于 α-中污染状态。

从不同生物类群来看，雪野湖湿地浮游植物生物多样性相对较好，其次是浮游动物和底栖动物生物多样性，鱼类生物多样性相对较差。

从不同样点来看，雪野湖湿地样点 4 的生物多样性相对较差。其整体评价结果显示，基于 Shannon-Wiener 多样性指数（H）的水质呈 β-中污染状态，基于 Pielou 均匀度指数（J）的水质呈 β-中污染状态，基于 Margalef 丰富度指数（D）的水质呈 α-中污染状态；其余样点生物多样性相对较好，其整体评价结果基本一致，基于 Shannon-Wiener 多样性指数（H）的水质均呈 β-中污染状态，基于 Pielou 均匀度指数（J）的水质均呈清洁-寡污状态，基于 Margalef 丰富度指数（D）的水质均呈 α-中污染状态。

表 6.6　　　　　　　　　　　　　大汶河湿地水生生物多样性指数

样点	浮游植物			浮游动物			底栖动物			鱼类			平均值		
	H	J	D	H	J	D	H	J	D	H	J	D	H	J	D
样点 1	3.61	0.84	2.88	2.83	0.68	3.34	0.79	0.50	0.32	0.96	1.92	1.86	2.05	0.98	2.10
样点 2	3.61	0.84	3.56	1.70	0.54	1.64	1.72	0.57	1.11	0.62	1.75	1.56	1.91	0.92	1.97
样点 3	3.10	0.86	2.24	2.17	0.72	2.20	1.15	0.36	1.06	0.62	1.97	1.88	1.76	0.98	1.85
样点 4	3.56	0.89	2.93	2.17	0.94	2.49	2.66	0.84	1.33	0.54	1.52	1.35	2.23	1.05	2.02
样点 5	3.37	0.91	2.34	2.40	0.80	1.68	1.47	0.57	0.71	0.79	2.03	1.70	2.01	1.08	1.61
样点 6	4.09	0.82	4.52	1.84	0.71	1.46	1.67	0.84	0.49	0.36	0.92	1.05	1.99	0.82	1.88
平均值	3.56	0.86	3.08	2.19	0.73	2.13	1.58	0.61	0.84	0.65	1.69	1.57	1.99	0.97	1.90

表 6.7　　　　　　　　　　　　　大汶河湿地水质生物学评价结果

样点	浮游植物			浮游动物			底栖动物			鱼类			平均值		
	H	J	D	H	J	D	H	J	D	H	J	D	H	J	D
样点 1	清-寡	清洁	α-中	β-中	清-寡	β-中	α-中	清-寡	α-中	α-中	清洁	α-中	β-中	清洁	α-中
样点 2	清-寡	清洁	β-中	β-中	清-寡	α-中	β-中	清-寡	α-中	α-中	清洁	α-中	清-寡	清洁	α-中
样点 3	清-寡	清洁	α-中	β-中	清-寡	α-中	β-中	β-中	α-中	α-中	清洁	α-中	清-寡	清洁	α-中
样点 4	清-寡	清洁	β-中	清洁	清洁	α-中	清-寡	清洁	α-中	α-中	清洁	α-中	清-寡	清洁	α-中
样点 5	清-寡	清洁	α-中	β-中	清洁	β-中	α-中	清-寡	α-中	α-中	清洁	α-中	清-寡	清洁	α-中
样点 6	清-寡	清洁	寡污	β-中	清-寡	α-中	α-中	清洁	α-中	α-中	清洁	α-中	清-寡	清洁	α-中
平均值	清-寡	清洁	β-中	β-中	清-寡	α-中	β-中	清-寡	α-中	α-中	清洁	α-中	β-中	清洁	α-中

表 6.8　　　　　　　　　　　　　雪野湖湿地水生生物多样性指数

样点	浮游植物			浮游动物			底栖动物			鱼类			平均值		
	H	J	D	H	J	D	H	J	D	H	J	D	H	J	D
样点 1	2.98	0.66	3.13	3.40	0.85	3.63	0.39	0.39	0.21	—	—	—	2.25	0.63	2.32
样点 2	3.03	0.76	2.58	2.09	0.63	2.15	3.15	0.91	1.68	—	—	—	2.75	0.77	2.14
样点 3	4.14	0.92	3.98	2.97	0.69	3.75	2.32	0.90	0.79	0.48	0.24	0.53	2.48	0.69	2.26
样点 4	3.12	0.69	3.39	2.22	0.64	2.20	0.14	0.14	0.16	—	—	—	1.83	0.49	1.91

续表

样点	浮游植物			浮游动物			底栖动物			鱼类			平均值		
	H	J	D	H	J	D	H	J	D	H	J	D	H	J	D
样点5	2.46	0.65	1.96	2.87	0.75	2.89	1.60	0.80	0.57	—	—	—	2.31	0.73	1.81
样点6	3.03	0.73	2.41	1.59	0.48	1.52	0.45	0.45	0.00				1.69	0.55	1.31
平均值	3.13	0.73	2.91	2.52	0.67	2.69	1.34	0.60	0.57	0.48	0.24	0.53	1.87	0.56	1.67

表 6.9　　雪野湖湿地水质生物学评价结果

样点	浮游植物			浮游动物			底栖动物			鱼类			平均值		
	H	J	D	H	J	D	H	J	D	H	J	D	H	J	D
样点1	β-中	清-寡	β-中	清-寡	清洁	β-中	α-中	β-中	α-中	—	—	—	β-中	清-寡	α-中
样点2	清-寡	清-寡	α-中	β-中	清-寡	α-中	清-寡	清洁	α-中				β-中	清-寡	α-中
样点3	清-寡	清洁	β-中	β-中	清-寡	β-中	β-中	清洁	α-中	α-中	α-中	α-中	β-中	清-寡	α-中
样点4	清-寡	清-寡	β-中	β-中	清-寡	β-中	α-中	α-中	α-中				β-中	β-中	α-中
样点5	β-中	清-寡	β-中	α-中	清-寡	α-中	α-中	清洁	α-中				β-中	清-寡	α-中
样点6	清-寡	清-寡	α-中	α-中	β-中	α-中	α-中	α-中	α-中				β-中	清-寡	α-中
平均值	清-寡	清-寡	α-中	β-中	清-寡	α-中	β-中	清-寡	α-中	α-中	α-中	α-中	β-中	清-寡	α-中

6.2.5　玫瑰湖湿地生物多样性单因子评价

玫瑰湖湿地水生生物（浮游植物、浮游动物、底栖动物、鱼类）的多样性指数见表 6.10，水质生物学评价结果见表 6.11。玫瑰湖湿地整体 Shannon-Wiener 多样性指数（H）范围在 1.94～2.51 之间，平均值为 2.23，水质处于 β-中污染状态；Pielou 均匀度指数（J）范围在 0.64～0.79 之间，平均值为 0.69，水质处于清洁-寡污状态；Margalef 丰富度指数（D）范围在 1.37～2.49 之间，平均值为 1.86，水质处于 α-中污染状态。

从不同生物类群来看，玫瑰湖湿地浮游植物生物多样性相对较好，其次是鱼类和底栖动物生物多样性，浮游动物生物多样性相对较差。

从不同样点来看，玫瑰湖湿地各样点的生物多样性基本一致。其整体评价结果显示，基于 Shannon-Wiener 多样性指数（H）的水质均呈 β-中污染状态，基于 Pielou 均匀度指数（J）的水质均呈清洁-寡污状态，基于 Margalef 丰富度指数（D）的水质均呈 α-中污染状态。

6.2.6　大沙河湿地生物多样性单因子评价

大沙河湿地水生生物（浮游植物、浮游动物、底栖动物）的多样性指数见表 6.12，水质生物学评价结果见表 6.13。大沙河湿地整体 Shannon-Wiener 多样性指数（H）范围在 0.84～2.02 之间，平均值为 1.37，水质处于 β-中污染状态；Pielou 均匀度指数（J）范围在 0.35～0.79 之间，平均值为 0.56，水质处于清洁-寡污状态；Margalef 丰富度指数（D）范围在 1.09～1.78 之间，平均值为 1.49，水质处于 α-中污染状态。

从不同生物类群来看，大沙河湿地底栖动物生物多样性相对较好，其次是浮游植物生物多样性，浮游动物生物多样性相对较差。

从不同采样样点来看，大沙河湿地样点 1、样点 3 和样点 4 生物多样性相对较好，其整体评价结果基本一致，基于 Shannon-Wiener 多样性指数（H）水质均呈 β-中污染状态，基于 Pielou 均匀度指数（J）水质均呈清洁-寡污状态，基于 Margalef 丰富度指数（D）水质均呈 α-中污染状态；样点 5 生物多样性次于样点 1、样点 3 和样点 4，其整体评价结果显示水质呈 β-中污染状态；样点 2 和样点 6 生物多样性相对较差，其样点整体评价结果显示水质呈 α-中污染状态。

表 6.10　　　　　　　　　　　玫瑰湖湿地水生生物多样性指数

样点	浮游植物			浮游动物			底栖动物			鱼类			平均值		
	H	J	D	H	J	D	H	J	D	H	J	D	H	J	D
样点 1	3.58	0.82	3.21	3.02	0.74	3.38	0.68	0.43	0.36	0.94	0.59	0.63	2.05	0.64	1.90
样点 2	2.04	0.73	1.29	2.71	0.71	2.61	1.76	0.63	0.85	1.26	0.63	0.74	1.94	0.67	1.37
样点 3	2.73	0.67	2.40	2.55	0.77	2.07	1.90	0.95	0.57	0.80	0.27	1.20	1.99	0.66	1.56
样点 4	3.45	0.75	3.77	2.40	0.57	3.12	1.24	0.53	0.67	2.88	0.83	2.41	2.49	0.67	2.49
样点 5	3.19	0.84	2.28	2.91	0.75	3.30	1.42	0.47	1.06	2.01	0.78	1.28	2.38	0.71	1.98
样点 6	3.52	0.88	2.68	2.36	0.71	2.29	2.44	0.95	1.05	1.70	0.61	1.35	2.51	0.79	1.84
平均值	3.08	0.78	2.61	2.66	0.71	2.79	1.57	0.66	0.76	1.60	0.62	1.27	2.23	0.69	1.86

表 6.11　　　　　　　　　　　玫瑰湖湿地水质生物学评价结果

样点	浮游植物			浮游动物			底栖动物			鱼类			平均值		
	H	J	D	H	J	D	H	J	D	H	J	D	H	J	D
样点 1	清-寡	清洁	β-中	清-寡	清-寡	β-中	α-中	β-中	α-中	α-中	清-寡	α-中	β-中	清-寡	α-中
样点 2	β-中	清-寡	α-中	β-中	清-寡	α-中	β-中	清-寡	α-中	β-中	清-寡	α-中	β-中	清-寡	α-中
样点 3	β-中	清-寡	α-中	β-中	清-寡	α-中	β-中	清洁	α-中	α-中	清-寡	β-中	β-中	清-寡	α-中
样点 4	清-寡	清-寡	β-中	β-中	清-寡	α-中	β-中	清-寡	α-中	α-中	清洁	α-中	清-寡	清-寡	α-中
样点 5	清-寡	清洁	α-中	β-中	清-寡	β-中	β-中	清-寡	α-中	β-中	清-寡	α-中	β-中	清-寡	α-中
样点 6	清-寡	清洁	α-中	β-中	清-寡	α-中	β-中	清洁	α-中	β-中	清-寡	α-中	β-中	清-寡	α-中
平均值	清-寡	清-寡	α-中	β-中	清-寡	α-中	β-中	清-寡	α-中	β-中	清-寡	α-中	β-中	清-寡	α-中

表 6.12　　　　　　　　　　　大沙河湿地水生生物多样性指数

样点	浮游植物			浮游动物			底栖动物			平均值		
	H	J	D	H	J	D	H	J	D	H	J	D
样点 1	3.35	0.82	3.00	1.12	0.56	1.28	1.58	1.00	0.30	2.02	0.79	1.53
样点 2	1.10	0.24	2.41	0.44	0.44	0.67	1.00	1.00	0.19	0.84	0.56	1.09
样点 3	1.09	0.25	2.08	2.15	0.83	2.90	1.21	0.76	0.35	1.48	0.61	1.78
样点 4	2.79	0.58	3.33	0.47	0.20	0.88	1.54	0.97	0.33	1.60	0.58	1.51

样点	浮游植物			浮游动物			底栖动物			平均值		
	H	J	D	H	J	D	H	J	D	H	J	D
样点 5	2.33	0.51	3.08	0.31	0.13	0.87	1.25	0.79	0.46	1.30	0.48	1.47
样点 6	0.72	0.18	1.77	1.44	0.40	2.64	0.74	0.47	0.30	0.97	0.35	1.57
平均值	1.90	0.43	2.61	0.99	0.43	1.54	1.22	0.83	0.32	1.37	0.56	1.49

表 6.13   大沙河湿地水质生物学评价结果

样点	浮游植物			浮游动物			底栖动物			平均值		
	H	J	D	H	J	D	H	J	D	H	J	D
样点 1	清-寡	清洁	α-中	β-中	清-寡	α-中	β-中	清洁	α-中	β-中	清-寡	α-中
样点 2	β-中	α-中	α-中	β-中	β-中	α-中	β-中	清洁	α-中	β-中	清-寡	α-中
样点 3	β-中	α-中	α-中	β-中	清洁	α-中	β-中	清-寡	α-中	β-中	清-寡	α-中
样点 4	β-中	清-寡	β-中	α-中	α-中	β-中	β-中	清洁	α-中	β-中	清-寡	α-中
样点 5	β-中	清-寡	α-中	α-中	α-中	β-中	β-中	清-寡	α-中	β-中	清-寡	α-中
样点 6	α-中	α-中	β-中	β-中	α-中	α-中	β-中	β-中	α-中	β-中	α-中	α-中
平均值	β-中	β-中	α-中	α-中	β-中	β-中	β-中	清洁	α-中	β-中	清-寡	α-中

6.2.7   土马河湿地生物多样性单因子评价

土马河湿地水生生物（浮游植物、浮游动物、底栖动物）多样性指数见表 6.14，水质生物学评价结果见表 6.15。土马河湿地整体 Shannon-Wiener 多样性指数（H）范围在 0.88～2.08 之间，平均值为 1.43，水质处于 β-中污染状态；Pielou 均匀度指数（J）范围在 0.40～0.65 之间，平均值为 0.53，水质处于清洁-寡污状态；Margalef 丰富度指数（D）范围在 1.01～2.46 之间，平均值为 1.61，水质处于 α-中污染状态。

从不同生物类群来看，土马河湿地浮游植物生物多样性相对较好，其次是底栖动物生物多样性，浮游动物生物多样性相对较差。

从不同样点来看，土马河湿地样点 1～样点 4 生物多样性相对较好，其整体评价结果基本一致，基于 Shannon-Wiener 多样性指数（H）的水质均呈 β-中污染状态，基于 Pielou 均匀度指数（J）的水质均呈清洁-寡污状态，基于 Margalef 丰富度指数（D）的水质均呈 α-中污染状态；样点 5、样点 6 生物多样性相对较差，整体评价结果基本一致，水质处于 α-中污染状态。

表 6.14   土马河湿地水生生物多样性指数

样点	浮游植物			浮游动物			底栖动物			平均值		
	H	J	D	H	J	D	H	J	D	H	J	D
样点 1	3.08	0.75	2.70	0.78	0.24	1.90	1.92	0.96	0.68	1.93	0.65	1.76
样点 2	2.21	0.53	2.78	0.79	0.24	2.07	1.38	0.87	0.44	1.46	0.55	1.76
样点 3	2.91	0.65	3.01	3.22	0.87	4.37	0.10	0.10	0.00	2.08	0.54	2.46
样点 4	2.15	0.54	2.25	0.70	0.30	1.47	1.25	0.79	0.46	1.37	0.54	1.39

续表

样点	浮游植物			浮游动物			底栖动物			平均值		
	H	J	D	H	J	D	H	J	D	H	J	D
样点 5	1.73	0.42	2.27	0.19	0.06	1.33	0.72	0.72	0.24	0.88	0.40	1.28
样点 6	1.32	0.35	1.95	0.36	0.18	0.77	1.00	1.00	0.30	0.89	0.51	1.01
平均值	2.23	0.54	2.49	1.01	0.31	1.99	1.06	0.74	0.35	1.43	0.53	1.61

表 6.15　　　　　　　　　　　土马河湿地水质生物学评价结果

样点	浮游植物			浮游动物			底栖动物			平均值		
	H	J	D	H	J	D	H	J	D	H	J	D
样点 1	清-寡	清-寡	α-中	α-中	α-中	α-中	β-中	清洁	α-中	β-中	清-寡	α-中
样点 2	β-中	清-寡	α-中	α-中	α-中	β-中	α-中	清洁	α-中	α-中	清-寡	α-中
样点 3	β-中	清-寡	β-中	清-寡	清洁	寡污	α-中	α-中	α-中	α-中	清-寡	α-中
样点 4	β-中	清-寡	α-中	β-中	β-中	β-中	β-中	清-寡	α-中	α-中	清-寡	α-中
样点 5	β-中	β-中	α-中	α-中	α-中	α-中	β-中	清-寡	α-中	α-中	β-中	α-中
样点 6	β-中	清-寡	α-中	α-中	α-中	α-中	α-中	清洁	α-中	α-中	清-寡	α-中
平均值	β-中	清-寡	α-中	β-中	β-中	α-中	β-中	清-寡	α-中	β-中	清-寡	α-中

6.2.8 澄波湖湿地生物多样性单因子评价

澄波湖湿地水生生物（浮游植物、浮游动物、底栖动物）多样性指数见表 6.16，水质生物学评价结果见表 6.17。澄波湖湿地整体 Shannon - Wiener 多样性指数（H）范围在 1.21～2.11 之间，平均值为 1.47，水质处于 β-中污染状态；Pielou 均匀度指数（J）范围在 0.37～0.78 之间，平均值为 0.48，水质处于 β-中污染状态；Margalef 丰富度指数（D）范围在 1.37～2.39 之间，平均值为 1.58，水质处于 α-中污染状态。

从不同生物类群来看，澄波湖湿地浮游动物生物多样性相对较好，其次是浮游植物生物多样性，底栖动物生物多样性相对较差。

从不同样点来看，澄波湖湿地样点 1 生物多样性相对较好，其评价结果显示，基于 Shannon-Wiener 多样性指数（H）的水质呈 β-中污染状态，基于 Pielou 均匀度指数（J）的水质呈清洁-寡污状态，基于 Margalef 丰富度指数（D）的水质呈 α-中污染状态；其余样点的生物多样性相对较差，其整体评价结果显示，基于 Shannon-Wiener 多样性指数（H）的水质均呈 β-中污染状态，基于 Pielou 均匀度指数（J）的水质均呈 β-中污染状态，基于 Margalef 丰富度指数（D）的水质均呈 α-中污染状态。

表 6.16　　　　　　　　　　　澄波湖湿地水生生物多样性指数

样点	浮游植物			浮游动物			底栖动物			平均值		
	H	J	D	H	J	D	H	J	D	H	J	D
样点 1	2.34	0.55	2.20	2.70	0.96	2.82	1.30	0.82	0.41	2.11	0.78	1.81
样点 2	1.63	0.38	2.47	2.06	0.62	2.72	0.10	0.10	0.00	1.26	0.37	1.73

样点	浮游植物			浮游动物			底栖动物			平均值		
	H	J	D	H	J	D	H	J	D	H	J	D
样点 3	2.60	0.60	2.84	1.55	0.52	1.94	0.10	0.10	—	1.42	0.41	2.39
样点 4	1.76	0.53	1.20	2.53	0.80	3.14	0.10	0.10	0.00	1.47	0.48	1.45
样点 5	1.76	0.42	1.94	1.76	0.88	2.16	0.10	0.10	0.00	1.21	0.47	1.37
样点 6	2.12	0.53	1.98	1.95	0.65	2.46	0.00	0.00	—	1.36	0.39	2.22
平均值	2.04	0.50	2.11	2.09	0.74	2.54	0.28	0.20	0.10	1.47	0.48	1.58

表 6.17　　　　　　　　　　　澄波湖湿地水质生物学评价结果

样点	浮游植物			浮游动物			底栖动物			平均值		
	H	J	D	H	J	D	H	J	D	H	J	D
样点 1	β-中	清-寡	α-中	β-中	清洁	α-中	β-中	清洁	α-中	β-中	清-寡	α-中
样点 2	β-中	β-中	α-中	β-中	清-寡	α-中	α-中	α-中	α-中	β-中	β-中	α-中
样点 3	β-中	清-寡	α-中	β-中	清-寡	α-中	α-中	α-中	—	β-中	清-寡	α-中
样点 4	β-中	清-寡	α-中	β-中	清-寡	β-中	α-中	α-中	α-中	β-中	清-寡	α-中
样点 5	β-中	β-中	α-中	β-中	清洁	α-中	α-中	α-中	α-中	β-中	清-寡	α-中
样点 6	β-中	清-寡	α-中	β-中	清-寡	α-中	α-中	α-中	—	β-中	清-寡	α-中
平均值	β-中	清-寡	α-中	β-中	清-寡	α-中	α-中	α-中	α-中	β-中	β-中	α-中

6.2.9　锦水河湿地生物多样性单因子评价

锦水河湿地水生生物（浮游植物、浮游动物、底栖动物）多样性指数见表 6.18，水质生物学评价结果见表 6.19。锦水河湿地整体 Shannon-Wiener 多样性指数（H）范围在 2.19～2.77 之间，平均值为 2.61，水质处于 β-中污染状态；Pielou 均匀度指数（J）范围在 0.64～0.83 之间，平均值为 0.72，水质处于清洁-寡污状态；Margalef 丰富度指数（D）范围在 2.67～3.76 之间，平均值为 3.13，水质处于 β-中污染状态。

从不同生物类群来看，锦水河湿地浮游植物生物多样性相对较好，浮游动物和底栖动物生物多样性相对较差。

从不同样点来看，锦水河湿地样点 3 生物多样性相对较好，其评价结果显示，基于 Shannon-Wiener 多样性指数（H）的水质呈清洁-寡污状态，基于 Pielou 均匀度指数（J）的水质均呈清洁状态，基于 Margalef 丰富度指数（D）的水质均呈 β-中污染状态；其次是样点 1、样点 2，其生物多样性基本一致，整体评价结果显示，基于 Shannon-Wiener 多样性指数（H）的水质呈 β-中污染状态，基于 Pielou 均匀度指数（J）的水质呈清洁-寡污状态，基于 Margalef 丰富度指数（D）生物水质均呈 β-中污染状态。样点 4～样点 6 生物多样性基本一致，其整体评价结果显示，基于 Shannon-Wiener 多样性指数（H）的水质呈 β-中污染状态，基于 Pielou 均匀度指数（J）的水质呈清洁-寡污状态，基于 Margalef 丰富度指数（D）的水质均呈 α-中污染状态。

表 6.18 锦水河湿地水生生物多样性指数

样点	浮游植物			浮游动物			底栖动物			平均值		
	H	J	D	H	J	D	H	J	D	H	J	D
样点 1	3.62	0.67	5.45	1.86	0.50	3.54	1.49	0.75	0.88	2.32	0.64	3.29
样点 2	2.77	0.56	4.11	3.88	0.91	6.06	1.50	0.65	1.12	2.72	0.71	3.76
样点 3	3.87	0.87	3.70	3.38	0.75	4.53	2.98	0.86	1.98	3.41	0.83	3.41
样点 4	2.34	0.49	3.09	3.13	0.70	4.71	1.32	0.83	0.56	2.26	0.67	2.79
样点 5	2.55	0.54	3.10	2.02	0.47	3.67	2.00	1.00	1.25	2.19	0.67	2.67
样点 6	3.53	0.86	3.34	3.04	0.72	4.37	1.75	0.75	0.95	2.77	0.78	2.89
平均值	3.11	0.67	3.80	2.88	0.67	4.48	1.84	0.81	1.12	2.61	0.72	3.13

表 6.19 锦水河湿地水质生物学评价结果

样点	浮游植物			浮游动物			底栖动物			平均值		
	H	J	D	H	J	D	H	J	D	H	J	D
样点 1	清-寡	清-寡	清洁	β-中	清-寡	β-中	β-中	清-寡	α-中	β-中	清-寡	β-中
样点 2	β-中	清-寡	寡污	清-寡	清洁	清洁	β-中	清-寡	β-中	β-中	清-寡	β-中
样点 3	清-寡	清洁	β-中	清-寡	清-寡	寡污	清-寡	清洁	α-中	清-寡	清洁	β-中
样点 4	β-中	β-中	β-中	清-寡	清-寡	寡污	β-中	清洁	β-中	β-中	清-寡	α-中
样点 5	β-中	清-寡	β-中	β-中	β-中	β-中	β-中	清洁	β-中	β-中	清-寡	α-中
样点 6	清-寡	清洁	β-中	清-寡	清-寡	寡污	β-中	清-寡	β-中	β-中	清-寡	α-中
平均值	清-寡	清-寡	β-中	β-中	清-寡	寡污	β-中	清洁	α-中	β-中	清-寡	β-中

6.2.10 浪溪河湿地生物多样性单因子评价

浪溪河湿地水生生物（浮游植物、浮游动物、底栖动物）多样性指数见表 6.20，水质生物学评价结果见表 6.21。浪溪河湿地整体 Shannon-Wiener 多样性指数（H）范围在 2.11～2.70 之间，平均值为 2.38，水质处于 β-中污染状态；Pielou 均匀度指数（J）范围在 0.56～0.79 之间，平均值为 0.68，水质处于清洁-寡污状态；Margalef 丰富度指数（D）范围在 2.45～3.24 之间，平均值为 2.86，水质处于 α-中污染状态。

从不同生物类群来看，浪溪河湿地浮游动物生物多样性相对较好，浮游植物和底栖动物生物多样性相对较差。

从不同采样样点来看，浪溪河湿地样点 5 和样点 6 生物多样性相对较好，其整体评价结果显示，基于 Shannon-Wiener 多样性指数（H）的水质均呈 β-中污染状态，基于 Pielou 均匀度指数（J）的水质均呈清洁-寡污状态，基于 Margalef 丰富度指数（D）的水质均呈 β-中污染状态。浪溪河湿地样点 1～样点 4 的生物多样性基本一致，其整体评价结果显示，基于 Shannon-Wiener 多样性指数（H）的水质呈 β-中污染状态，基于 Pielou 均匀度指数（J）的水质呈清洁-寡污状态，基于 Margalef 丰富度指数（D）的水质均呈 α-中污染状态。

表 6.20 浪溪河湿地水生生物多样性指数

样点	浮游植物			浮游动物			底栖动物			平均值		
	H	J	D	H	J	D	H	J	D	H	J	D
样点 1	2.45	0.49	3.62	2.90	0.81	3.34	0.99	0.62	0.62	2.11	0.64	2.53
样点 2	2.20	0.45	3.37	2.92	0.82	3.57	2.72	0.91	1.74	2.61	0.72	2.90
样点 3	2.51	0.53	3.39	3.74	0.83	5.06	0.32	0.32	0.26	2.19	0.56	2.90
样点 4	2.92	0.63	3.61	2.65	0.74	2.77	2.06	0.89	0.97	2.54	0.75	2.45
样点 5	1.16	0.24	3.34	3.44	0.74	5.41	1.75	0.88	0.97	2.12	0.62	3.24
样点 6	2.79	0.56	3.73	3.30	0.83	4.45	2.00	1.00	1.25	2.70	0.79	3.14
平均值	2.34	0.48	3.51	3.16	0.79	4.10	1.64	0.77	0.97	2.38	0.68	2.86

表 6.21 浪溪河湿地水质生物学评价结果

样点	浮游植物			浮游动物			底栖动物			平均值		
	H	J	D	H	J	D	H	J	D	H	J	D
样点 1	β-中	β-中	β-中	β-中	清洁	β-中	α-中	清-寡	α-中	β-中	清-寡	α-中
样点 2	β-中	β-中	β-中	β-中	清洁	β-中	β-中	清洁	α-中	β-中	清-寡	β-中
样点 3	β-中	清-寡	β-中	清-寡	清洁	清洁	β-中	β-中	α-中	β-中	清-寡	α-中
样点 4	β-中	清-寡	β-中	β-中	清-寡	α-中	β-中	清洁	α-中	β-中	清-寡	α-中
样点 5	β-中	α-中	β-中	清-寡	清-寡	清洁	β-中	清洁	α-中	β-中	清-寡	β-中
样点 6	β-中	清-寡	β-中	清-寡	清洁	寡污	β-中	清洁	α-中	β-中	清-寡	β-中
平均值	β-中	β-中	β-中	清-寡	清-寡	寡污	β-中	清-寡	α-中	β-中	清-寡	α-中

6.2.11 龙山湖湿地生物多样性单因子评价

龙山湖湿地水生生物（浮游植物、浮游动物、底栖动物）多样性指数见表 6.22，水质生物学评价结果见表 6.23。龙山湖湿地整体 Shannon-Wiener 多样性指数（H）范围在 2.31~3.09 之间，平均值为 2.71，水质处于 β-中污染状态；Pielou 均匀度指数（J）范围在 0.67~0.90 之间，平均值为 0.77，水质处于清洁-寡污状态；Margalef 丰富度指数（D）范围在 2.23~3.68 之间，平均值为 2.88，水质处于 α-中污染状态。

从不同生物类群来看，龙山湖湿地浮游动物生物多样性相对较好，浮游植物和底栖动物生物多样性相对较差。

从不同采样样点来看，龙山湖湿地样点 1 和样点 6 生物多样性相对较好，其整体评价结果显示，基于 Shannon-Wiener 多样性指数（H）的水质呈清洁-寡污状态，基于 Pielou 均匀度指数（J）的水质均呈清洁-寡污状态，基于 Margalef 丰富度指数（D）的水质均呈 β-中污染状态；其次是样点 3 和样点 4，其整体评价结果显示，基于 Shannon-Wiener 多样性指数（H）的水质呈 β-中污染状态，基于 Pielou 均匀度指数（J）的水质呈清洁状态，基于 Margalef 丰富度指数（D）的水质均呈 α-中污染状态；样点 2 和样点 5 生物多样性相对较差，其整体评价结果显示，基于 Shannon-Wiener 多样性指数（H）的水质

呈 β-中污染状态，基于 Pielou 均匀度指数（J）的水质呈清洁-寡污状态，基于 Margalef 丰富度指数（D）的水质均呈 α-中污染状态。

表 6.22　　　　　　　　　　　　　　龙山湖湿地水生生物多样性指数

样点	浮游植物			浮游动物			底栖动物			平均值		
	H	J	D	H	J	D	H	J	D	H	J	D
样点 1	2.64	0.55	3.83	3.77	0.92	5.16	2.86	0.90	2.04	3.09	0.79	3.68
样点 2	2.37	0.50	3.45	2.62	0.88	2.92	2.03	0.72	1.30	2.34	0.70	2.56
样点 3	4.13	0.80	5.14	2.41	0.93	1.40	1.92	0.96	1.07	2.82	0.90	2.54
样点 4	3.60	0.74	3.98	2.32	0.90	1.76	1.95	0.84	0.96	2.62	0.83	2.23
样点 5	2.48	0.53	3.35	3.33	0.93	4.04	1.12	0.56	0.52	2.31	0.67	2.63
样点 6	2.26	0.49	3.30	4.04	0.83	5.37	2.88	0.80	2.27	3.06	0.71	3.65
平均值	2.91	0.60	3.84	3.08	0.90	3.44	2.12	0.80	1.36	2.71	0.77	2.88

表 6.23　　　　　　　　　　　　　　龙山湖湿地水质生物学评价结果

样点	浮游植物			浮游动物			底栖动物			平均值		
	H	J	D	H	J	D	H	J	D	H	J	D
样点 1	β-中	清-寡	β-中	清-寡	清洁	清洁	β-中	清洁	α-中	清-寡	清-寡	β-中
样点 2	β-中	清-寡	β-中	β-中	清洁	α-中	β-中	清-寡	β-中	β-中	清-寡	α-中
样点 3	清-寡	清洁	清洁	β-中	清洁	α-中	β-中	清洁	α-中	β-中	清洁	α-中
样点 4	清-寡	清-寡	β-中	β-中	清洁	α-中	β-中	清洁	α-中	β-中	清-寡	α-中
样点 5	β-中	清-寡	β-中	清-寡	清洁	寡污	β-中	清-寡	α-中	β-中	清-寡	α-中
样点 6	β-中	β-中	β-中	清-寡	清洁	清洁	清洁	清洁	β-中	清-寡	清-寡	β-中
平均值	β-中	清-寡	β-中	清-寡	清洁	β-中	β-中	清-寡	α-中	β-中	清-寡	α-中

6.2.12　绣源河湿地生物多样性单因子评价

绣源河湿地水生生物（浮游植物、浮游动物、底栖动物）多样性指数见表 6.24，水质生物学评价结果见表 6.25。绣源河湿地整体 Shannon-Wiener 指数（H）范围在 1.33～3.40 之间，平均值为 2.46，处于 β-中污染状态；Pielou 均匀度指数（J）范围在 0.53～0.80 之间，平均值为 0.70，处于清洁-寡污状态；Margalef 丰富度指数（D）范围在 1.19～3.93 之间，平均值为 2.62，处于 α-中污染状态。

从不同类群来看，绣源河湿地浮游动物生物多样性较好，其次是浮游植物和底栖动物生物多样性。

从不同样点来看，绣源河湿地样点 6 生物多样性较好，其整体评价结果显示，基于 Shannon-Wiener 指数（H）的水质呈清洁-寡污状态，基于 Pielou 均匀度指数（J）的水质呈清洁状态，基于 Margalef 丰富度指数（D）的水质呈 β-中污染状态；其次样点 5，其整体评价结果显示，基于 Shannon-Wiener 指数（H）的水质呈清洁-寡污状态，基于 Pielou 均匀度指数（J）的水质呈清洁-寡污状态，基于 Margalef 丰富度指数（D）的水

质呈 β-中污染状态；再次是样点 3，其整体评价结果显示，基于 Shannon-Wiener 指数（H）的水质呈 β-中污染状态，基于 Pielou 均匀度指数（J）的水质呈清洁状态，基于 Margalef 丰富度指数（D）的水质呈 α-中污染状态；最后是样点 1、样点 2、样点 4，其整体评价结果显示，基于 Shannon-Wiener 指数（H）的水质呈清 β-中污染状态，基于 Pielou 均匀度指数（J）的水质呈清洁-寡污状态，基于 Margalef 丰富度指数（D）的水质呈 α-中污染状态。

表 6.24　　　　　　　　　　绣源河湿地水生生物多样性指数

样点	浮游植物			浮游动物			底栖动物			平均值		
	H	J	D	H	J	D	H	J	D	H	J	D
样点 1	3.19	0.89	2.23	2.20	0.85	2.22	0.75	0.38	0.60	2.05	0.71	1.68
样点 2	0.34	0.12	0.93	1.11	0.48	1.62	2.53	0.98	1.03	1.33	0.53	1.19
样点 3	3.48	0.89	2.98	3.27	0.82	3.85	1.63	0.70	0.85	2.79	0.80	2.56
样点 4	1.79	0.39	2.93	3.10	0.78	4.28	0.92	0.58	0.60	1.94	0.58	2.60
样点 5	3.72	0.76	4.32	3.49	0.84	4.91	2.98	0.75	2.55	3.40	0.78	3.93
样点 6	2.90	0.60	3.68	3.94	0.87	5.52	2.97	0.94	1.99	3.27	0.80	3.73
平均值	2.57	0.61	2.85	2.85	0.77	3.73	1.96	0.72	1.27	2.46	0.70	2.62

表 6.25　　　　　　　　　　绣源河湿地水质生物学评价结果

样点	浮游植物			浮游动物			底栖动物			平均值		
	H	J	D	H	J	D	H	J	D	H	J	D
样点 1	清-寡	清洁	α-中	β-中	清洁	α-中	α-中	β-中	α-中	β-中	清-寡	α-中
样点 2	α-中	α-中	α-中	β-中	β-中	α-中	β-中	清洁	β-中	β-中	清-寡	α-中
样点 3	清-寡	清洁	α-中	清-寡	清洁	β-中	β-中	清-寡	β-中	清-寡	清洁	α-中
样点 4	β-中	β-中	α-中	清-寡	清-寡	寡污	α-中	清-寡	α-中	β-中	清-寡	α-中
样点 5	清-寡	清-寡	寡污	清-寡	清洁	寡污	β-中	清-寡	β-中	清-寡	清-寡	β-中
样点 6	β-中	清-寡	β-中	清-寡	清洁	清-寡	β-中	清洁	β-中	清-寡	清洁	β-中
平均值	β-中	清-寡	α-中	β-中	清-寡	β-中	β-中	清-寡	α-中	β-中	清-寡	α-中

6.2.13　燕子湾湿地生物多样性单因子评价

燕子湾湿地水生生物（浮游植物、浮游动物、底栖动物）多样性指数见表 6.26，水质生物学评价结果见表 6.27。燕子湾湿地整体 Shannon-Wiener 多样性指数（H）范围在 1.07～1.93 之间，平均值为 1.54，水质处于 β-中污染状态；Pielou 均匀度指数（J）范围在 0.61～0.90 之间，平均值为 0.82，水质处于清洁状态；Margalef 丰富度指数（D）范围在 0.65～4.67 之间，平均值为 2.37，水质处于 α-中污染状态。

从不同生物类群来看，燕子湾湿地浮游动物生物多样性相对较好，其次是底栖动物生物多样性，浮游植物生物多样性相对较差。

从不同样点来看，燕子湾湿地样点 1 生物多样性相对较好，其整体评价结果显示，基于 Shannon-Wiener 多样性指数（H）的水质呈 β-中污染状态，基于 Pielou 均匀度指数（J）的水质呈清洁状态，基于 Margalef 丰富度指数（D）的水质呈寡污状态；其次是燕子湾湿地样点 2、样点 4 和样点 5，其整体评价结果显示，基于 Shannon-Wiener 多样性指数（H）的水质均呈 β-中污染状态，基于 Pielou 均匀度指数（J）的水质均呈清洁状态，基于 Margalef 丰富度指数（D）的水质均呈 α-中污染状态；样点 3 和样点 6 生物多样性相对较差，其整体评价结果显示，基于 Shannon-Wiener 多样性指数（H）的水质均呈 β-中污染状态，基于 Pielou 均匀度指数（J）的水质均呈清洁-寡污状态，基于 Margalef 丰富度指数（D）的水质均呈 α-中污染状态。

表 6.26　　　　　　　　　　　燕子湾湿地水生生物多样性指数

样点	浮游植物			浮游动物			底栖动物			平均值		
	H	J	D	H	J	D	H	J	D	H	J	D
样点 1	3.25	0.77	2.83	1.58	1.00	10.97	0.95	0.95	0.20	1.93	0.90	4.67
样点 2	1.76	0.59	1.46	0.92	0.92	5.48	1.00	1.00	0.21	1.23	0.84	2.39
样点 3	1.97	0.66	1.63	0.92	0.92	5.48	1.55	0.77	0.64	1.48	0.78	2.58
样点 4	2.59	0.68	2.25	1.92	0.96	4.33	1.00	1.00	0.30	1.84	0.88	2.29
样点 5	2.79	0.84	1.86	1.37	0.87	2.89	0.99	0.99	0.22	1.72	0.90	1.66
样点 6	2.12	0.75	1.16	0.39	0.39	0.61	0.70	0.70	0.19	1.07	0.61	0.65
平均值	2.41	0.71	1.86	1.18	0.84	4.96	1.03	0.90	0.29	1.54	0.82	2.37

表 6.27　　　　　　　　　　　燕子湾湿地水质生物学评价结果

样点	浮游植物			浮游动物			底栖动物			平均值		
	H	J	D	H	J	D	H	J	D	H	J	D
样点 1	清-寡	清-寡	α-中	β-中	清洁	清洁	α-中	清洁	α-中	β-中	清洁	寡污
样点 2	β-中	清-寡	α-中	α-中	清洁	清洁	α-中	清洁	α-中	β-中	清洁	α-中
样点 3	β-中	清-寡	α-中	α-中	清洁	清洁	β-中	清-寡	α-中	β-中	清-寡	α-中
样点 4	β-中	清-寡	α-中	α-中	清洁	寡污	α-中	清洁	α-中	β-中	清洁	α-中
样点 5	β-中	清洁	α-中	α-中	清洁	α-中	α-中	清洁	α-中	β-中	清洁	α-中
样点 6	β-中	清-寡	α-中	α-中	α-中	α-中	α-中	清-寡	α-中	β-中	清-寡	α-中
平均值	β-中	清-寡	α-中	α-中	清洁	寡污	β-中	清洁	α-中	β-中	清洁	α-中

6.2.14　华山湖湿地生物多样性单因子评价

华山湖湿地水生生物（浮游植物、浮游动物、底栖动物）多样性指数见表 6.28，水质生物学评价结果见表 6.29。华山湖湿地整体 Shannon-Wiener 多样性指数（H）范围在 1.58～2.10 之间，平均值为 1.78，水质处于 β-中污染状态；Pielou 均匀度指数（J）范围在 0.51～0.87 之间，平均值为 0.73，水质处于清洁-寡污状态；Margalef 丰富度指数（D）范围在 1.27～2.12 之间，平均值为 1.61，水质处于 α-中污染状态。

从不同生物类群来看，华山湖湿地底栖动物生物多样性相对较好，其次是浮游动物生物多样性，浮游植物生物多样性相对较差。

从不同样点来看，华山湖湿地样点 4 和样点 6 生物多样性相对较好，其整体评价结果显示，基于 Shannon-Wiener 多样性指数（H）的水质呈 β-中污染状态，基于 Pielou 均匀度指数（J）的水质呈清洁状态，基于 Margalef 丰富度指数（D）的水质呈 α-中污染状态。其余样点生物多样性相对较差，其整体评价结果显示，基于 Shannon-Wiener 多样性指数（H）的水质均呈 β-中污染状态，基于 Pielou 均匀度指数（J）的水质均呈清洁-寡污状态，基于 Margalef 丰富度指数（D）的水质均呈 α-中污染状态。

表 6.28　　　　　　　　　　华山湖湿地水生生物多样性指数

样点	浮游植物			浮游动物			底栖动物			平均值		
	H	J	D	H	J	D	H	J	D	H	J	D
样点 1	2.47	0.57	2.60	1.97	0.70	2.25	1.50	0.95	0.50	1.98	0.74	1.79
样点 2	1.79	0.42	1.93	2.26	0.65	2.58	0.89	0.45	0.47	1.65	0.51	1.66
样点 3	2.29	0.59	2.32	2.85	0.82	3.67	1.17	0.74	0.37	2.10	0.71	2.12
样点 4	2.27	0.68	1.59	1.56	0.98	1.94	1.42	0.89	0.38	1.75	0.85	1.30
样点 5	1.15	0.38	1.29	2.07	0.69	2.65	1.58	1.00	0.54	1.60	0.69	1.49
样点 6	1.24	0.78	0.55	1.96	0.85	2.89	1.54	0.98	0.37	1.58	0.87	1.27
平均值	1.87	0.57	1.71	2.11	0.78	2.66	1.35	0.83	0.44	1.78	0.73	1.61

表 6.29　　　　　　　　　　华山湖湿地水质生物学评价结果

样点	浮游植物			浮游动物			底栖动物			平均值		
	H	J	D	H	J	D	H	J	D	H	J	D
样点 1	β-中	清-寡	α-中	β-中	清-寡	α-中	β-中	清洁	α-中	β-中	清-寡	α-中
样点 2	β-中	β-中	α-中	β-中	清-寡	α-中	β-中	β-中	α-中	β-中	清-寡	α-中
样点 3	β-中	清-寡	α-中	β-中	清洁	β-中	β-中	清-寡	α-中	β-中	清-寡	α-中
样点 4	β-中	清-寡	α-中	β-中	清洁	α-中	β-中	清洁	α-中	β-中	清洁	α-中
样点 5	β-中	清-寡	α-中	β-中	清-寡	α-中	β-中	清洁	α-中	β-中	清-寡	α-中
样点 6	β-中	清-寡	α-中	β-中	清洁	α-中	β-中	清洁	α-中	β-中	清洁	α-中
平均值	β-中	清-寡	α-中	β-中	清-寡	α-中	β-中	清洁	α-中	β-中	清-寡	α-中

6.2.15　王家坊湿地生物多样性单因子评价

王家坊湿地水生生物（浮游植物、浮游动物、底栖动物）多样性指数见表 6.30，水质生物学评价结果见表 6.31。王家坊湿地整体 Shannon-Wiener 多样性指数（H）范围在 1.55~2.91 之间，平均值为 2.31，水质处于 β-中污染状态；Pielou 均匀度指数（J）范围在 0.76~0.92 之间，平均值为 0.83，水质处于清洁状态；Margalef 丰富度指数（D）范围在 1.26~2.90 之间，平均值为 2.29，水质处于 α-中污染状态。

从不同生物类群来看，王家坊湿地浮游植物生物多样性相对较好，其次是浮游动物和底栖动物，其生物多样性相对较差。

从不同样点来看，王家坊湿地样点 3 生物多样性相对较好，其整体评价结果显示，基于 Shannon-Wiener 多样性指数（H）的水质呈 β-中污染状态，基于 Pielou 均匀度指数（J）的水质呈清洁状态，基于 Margalef 丰富度指数（D）的水质呈 α-中污染状态。其余 5 个样点生物多样性相对较差，其整体评价结果显示，基于 Shannon-Wiener 多样性指数（H）的水质均呈 β-中污染状态，基于 Pielou 均匀度指数（J）的水质均呈清洁状态，基于 Margalef 丰富度指数（D）的水质均呈 α-中污染状态。

表 6.30　　　　　　　　　　　王家坊湿地水生生物多样性指数

样点	浮游植物			浮游动物			底栖动物			平均值		
	H	J	D	H	J	D	H	J	D	H	J	D
样点 1	3.08	0.72	2.64	0.00	1.00	0.00	1.58	0.68	1.14	1.55	0.80	1.26
样点 2	3.11	0.68	3.51	1.00	1.00	0.00	1.96	0.84	1.14	2.02	0.84	1.55
样点 3	2.73	0.58	3.62	1.50	0.95	2.89	1.95	0.75	1.37	2.06	0.76	2.62
样点 4	2.57	0.62	2.65	2.69	0.96	3.37	2.72	0.97	1.86	2.66	0.85	2.63
样点 5	3.64	0.84	3.53	3.35	0.91	4.22	1.00	1.00	0.58	2.66	0.92	2.78
样点 6	3.23	0.75	3.36	3.06	0.85	3.80	2.44	0.87	1.53	2.91	0.82	2.90
平均值	3.06	0.70	3.22	1.93	0.94	2.38	1.94	0.85	1.27	2.31	0.83	2.29

表 6.31　　　　　　　　　　　王家坊湿地水质生物学评价结果

样点	浮游植物			浮游动物			底栖动物			平均值		
	H	J	D	H	J	D	H	J	D	H	J	D
样点 1	清-寡	清-寡	α-中	—	清洁	α-中	β-中	清-寡	α-中	β-中	清洁	α-中
样点 2	清-寡	清-寡	β-中	α-中	清洁	α-中	β-中	清洁	α-中	β-中	清洁	α-中
样点 3	β-中	清-寡	β-中	β-中	清洁	α-中	β-中	清-寡	α-中	β-中	清-寡	α-中
样点 4	β-中	清-寡	α-中	β-中	清洁	β-中	β-中	清洁	α-中	β-中	清洁	α-中
样点 5	清-寡	清洁	β-中	清-寡	清洁	寡污	α-中	清洁	α-中	β-中	清洁	α-中
样点 6	清-寡	清-寡	β-中	清-寡	清洁	α-中	β-中	清-寡	α-中	β-中	清洁	α-中
平均值	清-寡	清-寡	β-中	β-中	清洁	α-中	β-中	清洁	α-中	β-中	清洁	α-中

6.3　基于水生生物完整性（底栖动物、鱼类）的健康状况评价

6.3.1　底栖动物生物 IBI 指标体系的构建

6.3.1.1　点位的筛选与性质识别

参照点位依据水化数据主成分分析（principal components analysis，PCA）筛选出的结果，结合湿地实地水质及水文地貌情况，以人类干扰较少、水环境理化质量较高、流域生境保持较为完整的区域作为参照点位，其余为受损点位。

6.3.1.2 候选指标

根据参考文献（Barbour et al.，1996），本书选用能反映物种丰富度、种类个体数量比例、敏感性和耐受性、营养结构组成、生物多样性5大类功能属性的27个生物参数作为候选指标（表6.32），以反映环境变化对目标生物（个体、种群和群落）数量、结构和功能的影响，从而能够有效地监测和评估水环境质量。

表6.32 底栖动物生物指标

功能属性	序号	生物指标	对干扰的反应
物种丰富度	M1	总分类单元数	减小
	M2	EPT分类单元数	减小
	M3	水生昆虫分类单元数	减小
	M4	甲壳和软体动物分类单元数	减小
种类个体数量比例	M5	优势分类单元的个体相对丰度	增大
	M6	毛翅目个体相对丰度	减小
	M7	蜉蝣目个体相对丰度	减小
	M8	颤蚓个体相对丰度	增大
	M9	襀翅目个体相对丰度	减小
	M10	双翅目个体相对丰度	增大
	M11	摇蚊个体相对丰度	增大
	M12	甲壳动物和软体动物的个体相对丰度	减小
	M13	其他双翅目类群和非昆虫类群个体相对丰度	增大
敏感性和耐受性	M14	敏感类群分类单元数	减小
	M15	敏感类群的个体相对丰度	减小
	M16	耐污类群的个体相对丰度	增大
营养结构组成	M17	滤食者个体相对丰度	增大
	M18	撕食者和刮食者个体相对丰度	减小
	M19	收集者个体相对丰度	增大
	M20	杂食和刮食者个体相对丰度	减小
	M21	捕食者个体相对丰度	减小
	M22	撕食者个体相对丰度	减小
	M23	黏附者个体相对丰度	减小
生物多样性	M24	多样性指数	减小
	M25	均匀度指数	减小
	M26	BI指数	增大
	M27	BMWP指数	减小

6.3.1.3 对27个候选生物指标进行筛选

B-IBI指数体系的指标应当能够清晰地体现生物学意义，当外界环境因素改变时，生物指数变化灵敏。B-IBI候选生物指数筛选具体包括以下步骤：

（1）候选生物指标分布范围的筛选。若某指标在超过 95％的样点得分均为 0，则放弃该指标。

（2）判别能力分析。采用箱线图法分析上述筛选后的各指标值在参照点和受损点之间的分布情况。根据 Barbour et al.（1996）的评价法，比较参照点和受损点的 25％～75％分位数范围（即箱体 IQ）的重叠情况，分别赋予不同的值（图 6.1）。箱体（即大长方形）表示 25％～75％分位数值分布范围，小长方形表示中位数，箱体比较会出现五种情况：参照点和受损点的 25％～75％分位数范围内没有重叠，设 IQ＝3，如图 6.1（a）所示；参照点和受损点的 25％～75％分位数范围内部分重叠，但各自中位数值都在对方箱体范围之外，设 IQ＝2，如图 6.1（b）所示；参照点和受损点的 25％～75％分位数范围内部分重叠，但只有 1 个中位数值在对方箱体范围之内，设 IQ＝1，如图 6.1（c）、（d）所示；各自中位数值都在对方箱体范围之内，设 IQ＝0，如图 6.1（e）所示。判断原则：只有 IQ≥2 的指标才可作为备选指标进行下一步分析（张远等，2007）。

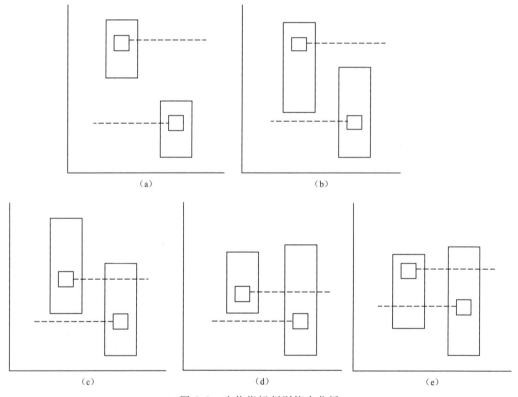

图 6.1   生物指标判别能力分析

（3）相关性分析。对箱体图判别筛选出的指标两两进行 Pearson 相关性检验，并根据相关性显著水平确定生物指标间的信息重叠程度，相关系数大于等于 0.9 的两个指标，表明两个指标间所反映的信息大部分是重叠的，仅取其一。

经过上述三个步骤的筛选，就可以确定出构成 B-IBI 指数体系的生物指标。

6.3.1.4   生物指标分值计算

对生物指标进行记分的目的是统一评价量纲。目前，生物指标计分有三种常用的方法：3 分法、4 分法（Barbour et al.，1999）、比值法（Blocksom et al.，2002）。其中，比值法是国外生态学者经常使用的方法，王备新等（2005）在安徽黄山地区也对这三种方法的准确率进行了对比分析，发现比值法优于 3 分法和 4 分法。因此，本书采用比值法计算生物指标值。具体就是对于受到干扰越强而数值越低的生物指标，以 95％分位数为最佳期望值，各样点指标分值等于样点的指标值除以 95％分位数的指标值；对于受到干扰越强而数值越高的指标，则以 5％分位数为最佳期望值。计算方法如下：

$$Bim, n = (X_{\max} - X_m)/(X_{\max} - X_{0.05}) \tag{6.4}$$

式中　Bim, n——第 m 个样点生物指标的计算分值；

　　　　$X_{\max}$——m 个样点中的最大生物指标值；

　　　　X_m——第 m 个样点的生物指标值；

　　　　$X_{0.05}$——m 个样点中的 5％分位生物指标值。

6.3.1.5　B-IBI 指数体系的评价标准

将各指标的分值进行加和，得到 B-IBI 的指标值。以参照点 B-IBI 值分布的 25％分位数法作为健康评价的标准，如果样点的 B-IBI 值大于 25％分位数值，则表示该样点受到的干扰很小，为健康样点；对小于 25％分位数值的分布范围，进行 4 等分，依次得到亚健康、一般、较差、极差 4 个等级。

6.3.2　底栖动物健康状况评价

6.3.2.1　白云湖湿地底栖动物生物健康状况评价

1. 参照点的选取及核心指标的筛选

参照点位依据水化数据 PCA 分析筛选，确定白云湖湿地参照点为样点 1 和样点 3。根据物种丰富度、种类个体数量比例、敏感性和耐受性、营养结构组成、生物多样性等分属 5 大类 27 个候选指标，进行分布范围筛选，结果表明，指标 M2、M6、M7、M8、M13、M14、M15 和 M21 超过 95％的样点得分均为 0，因此，这 8 个指标不适合参与指标体系的构建，放弃这些指标。

对余下的 19 个生物指标的判别能力进行分析（图 6.2），根据 Barbour et al. 的评价法，比较参照点和受损点的 25％～75％分位数范围（即箱体 IQ）的重叠情况，分别赋予不同的值，分析指标的判别能力。结果表明，水生昆虫分类单元数（M3）、优势分类单元的个体相对丰度（M5）、撕食者和刮食者个体相对丰度（M18）、杂食者和刮食者个体相对丰度（M20）、多样性指数（M24）和 BMWP 指数（M27）的 IQ 值均大于或等于 2，可以保留做进一步分析；其余 13 个生物指标 IQ 值均小于 2，将其去除。

经过判别能力筛选后余下 6 个生物指标进行 Pearson 相关性检验，检验各指标所反映的信息具有相对独立性，使最后构成 IBI 指数体系的每个生物指标都至少能提供一个新的信息，而不是重复的信息。结果表明，通过 Pearson 相关性检验（表 6.33），水生昆虫分类单元数（M3）、优势分类单元的个体相对丰度（M5）、撕食者和刮食者个体相对丰度（M18）和多样性指数（M24）均小于 0.9，最终筛确定水生昆虫分类单元数（M3）、优势分类单元的个体相对丰度（M5）、撕食者和刮食者个体相对丰度（M18）和多样性指数（M24）4 个指标为构建白云湖湿地 B-IBI 体系的核心指标。

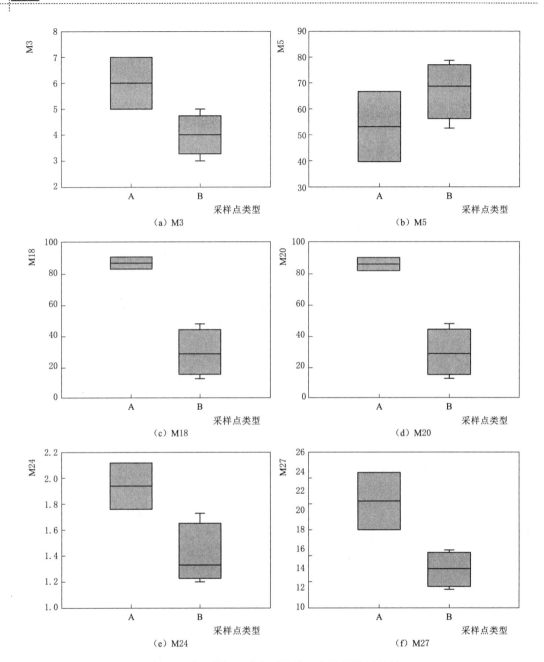

图 6.2　白云湖湿地底栖动物核心参数箱体图判别
A—参照点；B—受损点

表 6.33　　　白云湖湿地底栖动物 6 个候选指标间的 Pearson 相关性系数

指标	M3	M5	M18	M20	M24	M27
M3	1	0.673	−0.749	−0.749	−0.554	−0.329
M5	0.673	1	−0.711	−0.711	−0.868	−0.144
M18	−0.749	−0.711	1	1.000**	0.861	0.756

指标	M3	M5	M18	M20	M24	M27
M20	−0.749	−0.711	1.000**	1	0.861	0.756
M24	−0.554	−0.868	0.861	0.861	1	0.56
M27	−0.329	−0.144	0.756	0.756	0.56	1

2. B-IBI 最佳预期值及评价标准

根据各指标值在参照点和所有样点中的分布，确定计算各指标分值的比值法计算公式（表 6.34），并依此计算各样点的指标分值，要求计算后分值的分布范围为 0～1，若大于 1，则都记为 1。

将计算后的指标分值加和，即获得 B-IBI 指数值。根据参照点 B-IBI 指数的 25% 分位数值，确定最佳期望值为 2.36。对小于 25% 分位数值的分布范围进行 4 等分，确定白云湖湿地底栖动物健康状况评价标准（表 6.35）。

表 6.34　　　　　　　　　　比值法计算 4 个指标分值的公式

指　　　标	分值计算公式
水生昆虫分类单元数 A	A/1
优势分类单元的个体相对丰度 B	(78.69−B)/(78.69−43.24)
撕食者和刮食者个体相对丰度 C	C/87.95
多样性指数 D	D/2.03

表 6.35　　　　　　　　　　白云湖湿地 B-IBI 健康评价等级

健康状况	健康	亚健康	一般	较差	极差
分值	>2.36	1.77～2.36	1.18～1.77	0.59～1.18	0～0.59

3. 评价结果

根据评价标准，对白云湖湿地 6 个样点的底栖生物健康状况进行评估。结果表明，白云湖湿地处于"健康""亚健康""一般"的样点分别占整体的 16.67%、66.67% 和 16.67%。其中健康状况最佳的为白云湖湿地样点 1，最差的为白云湖湿地样点 6（表 6.36）。

表 6.36　　　　　　　　　　白云湖湿地底栖动物健康状况评价结果

样点	点位性质	B-IBI 值	健康状况
样点 1	参照点	3.00	健康
样点 2	受损点	2.07	亚健康
样点 3	参照点	2.14	亚健康
样点 4	受损点	1.85	亚健康
样点 5	受损点	2.11	亚健康
样点 6	受损点	1.32	一般

6.3.2.2　济西湿地底栖动物健康状况评价

1. 参照点的选取及核心指标的筛选

参照点位依据水化数据 PCA 分析筛选，确定济西湿地参照点为样点 1 和样点 5。根据物种丰富度、种类个体数量比例、敏感性和耐受性、营养结构组成、生物多样性等分属 5 大类 27 个候选指标，进行分布范围筛选，结果表明，指标 M2、M6、M7、M9 和 M21 超过 95% 的样点得分均为 0，因此，这 5 个指标不适合参与指标体系的构建，放弃这些指标。

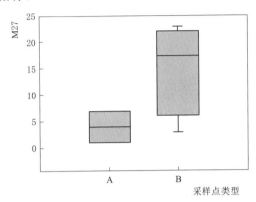

图 6.3　济西湿地底栖动物核心指标箱体图判别
A—参照点；B—受损点

对余下的 22 个生物指标的判别能力进行分析（图 6.3），根据 Barbour et al. 的评价法，比较参照点和受损点的 25%～75% 分位数范围（即箱体 IQ）的重叠情况，分别赋予不同的值，分析指标的判别能力。结果表明，BMWP 指数（M27）IQ 值等于 2，最终筛选确定 BMWP 指数指标为构建济西湿地 B-IBI 体系的核心指标；其余 21 个生物指标 IQ 值均小于 2，因此将其去除。

2. B-IBI 最佳预期值及评价标准

根据各指标值在参照点和所有样点中的分布，确定计算各指标分值的比值法计算公式（表 6.37），并依此计算各样点的指标分值，要求计算后分值的分布范围为 0～1，若大于 1，则都记为 1。

将计算后的指标分值加和，即获得 B-IBI 指数值。根据参照点 B-IBI 指数的 25% 分位数值，确定最佳期望值为 0.112。对小于 25% 分位数值得分布范围进行 4 等分，确定济西湿地底栖动物健康状况评价标准（表 6.38）。

表 6.37　　　　　　　　　　　比值法计算指标分值的公式

指　标	分值计算公式
BMWP 指数 A	A/22.25

表 6.38　　　　　　　　　　　济西湿地 B-IBI 健康评价等级

健康状况	健康	亚健康	一般	较差	极差
分值	>0.112	0.084～0.112	0.056～0.084	0.028～0.056	0～0.028

3. 评价结果

根据评价标准，对济西湿地 6 个样点的底栖生物健康状况进行评估。结果表明，济西湿地处于"健康""较差"的样点分别占整体的 83.33%、和 16.67%。其中健康状况最佳的为济西湿地样点 2，最差的为济西湿地样点 5（表 6.39）。

表 6.39　　　　　　　　　　济西湿地底栖动物健康状况评价结果

样点	点位性质	B-IBI 值	健康状况
样点 1	受损点	0.31	健康
样点 2	参照点	1.00	健康
样点 3	受损点	0.67	健康

样点	点位性质	B-IBI 值	健康状况
样点 4	参照点	0.13	健康
样点 5	受损点	0.04	较差
样点 6	受损点	0.90	健康

6.3.2.3 大汶河湿地底栖动物健康状况评价

1. 参照点的选取及核心指标的筛选

参照点位依据水化数据 PCA 分析筛选，确定大汶河湿地参照点为样点 1 和样点 5。根据物种丰富度、种类个体数量比例、敏感性和耐受性、营养结构组成、生物多样性等分属 5 大类 27 个候选指标，进行分布范围筛选。结果表明，指标 M9（襀翅目个体相对丰度）超过 95% 的样点得分均为 0，因此，这个指标不适合参与指标体系的构建，放弃该指标。

对余下的 26 个生物指标的判别能力进行分析（图 6.4），根据 Barbour et al. 的评价法，比较参照点和受损点的 25%～75% 分位数范围（即箱体 IQ）的重叠情况，分别赋予不同的值，分析指标的判别能力。结果表明，优势分类单元的个体相对丰度（M5）、多样性指数（M24）和 BMWP 指数（M27）的 IQ 值均大于或等于 2，可以保留做进一步分析；其余 23 个生物指标 IQ 值均小于 2，因此将其去除。

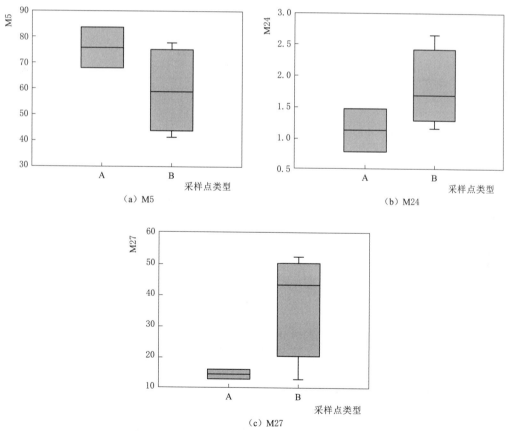

图 6.4　大汶河湿地底栖动物核心参数箱体图判别

A—参照点；B—受损点

将经过判别能力筛选后余下的 3 个生物指标进行 Pearson 相关性检验，检验各指标所反映的信息具有相对独立性，使最后构成 IBI 指数体系的每个生物指标都至少能提供一个新的信息，而不是重复的信息。结果表明，通过 Pearson 相关性检验（表 6.40），多样性指数（M24）和 BMWP 指数（M27）均小于 0.9，最终确定多样性指数（M24）和 BM-WP 指数（M27）2 个指标为构建大汶河湿地 B-IBI 体系的核心指标。

表 6.40　　　　　大汶河湿地底栖动物 3 个候选指标间的 Pearson 相关性系数

指标	M5	M24	M27
M5	1	−0.934**	−0.117
M24	−0.934**	1	0.367
M27	−0.117	0.367	1

2. B-IBI 最佳预期值及评价标准

根据各指标值在参照点和所有样点中的分布，确定计算各指标分值的比值法计算公式（表 6.41），并依此计算各样点的指标分值，要求计算后分值的分布范围为 0~1，若大于 1，则都记为 1。

将计算后的指标分值加和，即获得 B-IBI 指数值。根据参照点 B-IBI 指数的 25% 分位数值，确定最佳期望值为 0.68。对于小于 25% 分位数值得分布范围进行 4 等分，确定了大汶河湿地底栖动物健康状况评价标准（表 6.42）。

表 6.41　　　　　　　　比值法计算 2 个指标分值的公式

指　标	分值计算公式
多样性指数 A	$A/2.42$
BMWP 指数 B	$B/50$

表 6.42　　　　　　　大汶河湿地 B-IBI 健康评价等级

健康状况	健康	亚健康	一般	较差	极差
分值	>0.68	0.51~0.68	0.34~0.51	0.17~0.34	0~0.17

3. 评价结果

根据评价标准，对大汶河湿地 6 个样点的底栖生物健康状况进行评估。结果表明，大汶河湿地处于"健康""亚健康"的样点分别占整体的 83.33% 和 16.67%。其中健康状况最佳的为大汶河湿地样点 4，最差的为大汶河湿地样点 1（表 6.43）。

表 6.43　　　　　　大汶河湿地底栖动物健康状况评价结果

样点	点位性质	B-IBI 值	健康状况
样点 1	参照点	0.59	亚健康
样点 2	受损点	1.55	健康
样点 3	受损点	1.48	健康
样点 4	受损点	1.88	健康

样点	点位性质	B-IBI 值	健康状况
样点 5	参照点	0.93	健康
样点 6	受损点	0.95	健康

6.3.2.4 雪野湖湿地底栖动物健康状况评价

1. 参照点的选取及核心指标的筛选

参照点位依据水化数据 PCA 分析筛选，确定雪野湖湿地参照点为样点 4 和样点 5。根据物种丰富度、种类个体数量比例、敏感性和耐受性、营养结构组成、生物多样性等分属 5 大类 27 个候选指标，进行分布范围筛选，结果表明，指标 M2、M8 和 M9 超过 95% 的样点得分均为 0，因此，这 3 个指标不适合于参与指标体系的构建，放弃这些指标。

对余下的 24 个生物指标的判别能力进行分析（图 6.5），根据 Barbour et al. 的评价法，比较参照点和受损点的 25%～75% 分位数范围（即箱体 IQ）的重叠情况，分别赋予不同的值，分析指标的判别能力。结果表明，双翅目个体相对丰度（M10）、摇蚊个体相对丰度（M11）、甲壳动物和软体动物的个体相对丰度（M12）、撕食者个体相对丰度（M22）的 IQ 值均大于或等于 2，可以保留做进一步分析；其余 20 个生物指标 IQ 值均小于 2，将其去除。

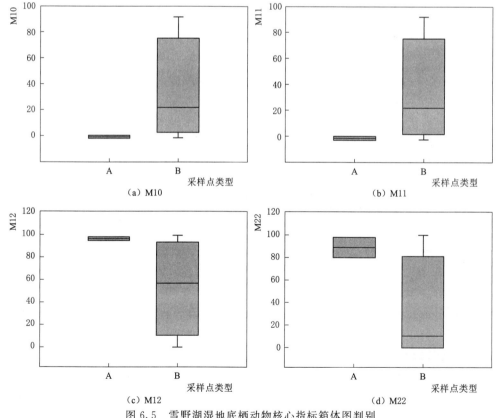

图 6.5 雪野湖湿地底栖动物核心指标箱体图判别

A—参照点；B—受损点

将经过判别能力筛选后余下的 4 个生物指标进行 Pearson 相关性检验，检验各指标所反映的信息具有相对独立性，使最后构成 IBI 指数体系的每个生物指标都至少能提供一个新的信息，而不是重复的信息。结果表明，通过 Pearson 相关性检验（表 6.44），摇蚊个体相对丰度（M11）、撕食者个体相对丰度（M22）均小于 0.9，最终筛确定摇蚊个体相对丰度（M11）、撕食者个体相对丰度（M22）2 个指标为构建雪野湖湿地 B-IBI 体系的核心指标。

表 6.44　　　雪野湖湿地底栖动物 4 个候选指标间的 Pearson 相关性系数

指标	M10	M11	M12	M22
M10	1	1.000**	−0.922**	−0.753
M11	1.000**	1	−0.922**	−0.753
M12	−0.922**	−0.922**	1	0.813*
M22	−0.753	−0.753	0.813*	1

2. B-IBI 最佳预期值及评价标准

根据各指标值在参照点和所有样点中的分布，确定计算各指标分值的比值法计算公式（表 6.45），并依此计算各样点的指标分值，要求计算后分值的分布范围为 0～1，若大于 1，则都记为 1。

表 6.45　　　　　　　比值法计算 2 个指标分值的公式

指　　标	分值计算公式
摇蚊个体相对丰度 A	$A/99.49$
撕食者个体相对丰度 B	$B/77.13$

将计算后的指标分值加和，即获得 B-IBI 指数值。根据参照点 B-IBI 指数的 25％分位数值，确定最佳期望值为 0.860。对小于 25％分位数值的分布范围进行 4 等分，确定雪野湖湿地底栖动物健康状况评价标准（表 6.46）。

表 6.46　　　　　　　雪野湖湿地 B-IBI 健康评价等级

健康状况	健康	亚健康	一般	较差	极差
分值	＞0.860	0.645～0.860	0.430～0.645	0.215～0.430	0～0.215

3. 评价结果

根据评价标准，对雪野湖湿地 6 个样点的底栖动物生物完整性状况进行评估。结果表明，雪野湖湿地处于“健康”“亚健康”“一般”“较差”的样点分别占整体的 50.00％、16.67％、16.67％和 16.67％。其中健康状况最佳的为雪野湖湿地样点 1、样点 4 和样点 6，最差的为雪野湖湿地样点 3（表 6.47）。

表 6.47　　　　　　雪野湖湿地底栖动物健康状况评价结果

样点	点位性质	B-IBI 值	健康状况
样点 1	受损点	1.00	健康

样点	点位性质	B-IBI 值	健康状况
样点 2	受损点	0.46	一般
样点 3	受损点	0.36	较差
样点 4	参照点	1.00	健康
样点 5	参照点	0.80	亚健康
样点 6	受损点	1.00	健康

6.3.2.5　玫瑰湖湿地底栖动物健康状况评价

1. 参照点的选取及核心指标的筛选

参照点位依据水化数据 PCA 分析筛选，确定玫瑰湖湿地参照点为样点 4 和样点 5。根据物种丰富度、种类个体数量比例、敏感和耐受性、营养结构组成、生物多样性等分属 5大类 27 个候选指标，进行分布范围筛选。结果表明，指标 M2、M6、M7、M9、M14 和M15 超过 95% 的样点得分均为 0，因此，这 6 个指标不适合于参与指标体系的构建，放弃这些指标。

对余下的 21 个生物指标的判别能力进行分析（图 6.6），根据 Barbour et al. 的评价法，比较参照点和受损点的 25%～75% 分位数范围（即箱体 IQ）的重叠情况，分别赋予不同的值，分析指标的判别能力。结果表明，其他双翅目类群和非昆虫类群个体相对丰度（M13）、滤食者个体相对丰度（M17）的 IQ 值均大于或等于 2，可以保留做进一步分析；其余 19 个生物指标 IQ 值均小于 2，将其去除。

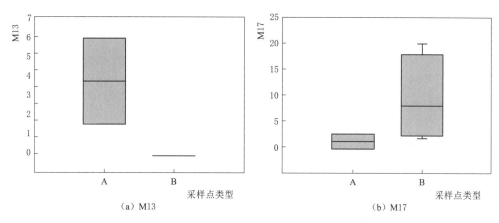

（a）M13　　　　　　　　　　（b）M17

图 6.6　玫瑰湖湿地底栖动物核心参数箱体图判别

A—参照点；B—受损点

将经过判别能力筛选后余下的 2 个生物指标进行 Pearson 相关性检验，检验各指标所反映的信息具有相对独立性，使最后构成 IBI 指数体系的每个生物指标都至少能提供一个新的信息，而不是重复的信息。结果表明，通过 Pearson 相关性检验（表 6.48），其他双翅目类群和非昆虫类群个体相对丰度（M13）、滤食者个体相对丰度（M17）均小于 0.9，最终确定其他双翅目类群和非昆虫类群个体相对丰度（M13）、滤食者个体相对丰度（M17）2 个指标为构建玫瑰湖湿地 B-IBI 体系的核心指标。

表 6.48　玫瑰湖湿地底栖动物 2 个候选指标间的 Pearson 相关性系数

指　　标	M13	M17
M13	1	−0.516
M17	−0.516	1

2. B-IBI 最佳预期值及评价标准

根据各指标值在参照点和所有样点中的分布，确定计算各指标分值的比值法计算公式（表 6.49），并依此计算各样点的指标分值，要求计算后分值的分布范围为 0～1，若大于 1，则都记为 1。

表 6.49　比值法计算 2 个指标分值的公式

指　　标	分值计算公式
其他双翅目类群和非昆虫类群个体相对丰度 A	$(5.88-A)/5.88$
滤食者个体相对丰度 B	$(20-B)/(20-0.49)$

将计算后的指标分值加和，即获得 B-IBI 指数值。根据参照点 B-IBI 指数的 25％分位数值，确定最佳期望值为 1.16。对小于 25％分位数值的分布范围进行 4 等分，确定玫瑰湖湿地底栖动物健康状况评价标准（表 6.50）。

表 6.50　玫瑰湖湿地 B-IBI 健康评价等级

健康状况	健康	亚健康	一般	较差	极差
分值	>1.16	0.87～1.16	0.58～0.87	0.29～0.58	0～0.29

3. 评价结果

根据评价标准，对玫瑰湖湿地 6 个样点的底栖生物健康状况进行评估。结果表明，玫瑰湖湿地处于"健康""亚健康"的样点分别占整体的 66.67％和 33.33％。其中健康状况最佳的为玫瑰湖湿地样点 2，最差的为玫瑰湖湿地样点 6（表 6.51）。

表 6.51　玫瑰湖湿地底栖动物健康状况评价结果

样点	点位性质	B-IBI 值	健康状况
样点 1	受损点	1.80	健康
样点 2	参照点	1.93	健康
样点 3	受损点	1.42	健康
样点 4	参照点	1.03	亚健康
样点 5	受损点	1.60	健康
样点 6	受损点	1.00	亚健康

6.3.2.6　大沙河湿地底栖动物健康状况评价

1. 参照点的选取及核心指标的筛选

参照点位依据水化数据 PCA 分析筛选，确定大沙河湿地参照点为样点 3 和样点 6。根

据物种丰富度、种类个体数量比例、敏感和耐受性、营养结构组成、生物多样性等分属 5
大类 27 个候选指标，进行分布范围筛选。结果表明，指标 M2、M3、M6、M7、M8、
M9、M10、M11、M13、M14、M15、M16、M17、M19、M21 和 M22 超过 95％的样点
得分均为 0，因此，这 16 个指标不适合于参与指标体系的构建，放弃这些指标。

　　对余下的 11 个生物指标的判别能力进行分析（图 6.7），根据 Barbour et al. 的评价
法，比较参照点和受损点的 25％～75％分位数范围（即箱体 IQ）的重叠情况，分别赋予
不同的值，分析指标的判别能力。结果表明，总分类单元数（M1）、优势分类单元的个体
相对丰度（M5）、多样性指数（M24）、均匀度指数（M25）的 IQ 值均大于或等于 2，可
以保留做进一步分析；其余 7 个生物指标 IQ 值均小于 2，将其去除。

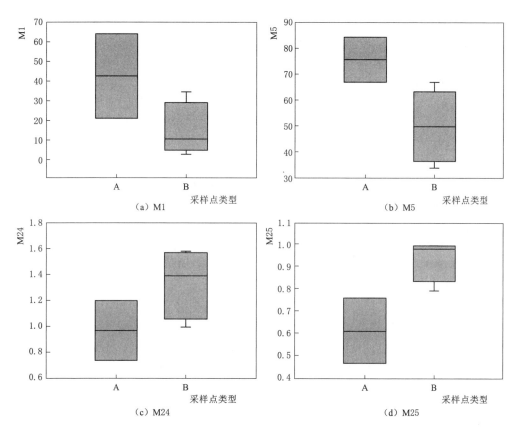

图 6.7　大沙河湿地底栖动物核心指标箱体图判别
A—参照点；B—受损点

　　将经过判别能力筛选后余下的 4 个生物指标进行 Pearson 相关性检验，检验各指标所
反映的信息具有相对独立性，使最后构成 IBI 指数体系的每个生物指标都至少能提供一个
新的信息，而不是重复的信息。结果表明，通过 Pearson 相关性检验（表 6.52），总分类
单元数（M1）、优势分类单元的个体相对丰度（M5）、多样性指数（M24）均小于 0.9，
最终确定总分类单元数总分类单元数（M1）、优势分类单元的个体相对丰度（M5）、多样
性指数（M24）3 个指标为构建大沙河湿地 B-IBI 体系的核心指标。

表 6.52　　　　　　大沙河湿地底栖动物 4 个候选指标间的 Pearson 相关性系数

指标	M1	M5	M24	M25
M1	1	0.649	−0.591	−0.752
M5	0.649	1	−0.847*	−0.919**
M24	−0.591	−0.847*	1	0.733
M25	−0.752	−0.919**	0.733	1

2. B-IBI 最佳预期值及评价标准

根据各指标值在参照点和所有样点中的分布，确定计算各指标分值的比值法计算公式（表 6.53），并依此计算各样点的指标分值，要求计算后分值的分布范围为 0~1，若大于 1，则都记为 1。

表 6.53　　　　　　　　比值法计算 3 个指标分值的公式

指　　标	分值计算公式
总分类单元数 A	A/56.75
优势分类单元的个体相对丰度 B	(84.38−B)/(84.38−36.43)
多样性指数 C	C/1.57

将计算后的指标分值加和，即获得 B-IBI 指数值。根据参照点 B-IBI 指数的 25% 分位数值，确定最佳期望值为 1.52。对小于 25% 分位数值的分布范围进行 4 等分，确定大沙河湿地底栖动物健康状况评价标准（表 6.54）。

表 6.54　　　　　　　　大沙河湿地 B-IBI 健康评价等级

健康状况	健康	亚健康	一般	较差	极差
分值	>1.52	1.14~1.52	0.76~1.14	0.38~0.76	0~0.38

3. 评价结果

根据表 6.55 的评价标准，对大沙河湿地 6 个样点的底栖生物健康状况进行评估。结果表明，大沙河湿地处于"健康""亚健康"的样点分别各占整体的 50%。其中健康状况最佳的为大沙河湿地样点 4，最差的为大沙河湿地样点 5。

表 6.55　　　　　　　大沙河湿地底栖动物健康状况评价结果

样点	点位性质	B-IBI 值	健康状况
样点 1	受损点	2.12	健康
样点 2	受损点	1.50	亚健康
样点 3	参照点	1.51	亚健康
样点 4	受损点	2.40	健康
样点 5	受损点	1.31	亚健康
样点 6	参照点	1.60	健康

6.3.2.7　土马河湿地底栖动物健康状况评价

1. 参照点的选取及核心指标的筛选

参照点位依据水化数据 PCA 分析筛选，确定土马河湿地参照点为样点 2 和样点 4。

根据物种丰富度、种类个体数量比例、敏感和耐受性、营养结构组成、生物多样性等分属 5 大类 27 个候选指标，进行分布范围筛选，结果表明，指标 M2、M3、M6、M7、M8、M9、M10、M11、M13、M14、M15、M16、M17、M19、M21 和 M22 超过 95% 的样点得分均为 0，因此，这 16 个指标不适合于参与指标体系的构建，放弃这些指标。

对余下的 11 个生物指标的判别能力进行分析（图 6.8），根据 Barbour et al. 的评价法，比较参照点和受损点的 25%～75% 分位数范围（即箱体 IQ）的重叠情况，分别赋予不同的值，分析指标的判别能力。结果表明，总分类单元数（M1）和杂食者和刮食者个体相对丰度（M20）IQ 值均大于或等于 2，可以保留做进一步分析；其余 9 个生物指标 IQ 值均小于 2，将其去除。

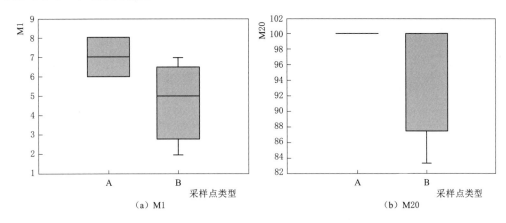

图 6.8　土马河湿地底栖动物核心指标箱体图判别
A—参照点；B—受损点

将经过判别能力筛选后余下的 2 个生物指标进行 Pearson 相关性检验，检验各指数所反映的信息具有相对独立性，使最后构成 IBI 指数体系的每个生物指标都至少能提供一个新的信息，而不是重复的信息。结果表明，通过 Pearson 相关性检验（表 6.56），总分类单元数（M1）和杂食者和刮食者个体相对丰度（M20）均小于 0.9，最终确定总分类单元数（M1）和杂食者和刮食者个体相对丰度（M20）2 个指标为构建土马河湿地 B-IBI 体系的核心指标。

表 6.56　　土马河湿地底栖动物 2 个候选指标间的 Pearson 相关性系数

指　　标	M1	M20
M1	1	−0.729
M20	−0.729	1

2. B-IBI 最佳预期值及评价标准

根据各指标值在参照点和所有样点中的分布，确定计算各指标分值的比值法计算公式（表 6.57），并依此计算各样点的指标分值，要求计算后分值的分布范围为 0～1，若大于 1，则都记为 1。

表 6.57 比值法计算 2 个指标分值的公式

指　　标	分值计算公式
总分类单元数 A	$A/7.75$
杂食者和刮食者个体相对丰度 B	$B/100$

将计算后的指标分值加和，即获得 B-IBI 指数值。根据参照点 B-IBI 指数的 25％分位数值，确定最佳期望值为 1.80。对小于 25％分位数值的分布范围进行 4 等分，确定了土马河湿地底栖动物健康状况评价标准（表 6.58）。

表 6.58 土马河湿地 B-IBI 健康评价等级

健康状况	健康	亚健康	一般	较差	极差
分值	>1.80	1.35~1.80	0.90~1.35	0.45~0.90	0~0.45

3. 评价结果

根据评价标准，对土马河湿地 6 个样点的底栖生物健康状况进行评估。结果表明，土马河湿地处于"健康""亚健康""一般"的样点分别占整体的 16.67％、66.67％和 16.67％。其中健康状况最佳的为土马河湿地样点 2，最差的为土马河湿地样点 6（表 6.59）。

表 6.59 土马河湿地底栖动物健康状况评价结果

样点	点位性质	B-IBI 值	健康状况
样点 1	受损点	1.74	亚健康
样点 2	参照点	1.89	健康
样点 3	受损点	1.65	亚健康
样点 4	参照点	1.77	亚健康
样点 5	受损点	1.65	亚健康
样点 6	受损点	1.26	一般

6.3.2.8　澄波湖湿地底栖动物健康状况评价

1. 参照点的选取及核心指标的筛选

参照点位依据水化数据 PCA 分析筛选，确定澄波湖湿地参照点为样点 2 和样点 5。根据物种丰富度、种类个体数量比例、敏感性和耐受性、营养结构组成、生物多样性等分属 5 大类 27 个候选指标，进行分布范围筛选。结果表明，指标 M2、M3、M6、M7、M8、M9、M10、M11、M13、M14、M15、M16、M17、M19、M21 和 M22 超过 95％的样点得分均为 0，因此，这 16 个指标不适合于参与指标体系的构建，放弃这些指标。

对余下的 11 个生物指标的判别能力进行分析（图 6.9），根据 Barbour et al. 的评价法，比较参照点和受损点的 25％~75％分位数范围（即箱体 IQ）的重叠情况，分别赋予不同的值，分析指标的判别能力。结果表明，优势分类单元的个体相对丰度（M5）、甲壳动物和软体动物的个体相对丰度（M12）、撕食者和刮食者个体相对丰度（M18）、杂食者和刮食者个体相对丰度（M20）、粘附者个体相对丰度（M23）的 IQ 值均大于或等于 2，可以保留做进一步分析；其余 6 个生物指标 IQ 值均小于 2，将其去除。

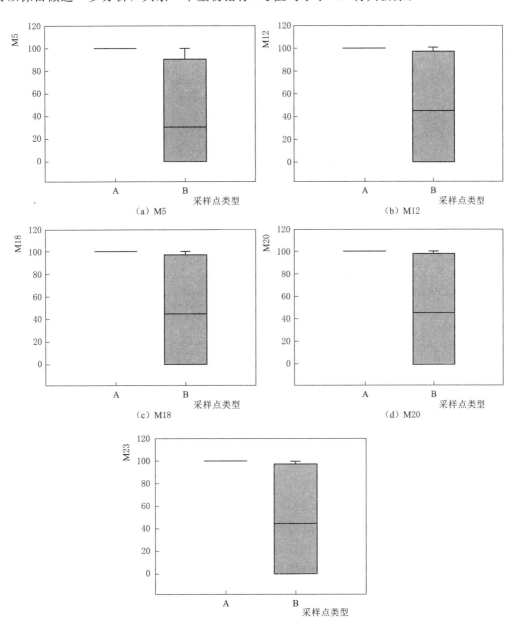

图 6.9 澄波湖湿地底栖动物核心指标箱体图判别
A—参照点；B—受损点

将经过判别能力筛选后余下的 5 个生物指标进行 Pearson 相关性检验，检验各指标所反映的信息具有相对独立性，使最后构成 IBI 指数体系的每个生物指标都至少能提供一个新的信息，而不是重复的信息。结果表明，通过 Pearson 相关性检验（表 6.60），最终确定甲壳动物和软体动物的个体相对丰度（M12）指标为构建澄波湖湿地 B-IBI 体系的核心指标。

表 6.60　　　　澄波湖湿地底栖动物 5 个候选指标间的 Pearson 相关性系数

指标	M5	M12	M18	M20	M23
M5	1.00	0.970**	0.970**	0.970**	0.970**
M12	0.970**	1.00	1.000**	1.000**	1.000**
M18	0.970**	1.000**	1.00	1.000**	1.000**
M20	0.970**	1.000**	1.000**	1.00	1.000**
M23	0.970**	1.000**	1.000**	1.000**	1.00

2. B-IBI 最佳预期值及评价标准

根据各指标值在参照点和所有样点中的分布，确定计算各指标分值的比值法计算公式（表 6.61），并依此计算各样点的指标分值，要求计算后分值的分布范围为 0~1，若大于 1，则都记为 1。

表 6.61　　　　比值法计算指标分值的公式

指　　　标	分值计算公式
甲壳动物和软体动物的个体相对丰度 A	$A/100$

将计算后的指标分值加和，即获得 B-IBI 指数值。根据参照点 B-IBI 指数的 25% 分位数值，确定最佳期望值为 0.99。对小于 25% 分位数值的分布范围进行 4 等分，确定澄波湖湿地底栖动物健康状况评价标准（表 6.62）。

表 6.62　　　　澄波湖湿地 B-IBI 健康评价等级

健康状况	健康	亚健康	一般	较差	极差
分值	>0.99	0.75~0.99	0.50~0.75	0.25~0.50	0~0.25

3. 评价结果

根据评价标准，对澄波湖湿地 6 个样点的底栖生物健康状况进行评估。结果表明，澄波湖湿地处于"健康""亚健康""极差"的样点分别占整体的 50.00%、16.67% 和 33.33%。其中健康状况最佳的为澄波湖湿地样点 2、样点 4 和样点 5，最差的为澄波湖湿地样点 3 和样点 6（表 6.63）。

表 6.63　　　　澄波湖湿地底栖动物健康状况评价结果

样点	点位性质	B-IBI 值	健康状况
样点 1	受损点	0.9	亚健康
样点 2	参照点	1	健康
样点 3	受损点	0	极差
样点 4	受损点	1	健康
样点 5	参照点	1	健康
样点 6	受损点	0	极差

6.3.2.9 锦水河湿地底栖动物健康状况评价

1. 参照点的选取及核心指标的筛选

参照点位依据水化数据 PCA 分析筛选，确定锦水河湿地参照点为样点 1 和样点 3。根据物种丰富度、种类个体数量比例、敏感性和耐受性、营养结构组成、生物多样性等分属 5 大类 27 个候选指标，进行分布范围筛选。结果表明，指标 M2、M6、M7、M8、M9、M13、M14、M15、M21、M22 均超过 95％的样点得分均为 0，因此，这些指标不适合于参与指标体系的构建，放弃这些指标。

对余下的 17 个生物指标的判别能力进行分析（图 6.10），根据 Barbour et al. 的评价法，比较参照点和受损点的 25％～75％分位数范围（即箱体 IQ）的重叠情况，分别赋予不同的值，分析指标的判别能力。结果表明，水生昆虫分类单元数（M3）、双翅目个体相对丰度（M10）、甲壳动物和软体动物的个体相对丰度（M12）、撕食者和刮食者个体相对丰度（M18）、收集者个体相对丰度（M19）、杂食者和刮食者个体相对丰度（M20）和粘附者个体相对丰度（M23）的 IQ 值均大于或等于 2，可以保留做进一步分析；其余 10 生物指标 IQ 值均小于 2，将其去除。

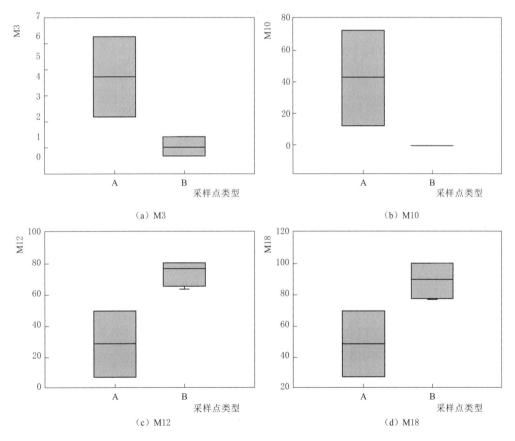

（a）M3   （b）M10

（c）M12   （d）M18

图 6.10（一）   锦水河省级湿地底栖动物核心指标箱体图判别

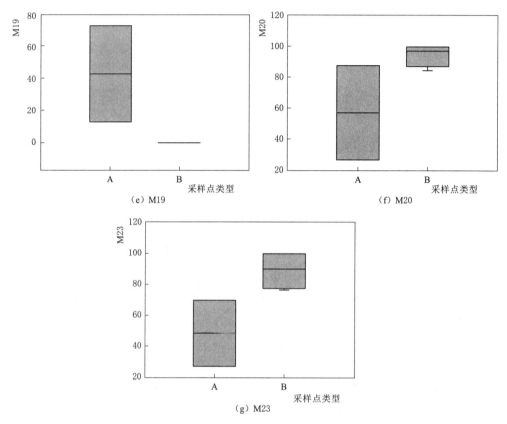

图 6.10（二） 锦水河省级湿地底栖动物核心指标箱体图判别
A—参照点；B—受损点

将经过判别能力筛选后余下的 7 生物指标进行 Pearson 相关性检验，检验各指标所反映的信息具有相对独立性，使最后构成 IBI 指数体系的每个生物指标都至少能提供一个新的信息，而不是重复的信息。结果表明，通过 Pearson 相关性检验（表 6.64），水生昆虫分类单元数（M3）和杂食者和刮食者个体相对丰度（M20）均小于 0.9，最终确定水生昆虫分类单元数（M3）、杂食者和刮食者个体相对丰度（M20）2 个指标为构建锦水河湿地 B-IBI 体系的核心指标。

表 6.64　　　　　锦水河湿地底栖动物 7 个候选指标间的 Pearson 相关性系数

指标	M3	M10	M12	M18	M19	M20	M23
M3	1	0.239	−0.447	−0.42	0.239	−0.209	−0.42
M10	0.239	1	−0.957**	−0.920**	1.000**	−0.978**	−0.920**
M12	−0.447	−0.957**	1	0.975**	−0.957**	0.942**	0.975**
M18	−0.42	−0.920**	0.975**	1	−0.920**	0.953**	1.000**
M19	0.239	1.000**	−0.957**	−0.920**	1	−0.978**	−0.920**
M20	−0.209	−0.978**	0.942**	0.953**	−0.978**	1	0.953**
M23	−0.42	−0.920**	0.975**	1.000**	−0.920**	0.953**	1

2. B-IBI 最佳预期值及评价标准

根据各指标值在参照点和所有样点中的分布，确定计算各指标分值的比值法计算公式（表 6.65），并依此计算各样点的指标分值，要求计算后分值的分布范围为 0～1，若大于 1，则都记为 1。

表 6.65　　　　　　　　　　比值法计算 2 个指标分值的公式

指　　　标	分值计算公式
水生昆虫分类单元 A	$A/5$
撕食者＋刮食者％B	$B/100$

将计算后的指标分值加和，即获得 B-IBI 指数值。根据参照点 B-IBI 指数的 25％分位数值，确定最佳期望值为 0.928。对小于 25％分位数值得分布范围进行 4 等分，确定锦水河湿地底栖动物健康状况评价标准（表 6.66）。

表 6.66　　　　　　　　　　锦水河湿地 B-IBI 健康评价等级

健康状况	健康	亚健康	一般	较差	极差
分值	＞0.928	0.696～0.928	0.464～0.696	0.232～0.464	0～0.232

3. 评价结果

根据评价标准，对锦水河湿地 6 个样点的底栖生物健康状况进行评估。结果表明，锦水河湿地处于"健康""亚健康"的样点分别占整体的 83.33％和 16.67％。其中健康状况最佳的为锦水河湿地样点 3，最差的为锦水河湿地样点 1（表 6.67）。

表 6.67　　　　　　　　　锦水河省级湿地底栖动物健康状况评价结果

样点	点位性质	B-IBI 值	健康状况
样点 1	参照点	0.67	一般
样点 2	受损点	0.97	健康
样点 3	参照点	1.70	健康
样点 4	受损点	1.00	健康
样点 5	受损点	1.00	健康
样点 6	受损点	0.99	健康

6.3.2.10　浪溪河湿地底栖动物健康状况评价

1. 参照点的选取及核心指标的筛选

参照点位依据水化数据 PCA 分析筛选，确定浪溪河湿地参照点为样点 5 和样点 6。根据物种丰富度、种类个体数量比例、敏感性和耐受性、营养结构组成、生物多样性等分属 5 大类 27 个候选指标，进行分布范围筛选。结果表明，指标 M2、M8、M9、M10、M11、M15、M16、M17、M23 超过 95％的样点得分均为 0，因此，这些指标不适合于参与指标体系的构建，放弃这些指标。

对余下的 18 个生物指标的判别能力进行分析（图 6.11），根据 Barbour et al. 的评价法，比较参照点和受损点的 25％～75％分位数范围（即箱体 IQ）的重叠情况，分别赋予

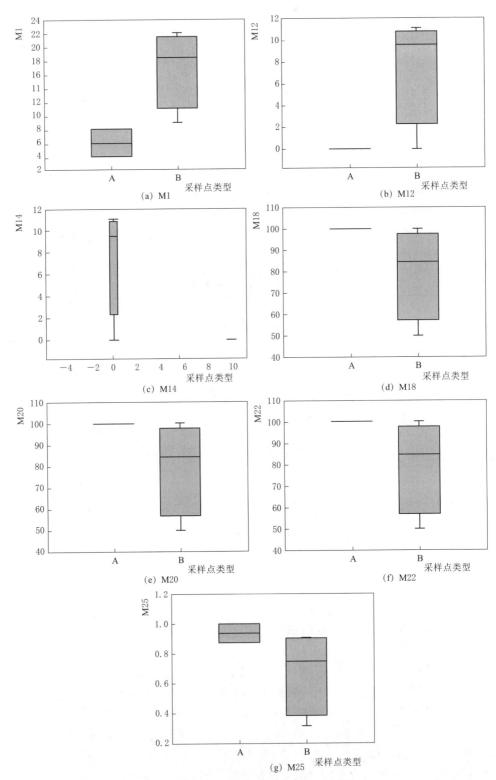

图 6.11   浪溪河湿地底栖动物核心指标箱体图判别

A—参照点；B—受损点

不同的值，分析指标的判别能力。结果表明，总分类单元数（M1）、甲壳动物和软体动物的个体相对丰度（M12）、敏感类群分类单元数（M14）、撕食者和刮食者个体相对丰度（M18）、杂食者和刮食者个体相对丰度（M20）、撕食者个体相对丰度（M22）、均匀度指数（M25）的 IQ 值均大于或等于 2，可以保留做进一步分析；其余 11 个生物指标 IQ 值均小于 2，将其去除。

　　将经过判别能力筛选后余下的 7 个生物指标进行 Pearson 相关性检验，检验各指标所反映的信息具有相对独立性，使最后构成 IBI 指数体系的每个生物指标都至少能提供一个新的信息，而不是重复的信息。结果表明，通过 Pearson 相关性检验（表 6.68），总分类单元数（M1）、敏感类群分类单元数（M14）、撕食者和刮食者个体相对丰度（M18）、均匀度指数（M25）均小于 0.9，最终确定总分类单元（M1）、敏感类群分类单元数（M14）、撕食者和刮食者个体相对丰度（M18）、均匀度指数（M25）4 个指标为构建浪溪河湿地 B-IBI 体系的核心指标。

表 6.68　　　　　　　浪溪河湿地底栖动物 7 个候选指标间的 Pearson 相关性系数

指标	M1	M12	M14	M18	M20	M22	M25
M1	1	−0.447	0.479	−0.435	−0.435	−0.435	−0.192
M12	−0.447	1	−0.438	0.899*	0.899*	0.899*	−0.27
M14	0.479	−0.438	1	−0.762	−0.762	−0.762	0.118
M18	−0.435	0.899*	−0.762	1	1.000**	1.000**	−0.189
M20	−0.435	0.899*	−0.762	1.000**	1	1.000**	−0.189
M22	−0.435	0.899*	−0.762	1.000**	1.000**	1	−0.189
M25	−0.192	−0.27	0.118	−0.189	−0.189	−0.189	1

2. B-IBI 最佳预期值及评价标准

　　根据各指标值在参照点和所有样点中的分布，确定计算各指标分值的比值法计算公式（表 6.69），并依此计算各样点的指标分值，要求计算后分值的分布范围为 0～1，若大于 1，则都记为 1。

表 6.69　　　　　　　　　　比值法计算 4 个指标分值的公式

指　　标	分值计算公式
各个样点总数 A	$A/21.50$
滤食者%B	$B/10.83$
撕食者+刮食者%C	$C/100$
均匀度指数 D	$D/0.98$

　　将计算后的指标分值加和，即获得 B-IBI 指数值。根据参照点 B-IBI 指数的 25%分位数值，确定最佳期望值为 2.206。对小于 25%分位数值的分布范围进行 4 等分，确定浪溪河湿地底栖动物健康状况评价标准（表 6.70）。

表 6.70　　　　　　　　　　　　　浪溪河湿地 B-IBI 健康评价等级

健康状况	健康	亚健康	一般	较差	极差
分值	>2.206	1.6545~2.206	1.103~1.6545	0.5515~1.103	0~0.5515

3. 评价结果

根据评价标准，对浪溪河湿地 6 个样点的底栖生物健康状况进行评估。结果表明，浪溪河湿地处于"健康""亚健康"的样点分别占整体的 66.67％和 33.33％。其中健康状况最佳的为浪溪河湿地样点 4，最差的为浪溪河湿地样点 3（表 6.71）。

表 6.71　　　　　　　　　　　浪溪河湿地底栖动物健康状况评价结果

样点	点位性质	B-IBI 值	健康状况
样点 1	受损点	2.83	健康
样点 2	受损点	3.28	健康
样点 3	受损点	2.12	亚健康
样点 4	受损点	3.66	健康
样点 5	参照点	2.27	健康
样点 6	参照点	2.19	亚健康

6.3.2.11　龙山湖湿地底栖动物健康状况评价

1. 参照点的选取及核心指标的筛选

参照点位依据水化数据 PCA 分析筛选，确定龙山湖省级湿地参照点为样点 2 和样点 3。根据物种丰富度、种类个体数量比例、敏感性和耐受性、营养结构组成、生物多样性等分属 5 大类 27 个候选指标，进行分布范围筛选。结果表明，指标 M2、M6、M7、M8、M9、M13、M14、M15、M21、M22 超过 95％的样点得分均为 0，因此这些指标不适合参与指标体系的构建，放弃这些指标。

对余下的 17 个生物指标的判别能力进行分析（图 6.12），根据 Barbour et al. 的评价法，比较参照点和受损点的 25％~75％分位数范围（即箱体 IQ）的重叠情况，分别赋予不同的值，分析指标的判别能力。结果表明，水生昆虫分类单元数（M3）、甲壳动物和软体动物的个体相对丰度（M12）、撕食者和刮食者个体相对丰度（M18）、粘附者个体相对丰度（M23）的 IQ 值均大于或等于 2，可以保留做进一步分析；其余 13 个生物指标 IQ 值均小于 2，将其去除。

将经过判别能力筛选后余下的 4 个生物指标进行 Pearson 相关性检验，检验各指标所反映的信息具有相对独立性，使最后构成 IBI 指数体系的每个生物指标都至少能提供一个新的信息，而不是重复的信息。结果表明，通过 Pearson 相关性检验（表 6.72），水生昆虫分类单元数（M3）小于 0.9，最终确定水生昆虫分类单元数（M3）1 个指标为构建龙山湖湿地 B-IBI 体系的核心指标。

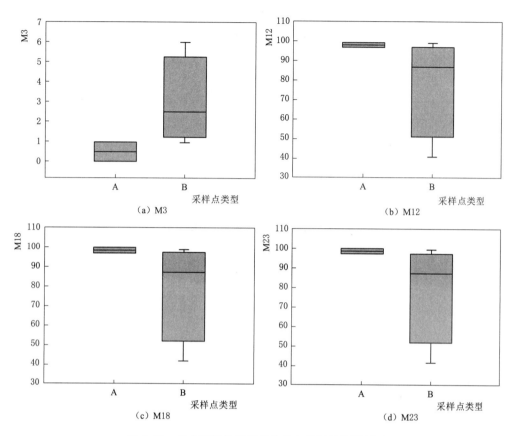

图 6.12 龙山湖湿地底栖动物核心指标箱体图判别

A—参照点；B—受损点

表 6.72 龙山湖省级湿地底栖动物 4 个候选指标间的 Pearson 相关性系数

指标	M3	M12	M18	M23
M3	1	-0.971^{**}	-0.971^{**}	-0.971^{**}
M12	-0.971^{**}	1	1.000^{**}	1.000^{**}
M18	-0.971^{**}	1.000^{**}	1	1.000^{**}
M23	-0.971^{**}	1.000^{**}	1.000^{**}	1

2. B-IBI 最佳预期值及评价标准

根据各指标值在参照点和所有样点中的分布，确定计算各指标分值的比值法计算公式（表 6.73），并依此计算各样点的指标分值，要求计算后分值的分布范围为 0～1，若大于 1，则都记为 1。

表 6.73 比值法计算 1 个指标分值的公式

指 标	分值计算公式
水生昆虫分类单元数 A	$A/5.25$

将计算后的指标分值加和，即获得 B-IBI 指数值。根据参照点 B-IBI 指数的 25％分位数值，确定最佳期望值为 0.476。对小于 25％分位数值的分布范围进行 4 等分，确定龙山湖湿地底栖动物健康状况评价标准（表 6.74）。

表 6.74　　　　　　　　　龙山湖省级湿地 B-IBI 健康评价等级

健康状况	健康	亚健康	一般	较差	极差
分值	>0.476	0.357~0.476	0.238~0.357	0.119~0.238	0~0.119

3. 评价结果

根据评价标准，对龙山湖湿地 6 个样点的底栖生物健康状况进行评估。结果表明，龙山湖省级湿地处于"健康""一般""较差""极差"的样点分别占整体的 33.33％、16.67％、33.33％、16.67％。其中健康状况最佳的为龙山湖湿地样点 6，最差的为龙山湖湿地样点 3（表 6.75）。

表 6.75　　　　　　　　龙山湖省级湿地底栖动物健康状况评价结果

样点	点位性质	B-IBI 值	健康状况
样点 1	受损点	0.57	健康
样点 2	参照点	0.19	较差
样点 3	参照点	0.00	极差
样点 4	受损点	0.38	一般
样点 5	受损点	0.19	较差
样点 6	受损点	1.00	健康

6.3.2.12　绣源河湿地底栖动物健康状况评价

1. 参照点的选取及核心指标的筛选

参照点位依据水化数据 PCA 分析筛选，确定绣源河省级湿地参照点为样点 2 和样点 3。根据物种丰富度、种类个体数量比例、敏感性和耐受性、营养结构组成、生物多样性等分属 5 大类 27 个候选指标，进行分布范围筛选。结果表明，指标 M6、M9、M21、M22 超过 95％的样点得分均为 0，因此这些指标不适合参与指标体系的构建，放弃这些指标。

对余下的 23 个生物指标的判别能力进行分析（图 6.13），根据 Barbour et al. 的评价法，比较参照点和受损点的 25％~75％分位数范围（即箱体 IQ）的重叠情况，分别赋予不同的值，分析指标的判别能力。结果表明，甲壳和软体动物分类单元数（M4）IQ 值大于或等于 2，可以保留做进一步分析；其余 22 个生物指标 IQ 值均小于 2，将其去除。最终确定甲壳和软体动物分类单元数（M4）1 个

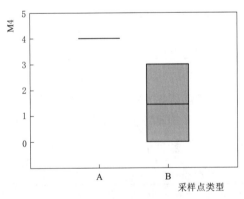

图 6.13　绣源河湿地底栖动物核心
指标箱体图判别
A—参照点；B—受损点

指标为构建绣源河湿地 B-IBI 体系的核心指标。

2. B-IBI 最佳预期值及评价标准

根据各指标值在参照点和所有样点中的分布，确定计算各指标分值的比值法计算公式（表 6.76），并依此计算各样点的指标分值，要求计算后分值的分布范围为 0~1，若大于 1，则都记为 1。

表 6.76 比值法计算 1 个指标分值的公式

指　　　标	分值计算公式
甲壳动物＋软体动物分类单元数 A	A/4

将计算后的指标分值加和，即获得 B-IBI 指数值。根据参照点 B-IBI 指数的 25% 分位数值，确定最佳期望值为 1.00。对小于 25% 分位数值的分布范围进行 4 等分，确定绣源河省级湿地底栖动物健康状况评价标准（表 6.77）。

表 6.77 绣源河省级湿地 B-IBI 健康评价等级

健康状况	健康	亚健康	一般	较差	极差
分值	>1.00	0.75~1.00	0.50~0.75	0.25~0.50	0~0.25

3. 评价结果

根据评价标准，对绣源河湿地 6 个样点的底栖生物健康状况进行评估。结果表明，绣源河省级湿地处于"健康""亚健康""极差"的样点分别占整体的 33.33%、33.33%、33.33%。其中健康状况最佳的为绣源河湿地样点 2、样点 3，最差的为绣源河省级湿地样点 1、样点 5（表 6.78）。

表 6.78 绣源河省级湿地底栖动物健康状况评价结果

样点	点位性质	B-IBI 值	健康状况
样点 1	受损点	0.00	极差
样点 2	参照点	1.00	健康
样点 3	参照点	1.00	健康
样点 4	受损点	0.75	亚健康
样点 5	受损点	0.00	极差
样点 6	受损点	0.75	亚健康

6.3.2.13　燕子湾湿地底栖动物健康状况评价

1. 参照点的选取及核心指标的筛选

参照点位依据水化数据 PCA 分析筛选，确定燕子湾湿地参照点为样点 1 和样点 2。根据物种丰富度、种类个体数量比例、敏感性和耐受性、营养结构组成、生物多样性等分属 5 大类 27 个候选指标，进行分布范围筛选，结果表明，指标 M2、M3、M6、M7、M8、M9、M10、M11、M13、M14、M15、M16、M17、M19 和 M21 超过 95% 的样点得分均为 0，因此，这 15 个指标不适合于参与指标体系的构建，放弃这些指标。

对余下的 12 个生物指标的判别能力进行分析（图 6.14），根据 Barbour et al. 的评价

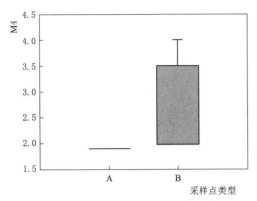

图 6.14　燕子湾湿地底栖动物核心指标
箱体图判别
A—参照点；B—受损点

法，比较参照点和受损点的 25%～75%分位数范围（即箱体 IQ）的重叠情况，分别赋予不同的值，分析指标的判别能力。结果表明，甲壳和软体动物分类单元数（M4）的 IQ 值大于 2，可以保留做进一步分析；其余 11 个生物指标 IQ 值均小于 2，将其去除。

2. B-IBI 最佳预期值及评价标准

根据各指标值在参照点和所有样点中的分布，确定计算各指标分值的比值法计算公式（表 6.79），并依此计算各样点的指标分值，要求计算后分值的分布范围为 0～1，若大于 1，则都记为 1。

表 6.79　　　　　　　　　　比值法计算指标分值的公式

指　　标	分值计算公式
甲壳和软体动物分类单元数 A	A/3.5

将计算后的指标分值加和，即获得 B-IBI 指数值。根据参照点 B-IBI 指数的 25%分位数值，确定最佳期望值为 0.57。对小于 25%分位数值的分布范围进行 4 等分，确定了燕子湾湿地底栖动物健康状况评价标准（表 6.80）。

表 6.80　　　　　　　　　　燕子湾湿地 B-IBI 健康评价等级

健康状况	健康	亚健康	一般	较差	极差
分值	>0.57	0.42～0.57	0.28～0.42	0.14～0.28	0～0.14

3. 评价结果

根据评价标准，对燕子湾湿地 6 个样点的底栖生物健康状况进行评估。结果表明，燕子湾湿地样点 1～样点 6 均为健康样点（表 6.81）。

表 6.81　　　　　　　　　　燕子湾湿地底栖动物健康状况评价结果

样点	点位性质	B-IBI 值	健康状况
样点 1	参照点	0.57	健康
样点 2	参照点	0.57	健康
样点 3	受损点	1.00	健康
样点 4	受损点	0.57	健康
样点 5	受损点	0.57	健康
样点 6	受损点	0.57	健康

6.3.2.14　华山湖湿地健康状况评价

1. 参照点的选取及核心指标的筛选

参照点位依据水化数据 PCA 分析筛选，确定华山湖湿地参照点为样点 4 和样点 5。根据物种丰富度、种类个体数量比例、敏感性和耐受性、营养结构组成、生物多样性等分属 5 大类 27 个候选指标，进行分布范围筛选。结果表明，指标 M2、M6、M7、M9、M14、M15、M17、M21 和 M22 超过 95%的样点得分均为 0，因此这 9 个指标不适合参与指标体系的构建，放弃这些指标。

对余下的 18 个生物指标的判别能力进行分析（图 6.15），根据 Barbour et al. 的评价法，比较参照点和受损点的 $25\%\sim75\%$ 分位数范围（即箱体 IQ）的重叠情况，分别赋予不同的值，分析指标的判别能力。结果表明，总分类单元数（M1）、水生昆虫分类单元数（M3）、甲壳和软体动物分类单元数（M4）、颤蚓个体相对丰度（M8）、甲壳动物和软体动物的个体相对丰度（M12）、其他双翅目类群和非昆虫类群个体相对丰度（M13）、撕食者和刮食者个体相对丰度（M18）、杂食和刮食者个体相对丰度（M20）的 IQ 值均大于或等于 2，可以保留做进一步分析；其余 10 个生物指标 IQ 值均小于 2，将其去除。

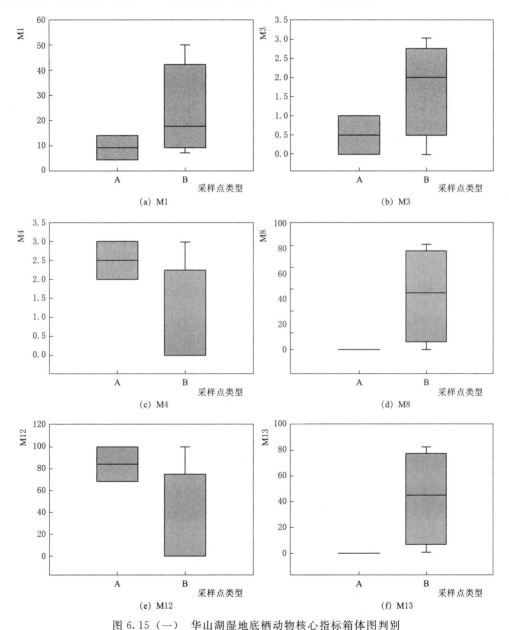

图 6.15（一） 华山湖湿地底栖动物核心指标箱体图判别

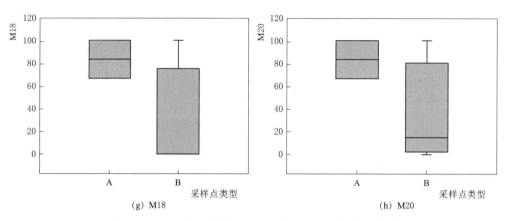

图 6.15（二）　华山湖湿地底栖动物核心指标箱体图判别
A—参照点；B—受损点

将经过判别能力筛选后余下的 8 个生物指标进行 Pearson 相关性检验，检验各指标所反映的信息具有相对独立性，使最后构成 IBI 指数体系的每个生物指标都至少能提供一个新的信息，而不是重复的信息。结果表明，通过 Pearson 相关性检验（表 6.82），总分类单元数（M1）、水生昆虫分类单元数（M3）、颤蚓个体相对丰度（M8）均小于 0.9，最终筛确定总分类单元数（M1）、水生昆虫分类单元数（M3）、颤蚓个体相对丰度（M8）3 个指标为构建华山湖湿地 B-IBI 体系的核心指标。

表 6.82　　　　　　华山湖湿地底栖动物 8 个候选指标间的 Pearson 相关性系数

指标	M1	M3	M4	M8	M12	M13	M18	M20
M1	1	0.6	−0.402	0.799	−0.402	0.799	−0.402	−0.518
M3	0.6	1	−0.951**	0.892*	−0.951**	0.892*	−0.951**	−0.974**
M4	−0.402	−0.951**	1	−0.835*	1.000**	−0.835*	1.000**	0.983**
M8	0.799	0.892*	−0.835*	1	−0.835*	1.000**	−0.835*	−0.906*
M12	−0.402	−0.951**	1.000**	−0.835*	1	−0.835*	1.000**	0.983**
M13	0.799	0.892*	−0.835*	1.000**	−0.835*	1	−0.835*	−0.906*
M18	−0.402	−0.951**	1.000**	−0.835*	1.000**	−0.835*	1	0.983**
M20	−0.518	−0.974**	0.983**	−0.906*	0.983**	−0.906*	0.983**	1

2. B-IBI 最佳预期值及评价标准

根据各指标值在参照点和所有样点中的分布，确定计算各指标分值的比值法计算公式（表 6.83），并依此计算各样点的指标分值，要求计算后分值的分布范围为 0～1，若大于 1，则都记为 1。

表 6.83　　　　　　　　比值法计算 3 个指标分值的公式

指　　标	分值计算公式
总分类单元数 A	A/42.5
水生昆虫分类单元数 B	B/2.75
颤蚓个体相对丰度 C	(82.61−C)/82.61

将计算后的指标分值加和，即获得 B-IBI 指数值。根据参照点 B-IBI 指数的 25％分位数值，确定最佳期望值为 1.36。对小于 25％分位数值的分布范围进行 4 等分，确定华山湖湿地底栖动物健康状况评价标准（表 6.84）。

表 6.84　　　　　　　　　　华山湖湿地 B-IBI 健康评价等级

健康状况	健康	亚健康	一般	较差	极差
分值	＞1.36	1.02～1.36	0.68～1.02	0.34～0.68	0～0.34

3. 评价结果

根据评价标准，对华山湖湿地 6 个样点的底栖生物健康状况进行评估。结果表明，华山湖湿地处于"健康""亚健康"的样点分别占整体的 83.33％和 16.67％。其中健康状况最佳的为华山湖湿地样点 2，最差的为华山湖湿地样点 4（表 6.85）。

表 6.85　　　　　　　　　　华山湖湿地底栖动物健康状况评价结果

样点	点位性质	B-IBI 值	健康状况
样点 1	受损点	1.59	健康
样点 2	受损点	2.00	健康
样点 3	受损点	1.41	健康
样点 4	参照点	1.33	亚健康
样点 5	参照点	1.46	健康
样点 6	受损点	1.38	健康

6.3.2.15　长清王家坊湿地底栖动物健康状况评价

1. 参照点的选取及核心指标的筛选

参照点位依据水化数据 PCA 分析筛选，确定长清王家坊湿地参照点为样点 5 和样点 6。根据物种丰富度、种类个体数量比例、敏感性和耐受性、营养结构组成、生物多样性等分属 5 大类 27 个候选指标，进行分布范围筛选。结果表明，指标 M7、M8、M9、M13、M21 超过 95％的样点得分均为 0，因此这些指标不适合参与指标体系的构建，放弃这些指标。

对余下的 22 个生物指标的判别能力进行分析（图 6.16），根据 Barbour et al. 的评价法，比较参照点和受损点的 25％～75％分位数范围（即箱体 IQ）的重叠情况，分别赋予不同的值，分析指标的判别能力。结果表明，粘附者个体相对丰度（M23）的 IQ 值均大于 2，可以保留做进一步分析；其余 21 个生物指标 IQ 值均小于 2，因此去除。最终筛选确定粘附者个体相对丰度（M23）1 个指标

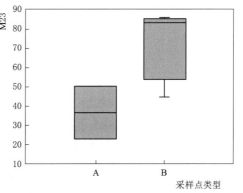

图 6.16　长清王家坊湿地底栖动物核心指标箱体图判别
A—参照点；B—受损点

287

为构建长清王家坊湿地 B-IBI 体系的核心指标。

2. B-IBI 最佳预期值及评价标准

根据各指标值在参照点和所有样点中的分布，确定计算各指标分值的比值法计算公式（表 6.86），并依此计算各样点的指标分值，要求计算后分值的分布范围为 0～1，若大于 1，则都记为 1。

表 6.86　　　　　　　　　　　比值法计算 1 个指标分值的公式

指　　标	分值计算公式
粘附者% A	A/85.12

将计算后的指标分值加和，即获得 B-IBI 指数值。根据参照点 B-IBI 指数的 25％分位数值，确定最佳期望值为 0.342。对小于 25％分位数值的分布范围进行 4 等分，确定了长清王家坊省级湿地底栖动物健康状况评价标准（表 6.87）。

表 6.87　　　　　　　　　　长清王家坊湿地 B-IBI 健康评价等级

健康状况	健康	亚健康	一般	较差	极差
分值	>0.342	0.2565～0.342	0.1710～0.2565	0.0855～0.1710	0～0.0855

3. 评价结果

根据评价标准，对长清王家坊湿地 6 个样点的底栖生物健康状况进行评估。结果表明，长清王家坊湿地处于"健康""亚健康"的样点分别占整体的 83.33％和 16.67％。其中健康状况最佳的为长清王家坊湿地样点 3，最差的为长清王家坊湿地样点 6（表 6.88）。

表 6.88　　　　　　　　长清王家坊湿地底栖动物健康状况评价结果

样点	点位性质	B-IBI 值	健康状况
样点 1	受损点	0.98	健康
样点 2	受损点	0.98	健康
样点 3	受损点	1.00	健康
样点 4	受损点	0.52	健康
样点 5	参照点	0.59	健康
样点 6	参照点	0.26	亚健康

6.3.3　鱼类生物 IBI 指标体系的构建

6.3.3.1　点位的筛选与性质识别

参照点位依据水化数据 PCA 分析筛选出的结果，结合湿地实地水质及水文地貌情况，以人类干扰较少、水环境理化质量较高、流域生境保持较为完整的区域作为参照点位，其余为受损点位。

6.3.3.2　候选指标

本书选用反映物种丰富度、营养结构组成、敏感性和耐受性、繁殖共位群、鱼类数量等 5 大类功能属性的 22 个指标作为候选指标（表 6.89），以反映环境变化对目标生物（个体、种群和群落）数量、结构和功能的影响，从而能够有效地监测和评估水环境质量。

表 6.89　　　　　　　　　　　　**鱼类生物完整性指标**

功能属性	序号	生　物　指　标	对干扰的响应
物种丰富度	F1	鱼类物种数	减小
	F2	Shannon-Weiner 多样性指数	减小
	F3	均匀度指数	减小
	F4	鮈亚科物种数百分比	减小
	F5	鲤亚科物种数百分比	增大
	F6	鳅科物种数百分比	减小
	F7	亚罗鱼亚科物种数百分比	减小
	F8	鰕虎鱼科物种数百分比	减小
	F9	中上层鱼类物种数百分比	减小
	F10	底层鱼类物种数百分比	减小
	F11	中下层鱼类物种数百分比	增大
营养结构组成	F12	肉食性鱼类个体数百分比	减小
	F13	植食性鱼类个体数百分比	减小
	F14	杂食性鱼类个体数百分比	增大
敏感性和耐受性	F15	耐受性鱼类个体数百分比	增大
	F16	敏感性鱼类个体数百分比	减小
繁殖共位群	F17	浮性卵鱼类个体数百分比	减小
	F18	沉性卵鱼类个体数百分比	减小
	F19	黏性卵鱼类个体数百分比	增大
	F20	特殊产卵方式鱼类个体数百分比	增大
鱼类数量	F21	个体数	减小
	F22	广布种鱼类个体数百分比	增大

6.3.3.3　对 22 个候选生物指标进行筛选

F-IBI 指数体系的指标应当能够清晰地体现生物学意义，当外界环境因素改变时，生物指标变化灵敏。与底栖动物 B-IBI 生物指标筛选相似，鱼类 F-IBI 候选生物指标筛选具体包括以下步骤：

（1）候选生物指标分布范围筛选。指若某指标在超过 95％的样点得分均为 0，则放弃该指标。

（2）判别能力分析。采用箱线图法分析上述筛选后的各指标值在参照点和受损点之间的分布情况。

（3）相关性分析：对箱体图判别筛选出的指标两两进行 Pearson 相关性检验。

经过上述 3 个步骤的筛选，可以确定出构成 F-IBI 指数体系的生物指标。

6.3.3.4　生物指标分值计算

本书采用比值法计算生物指标值。根据受干扰强度确定最佳期望值，计算具体方法可参考底栖动物生物指标分值计算。

F-IBI 指数体系的评价标准：

将各指标的分值进行加和，得到 F-IBI 的指标值。以参照点 F-IBI 值分布的 25％分位数法作为健康评价的标准，如果样点的 F-IBI 值大于 25％分位数值，则表示该样点受到的干扰很小，为健康样点。对小于 25％分位数值的分布范围，进行 4 等分，依次得到亚健康、一般、较差、极差 4 个等级。

6.3.4　鱼类生物完整性评价

6.3.4.1　白云湖湿地鱼类健康状况评价

1. 参照点的选取及核心指标的筛选

参照点位依据水化数据 PCA 分析筛选，确定白云湖湿地参照点为样点 1 和样点 3。根据物种丰富度、营养结构组成、敏感性和耐受性、繁殖共位群、鱼类数量等分属 5 大类 22 个候选指标，进行分布范围筛选。结果表明，指标 F6、F7 和 F16 超过 95％的样点得分均为 0，因此，这 3 个指标不适合参与指标体系的构建，放弃这些指标。

对余下的 19 个生物指标的判别能力进行分析（图 6.17），根据 Barbour et al. 的评价法，比较参照点和受损点的 25％～75％分位数范围（即箱体 IQ）的重叠情况，分别赋予不同的值，分析指标的判别能力。结果表明，Shannon-Wiener 多样性指数（F2）、均匀度指数（F3）、鲤亚科物种数百分比（F5）、肉食性鱼类个体数百分比（F12）、植食性鱼类个体数百分比（F13）、杂食性鱼类个体数百分比（F14）、耐受性鱼类个体数百分比（F15）、黏性卵鱼类个体数百分比（F19）的 IQ 值均大于或等于 2，可以保留作做一步分析；其余 11 个生物指标 IQ 值均小于 2，将其去除。

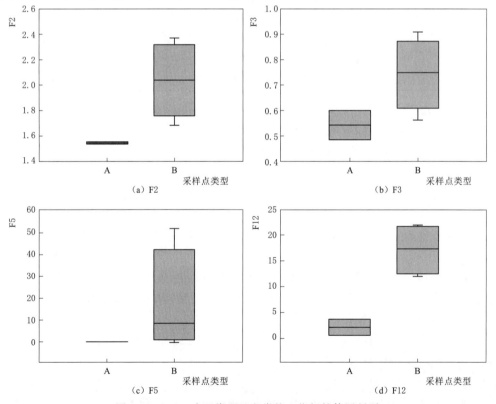

图 6.17（一）　白云湖湿地鱼类核心指标箱体图判别

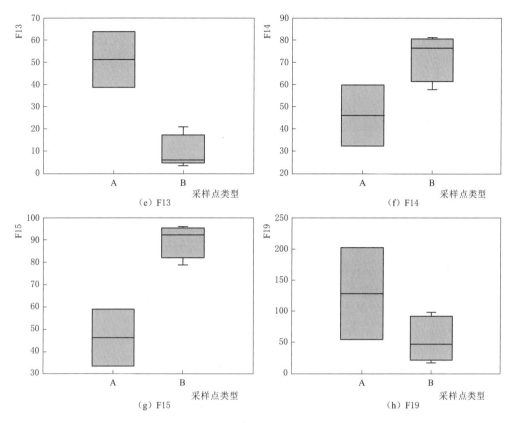

图 6.17（二） 白云湖湿地鱼类核心指标箱体图判别

A—参照点；B—受损点

将经过判别能力筛选后余下 8 个生物指标进行 Pearson 相关性检验，检验各指标所反映的信息具有相对独立性，使最后构成 IBI 指数体系的每个生物指标都至少能提供一个新的信息，而不是重复的信息。结果表明，通过 Pearson 相关性检验（表 6.90），Shannon-Wiener 多样性指数（F2）、均匀度指数（F3）、肉食性鱼类个体数百分比（F12）、植食性鱼类个体数百分比（F13）、耐受性鱼类个体数百分比（F15）5 个指标为构建白云湖湿地 F-IBI 体系的核心指标。

表 6.90　　白云湖湿地鱼类 8 个候选指标间的 Pearson 相关性系数

指标	F2	F3	F5	F12	F13	F14	F15	F19
F2	1	0.8	0.287	0.623	−0.641	0.533	0.287	0.637
F3	0.8	1	0.268	0.797	−0.397	0.133	0.268	0.405
F5	0.287	0.268	1	0.578	−0.553	0.441	1.000**	0.553
F12	0.623	0.797	0.578	1	−0.736	0.477	0.578	0.747
F13	−0.641	−0.397	−0.553	−0.736	1	−0.946**	−0.553	−1.000**
F14	0.533	0.133	0.441	0.477	−0.946**	1	0.441	0.940**
F15	0.287	0.268	1.000**	0.578	−0.553	0.441	1	0.553
F19	0.637	0.405	0.553	0.747	−1.000**	0.940**	0.553	1

2. F-IBI 最佳预期值及评价标准

根据各指标值在参照点和所有样点中的分布，确定计算各指标分值的比值法计算公式（表 6.91），并依此计算各样点的指标分值，要求计算后分值的分布范围为 0～1，若大于 1，则都记为 1。

表 6.91　　　　　　　　比值法计算 5 个指标分值的公式

指　标	分值计算公式
Shannon-Wiener 多样性指数 A	A/2.31
均匀度指数 B	B/0.87
肉食性鱼类个体数百分比 C	C/21.93
植食性鱼类个体数百分比 D	D/57.99
耐受性鱼类个体数百分比 E	(51.85－E)/51.85

将计算后的指标分值加和，即获得 F-IBI 指数值。根据参照点 F-IBI 指数的 25％分位数值，确定最佳期望值为 3.08。对小于 25％分位数值的分布范围进行 4 等分，确定白云湖湿地鱼类健康状况评价标准（表 6.92）。

表 6.92　　　　　　　　白云湖湿地 F-IBI 健康评价等级

健康状况	健康	亚健康	一般	较差	极差
分值	>3.08	2.31～3.08	1.54～2.31	0.77～1.54	0～0.77

3. 评价结果

根据评价标准，对白云湖湿地 6 个样点的底栖生物健康状况进行评估。结果表明，白云湖湿地处于"健康""亚健康"的样点分别占整体的 66.67％和 33.33％。其中健康状况最佳的为白云湖湿地样点 5，最差的为白云湖湿地样点 4（表 6.93）。

表 6.93　　　　　　　　白云湖湿地鱼类健康状况评价结果

样点	点位性质	F-IBI 值	健康状况
样点 1	参照点	2.91	亚健康
样点 2	受损点	3.03	健康
样点 3	参照点	3.64	健康
样点 4	受损点	2.79	亚健康
样点 5	受损点	4.29	健康
样点 6	受损点	3.29	健康

6.3.4.2　济西湿地鱼类健康状况评价

1. 参照点的选取及核心指标的筛选

参照点位依据水化数据 PCA 分析筛选，确定济西湿地参照点为样点 1 和样点 5。根据物种丰富度、营养结构组成、敏感性和耐受性、繁殖共位群、鱼类数量等分属 5 大类 22 个候选指标，进行分布范围筛选。结果表明，指标 F6 和 F16 超过 95％的样点得分均为 0，因此，这 2 个指标不适合参与指标体系的构建，放弃这 2 个指标。

对余下的 20 个生物指标的判别能力进行分析（图 6.18），根据 Barbour et al. 的评价法，比较参照点和受损点的 25％～75％分位数范围（即箱体 IQ）的重叠情况，分别赋予不同的值，分析指标的判别能力。结果表明，鲤亚科物种数百分比（F5）、特殊产卵方式鱼类个体数百分比（F20）、广布种鱼类个体数百分比（F22）的 IQ 值均大于或等于 2，可以保留做进一步分析；其余 17 个生物指标 IQ 值均小于 2，将其去除。

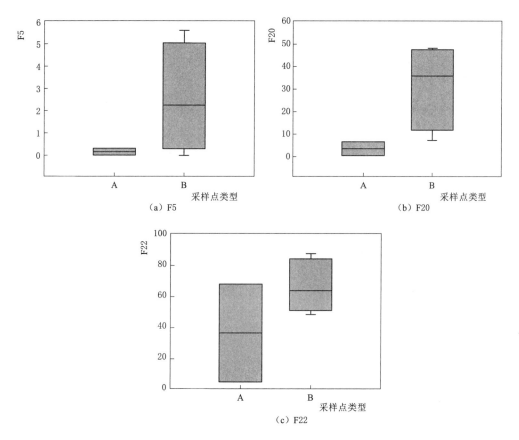

图 6.18　济西湿地鱼类核心指标箱体图判别
A—参照点；B—受损点

将经过判别能力筛选后余下的 3 个生物指标进行 Pearson 相关性检验，检验各指标所反映的信息具有相对独立性，使最后构成 IBI 指数体系的每个生物指标都至少能提供一个新的信息，而不是重复的信息。结果表明，通过 Pearson 相关性检验（表 6.94），鲤亚科物种数百分比（F5）、特殊产卵方式鱼类个体数百分比（F20）、广布种鱼类个体数百分比（F22）3 个指标为构建济西湿地 F-IBI 体系的核心指标。

表 6.94　　　　　　　济西湿地鱼类 3 个候选指标间的 Pearson 相关性系数

指标	F5	F20	F22
F5	1	0.512	0.616
F20	0.512	1	0.655
F22	0.616	0.655	1

2. F-IBI 最佳预期值及评价标准

根据各指标值在参照点和所有样点中的分布，确定计算各指标分值的比值法计算公式（表 6.95），并依此计算各样点的指标分值，要求计算后分值的分布范围为 0~1，若大于 1，则都记为 1。

表 6.95　　　　　　　　比值法计算 3 个指标分值的公式

指　标	分值计算公式
鲤亚科物种数百分比 A	$(5.56-A)/5.56$
特殊产卵方式鱼类个体数百分比 B	$(48.28-B)/(48.28-2.04)$
广布种鱼类个体数百分比 C	$(86.21-C)/(86.21-15.31)$

将计算后的指标分值加和，即获得 F-IBI 指数值。根据参照点 F-IBI 指数的 25% 分位数值，确定最佳期望值为 2.416。对小于 25% 分位数值的分布范围进行 4 等分，确定济西湿地鱼类健康状况评价标准（表 6.96）。

表 6.96　　　　　　　　济西湿地 B-IBI 健康评价等级

健康状况	健康	亚健康	一般	较差	极差
分值	>2.416	1.812~2.416	1.208~1.812	0.604~1.208	0~0.604

3. 评价结果

根据评价标准，对济西湿地 6 个样点的底栖生物健康状况进行评估。结果表明，济西湿地处于"健康""亚健康""较差"和"极差"的样点分别占整体的 33.33%、16.67%、33.33% 和 16.67%。其中健康状况最佳的为济西湿地样点 1，最差的为济西湿地样点 2（表 6.97）。

表 6.97　　　　　　　　济西湿地鱼类健康状况评价结果

样点名称	点位性质	F-IBI 值	健康状况
样点 1	参照点	3.14	健康
样点 2	受损点	0.38	极差
样点 3	受损点	1.22	较差
样点 4	受损点	2.42	健康
样点 5	参照点	2.18	亚健康
样点 6	受损点	0.62	较差

6.3.4.3　大汶河湿地鱼类健康状况评价

1. 参照点的选取及核心指标的筛选

参照点位依据水化数据 PCA 分析筛选，确定大汶河湿地参照点为样点 1 和样点 5。根据物种丰富度、营养结构组成、敏感性和耐受性、繁殖共位群、鱼类数量等分属 5 大类

22 个候选指标，进行分布范围筛选。结果表明，指标 F7 和 F18 超过 95％的样点得分均为 0，因此，这 2 个指标不适合于参与指标体系的构建，放弃这 2 个指标。

对余下的 20 个生物指标的判别能力进行分析（图 6.19），根据 Barbour et al. 的评价法，比较参照点和受损点的 25％～75％分位数范围（即箱体 IQ）的重叠情况，分别赋予不同的值，分析指标的判别能力。结果表明，鱼类物种数（F1）、Shannon-Wiener 多样性指数（F2）、均匀度指数（F3）、鲐亚科物种数百分比（F4）、特殊产卵方式鱼类个体数百分比（F20）、个体数（F21）IQ 值均大于或等于 2，可以保留做进一步分析；其余 14 个生物指标 IQ 值均小于 2，将其去除。

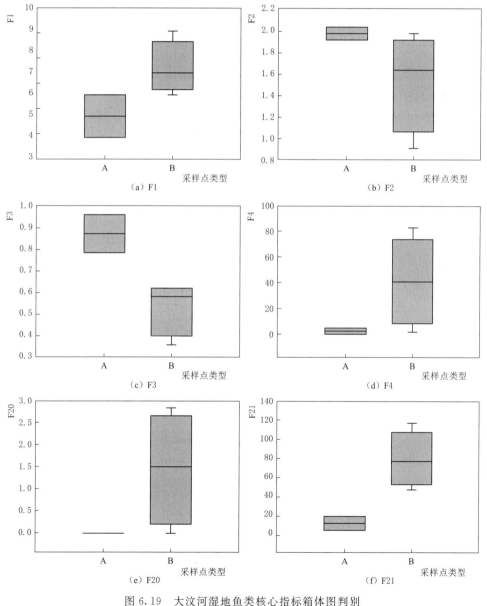

图 6.19 大汶河湿地鱼类核心指标箱体图判别

A—参照点；B—受损点

将经过判别能力筛选后余下的 6 个生物指标进行 Pearson 相关性检验，检验各指标所反映的信息具有相对独立性，使最后构成 IBI 指数体系的每个生物指标都至少能提供一个新的信息，而不是重复的信息。结果表明，通过 Pearson 相关性检验（表 6.98），鱼类物种数（F1）、Shannon - Wiener 多样性指数（F2）、鮈亚科物种数百分比（F4）、特殊产卵方式鱼类个体数百分比（F20）、个体数（F21）5 个指标为构建大汶河湿地 F-IBI 体系的核心指标。

表 6.98　　　　　　大汶河湿地鱼类 6 个候选指标间的 pearson 相关性系数

指标	F1	F2	F3	F4	F20	F21
F1	1	0.083	−0.49	0.344	0.761	0.466
F2	0.083	1	0.817*	−0.664	0.117	−0.831*
F3	−0.49	0.817*	1	−0.751	−0.291	−0.968**
F4	0.344	−0.664	−0.751	1	0.551	0.73
F20	0.761	0.117	−0.291	0.551	1	0.254
F21	0.466	−0.831*	−0.968**	0.73	0.254	1

2. F-IBI 最佳预期值及评价标准

根据各指标值在参照点和所有样点中的分布，确定计算各指标分值的比值法计算公式（表 6.99），并依此计算各样点的指标分值，要求计算后分值的分布范围为 0~1，若大于 1，则都记为 1。

表 6.99　　　　　　比值法计算 5 个指标分值的公式

指　　标	分值计算公式
鱼类物种数 A	A/8.50
Shannon-Wiener 多样性指数 B	B/2.02
鮈亚科物种数百分比 C	C/74.96
特殊产卵方式鱼类个体数百分比 D	(2.86−D)/2.86
个体数 E	E/109

将计算后的指标分值加和，即获得 F-IBI 指数值。根据参照点 F-IBI 指数的 25% 分位数值，确定最佳期望值为 2.60。对小于 25% 分位数值得分布范围进行 4 等分，确定大汶河湿地鱼类健康状况评价标准（表 6.100）。

表 6.100　　　　　　大汶河湿地 F-IBI 健康评价等级

健康状况	健康	亚健康	一般	较差	极差
分值	>2.60	1.95~2.60	1.30~1.95	0.65~1.30	0~0.65

3. 评价结果

根据评价标准，对大汶河湿地 6 个样点的底栖生物健康状况进行评估。结果表明，大汶河湿地处于"健康""亚健康"的样点分别占整体的 83.33% 和 16.67%。其中健康状况最佳的为大汶河湿地样点 6，最差的为大汶河湿地样点 1（表 6.101）。

表 6.101　　　　　　大汶河湿地鱼类健康状况评价结果

样点	点位性质	F-IBI 值	健康状况
样点 1	参照点	2.47	亚健康
样点 2	受损点	2.83	健康

样点	点位性质	F-IBI 值	健康状况
样点 3	受损点	3.33	健康
样点 4	受损点	3.37	健康
样点 5	参照点	2.96	健康
样点 6	受损点	4.05	健康

6.3.4.4 玫瑰湖湿地鱼类健康状况评价

1. 参照点的选取及核心指标的筛选

参照点位依据水化数据 PCA 分析筛选，确定玫瑰湖湿地参照点为样点 4 和样点 5。根据物种丰富度、营养结构组成、敏感性和耐受性、繁殖共位群、鱼类数量等分属 5 大类 22 个候选指标，进行分布范围筛选，结果表明，指标 F6、F7 和 F16 超过 95% 的样点得分均为 0，因此，这 3 个指标不适合参与指标体系的构建，放弃这些指标。

对余下的 19 个生物指标的判别能力进行分析（图 6.20），根据 Barbour et al. 的评价法，比较参照点和受损点的 25%～75% 分位数范围（即箱体 IQ）的重叠情况，分别赋予不同的值，分析指标的判别能力。结果表明，鱼类物种数（F1）、Shannon-Wiener 多样性指数（F2）、均匀度指数（F3）、鰕虎鱼科物种数百分比（F8）、底层鱼类物种数百分比（F10）、广布种鱼类个体数百分比（F22）的 IQ 值均大于或等于 2，可以保留做进一步分析；其余 13 个生物指标 IQ 值均小于 2，将其去除。

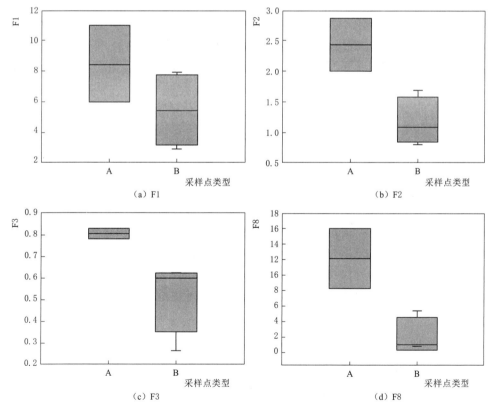

图 6.20（一） 玫瑰湖湿地鱼类核心指标箱体图判别

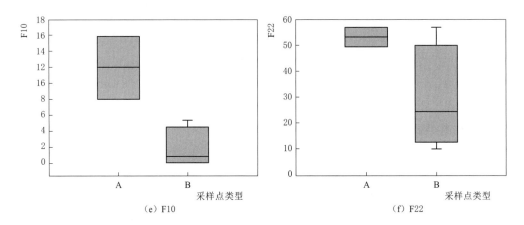

图 6.20（二）　玫瑰湖湿地鱼类核心指标箱体图判别
A—参照点；B—受损点

将经过判别能力筛选后余下的 6 个生物指标进行 Pearson 相关性检验，检验各指标所反映的信息具有相对独立性，使最后构成 IBI 指数体系的每个生物指标都至少能提供一个新的信息，而不是重复的信息。结果表明，通过 Pearson 相关性检验（表 6.102），鱼类物种数（F1）、Shannon-Wiener 多样性指数（F2）、均匀度指数（F3）、鰕虎鱼科物种数百分比（F8）、广布种鱼类个体数百分比（F22）5 个指标为构建玫瑰湖湿地 F-IBI 体系的核心指标。

表 6.102　　　　玫瑰湖湿地鱼类 6 个候选指标间的 Pearson 相关性系数

指标	F1	F2	F3	F8	F10	F22
F1	1	0.676	0.144	0.642	0.642	0.319
F2	0.676	1	0.825*	0.861*	0.861*	0.784
F3	0.144	0.825*	1	0.684	0.684	0.774
F8	0.642	0.861*	0.684	1	1.000**	0.423
F10	0.642	0.861*	0.684	1.000**	1	0.423
F22	0.319	0.784	0.774	0.423	0.423	1

2. F-IBI 最佳预期值及评价标准

根据各指标值在参照点和所有样点中的分布，确定计算各指标分值的比值法计算公式（表 6.103），并依此计算各样点的指标分值，要求计算后分值的分布范围为 0～1，若大于 1，则都记为 1。

表 6.103　　　　　　　　比值法计算 5 个指标分值的公式

指　　　标	分值计算公式
鱼类物种数 A	$A/10.25$
Shannon-Wiener 多样性指数 B	$B/2.66$
均匀度指数 C	$C/0.82$

指 标	分值计算公式
鰕虎鱼科物种数百分比 D	$D/13.95$
广布种鱼类个体数百分比 E	$(57.14-E)/(57.14-12.49)$

将计算后的指标分值加和，即获得 F-IBI 指数值。根据参照点 F-IBI 指数的 25% 分位数值，确定最佳期望值为 3.28。对小于 25% 分位数值的分布范围进行 4 等分，确定了玫瑰湖湿地鱼类健康状况评价标准（表 6.104）。

表 6.104 玫瑰湖湿地健康状况评价标准

健康状况	健康	亚健康	一般	较差	极差
分值	>3.28	2.46～3.28	1.64～2.46	0.82～1.64	0～0.82

3. 评价结果

根据评价标准，对玫瑰湖湿地 6 个样点的底栖生物健康状况进行评估。结果表明，玫瑰湖湿地处于"健康""亚健康"和"一般"的样点分别占整体的 16.67%、50.00% 和 33.33%。其中健康状况最佳的为玫瑰湖湿地样点 4，最差的为玫瑰湖湿地样点 6（表 6.105）。

表 6.105 玫瑰湖湿地鱼类健康状况评价结果

样点	点位性质	F-IBI 值	健康状况
样点 1	受损点	2.18	一般
样点 2	受损点	2.66	亚健康
样点 3	受损点	2.59	亚健康
样点 4	参照点	4.48	健康
样点 5	参照点	2.88	亚健康
样点 6	受损点	2.06	一般

第 7 章

济南市湿地的退化状况及水生态修复对策

7.1 湿地水生态系统退化状况

济南市境内湖泊主要有大明湖、华山湖、白云湖等，湿地资源丰富，湿地类型多样。最近统计数据显示，济南全市湿地面积达 32489.5hm²，城市区域内自然湿地下的河滨湿地约 10464.6hm²、湖泊湿地 5645hm²、沼泽湿地 2600hm²、人工湿地约 13779.9hm²。近些年受人为因素影响，济南市湿地水生态系统出现退化，表现在以下主要方面。

（1）湿地面积和容积缩小。目前，受城市建设开发影响，济南市一些湿地被随意侵占甚至转为建设用地，湿地面积日趋减少。有专业人士指出，围垦和基建占用是导致湿地面积大幅度减少的两个最关键因素，而且受影响的湿地范围较大。如果对这些行为不加以制止，济南市湿地将受到更严重威胁。无规划、不合理的土地开发导致湿地生态系统的完整性遭到破坏。以小清河流域为例，两次全国湿地资源调查数据显示，流域内具有较强生态修复功能的自然湿地面积减少了 57%（约 10733.3hm²），湿地生境破碎化，多种生态功能难以发挥其作用。

（2）污染严重，环境质量下降。污染是济南市湿地面临的威胁之一。随着人口的膨胀，工业和农业生产以及城市建设，大量的工业废水、农业废水和生活污水被排入湿地，这些污染物不仅对生物多样性造成严重危害，同时对湿地生态环境造成极大的负面影响。济南老城区主要污水管道设施陈旧，农村面源污染严重，大部分河段水质恶劣。以小清河为例，根据水利部门调查结果，小清河源头断面睦里庄水质达到国家地表水环境质量的 Ⅲ 类标准，其余干流断面水质均为劣 Ⅴ 类水体，超标指标均为氨氮，最大超标倍数达 2.85 倍。

（3）生物资源衰退，生态系统受损。水质污染，再加上对湿地不合理的开发利用、重用轻养、过度捕捞，直接导致湿地生态资源衰退严重。一方面，由于过度开采地下水致使水位下降，湿地水大量补充地下水，造成湿地系统物质流、能量流的不平衡以及生态功能弱化。另一方面，过度开发造成严重污染，致使很多物种日趋减少，并将最终导致部分珍稀物种濒临灭绝。此外，不合理的水产养殖模式，使部分水域水质处于富营养化状态，沉水植物破坏严重，在部分地段甚至完全消失。生物资源衰退严重影响着湿地的生态平衡，威胁着湿地生物多样性和生态安全。如莱芜雪野湖国家湿地附近的工业园区内，工厂的污

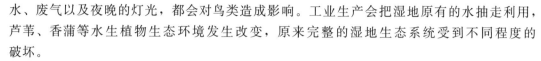

水、废气以及夜晚的灯光，都会对鸟类造成影响。工业生产会把湿地原有的水抽走利用，芦苇、香蒲等水生植物生态环境发生改变，原来完整的湿地生态系统受到不同程度的破坏。

（4）湿地水生态系统服务功能降低。济南市境内湿地主要集中在济南城区，以小清河水系相连，但北部济阳区、商河县及西部平阴县境内的湿地，彼此连通性不足，与济南城区联系较少，使城市湿地体系网络循环不畅。泉水、上游河流补给水、南部山川水、城市排水、黄河侧渗和排灌沟河的来水构成小清河济南段内的主要水源，但小清河上游河流为季节性河流，除汛期外，维持小清河正常生态系统、物质循环平衡和稳定的需用水明显不足，致使部分湿地受季节影响严重，丧失了水生态系统服务功能。部分湿地周围产业目标不明确，生态产业意识淡薄，绿色和有机农产品市场开发缓慢。部分湿地生态旅游还未规模化发展，旅游价值低，服务业发展滞后。缺乏生态的、绿色的高新技术产业，部分湿地文化挖掘不足，缺乏配套公共文化设施，乡土文化与湿地文化融合不足，没有充分关联人们潜意识的文化感受和价值观层面关系，经济效益相对较低。这些均导致湿地水生态服务功能不能得到有效发挥。

（5）湿地保护科技支撑不足。科学技术是第一生产力，加强湿地保护必须切实加大湿地生态系统科学研究的力度，掌握湿地生态系统运行的规律。由于资金、研究机构、人才及其他方面的原因，济南市对湿地基础理论和应用技术研究的投入相对不足，特别是有关湿地与气候变化、水资源安全等重大课题的研究仍然处于起步阶段。虽然一些高校和科研院所等机构已经设立了湿地保护相关课题，但研究力量还很薄弱，研究课题分散，专业人才缺乏，尤其是缺乏高层次的重大科研项目和研究成果，湿地保护管理工作的整体科技含量依然偏低，科学和技术支持也很薄弱。由于湿地科研与管理工作没有很好地结合，部分有关湿地的研究成果没有被很好地开发应用，科技对湿地保护的支撑作用也没有能够充分体现出来。

（6）湿地管理体制不健全。湿地是一个复杂的生态系统，由水、土地、鸟类、水生植物、浮游动植物、鱼类、底栖动物、微生物等共同组成。由此，管理湿地的主体部门也较多，涉及农业、林业、国土、水利和环境保护等多个部门，而多部门管理的结果往往是缺乏协调，容易造成管理上的混乱。由于湿地管理相关政策的缺失，以及机构管理权限冲突和协调能力不足，湿地的高效管理往往是非常困难的。因此，根据我国现行的管理体制，湿地保护也应采取区分不同资源和要素的划分管理模式。济南市湿地管理体制整体尚不完善，大部分地方尚未建立湿地保护的专门机构，由不同部门制定的政策容易导致责任不清，权责脱节，管理缺位等现象。

7.2　生物多样性保护目标

近些年济南市湿地水生生物多样性保护引起各部门的高度重视，本次调查发现世界自然保护联盟（IUCN）濒危动物红色名录的近危（NT）物种两栖动物黑斑侧褶蛙 1 种和易危（VU）物种爬行动物中华鳖 1 种。调查区域 41 种野生鸟类中，包括国家二级保护动物白尾鹞 1 种；山东省重点保护鸟类 8 种，分别是凤头䴙䴘、普通鸬鹚、苍鹭、大白鹭、小白鹭、中白鹭、环颈雉、星头啄木鸟；被列为 IUCN 红色名录的易危种（VU）鸿雁 1 种；中国特有种有银喉长尾山雀 1 种。这些在济南发现的珍稀物种需要加强保护力度，应作为济南水生生物保护先锋物种，进行目标定向保护，如发现违法捕猎犯罪行为，绝不姑息，从严处理。

7.3 水生态系统健康目标

济南市湿地水生态健康评价参考水利部水资源司《河流健康评估指标、标准与方法》《湖泊健康评估指标、标准与方法》，结合水环境健康评价及大型底栖动物和鱼类群落健康评价结果，对湿地水生态健康提出具体目标。

2015 年，我国的湿地保护率为 44.68%。根据《全国湿地保护"十三五"规划（2016—2020 年）》，2020 年我国的湿地保护率需达到 50%，对于重点保护湿地保护率需达到 84%。根据《全国湿地保护规划（2022—2030 年）》要求，2025 年和 2035 年中国的湿地保护率需要分别达到 52% 和 55%，其中重点保护湿地的保护率需要分别达到 87% 和大于 91%。山东省济南湿地在 2015 年保护率只有 36.99%。在优先完成重点湿地保护的情况下，综合考虑湿地整体保护率，根据需要达到的预期湿地保护率目标和目前湿地保护现状，将济南湿地保护工作的推进力度分为极力推进、高度推进和稳定推进三个等级。未来 15 年，济南市需要高度推进湿地保护工作，到 2035 年，其湿地保护率争取达到或超过全国平均水平。2020 年济南湿地保护率已达到 45.00%，2025 年济南湿地保护率要提升到 60.00%，2035 年济南湿地保护率要全部达到 80.00% 以上。

截止到 2019 年年底，中国的湿地保护率已经达到 52.19%，提前实现"2020 年湿地保护率要达到 50%"的目标，并且已经有 28 个省级行政区颁布了省级湿地保护法规，湿地保护工作成效显著。但是，受人口和经济发展等多种因素影响，我国滨海湿地仍然面临围垦占用、水体污染、过度捕捞、外来物种入侵等威胁，滨海湿地保护形势依然严峻。同时，必须加快对接全国土地调查，开展湿地专项调查和年度监测工作，制定一系列规程和标准，定期产出湿地资源调查成果数据，以支持湿地状况监测、科学研究和管理督查工作。

7.4 水生态系统服务功能保护目标

要充分发挥湿地水生态系统服务功能，建设湿地文化公园，设置环形科普展示路径，沿途安排湿地生境展示区、林地生境科普展示区、湿地鸟类科普展示区和湿地净化科普展示区，主要从鸟类认知、哺乳类认知、昆虫类认知、爬行类认知、两栖类认知、鱼类认知、花卉认知、湿地植物认知、湿地净化原理等方面进行展示。

（1）湿地生境展示区。以湿地生境展示为主，游人在了解湿地生境知识的同时对湿地植物、爬行类动物、两栖类动物和鱼类有一定的直观感受。

（2）林地生境科普展示区。以林地生境展示为主，帮助游人在了解林地生境知识的同时对植被花卉、哺乳类动物、鸟类和昆虫类产生一定的认识和直观感受。

（3）湿地净化科普展示区。以湿地净化科普为主，使游人在了解湿地净化知识的同时对湿地植物及其生态净化有一定直观感受。

7.5　湿地生态治理和修复

7.5.1　白云湖国家湿地水生态生境修复建议

白云湖位于济南市章丘区西北部，湖区内存在 20 多个自然村落，户户养鱼。常年生长大量芦苇，由于绣江河等主要入湖河面严重萎缩，河流、湖泊原生湿地遭到严重破坏。根据济南市城市发展需求及白云湖现状，改造养殖模式，由粗放型向生态型转换，把白云湖湿地整体营造成景观多样、物种丰富的完整湿地生态系统，并以水生态恢复和湿地农渔体验为主要特色进行自然湿地下的生态恢复型湿地和环保休闲型湿地修复。将白云湖湿地划分为五个区域，分别是生态保育区、恢复重建区、科普宣传区、合理利用区和管理服务区。最终将白云湖湿地打造成展示章丘区形象的名片、济南市民休闲的乐园及生态旅游的亮点。

7.5.2　济西国家湿地水生态生境修复建议

济西湿地为小清河源头栖息地重要生态保护片区，其中济西湿地公园玉清湖水库西侧和南侧列为重要生态恢复区，该区域约占公园总面积的 19.2%。由于受人为因素影响较大，景观完整性较差，因此应结合生物技术和工程措施保护区域内水体水系，打通玉清湖水库东侧的池塘、农田和上下水域间的联系，将生态恢复区内河道改造为自然弯曲状，并建立生态缓冲带，过滤污染物并为鱼类提供营养物质；规则的水域可改造为自然式浮岛，提高湖岸景观层次丰富度，改善原有的景观效果；部分苗圃也纳入规划范围为湿地建设提供储备。在恢复重建区对滩涂带进行保护修复，选用适应性较强的土著水生植物进行配置，构建植物生态绿化模式；注重岸边植物与水生植物之间的过渡，在对湿地生态进行恢复的同时保证湿地景观效果和谐。同时，为缩短生态恢复区建成时间，前期应避免人为因素的干扰，区域内可开展小范围游览观鸟活动。基于济西湿地的现状和济南市的城市发展，将济西湿地主要功能定位为水生态涵养与生境恢复，通过生态保护和恢复及基础设施建设，打造生态教育与科普宣传的最佳教育基地，建设济南市城市生态地标，树立济南城市建设与生态环境协调发展的典范。

7.5.3　钢城大汶河国家湿地水生态生境修复建议

钢城大汶河湿地分为河流湿地、人工湿地 2 个湿地类，永久性河流、洪泛平原、库塘湿地 3 个湿地型。对于大汶河湿地的保护，重点是要加大对区域内生物多样性的保护力度，保护生物自然生境（栖息、繁衍、觅食）、利用河道生态核心区建立物种资源库、保证水生生物食物链系统的完整等。保持水位及水流状态，维护水生及滨水植物的生活条件，为生物栖息和繁殖提供保证。生态基底构建时充分考虑自然河、湖、湿地的地貌特征，形成了各种不同的基底形状，如蜿蜒的水面、浅滩、深潭、洄水湾、跌水、溪流、河心洲、大水面等。水生态系统构建前期需结合水生态监测采取工程措施，如不定期对水域进行梳理等方法，对此类自然基底地貌进行保护、修复，以保证水生态系统的稳定。在大汶河景观廊道范围内划定水生态核心区，并针对特别需要保护或恢复的湿地生态系统、珍稀物种的繁殖地或原产地设置禁入区，针对特殊的湿地生态系统保护与恢复阶段、候鸟及繁殖期的鸟类活动设置临时禁入区，除湿地保护及科研所必需的设施外，禁止其他人工设施建设，以保证核心区生态系统的完整和最小的人为干扰。

7.5.4 莱芜雪野湖国家湿地水生态生境修复建议

根据雪野湖湿地发展规划和调查现状，雪野湖湿地可以划定为重点保护区和次级保护区。重点保护区，主要指雪野湖主体水面与主要的湾区，在此不仅需要加强对水源涵养区的保护与管理，禁止各种不利于保护生态系统水源涵养功能的经济社会活动和生产方式，而且需要健全水质监测网站的设置、水质项目的监测和潜在污染源的监督。其中，雪野水库大坝取水口附近的消落带应重点加强水体水质保护，取水口半径 500m 范围内的水体区域和取水口两侧正常水位线以上 200m 范围内的陆域，禁止建设任何与水源保护无关的项目并限制游憩需求，重点进行生态修复。次级水体保护区，主要指水库重要的汇水区、水循环较差的湾区，规划应保留并加强水体的自然循环，反对建设水坝等阻碍水体循环的人工设施。应通过种植水生植物等手段，增强水体的自我生态调节能力。通过重点保护区和次级保护区的综合治理，对雪野湖湿地水生态系统进行修复。

7.5.5 黄河玫瑰湖国家湿地水生态生境修复建议

玫瑰湖湿地生态区主要由大面积的阔水水域、浅水滩涂、生境岛屿等组成。玫瑰湖湿地核心保护区位于湿地公园中部，面积约 700hm^2。该区主要以湿地植物资源、湿地动物资源、湿地水资源来打造湿地绿色和谐的生态环境。对区内已有村庄及其他建筑设施应当采取逐步搬迁、实施还绿还林的保护策略。适当开展湿地科研、观光等活动。在重点保护区内，针对珍稀物种的繁殖地及原产地应设置禁入区，针对候鸟及繁殖期的鸟类活动区应设立临时禁入区。玫瑰湖各个水体构成了相对独立又相互贯通的系统关系，要通过水生态治理，疏通各个水体之间贯通渠道，保护济平干渠的畅通性，对可能污染济平干渠内水体的项目禁止修建，严禁向济平干渠内排放污水。中心湖区现状为大片鱼塘，历史上为洼涝地。规划时挖通鱼塘，扩大水面面积，形成开阔的水域风光。对于玫瑰湖东侧重要的山体，通过梳理鱼塘岸线形成主体湖区，加强水面层次和空间感，形成东部山体与湖面的水上视觉廊道。构建挺水、浮叶和水生植物群落等，丰富城市植物生态系统和景观多样性，提高整体生物多样性。丰富城市植物生态系统和景观多样性，提高整体生物多样性。发挥植物的多种功能优势，改善湿地公园的生态和环境，协调植物景观分布与其他内容的规划分区，同时发挥平阴玫瑰及其他四季花卉的特色，营造美丽大地景观，形成景区鲜明的特点。挺水植物可以选择芦苇、花叶芦竹、香蒲、千屈菜、荷花、莎草、鸢尾等；浮水植物可以选择睡莲、萍蓬草、凤眼莲等；沉水植物可选择黑藻、狸藻、金鱼藻等；湿生植物可选择芒、玉簪、风车、堇菜等；耐湿树种可以选择垂柳、水杉和池杉等。配合季节叶色类植物，构建平阴玫瑰湖独特的植物群落。

7.5.6 商河县大沙河省级湿地水生态生境修复建议

大沙河湿地属济南北部地区少见的旅游景观资源，景观资源品位高、结合好，具有很高的旅游开发价值。但在开发的同时，同样也需要注意区域内水生态的保护。目前大沙河沿岸线以西已修建了金牛亭、瓜王亭等休闲观赏亭，以及码头、钓鱼台、停车场，购置了游船、游艇等，在游览区要合理补充当地鱼种，保持水中鱼类及其他本地水生生物多样性；在开发现代化生态农业的同时，注意污染物的处理，避免污染物废水直接排到河流中，积极保护和恢复原生态滨岸带，提高滨岸带植被多样性。

7.5.7 济阳土马河省级湿地水生态生境修复建议

土马河湿地具有北方湿地的典型性特征，湿地公园规划区湿地总面积约 487.7hm²，其中河流面积 38.3hm²，沼泽湿地面积 38.8hm²，人工湿地面积 410.6hm²。目前土马河湿地状态良好，基础设施比较成熟，但是由于土地类型偏碱性，需要多开发杨树、白蜡木等耐盐碱的绿化植被。

7.5.8 济阳澄波湖省级湿地水生态生境修复建议

澄波湖湿地作为济阳区创建国家级生态县的重点生态修复目标，在旅游或商业开发的过程中，要注重生态保护，对湿地公园遭到破坏的区域，要在保护规划的基础上，加强定期生态评估，针对发现的问题和不足，确保及时整改解决，更好维护该区域湿地生态环境。

7.5.9 锦水河省级湿地水生态生境修复建议

锦水河湿地作为重点打造的五大入黄河口湿地公园之一，总占地面积约 14.74hm²。以前基础设施严重短缺，没有能够实现城区的雨污分流，生活污水通过小区收集，由锦水河河道往污水厂输送。现已开展锦水河湿地水质净化及生态修复工程，采用潜流人工湿地＋表面人工流湿地组合工艺，深度处理平阴县第一污水处理厂外排水。建议通过建立生物群落净化区、构建山河生态风貌廊道对锦水河下游进行生态修复，提升河道生态修复水平，提高水体自净能力，改善湿地水生态环境。

7.5.10 浪溪河省级湿水生态生境修复建议

浪溪河湿地公园呈狭长分布，总面积 293.72hm²，其中河流湿地 149.82hm²、沼泽湿地 44.06hm²、人工湿地 17.62hm²、其他用地 82.24hm²，集河流、沼泽、滩涂等自然景观和人文景观于一体。浪溪河水源丰富，水质优良，野生动、植物资源丰富，可进行生态可持续旅游开发。建议以生态为基础，在不破坏原有生物群落的基础上，在园中多栽培其他滨岸带植被，使浪溪河省级湿地能形成稳定的湿地植物群落，最大限度地营造湿地风光，提升水生态系统服务功能。

7.5.11 龙山湖省级湿地水生态生境修复建议

龙山湖省级湿地总占地 333.3hm²，湿地面积为 95.0hm²，占湿地公园面积的31.8%，其中河流湿地和人工湿地的面积分别为 42.5hm²、52.5hm²，分别占湿地总面积的 45.0%、55.0%。地势低洼平坦，历史上一直作为东西巨野河蓄水区和山区泄洪区使用，同时具有工农业供水、灌溉等多重功能。随着济南市东联供水工程和章丘区"两泉、三河、五湖"的大水系旅游开发，龙山湖成为集工农业用水和旅游开发为一体的旅游景观区。按照保护优先、科学恢复、合理利用、持续发展的原则，在开发现代化生态农业的同时，应注意污染物的处理，避免污染物废水直接排到河流中，积极保护及恢复原生态滨岸带，提高滨岸带植被多样性。

7.5.12 绣源河省级湿地水生态生境修复建议

绣源河湿地南起济南植物园，北至朱各务水库，拥有河流湿地、湖泊湿地、人工湿地等湿地类型，由生态涵养区、休闲娱乐区、中央游憩区和郊野公园区等四部分组成，被评为山东省省级湿地公园、全球低碳生态景区。建议在防治水体及流域污染的基础上，保护绣源河湿地水生态功能多样性，加强其绿化和生态补水，维护湿地生态系统生物多样性。

7.5.13 济阳燕子湾省级湿地水生态生境修复建议

燕子湾湿地在济南市济阳区垛石镇齐济河和徒骇河交汇处，被亦为"森林氧吧"。近些年湿地周边工农业经济迅速发展，大量有毒、有害、难溶、难分解、难净化的污水和生活废水排入湿地，湿地水环境遭到破坏。建议开展湿地自然保护区和湿地公园建设、退耕还湿工程、水系生态绿化工程等一系列综合整治措施，改善湿地生态环境，遏制湿地生态系统的退化，维护湿地生态系统生物多样性。

7.5.14 华山湖省级湿地水生态生境修复建议

华山湖湿地是济南市重要的滞洪区之一，同时具有极高的历史文化价值。建议以历史文脉传承为依据，以滨水新区建设为契机，将其主要定位为城市湿地体系下人工湿地中的纪念类公园型湿地。园中可以多栽培芦苇，增加华山湖湿地恢复和建设稳定的湿地植物群落，最大限度地营造湿地风光。

7.5.15 长清王家坊省级湿地水生态生境修复建议

长清王家坊省级湿地公园落户济南市长清区马山镇，湿地东西宽 2.43km，南北跨度

2.97km，规划总面积 157.1hm^2。其中，湿地面积 76.6hm^2，湿地率为 48.76％。长清王家坊湿地拟规划建设湿地保育区、恢复重建区、合理利用区、管理服务区和科普宣教区。建议以河流、沼泽、人工湿地等构成的自然与人工复合湿地系统为主体，以湿地动植物保护、湿地修复为前提，集湿地生态保护与修复、湿地科普宣教、湿地生态休闲旅游为一体，全方位开展湿地建设。

第8章
城市湿地水生态系统管理建议

8.1 全球湿地水生态系统状况

湿地水生态系统退化指湿地水生态系统结构劣化或遭到破坏而导致其功能降低与水生生物多样性减少的过程。随着全球气候变化，在人类社会高速发展的同时，全球湿地保护的情况并不乐观。从世界范围来看，众多国家和地区已经历或正在经历湿地面积迅速减少的退化过程。美国自殖民时期以来50%的湿地已消失。为了保护湿地，美国于1977年颁布了第一部专门的湿地保护法规，美国国家委员会、环保局、农业部和水域生态系统恢复委员会于1990年和1991年提出了在2010年前恢复受损河流64万hm^2，湖泊67万hm^2，湿地400万hm^2的庞大生态恢复计划。加勒比海东海岸的220个湿地，50%以上遭到了严重的破坏，导致生态系统退化。1992年欧洲的大部分国家，如荷兰、德国、西班牙、希腊、意大利、法国等，其湿地面积损失均在50%以上。新加坡、菲律宾、泰国的红树林湿地分别损失了97%、78%、22%。当时全球湿地面积大约85600万hm^2，约占全球陆地面积的6.4%，但湿地面积却在不断缩减。国际《湿地公约》秘书长玛莎·罗哈斯·乌雷戈在当时曾提出，湿地的消失速度是森林的3倍，世界上近90%的湿地，包括河流、湖泊、沼泽和泥潭地都已经消失。在英国，有23%的河口湿地和40%的草甸湿地遭受破坏。在南部非洲，Tugela盆地90%的湿地及Mfolozi流域58%的天然湿地已经消失。东南亚地区大面积的湿地已经被开垦改造为农用地和居民用地。全球湿地水生态系统不容乐观。

8.2 我国城市湿地水生态系统状况

我国湿地退化现象非常突出，71%的湿地受到人类活动的严重威胁，天然湖泊已经从20世纪50年代的2800个下降到80年代的2350个，面积减少了11%。据2004年1月完成的中国首次湿地资源调查结果显示，我国湿地面积3848万hm^2，居亚洲第一位，世界第四位，几乎囊括了《湿地公约》列出的所有湿地类型。在我国，湿地保存了96%的可利用淡水资源，全国共有湿地植物4220种，湿地植被483个群系，脊椎动物2312种，是名副其实的"物种基因库"。每公顷湿地每年可从水体中去除约 1000kg 氮和 130kg 磷，为降解污染物和营养物质发挥了巨大的生态功能，湿地储存的泥炭在应对气候变化中发挥着重要作用。尽管我国不断加大湿地保护力度，但湿地保护仍然面临着诸多问题。2021年 2 月 1 日，中央第七生态环境保护督察组（以下简称督察组）向国家林草局反馈督察情况时表示，推动湿地保护的法律法规建设缓慢，湿地保护管理工作系统性谋划欠缺，"地方不报、部门不管"，一些生态价值很高的湿地由于没有纳入保护范畴，湿地破坏与萎缩，湿地生态环境功能丧失，湿地生态问题日益增加。位于河北省与内蒙古自治区交界处的察汗淖尔湖，集草原、沼泽、咸水湖三种生态系统于一体，生态价值突出。2012 年，原国家林业局批准河北省设立察汗淖尔国家湿地公园，但拥有察汗淖尔 2/3 水面的内蒙古自治区却未做申报，因此内蒙古界内的察汗淖尔湖没有被纳入湿地保护，区域水浇地大幅增加，地下水严重超采，导致整个察汗淖尔湖水面面积持续缩小，逐步沦为季节性湖泊。在湿地保护方面，基础性工作严重滞后，相关保护规划标准和正负面清单制度不完善，分级分类管理制度没有落实，大量有重要生态价值的湿地长期游离在有效保护范围之外。此外，纳入保护范围的湿地也未得到有效保护，对侵占湿地公园的备案工作缺少程序规定和管理要求。在我国，存在多个湿地破坏案例，如乌梁素海是黄河流域最大的湖泊湿地，对维系我国北方生态安全屏障、保障黄河水质和度汛安全等具有重要作用。但涉及乌梁素海生态环境治理的重点项目，工作严重滞后，9 万亩养殖项目未批先建。高原湿地也不能幸免退化萎缩的命运。雍国玮等对若尔盖高原湿地 1985 年和 2000 年的卫星图像进行的对比研究，陈志科等对若尔盖高原湿地 1977 年的 Landsat MSS 影像、2007 年的 Landsat TM进行的对比研究，白军红等对若尔盖高原 1966—2000 年近 40 年湿地数据的对比分析研究，均明显地发现该区域内的高原湿地严重萎缩和减少。杨永兴剖析了沼泽区生态环境恶化、沼泽退化与人类活动干扰、自然因素作用的关系，进而阐明人类活动干扰是沼泽区生态环境恶化、沼泽退化的主要原因。侯伟等研究表明中国三江平原北部挠力河流域 1950—2000 年湿地损失 13675km^2，面积比例由原来的 52.49％下降到 15.71％。其他学者的研究也表明，纳帕海、碧塔海等高原湿地干旱化加剧，湿地萎缩，湿地生态功能退化严重。

8.3　关于我国城市湿地水生态系统管理的建议

针对我国城市湿地水生态系统管理的现状，本书提出以下建议：

（1）提高全社会湿地保护意识。湿地与人类的生存、繁衍、发展有着密切的联系，是人类最重要的生存环境之一。因此，湿地保护应引起全社会的关注。城市应加强湿地功能的宣传教育，充分利用网络、报纸、广播、电视等各种媒体，提高全民的湿地保护意识，树立尊重自然、顺应自然、保护自然的生态文明理念、人与自然和谐共处的发展理念，在全社会形成爱护湿地、保护湿地、珍爱湿地的良好氛围。同时，利用地方湿地资源优势，突出湿地特色，挖掘历史文化内涵，把丰富的湿地资源打造成提升地方知名度和竞争力的地域品牌，同时也可以增强公民的保护意识。如燕子湾湿地在垛石镇齐济河和徒骇河交汇处，被称为"森林氧吧"；作为济阳创建国家经级生态县重点生态修复目标的澄波湖湿地，以及被誉为山东省"最美湿地"的济西湿地等，都营造了"人人保护湿地、人人关爱湿地"的良好社会氛围。

（2）编制湿地保护规划。随着城市化进程的加快，城市的生态安全问题逐渐成为社会和学术界关注的热点问题。生态安全问题不仅体现在城市宏观规划层面，以景观生态安全为着眼点的专项规划层面也已成为规划设计中不容忽视的热点问题。湿地是维持生态系统服务功能的重要载体，采用科学合理的手段编制湿地保护规划具有重要的意义。湿地所在地应重视抓好湿地规划编制和科研工作，主持制定一系列区域性规划，开展有关湿地生物多样性研究、滨海湿地造林研究、黄河三角洲鸟类研究等课题，并与相关高等院校、科研院所开展合作交流，坚持生态优先、保护生态与改善民生相结合，把湿地保护纳入主体功能区、水资源保护、水污染防治等重要规划，促进湿地保护科学健康发展。

（3）实施湿地生态修复工程。湿地是陆生生态系统和水体生态系统之间的自然过渡带，拥有陆地生态和水域生态的双重特征，是人类最主要的生存环境之一，与森林、海洋并称为全球三大生态系统，被誉为"地球之肾"，在抵御洪水、蓄洪防旱、调节径流、调节气候、控制污染、控制土壤侵蚀、促淤造陆、美化环境等方面都有不可替代的重要作用。城市湿地作为湿地生态系统中重要的人为驱动区域，如何进行修复，如何规划并落实修复工程显得尤为重要，因此，在湿地生态修复过程中，我们应该考虑到各种因素，充分发挥湿地的综合作用，实现人与自然的和谐共处。

（4）做好湿地科技支撑。要努力用科技的力量助力湿地生态保护与发展，开展关键领域的科学研究，促进保护和恢复的关键技术实施，为重大生态恢复项目的大规模开展提供科学技术支持。科技创新对于生态和湿地建设具有引领作用。目前城市的湿地研究项目相对独立，学科交叉较少。今后城市湿地研究中心可以重点研究诸如湿地综合水资源管理、湿地生物地球化学循环、植被在湿地环境中的作用、湿地的保护和管理技术、湿地恢复和重建技术、湿地与气候变化的关系、湿地在水环境改善中的作用等方面的课题；搭建高端、数字化信息平台，将有关城市湿地的相关数据在全国进行存储并展示；建立科学决策咨询机制，为湿地保护决策提供便捷的技术咨询服务。

（5）加强城市湿地法规和制度建设。由于我国湿地处于长期开发利用中，湿地资源和生态环境遭到严重破坏，因此未来的湿地保护应该由过去的重点资源开发向保护环境资源及有节制地利用资源过渡。虽然目前中央和地方都加大了对湿地和生态环境的保护力度，但由于"湿地"法律概念的不明晰，也由于多数法规不是以"湿地"为主要保护和管理对象，因此在今后立法中，应当明确将"湿地保护"作为专项法律的立法核心目标，不断完善"湿地保护"为主体的相关法律法规，促进湿地生态系统和谐健康发展。

参 考 文 献

Bergmann F H. Ecology：A personal history [J]. Annual Review of Energy and the Environment，1996，21：1 – 29.

Benndorf J，Kranich J，Mehner T，el al. Temperature impact on the midsummer decline of Daphnia galeata：an analysis of long-term data from the biomanipulated Bautzen Reservoir（Germany） [J]. Freshwater Biology，2001，46：199 – 212.

Barbour M T，Gerritsen J，Griffith G E，et al. A framework for biological criteria for Florida streams using benthic macroinverteb rates [J]. Journal of the North American Benthological Society，1996，15（2）：185 – 211.

Barbour M T，Gerritsen J，Snyder B D，et al（Eds）. Rapid bioassessment protocols for use in streams and wadeable rivers：periphyton，benthic macro invertebrates and fish（2nd edition）[M]. Washington D C：U. S. Environmental Protection Agency，Office of Water，1999.

Blocksom K A，Kurtenbach J P，Klemm D J，et al. Development and evaluation of the lake macroinverteb rate in tegrity index（LMII）for New Jersey lakes and reservoirs [M]. Environmental Monitoring and Assessment，2002.

Benscoter A M，Beerens J M，Romañach S S. Coastal marsh bird habitat selection and responses to Hurricane Sandy [J]. Wetlands，2020，40（4）：799 – 810.

陈耀东，马欣堂. 中国水生植物 [M]. 北京：科学技术出版社，2012.

陈佳琪，赵坤，曹玥，等. 鄱阳湖浮游动物群落结构及其与环境因子的关系 [J]. 生态学报，2020，40（18）：6644 – 6658.

陈中义，付萃长，王海毅，等. 互花米草入侵东滩盐沼对大型底栖无脊椎动物群落的影响 [J]. 湿地科学，2005，3（1）：1 – 7.

陈朝阳，谢进金. 泉州市药用爬行动物资源 [J]. 泉州师范学院学报，2004，22（2）：103 – 108.

陈建伟，陈克林. 中国湿地现状，保护与目标展望 [J]. 野生动物学报，1996（4）：3 – 6.

蔡天祎，叶春，李春华，等. 太湖湖滨带水向辐射带水生植物多样性及生境因子分析 [J]. 环境工程技术学报，2023，13（1）：164 – 170.

蔡火勤，黄国贤. 利用水生植物多样性改善城乡河道水环境 [J]. 浙江园林，2019（1）：76 – 79.

蔡其华. 维护健康长江 促进人水和谐——摘自蔡其华同志 2005 年长江水利委员会工作报告 [J]. 人民长江，2005，（3）：1 – 3.

Cairns J. Eco-Societal restoration：re-examining human society's relationship with natural systems [R]. National Academy of Sciences，1994.

Coxen C L，Frey J K，Carleton S A，et al. Species distribution models for a migratory bird based on citizen science and satellite tracking data [J]. Global ecology and conservation，2017，11：298 – 311.

Costanza R. Mageau M. What is a healthy ecosystem? [J]. Aquatic Ecology，1999，33（1）：105 – 115.

杜红春. 汉江干流浮游生物群落结构和功能群特征及水质评价 [D]. 武汉：华中农业大学，2020.

杜书栋，关亚楠，李欣，等. 基于熵权法改进的综合污染指数的水质评价——以白云湖为例 [J]. 环境科学学报，2022，42（1）：205 – 212.

邓其祥，曹发君. 攀枝花市两栖爬行动物初步调查 [J]. 四川动物，1991，10（2）：27 – 29.

邓婉璐，何森华，孙军，等．广东孔江国家湿地公园浮游动物群落结构特征研究［J］．湿地科学与管理，2021，17（1）：27 - 31.

付志茹，姜巨峰，张韦，等．天津七里海湿地浮游生物群落结构及多样性分析［J］．井冈山大学学报（自然科学版），2015，36（6）：99 - 106.

冯照军，彭红梅，周虹，等．徐州市爬行动物市场贸易的初步调查［J］．四川动物，2002（2）：91 - 93.

Field C B，Behrenfeld M J，Randerson J T，el al．Primary production of the biosphere：integrating terrestrial and oceanic components［J］．Science，1998，281（5374）：237 - 240.

Fisher R A，Steven Corbet A，Williams C B．The relation between the number of species and the number of individuals in a random sample of an animal population［J］．Journal of Animal Ecology，1943，12：42 - 58.

Jason J，Freund J G．Response of fish and macroinvertebrate bioassessment indices to water chemistry in a mined appalachian watershed［J］．Environmental Management，2007，39（5）：707 - 720.

宫少华．精卫湖国家湿地公园鱼类资源初步调研及分析［D］．太原：山西大学，2019.

龚江．长江何王庙故道和天鹅洲故道鱼类群落结构比较研究［D］．武汉：华中农业大学，2017.

何君．人工湿地中不同水生植物对低污染水的净化效果研究［J］．环境科学与管理，2022，47（12）：106 - 110.

黄华蓉，吴泽鑫，萧徽文，等．普宁市三坑水源林县级自然保护区两栖动物多样性调查［J］．湖北农业科学，2022，61（S1）：290 - 292，308.

侯东敏，刘燕，卢晓强，等．西双版纳三县市两栖爬行动物多样性［J］．野生动物学报，2023，44（2）：393 - 408.

侯恩光，商书芹，关思思，等．济西湿地浮游生物群落的时空分异特征及其关键影响因子分析［D］．大连：大连海洋大学，2023.

侯德佳．湖南张家界市两栖动物物种多样性及其垂直分布格局研究［D］．长沙：中南林业科技大学，2021.

胡知渊，鲍毅新，程宏毅，等．中国自然湿地底栖动物生态学研究进展［J］．生态学杂志，2009，28（5）：959 - 968.

Horák D，Ferenc M，Sedlácek O，et al．Forest structure determines spatial changes in avian communities along an elevational gradient in tropical Africa［J］．Journal of Biogeography，2019，46（11）：2466 - 2478.

Heino J，Muotka H，Mykrä R，et al．Defining macroinvertebrate assemblage types of headwater streams：implications for bioassessment and conservation［J］．Ecological Applications，2003，13（3）：842 - 852.

金亚璐，楼晋盼，姚兴达，等．京杭大运河（杭州主城区段）河岸带不同生境自生植物物种组成与多样性特征［J］．中国园林，2022，38（10）：110 - 115.

蒋祥龙，黎明政，杨少荣，等．鄱阳湖鱼类多样性的时空变化特征研究［J］．水生生物学报，2023，47（3）：376 - 388.

Karr J R．Assessment of biotic integrity using fish communities［J］．Fisheries，1981，6（6）：21 - 27.

Karr J R．Defining and measuring river health［J］．Fresh Water Biology，1999，41：221 - 234.

Karr J R．Bausch K D，Anger Meier P L，et al．Assessing biological integrity in running waters：A method and its rationale［R］．In：Special Publication 5 of the Illinois Natural History Survey，1986.

李悦，马溪平，李法云，等．海城河河岸带植物群落特征及其物种多样性研究［J］．海洋湖沼通报，2012（3）：123 - 132.

李莹．济南典型水生态系统浮游生物群落结构及水生态健康评价［D］．大连：大连海洋大学，2022.

李顺才．秦皇岛市药用两栖、爬行动物资源调查研究［J］．经济动物学报，2004，8（2）：122 - 124.

李成之，陆上岭，黄元国，等．洪泽湖湿地保护区冬季雁鸭类群落分布及年际变化［J］．江苏林业科技，

2020，47（6）：14－18.

刘洋，王玮，李法云，等．水生植物石菖蒲在人工湿地水质净化中的应用［J］．环境保护与循环经济，2022，42（2）：19－24.

刘兴土．沼泽学概论［M］．长春：吉林科学技术出版社，2005.

刘录三，李新正．南黄海春秋季大型底栖动物分布现状［J］．海洋与湖沼，2003，34（1）：26－32.

刘平，关蕾，吕偲，等．中国第二次湿地资源调查的技术特点和成果应用前景［J］．湿地科学，2011，9（3）：284－289.

刘欢．2014—2020年渭河宝鸡段水质评价及趋势分析［J］．地下水，2021，43（6）：132－134.

刘世礼，曾小飚．百色市右江区药用爬行动物的调查研究［J］．安徽农学通报，2017，23（24）：109－110.

廖辰灿，毛茜，史惠灵，等．滇池湖滨区湿地鸟类栖息地适宜性评价研究［J］．西南林业大学学报（自然科学），2021，41（1）：78－84.

吕紫微，陈雅琪，彭家豪，等．广州南沙湿地浮游动物多样性及水质生物学评价［J］．绿色科技，2021，23（18）：31－35，40.

吕宪国．中国湿地与湿地研究［M］．石家庄：河北科学技术出版社，2008.

吕宪国，姜明．中国湿地研究进展与展望［J］．Journal of Geographical Sciences（地理学报（英文版）2004，14（zl）：45－51.

罗泽琴．遵义市的两栖动物和爬行动物［J］．遵义师专学报，1994（2）：26－29.

罗宏德．甘肃盐池湾斑头雁巢址选择及繁殖期食性分析［D］．兰州：西北师范大学，2020.

罗键，高红英，罗钰．四川资阳市两栖爬行动物资源调查初报［J］．四川动物，2007，26（4）：822－826.

阮桂文．广西玉林市东郊区爬行动物的调查研究［J］．玉林师范学院学报，2009，30（3）：73－77.

阮桂文，莫凤琼，原鉴梅，等．广西玉林市挂榜山两栖动物初步调查研究［J］．玉林师范学院学报，2007，28（5）：92－95，129.

Luo Z，Wei S，Wei Z，et al. Amphibian biodiversity congruence and conservation priorities in China：Integrating species richness，endemism，and threat patterns［J］．Biological Conservation，2015，191：650－658.

Leontyeva O A，Semenov D V．On the Status of amphibian and reptile fauna in Moscow City：preliminary results from the spring-summer survey in 1997［M］．2000.

Lobry J，David v，Pasquaud S，et al．Diversity and stability of an estuarine trophic network［J］．Marine Ecology Progress Series，2008，358：13－25.

毛毳，廖宁，王晓佳．江西石城赣江源国家湿地公园野生脊椎动物资源调查［J］．安徽农业科学，2016，44（35）：14－16.

Mathuriau C，Silva N M，Lyons J，et al．Fish and Macro-invertebrates as Freshwater Ecosystem Bioindicators in Mexico：Current State and Perspectives［J］．Water Resources in Mexico：Hexagon Series on Human and Environmental Security and Peace，2011，7：251－261.

Mondy C P，Villeneuve B，Archaimbault V．A new macro-invertebrate-based multimetric index（12M2）to evaluate ecological quality of French wade-able streams fulfilling the WFD demands：A taxonomical and trait approach［J］．Ecological Indicators，2012，18：452－467.

Margalef R．Information theory in ecology［J］．General Systems，1958，3（1）：36－71.

Rourke M L，Robinson W，Baumgartner L J，et al．Thiem. Sequential Fishways Reconnect a Coastal River Reflecting Restored Migratory Pathways for an Entire Fish Community，Restoration Ecology．2019，27（2）：399－407.

Nyirenda V R，Yambayamba A M，Chisha-Kasumu E．Influences of seasons and dietary composition on diurnal raptor habitat use in Chembe Bird Sanctuary，Zambia：Implications for conservation［J］．African

Journal of Ecology，2020，58（4）：719－732.

Norris R H，Thoms M C. What is river health［J］. Freshwater Biology，1999，41：197－207.

彭莉，梁国付，求朋威. 开封市城市水系微生境特征对两栖动物多样性的影响［J］. 应用生态学报，2021，32（7）：2597－2603.

彭文. 基于卫星跟踪技术对东方白鹳秋季迁徙路线的研究［D］. 哈尔滨：东北林业大学，2020.

Prygiel J. Management of the diatom monitoring networks in France［J］. Journal of Applied Phy-cology，2002，14（1）：19－26.

Pielou E C. The measurement of diversity in different types of biological collection［J］. Theoretic Biol，1967，15（1）：131－144.

Panda B P，Das A K，Jena S K，et al. Habitat heterogeneity and seasonal variations influencing avian community structure in wetlands［J］. Journal of Asia-Pacific Biodiversity，2021，14（1）：23－32.

任瑞丽. 水生植物在湿地生态系统中的作用［J］. 环境与发展，2019，31（12）：191－193.

Rapport D J. Evaluating landscape health：integrating social goals and biophysical process［J］. J. Environment. Man，1998，53：1－15.

Rapport D J. On the transformation from healthy to degraded aquatic ecosystems［J］. Aquatic Ecosystem Health Manag，1999，2：97－103.

Ren L P，Zhang Z，Zeng X，et al. Community structure of zooplank ton and water quality assessment of Jialing River in Nanchong［J］. Procedia Environmental Sciences，2011.

宋伦，周遵春，王年斌，等. 辽东湾浮游植物多样性及与海洋环境因子的关系［J］. 海洋环境科学，2007，26（4）：365－368.

宋晶，郭钰伦，高丽芳，等. 大同市区及近郊夏季繁殖鸟类多样性研究［J］. 山西大同大学学报（自然科学版），2019，35（2）：62－65，78.

石伟，林海成，邱小琮. 银川市鸣翠湖湿地水生生物种群结构及多样性［J］. 中南农业科技，2023，44（1）：129－135.

Stoddard J L，Herlihy A T，Peck D V，et al. A process for creating multimetric indices for large-scale aquatic surveys［J］. Journal of the North American Benthological Society，2008，27（4）：878－891.

Setash C M，Kendall W L，Olson D. Nest site selection influences cinnamon teal nest survival in Colorado［J］. The Journal of Wildlife Management，2020，84（3）：542－552.

Szymanski M L，Arnold T W，Garrettson P R，et al. Band wear and effects on recovery and survival estimates of diving ducks［J］. Wildlife Society Bulletin，2020，44（1）：5－14.

Schofield N J，Davies P E. Measuring the health of our rivers［J］. Water，1996，5（6）：39－43.

Shannon C E，Wiener W J. The Mathematical Theory of Communication［M］. Urbana：University of Illinois Press，1963.

谭雅懿，王烜，王育礼. 中国寒区湿地研究进展［J］. 冰川冻土，2011，33（1）：197－203.

田玉清，陈欣，吕超超，等. 洱海湖滨带水生植物多样性及分布现状［J］. 湖泊科学，2023，35（3）：941－949.

王晓玲，王吉源. 大连市森林动物园脊椎动物种类调查报告——鸟类［J］. 吉林农业科技学院学报，2007，16（1）：9－12，18.

王博涵. 济南地区浮游生物群落结构与水环境因子关系的研究［D］. 大连：大连海洋大学，2017.

万成炎，吴晓辉，胡传林，等. 江苏省水库底栖动物调查及其综合评价［J］. 湖泊科学，2004，16（1）：43－48.

魏希忍，李言秋，王洪凯. 枣庄市两栖，爬行动物调查报告［J］. 河北大学学报（自然科学版），1996，16（5）：72.

武宇红，张晓丽，王峰. 邢台市襄湖岛生态园区两栖爬行动物资源及保护［J］. 邢台学院学报，2013，28

（2）：18 - 20.

吴晓辉，刘家寿，朱爱民，等．浮桥河水库浮游植物的多样性及其演变［J］．长江流域资源与环境，2003，12（3）：218 - 221.

吴朝，张庆国，等．淮南焦岗湖浮游生物群落及多样性分析［J］．合肥工业大学学报，2008，31（8）：1232 - 1236.

吴志刚，熊文，侯宏伟．长江流域水生植物多样性格局与保护［J］．水生生物学报，2019，43（S1）：27 - 41.

王勇，宗亚杰，陈猛．用生物多样性指数法评价河流污染程度［J］．辽宁城乡环境科技，2003，23（4）：22 - 23.

王世农．铁岭莲花湖湿地的水生植物及其应用［J］．辽宁师专学报（自然科学版），2016，18（4）：1 - 4 - 15.

王鹏华．卫星追踪黑鸢的迁徙研究［D］．保定：河北大学，2020.

王备新，杨莲芳，胡本进，等．应用底栖动物完整性指数 B-IBI 评价溪流健康［J］．生态学报，2005，25（6）：1481 - 1490.

Wilgen N，Roura-Pascual N，Richardson D M．A Quantitative Climate-Match Score for Risk-Assessment Screening of Reptile and Amphibian Introductions［J］．Environmental Management，2009，44（3）：590 - 607.

徐艳艳，徐艳东．国内外湿地研究进展和展望［J］．河北渔业，2008（1）：3 - 7.

薛雁文，雷湘龄，薛杨，等．五源河水生植物多样性与水环境因子关系研究［J］．现代农业科技，2022（12）：103 - 107＋112.

熊勇峰，周刚，徐宪根，等．常州市河流水质评价及污染特征分析［J］．环境保护科学，2021，47（3）：123 - 128.

谢进金．泉州市药用两栖动物资源［J］．泉州师范学院学报，2003，（6）：81 - 84.

许经伟．黄河三角洲湿地水生维管束植物多样性研究［J］．黑龙江农业科学，2011，（1）：36 - 38.

许巧情，王洪铸，张世萍．河蟹过度放养对湖泊底栖动物群落的影响［J］．水生生物学报，2003，27（1）：41 - 46.

杨莲芳，李佑文，戚道光，等．九华河水生昆虫群落结构和水质生物评价［J］．生态学报，1992，12（1）8 - 15.

杨红，潘曲波．南滇池国家湿地公园水生植物多样性研究［J］．西南林业大学学报（社会科学），2021，5（1）：41 - 47.

杨宇峰，黄祥飞．浮游动物生态学研究进展［J］．湖泊科学，1999，12（1）：81 - 89

闫雪燕．调水背景下丹江口水库丹库浮游植物群落变化及其驱动因子分析［D］．南阳：南阳师范学院，2021.

左其亭，陈豪，张永勇．淮河中上游水生态健康影响因子及其健康评价［J］．水利学报，2015，46（9）：1019 - 1027.

朱敏．九段沙湿地渔业资源管理初探［J］．齐鲁渔业，2010，25（11）：50 - 52.

朱迪，常剑波．长江中游浅水湖泊生物完整性时空变化［J］．生态学报，2004，24（12）2761 - 2767.

朱贝贝．长江口九段沙湿地不同亚生境中鱼类群落结构分析［D］．天津：天津农学院，2020.

朱明明，范存祥，吴中奎，等．海珠国家湿地公园浮游植物群落结构时空变化［J］．生态杂志，2020，39（5）：1501 - 1508.

张皓，沈丽娟，张红高，等．不同类型城市人工湿地底栖动物多样性的比较研究［J］．环境科学与管理，2013，38（10）：180 - 184.

张海波，孙喜娇，李光容，等．贵阳阿哈湖国家湿地公园鸟类群落多样性分析［J］．野生动物学报，2020，41（3）：626 - 640.

张远，徐成斌，马溪平，等．辽河流域河流底栖动物完整性评价指标与标准［J］．环境科学学报，2007，27（6）：919－927．

张译文．七星河流域保护地鱼类物种多样性及其与水环境因子相关性研究［D］．哈尔滨：东北林业大学，2019．

张志军．浑河中、上游水生生物多样性及其保护［J］．辽宁城乡环境科技，2000，20（5）：55－58．

周绪申，胡振，孟宪智，等．海河流域大清河水系的鱼类多样性［J］．水生态学杂志，2022，43（4）：85－94．

周进，Hisako．Tachibana．受损湿地植被的恢复与重建研究进展［J］．植物生态学报，2001，25（5）：561－572．

曾小飚，苏仕林．广西百色市右江区药用两栖动物资源及其保护［J］．百色学院学报，2007，20（6）：79－82．

曾德慧，姜凤岐，范志平，等，生态系统健康与人类可持续发展［J］．应用生态学报，1999，10（6）：751－756．

朱曦，陈长清．永康市两栖类初步调查［J］．浙江林学院学报，1996，13（2）：197－199．

钟福生，李丽平，朱文博．湿地鸟类多样性及其环境影响因子的研究进展［J］．湖南生态科学学报，2005，11（4）：325－334．

赵坤，陈皓，庞婉婷，等．不同类型景观水体浮游动物群落差异及其影响因素［J］．生态学报，2020，40（6）：2149－2157．

赵菲．扎龙湿地浮游生物多样性研究及水生态系统健康评价［D］．哈尔滨：东北林业大学，2013．

郑亦婷，韩鹏，倪晋仁，等．长江武汉江段鱼类群落结构及其多样性研究［J］．应用基础与工程科学学报．2019，27（1）：24－35．

祖国掌，韦众，丁淑荃，等．合肥市大房郢水库蓄水初期浮游生物调查［J］．安徽农业大学学报，2008，35（1）：111－118．

附录　济南市湿地常见水生生物图谱

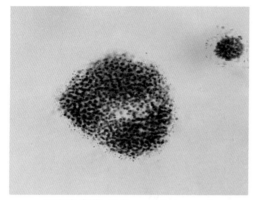

不定微囊藻（*Microcystis incerta*）

细小平裂藻（*Merismopedia minima*）

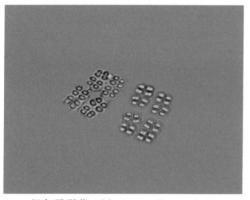

银灰平裂藻（*Merismopedia glauca*）

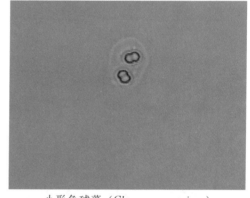

小形色球藻（*Chroococcus minor*）

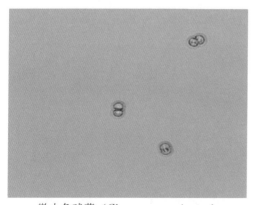

微小色球藻（*Chroococcus minutus*）

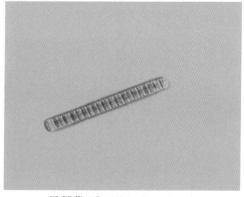

巨颤藻（*Oscillatoria princes*）

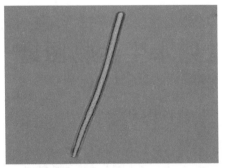

两栖颤藻（*Oscillatoria amphibia*）

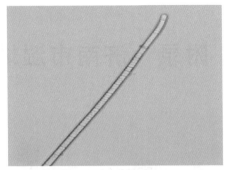

窝形席藻（*Phormidium fovelarum*）

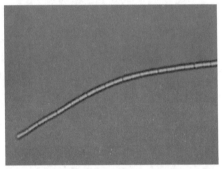

小席藻（*Phormidium tenus*）

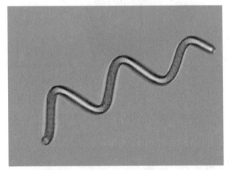

钝顶螺旋藻（*Spirulina platensis*）

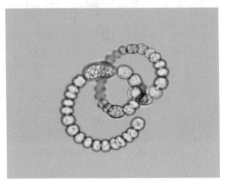

卷曲鱼腥藻（*Anabaena circinalis*）

颗粒直链藻（*Melosira granulata*）

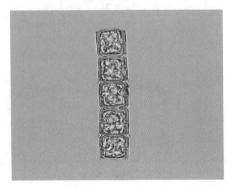

变异直链藻（*Melosira varians*）

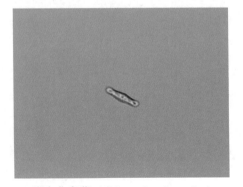

膨大曲壳藻（*Achnanthes javanica*）

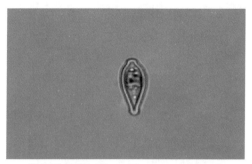

微细异极藻（*Gomphonema parrulum*）

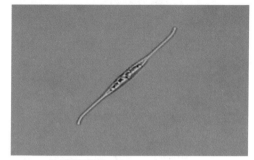

线形菱形藻（*Nitzschia linearis*）

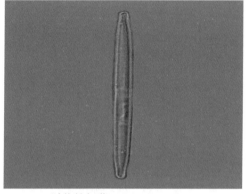

肘状针杆藻（*Synedra ulna*）

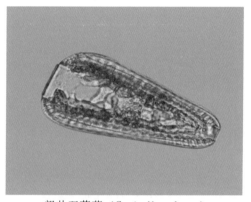

粗壮双菱藻（*Surirella robusta*）

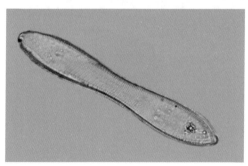

草鞋形波缘藻（*Cymatopleura solea*）

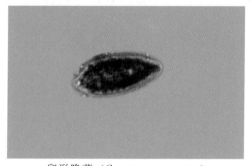

卵形隐藻（*Cryptomonas ovata*）

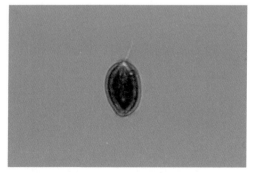

啮蚀隐藻（*Cryptomonas erosa*）

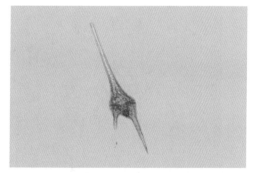

飞燕角甲藻（*Ceratium hirundinella*）

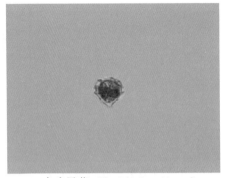

二角多甲藻（*Peridinium bipes*）

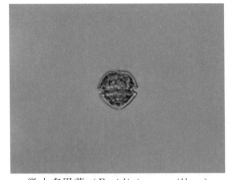

微小多甲藻（*Peridinium pusillum*）

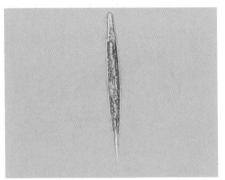

梭形裸藻（*Euglena acus*）

尖尾裸藻（*Euglena gasterosteus*）

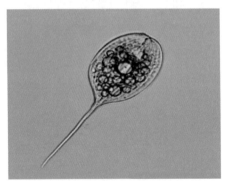

长尾扁裸藻（*Phacus longicauda*）

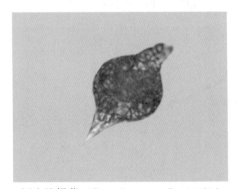

河生陀螺藻（*Strombomonas fluviatilis*）

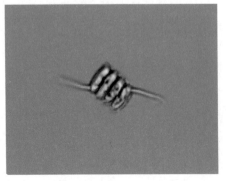

二尾栅藻（*Scenedesmus bicauda*）

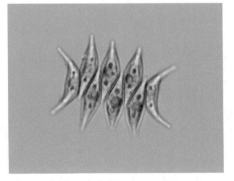

二形栅藻（*Scenedesmus dimorphus*）

弯曲栅藻（*Scenedesmus arcuatus*）

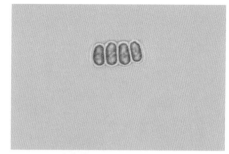

双对栅藻（*Scenedesmus bijuga*）

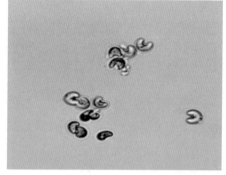

蹄形藻（*Kirchneriella* sp.）

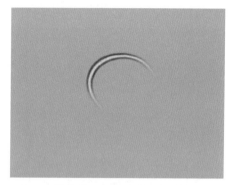

纤维藻（*Ankistrodesmus*）

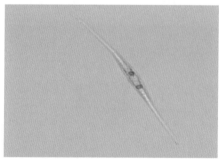

拟菱形弓形藻（*Schroederia nitzschioides*）

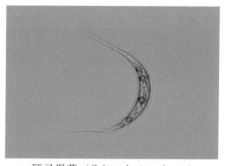

硬弓形藻（*Schroederia robusta*）

螺旋弓形藻（*Schroederia spiralis*）

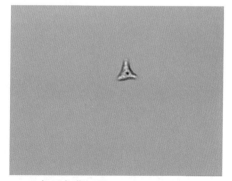

三角四角藻（*Tetraedron trigonum*）

微小四角藻（*Tetraedron minimum*）

具尾四角藻（*Tetraedron caudatum*）

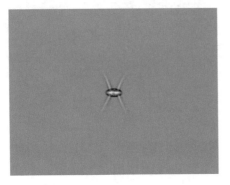

四刺顶棘藻（*Chodatella quadriseta*）

十字顶棘藻（*Chodatella wratislaviensis*）

四足十字藻（*Crucigenia tetrapedia*）

单角盘星藻（*Pediastrum simplex*）

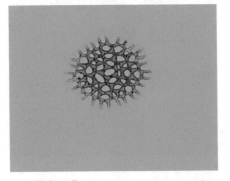

短棘盘星藻（*Pediastrum boryanum*）

四角盘星藻（*Pediastrum tetras*）

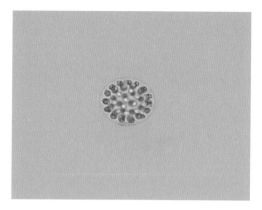

美丽胶网藻 (*Dictyosphaerium pulchellum*)

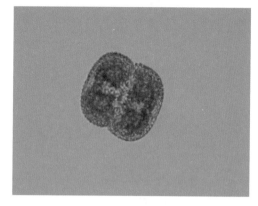

钝鼓藻 (*Cosmarium obtusatum*)

集星藻 (*Actinastrum hantzschii*)

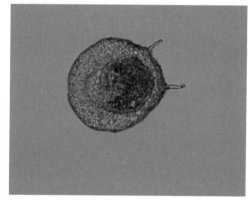

冠冕砂壳虫 (*Difflugia corona*)

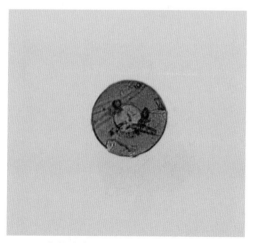

盘状表壳虫 (*Arcella discoides*)

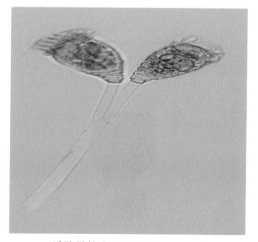

浮游累枝虫 (*Epistylis rotans*)

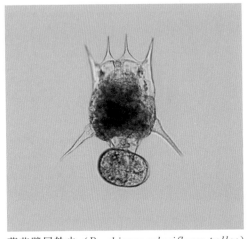

萼花臂尾轮虫（*Brachionus calyciflorus pallas*）

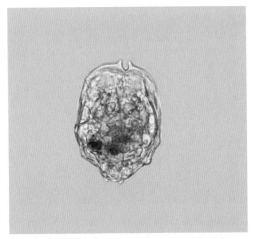

角突臂尾轮虫（*Brachionus angularis*）

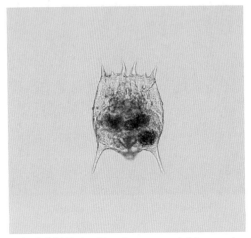

方形臂尾轮虫（*Brachionus quadridentatus*）

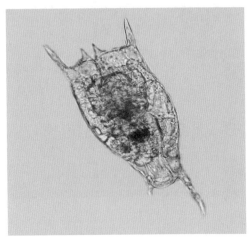

裂足臂尾轮虫（*Brachionus diversicornis*）

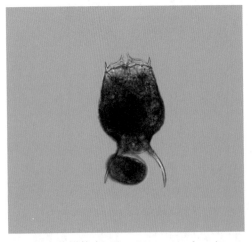

尾突臂尾轮虫（*Brachionus caudatus*）

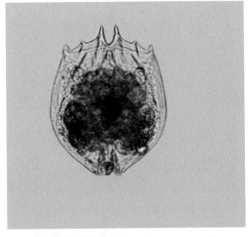

壶状臂尾轮虫（*Brachionus urceus*）

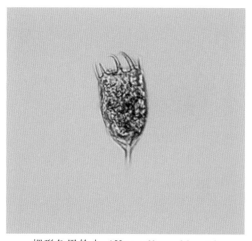

螺形龟甲轮虫（*Keratella cochlearis*）

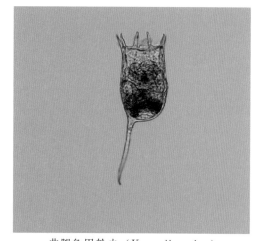

曲腿龟甲轮虫（*Keratella valga*）

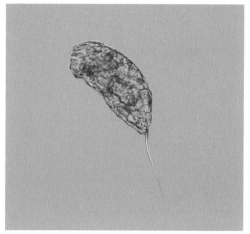

罗氏异尾轮虫（*Trichocerca rousseleti*）

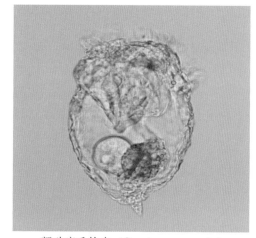

颤动疣毛轮虫（*Synchacta tremula*）

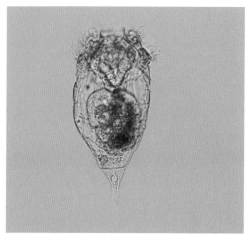

尖尾疣毛轮虫（*Synchaeta stylata*）

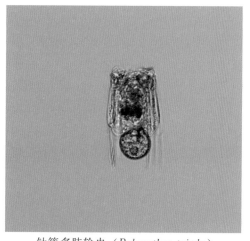

针簇多肢轮虫（*Polyarthra trigla*）

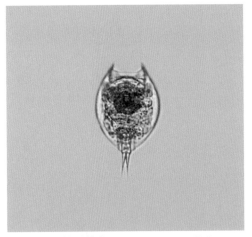

盘状鞍甲轮虫（*Lepadella patella*）

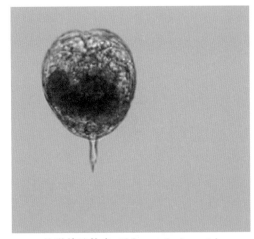

月形单趾轮虫（*Monostyla lunaris*）

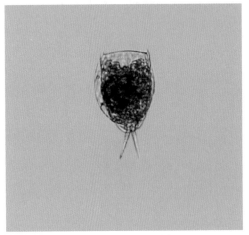

蹄形腔轮虫（*Lecane ungulata*）

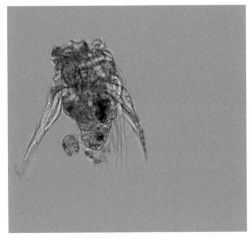

巨腕轮虫（*Pedalia* sp.）

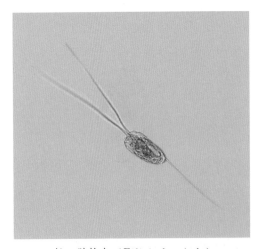

长三肢轮虫（*Filinia longisela*）

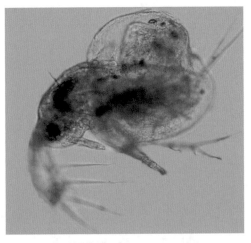

微型裸腹溞（*Moina micrura*）

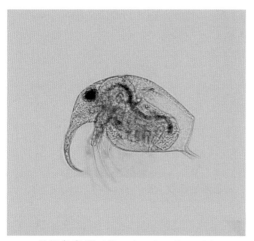

长额象鼻溞（*Bosmina longirostris*）

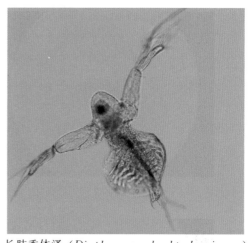

长肢秀体溞（*Diaphanosoma leuchtenbergianum*）

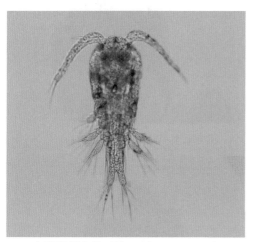

台湾温剑水蚤（*Eucylops serrulatus*）

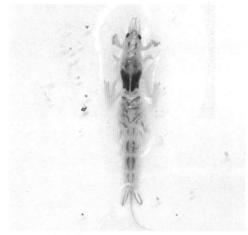

东方蜉（*Ephemera orientalis*）

若西摇蚊（*Chironomus yoshimatusi*）

四节蜉属（*Baetis vaillanti*）

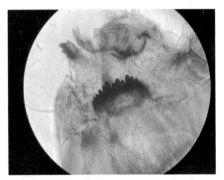

溪流摇蚊（*Chironomus riparius*）

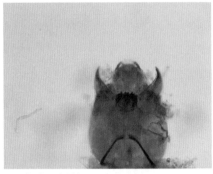

云集多足摇蚊（*Polypedilum nubifer*）

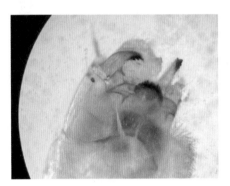

长跗摇蚊属（*Tanytarsus* sp.）

长跗摇蚊属（*Tanytarsus* sp.）

华丽蜉（*Ephemera pulcherrima*）

德永雕翅摇蚊（*Glyptotendipes tokunagai*）

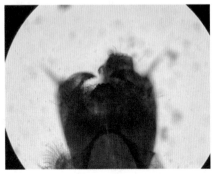

墨黑摇蚊（*Chironomus anthracinus*）

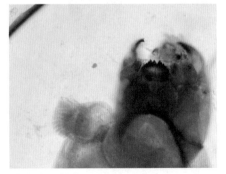

浅白雕翅摇蚊（*Glyptotendipes pallens*）

328

梯形多足摇蚊（*Polypedilum scalaenum*）

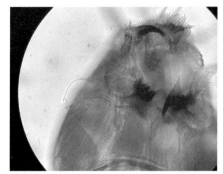

喙隐摇蚊（1）（*Cryptochironomus rostratus*）

喙隐摇蚊（2）（*Cryptochironomus rostratus*）

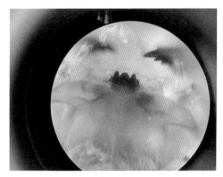

柔嫩雕翅摇蚊（*Glyptotendipes cauliginellus*）

白尾灰蜻（*Orthetrum albistylun*）

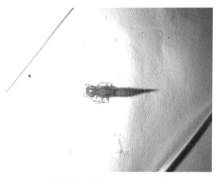

龙虱属（*Oreodytes* sp.）

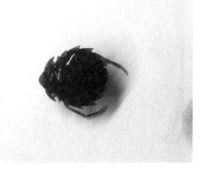

那霸盖蝽（*Aphelocheirus nawae*）

弓石蛾（*Arctopsyche* sp.）

秀丽白虾（*Exopalaemon modestus*）

钩虾属（*Gammarus* sp.）

卵萝卜螺（*Radix ovata*）

耳萝卜螺（*Radix auricularia*）

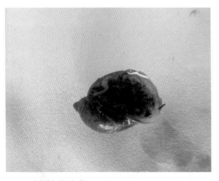

椭圆萝卜螺（*Radix swinhoei*）

狭萝卜螺（*Radix lagotis*）

宽体金线蛭（*Whitmania pigra*）

苏氏尾鳃蚓（*Branchiura sowerbyi*）

鲤（*Cyprinus carpio*）

鲫（*Carassius auratus auratus*）

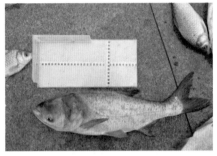

鳙（*Hypophthalmichthys nobilis*）

棒花鱼（*Abbottina rivularis*）

麦穗鱼（*Pseudorasbora parva*）

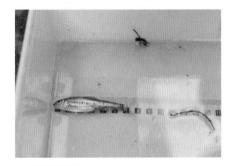

清徐胡鮈（*Huigobio chinssuensis*）

鳊（*Parabramis pekinensis*）

红鳍鲌（*Culter erythropterus*）

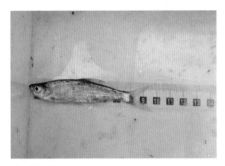

翘嘴红鲌（*Erythroculter ilishaeformis*）

青梢红鲌（*Erythroculter dabryi*）

鲦（*Hemiculter leucisculus*）

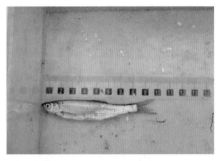

似鳊（*Toxabramis swinhonis*）

彩石鳑鲏（*Rhodeus lighti*）

似鳊（*Pseudobrama simoni*）

赤眼鳟（*Squaliobarbus curriculus*）

草鱼（*Ctenopharyngodon idellus*）

马口鱼（*Opsariichthys bidens gunther*）

鲶（*Silurus asotus*）

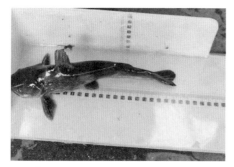

黄颡鱼（*Pelteobagrus fulvidraco*）

黄鲴（*Hypseleotris swinhonis*）

褐栉鰕虎鱼（*Ctenogobius brunneus*）

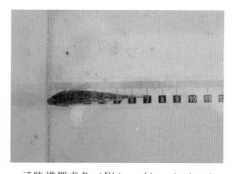

子陵栉鰕虎鱼（*Rhinogobius giurinus*）

波氏栉鰕虎鱼（*Ctenogobius cliffordpopei*）

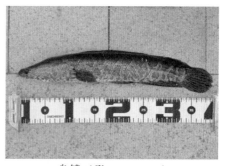

乌鳢（*Channa argus*）

芦苇（*Phragmites australis*）

水烛（*Typha angustifolia*）

水蓼（*Persicaria hydropiper*）

头状穗莎草（*Cyperus glomeratus*）

穗状狐尾藻（*Myriophyllum spicatum*）

钻叶紫菀（*Symphyotrichum subulatum*）

金鱼藻（*Ceratophyllum demersum*）

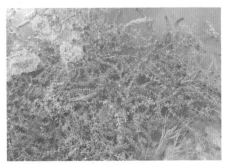

黑藻（*Hydrilla verticillata*）

莲（*Nelumbo nucifera*）

芦竹（*Arundo donax*）

荇菜（*Nymphoides peltata*）

鸢尾（*Iris tectorum*）

狗尾草（*Setaria viridis*）

葎草（*Humulus scandens*）

紫叶李（*Prunus cerasifera* f. *atropurpurea*）

翅果菊（*Lactuca indica*）

构树（*Broussonetia papyrifera*）

鳢肠（*Eclipta prostrata*）

车前（*Plantago asiatica*）

大狼耙草（*Bidens frondosa*）

苣荬菜（*Sonchus wightianus*）

刺儿菜（*Cirsium arvense*）

狼尾草（*Pennisetum alopecuroides*）

苘麻（*Abutilon theophrasti*）

336

小叶女贞（*Ligustrum quihoui*）

野大豆（*Glycine soja*）

圆叶牵牛（*Ipomoea purpurea*）

臭椿（*Ailanthus altissima*）

饭包草（*Commelina benghalensis*）

花叶滇苦菜（*Sonchus asper*）

桑（*Morus alba*）

碎米莎草（*Cyperus iria*）

苋（*Amaranthus tricolor*）

雪松（*Cedrus deodara*）

一年蓬（*Erigeron annuus*）

益母草（*Leonurus japonicus*）

白车轴草（*Trifolium repens*）

白蜡树（*Fraxinus chinensis*）

斑地锦（*Euphorbia maculata*）

刺苋（*Amaranthus spinosus*）

地锦草（*Euphorbia humifusa*）

冬青卫矛（*Euonymus japonicus*）

鹅绒藤（*Cynanchum chinense*）

枸杞（*Lycium chinense*）

国槐（*Styphnolobium japonicum*）

旱柳（*Salix matsudana*）

红叶石楠（*Photinia fraseri*）

黄花蒿（*Artemisia annua*）

金钟花（*Forsythia viridissima*）

苦荬菜（*Ixeris polycephala*）

木槿（*Hibiscus syriacus*）

茜草（*Rubia cordifolia*）

桃（*Prunus persica*）

长芒稗（*Echinochloa caudata*）

中华苦荬菜（*Ixeris chinensis*）

白皮松（*Pinus bungeana*）

柽柳（*Tamarix chinensis*）

复羽叶栾树（*Koelreuteria bipinnata*）

荆条（*Vitex negundo var. heterophylla*）

楝（*Melia azedarach*）

龙葵（*Solanum nigrum*）

酸模叶蓼（*Polygonum lapathifolium*）

紫荆（*Cercis chinensis*）

野艾蒿（*Artemisia lavandulifolia*）

茵陈蒿（*Artemisia capillaris*）

紫薇（*Lagerstroemia indica*）

黑斑侧褶蛙（*Pelophylax nigromaculatus*）

金线侧褶蛙（*Rana plancyi*）

中华蟾蜍（*Bufo gargarizans*）

泽陆蛙（*Fejervarya multistriata*）

牛蛙（*Rana catesbeiana*）

红耳龟（*Trachemys scripta*）

草龟（*Chinemys reevesiis*）

中华花龟（*Ocadia sinensis*）

拟鳄龟（*Chelydra serpentina*）

中华鳖（*Trionyx sinensis*）

无蹼壁虎（*Gekko swinhonis*）

丽斑麻蜥（*Eremias argus*）

山地麻蜥（*Eremias brenchleyi*）

虎斑颈槽蛇（*Rhobdophis tigrina*）

白条锦蛇（*Elaphe dione*）

赤链蛇（*Dinodon rufozonatum*）

小䴙䴘（*Tachybapyus ruficollis*）

凤头䴙䴘（*Podiceps cristatus*）

普通鸬鹚（*Phalacrocorax carbo*）

苍鹭（*Ardea cinerea*）

大白鹭（*Ardea alba*）

中白鹭（*Ardea intermedia*）

小白鹭（*Egretta garzetta*）

池鹭（*Ardeola bacchus*）

夜鹭（*Nycticorax caledonicus*）

鸿雁（*Anser cygnoides*）

疣鼻天鹅（*Cygnus olor*）

赤麻鸭（*Tadorna ferruginea*）

绿头鸭（*Anas platyrhynchos*）

斑嘴鸭（*Anas zonorhyncha*）

白尾鹞（*Circus cyaneus*）

燕隼（*Falco subbuteo*）

红隼（*Falco tinnunculus*）

环颈雉（*Phasianus colchicus*）

骨顶鸡（*Fulica atra*）

黑水鸡（*Gallinula chloropus*）

白腰草鹬（*Tringa ochropus*）

黑翅长脚鹬（*Himantopus mexicanus*）

灰头麦鸡（*Microsarcops cinreus*）

金眶鸻（*Charadrius dubius*）

环颈鸻（*Charadrius alexandrinus*）

珠颈斑鸠（*Spilopelia chinensis*）

山斑鸠（*Streptopelia orientalis*）

普通翠鸟（*Alcedo atthis*）

戴胜（*Upupa epops*）

大斑啄木鸟（*Dendrocopos major*）

星头啄木鸟（*Dendrocopos canicapillus*）

灰头绿啄木鸟（*Dendrocopos major*）

家燕（*Hirundo rustica*）

金腰燕（*Cecropis daurica*）

白鹡鸰（*Motacilla alba*）

灰鹡鸰（*Motacilla cinerea*）

树鹨（*Anthus hodgsoni*）

白头鹎（*Pycnonotus sinensis*）

红尾伯劳（*Lanius cristatus*）

棕背伯劳（*Lanius schach*）

楔尾伯劳（*Lanius sphenocercus*）

黑卷尾（*Dicrurus macrocercus*）

灰椋鸟（*Spodiopsar cineraceus*）

喜鹊（*Pica pica*）

灰喜鹊（*Cyanopica cyanus*）

北红尾鸲（*Phoenicurus auroreus*）

黑喉石䳭（*Saxicola maurus*）

棕头鸦雀（*Sinosuthora webbiana*）

震旦鸦雀（*Paradoxornis heudei*）

棕扇尾莺（*Cisticola juncidis*）

东方大苇莺（*Acrocephalus orientalis*）

银喉长尾山雀（*Aegithalos glaucogularis*）

大山雀（*Parus major*）

沼泽山雀（*Poecile palustris*）

树麻雀（*Passer montanus*）

金翅雀（*Chloris sinica*）